职业教育双语教材

城市热能管道安装技术

党天伟 李清彬 魏旭春 主编

天津大学出版社

图书在版编目(CIP)数据

城市热能管道安装技术 / 党天伟, 李清彬, 魏旭春主编. -- 天津 : 天津大学出版社, 2022.6
职业教育双语教材
ISBN 978-7-5618-7231-4

Ⅰ. ①城… Ⅱ. ①党… ②李… ③魏… Ⅲ. ①市政工程－供热管道－管道安装－双语教学－高等职业教育－教材 Ⅳ. ①TU995.3

中国版本图书馆CIP数据核字(2022)第111183号

CHENGSHI RENENG GUANDAO ANZHUANG JISHU

出版发行	天津大学出版社
地　　址	天津市卫津路92号天津大学内(邮编:300072)
电　　话	发行部:022-27403647
网　　址	www.tjupress.com.cn
印　　刷	北京盛通商印快线网络科技有限公司
经　　销	全国各地新华书店
开　　本	185mm×260mm
印　　张	25.75
字　　数	647千
版　　次	2022年6月第1版
印　　次	2022年6月第1次
定　　价	60.00元

编委会

主　审： 于新文

主　编： 党天伟　李清彬　魏旭春

副主编： 王新华　刘　杰

参　编： 高玉丽　王　杰　孟现春

Т. Р. Холмуратов

П. С. Хужаев

Р. Г. Абдуллаев

前言

塔吉克斯坦鲁班工坊由天津城市建设管理职业技术学院与塔吉克斯坦技术大学共同建设，旨在加强中国与塔吉克斯坦在应用技术及职业教育领域的合作，分享中国职业教育优质资源。

本教材立足于塔吉克斯坦鲁班工坊教学与培训的需求，以鲁班工坊绿色能源实训中心管道与制暖技术实训装备为载体，以培养城市热能应用技术专业高质量技术技能人才为目标，将中国管道安装技术标准和绿色能源供热系统应用同世界分享。

本教材按照项目驱动模式和以实际工作任务为导向的职业教育理念开发建设，突出职业教育的特点和实践性教育环节，重视理论和实践相结合，体现理实一体化、模块化教学，并配有信息化教学资源，通过手机扫描书中二维码即可查看。

本教材融入中国国家标准、技能大赛和职业技能鉴定等内容，对接城市热能、给排水专业岗位能力需求，包含 9 个教学项目、26 个典型工作任务，并配套 30 个视频资源。根据学生的认知规律，每个任务由任务导入、任务准备、任务实施、技能训练、思考与练习等部分组成。项目一、项目二由党天伟、魏旭春编写，项目三、项目七由党天伟、刘杰编写，项目四、项目八由王新华编写，项目五、项目六由魏旭春、高玉丽编写，项目九由党天伟、王杰编写。塔吉克斯坦技术大学供热供燃气通风教研室 Т. Р. Холмуратов、П. С. Хужаев、Р. Г. Абдуллаев 参与了教材的编写。全书由党天伟、李清彬、魏旭春负责策划并统稿。吴海月参与了翻译的校核工作。

本教材采用中俄两种语言编写，适合中文和俄文语言环境国家的各类院校教学使用、职业技能培训，还可作为暖通专业管道设计、施工、监理等人员的参考用书。

编者在编写本教材过程中得到了天津能源投资集团有限公司、天津市热电公司、天津市燃气设计院有限公司、天津市地热开发有限公司、山东栋梁科技设备有限公司的帮助和支持，也参阅了相关文献资料，在此，一并表示衷心感谢。

由于编者水平有限，书中难免有一些错误和不足之处，恳请广大读者批评指正。

编者

2022 年 6 月

目录

视频目录

项目一

管道与制暖基本知识

【项目描述】

供热、给水、排水、卫生设施等建筑管道及水龙头、角阀等终端配件的规范安装是正常生活生产和节能减排的基本保证。管道制作与安装技术是确保管道工程质量的重要环节。

本项目主要介绍管道制作与安装常用工具及其使用方法、管道工程图、建筑管道安装基本技术操作。

【项目目标】

（1）熟悉常用工具的使用方法。

（2）掌握管道工程图识图、制图和绘制基准线方法。

（3）掌握建筑管道安装基本技术操作。

任务一　常用工具及使用方法

工具车的认识与使用

【任务导入】

熟练掌握常用工具的使用方法是确保管道制作与安装质量的前提，是技术技能提升的基础。通过本任务的学习，培养学生的动手操作能力以及敬业、精益、专注、创新的工匠精神。

【任务准备】

在管道制作与安装过程中，常用工具有铝塑管校直机、弯管器、弯管器弹簧、弓锯、手动套丝工具、镀锌钢管割管器、高精度数显倾角仪、数显角度尺等，如图 1-1-1 至图 1-1-8 所示。

图 1-1-1　铝塑管校直机

图 1-1-2　弯管器

图 1-1-3　弯管器弹簧

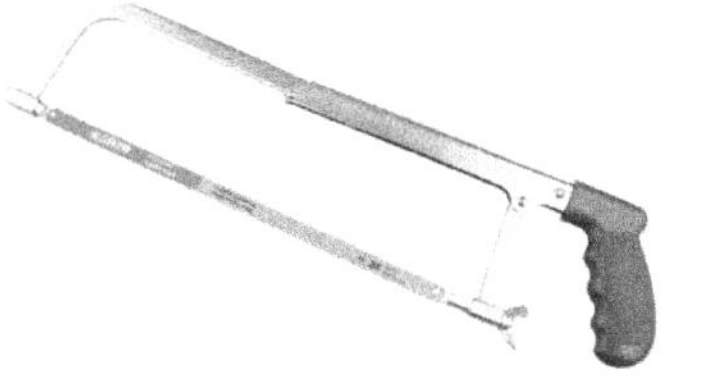

图 1-1-4　弓锯

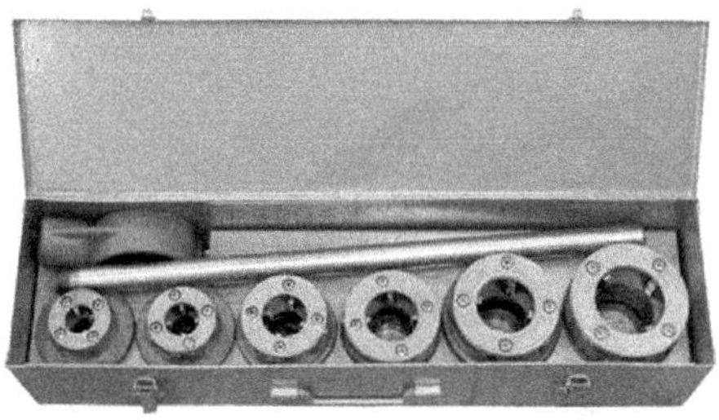

图 1-1-5　手动套丝工具

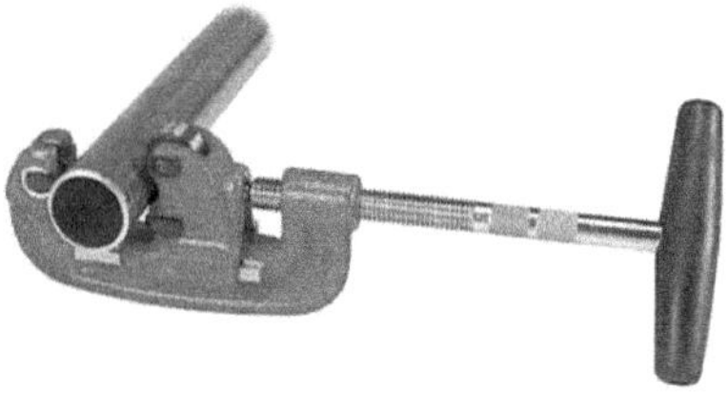

图 1-1-6　镀锌钢管割管器

图 1-1-7　高精度数显倾角仪

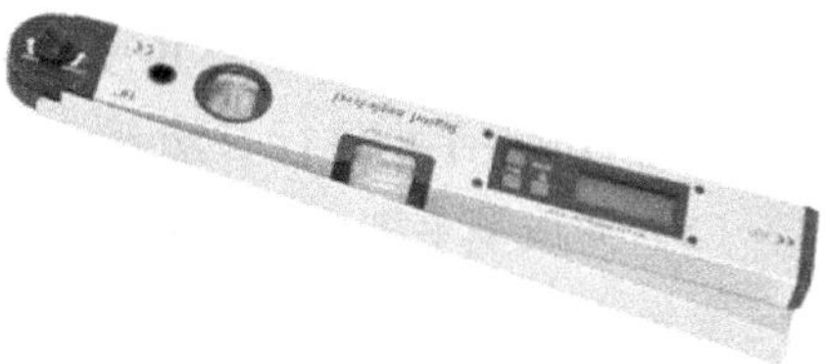

图 1-1-8　数显角度尺

【任务实施】

校直机的使用

1. 铝塑管校直机使用方法

铝塑管校直机是用于铝塑管校直的设备。铝塑管为成卷供应，在使用前应先进行校直，具体步骤如下。

（1）将校直机底部四个吸盘吸在平整的桌面上，按下吸盘扳手固定好校直机。

（2）从校直机端部将铝塑管插入，保持铝塑管弯曲方向为向上或向下，切不可水平方向弯曲，防止铝塑管滑出校直轮而损坏校直机导轮或铝塑管。

（3）旋转校直机上方旋钮改变校直机校直轮组的卡紧程度。顺时针旋转为卡紧，逆时针旋转为放松，调至松紧合适时向外拉动铝塑管，重复以上操作达到校直效果。校直机的卡紧程度直接关系到铝塑管的校直质量，过紧将使铝塑管弯向相反的方向，过松则起不到应有的校直效果。

2. 弯管器使用方法（16 mm 弯管器）

1）组成结构

弯管器结构如图 1-1-9 所示。

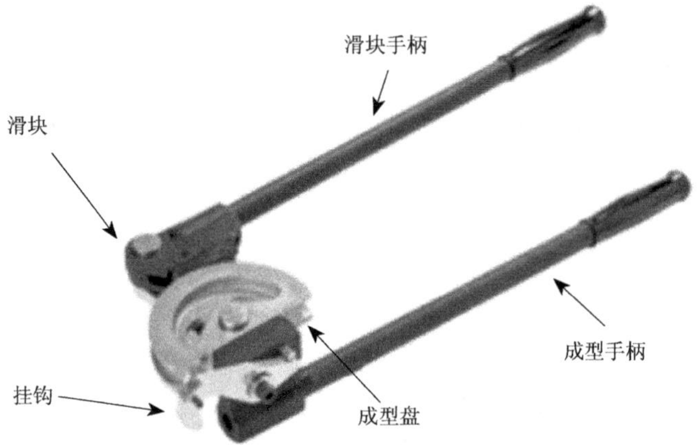

图 1-1-9　弯管器结构

2）常规弯管操作步骤

（1）握住弯管器成型手柄或将弯管器的成型手柄固定在操作台的台虎钳上。

（2）松开挂钩，张开滑块手柄。

（3）将管子放置在成型盘槽中，并用挂钩将其固定在成型盘中。

（4）将滑块手柄推至零角度线位置，调整管子，使管子起弯点标记线与零刻度线对齐，拉动滑块手柄进行卡紧。

（5）向成型手柄方向推动滑块手柄，在初始点时不要用力过大，直到弯成所需要的角度为止。

（6）弯曲结束后，在终点处用笔做标记。

（7）将管子卸下，用角度尺和水平尺测量煨弯后的角度、水平度是否符合设计要求，如有差异，则需要进行调整，弯曲角度误差要控制在设计要求范围以内。

3）回弹

所有材质的管子在完成弯管作业后均会产生一定的回弹量，较软材质管子（如铜管）比较硬材质管道（如不锈钢管）的回弹量小。建议在弯管时留取一定的管子回弹补偿，通常比设计角度大 1°~3°，具体可视管道材质及硬度而定。

3. 弯管器弹簧使用方法

在日常维修时，有时需要徒手弯曲铝塑管，这时就需要用到弯管器弹簧，以防止铝塑管发生折扁，如图 1-1-10 所示。

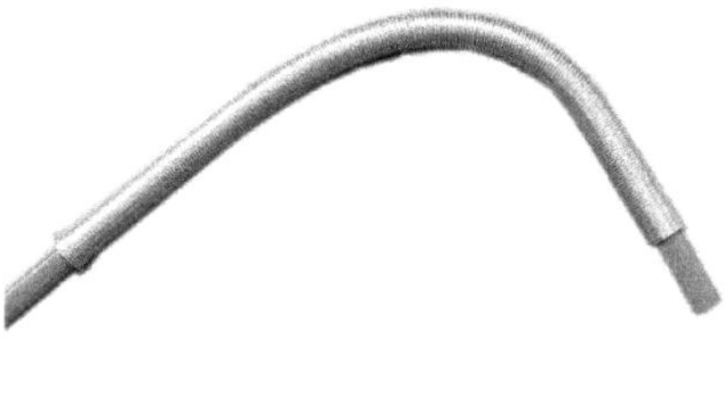

（a）

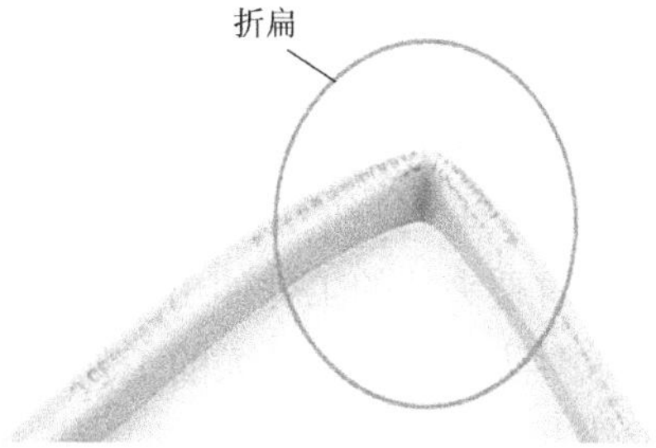

（b）

图 1-1-10　铝塑管折弯

（a）使用弯管器弹簧　（b）未使用弯管器弹簧

弯管器弹簧使用注意事项：

（1）使用时将弯管器弹簧套在铝塑管需要折弯的位置；

（2）尽量以较大的半径加以弯曲，用力要缓慢、平稳，直至满足要求。

4. 弓锯使用方法

1）锯条的安装要领（图 1-1-11）

（1）齿尖朝前。

（2）松紧适中。

（3）锯条无扭曲。

弓锯的使用

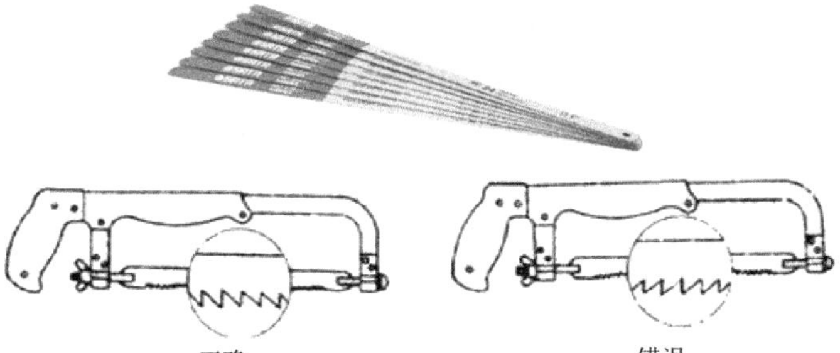

图 1-1-11　锯条

2）锯割的操作要领

（1）锯割时身体保持站立姿势：左脚向前半步，右脚稍微靠后，自然站立，重心偏于右脚，右脚应站稳，左腿膝关节应自然弯曲。

（2）握锯要自然舒展。右手握住锯柄，左手握住弓锯的前端，身体稍向前倾斜，利用身体的前后摆动带动弓锯前后运动。推锯时锯齿起切削作用，应给以适当的压力；回拉锯时因锯齿不起切削作用，应将锯稍微提起，以减少对锯齿的磨损。锯割时应尽量利用锯条有效长度，如果行程过短，会导致锯条局部磨损过快而缩短使用寿命，甚至因局部磨损导致锯条卡住或折断。

（3）起锯时锯条与工件表面倾斜角约为 15°，最少有三个锯齿同时接触工件，起锯时利用锯条的前端（远起锯）或后端（近起锯），靠在工件一个面的棱边起锯。起锯时来回推拉距离要短、压力要轻，以确保尺寸准确，锯齿容易吃进。近起锯主要用于薄板。

（4）锯割时注意推拉频率，对软材料和有色金属材料频率为每分钟往复50~60次，对普通钢材频率为每分钟往复30~40次。

（5）锯割时被夹持的工件伸出钳口部分长度要短，锯缝尽量放在钳口左侧。夹持较小的工件时要防止变形，较大的工件不能夹持时，必须放置稳妥再锯割。锯割前在原材料或工件上划出锯割线，划线时应考虑锯割后的加工余量。锯割时要始终使锯条与所划的线重合，这样才能得到理想的锯缝。如果锯缝有歪斜应及时纠正。若锯缝已歪斜很多，很难改直而且很可能折断锯条，应改从工件锯缝的对面重新起锯。

（6）锯割较厚的软材料（如紫铜、青铜等）时应选用粗齿锯条。锯割硬材料或薄的材料（如工具钢、合金钢等）时应选用细齿锯条。一般而言，锯割薄材料时，锯割截面上应有三个锯齿同时参与锯割，以避免锯齿被钩住或崩裂。

（7）薄壁管子和精加工过的管子，应夹在有V形槽的两个木衬垫之间。锯割薄衬料时，应尽量从宽面锯下去。

5. 手动套丝工具使用方法

套丝板是手动套丝工具，也叫管子铰板，常见手动套丝板分为板牙固定型与板牙活动型两种。

板牙固定型手动套丝板质量较小，只能对一种规格的钢管套螺纹，管径改变则需更换板牙头，常用规格有*DN*15及*DN*20固定型套丝板。

板牙活动型手动套丝板设计有专门的板牙活动标盘，活动标盘上安装有松紧板牙的扳手及调整板牙间距的手柄，活动标盘上的手柄可调整牙间距以匹配相应的管径，牙间距与钢管口径对好后，锁紧手柄即可锁定牙间距。

使用套丝板给管子套丝时（图1-1-12），调整扳手的松紧来松动或紧固板牙，一只手扳动套丝板把手，沿着管轴心线回转，另一只手扶住板身，沿管子轴心方向向前推进，当板牙进入管子1~2个丝扣时，添加专用油润滑；然后双手一前一后握持套丝板把手并均匀用力旋转把手，套丝板继续前进套螺纹；当套好丝的管子端部与板牙外端平齐时套丝完成，此时可提起旋转板身上棘轮拨叉180°，继续套丝时的动作，可将套丝板从管子上退出。套丝板板身即将离开管子时，要注意用手托住板牙头防止跌落损坏。

6. 镀锌钢管割管器使用方法

（1）将管子置于刀片和两组轴承中间。

（2）推进并旋转手动手柄进刀，使割刀与管子轻微接触，并保持位置固定。

（3）推动手柄使割刀绕管子旋转，左手握管、右手持刀，右手向下绕管圆周方向旋转割刀；或者右手握管、左手持刀，左手向上绕管圆周方向旋转割刀。

（4）旋转割刀，使管子表面形成稳固的切割痕迹，在确保割刀可以顺畅转动时，适当旋紧手柄产生进刀方向的同步旋转，重复以上动作直至管子切断。

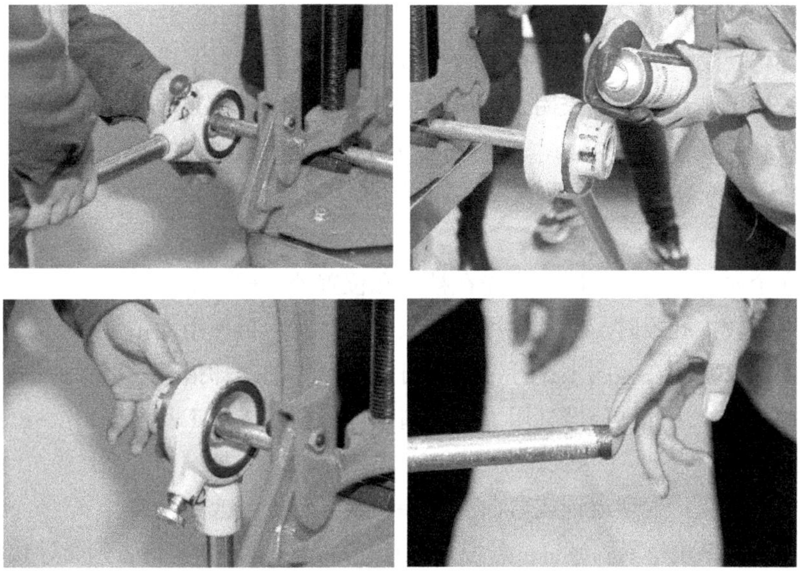

图 1-1-12　使用套丝板给管子套丝

7. 充电手枪钻使用方法

充电手枪钻结构如图 1-1-13 所示。

充电式手枪钻使用方法

图 1-1-13　充电手枪钻结构

1）做好个人防护及注意事项

（1）面部朝上作业时，要戴上防护面罩；在生铁铸件上钻孔时，要戴好防护眼镜。

（2）在高处作业时，应做好高处防坠落措施，并应有专人扶持梯子。

（3）作业时钻头处于灼热状态，应注意不要灼伤肌肤。

（4）钻 ϕ12 mm 以上的孔时，应使用有侧柄的手枪钻。

（5）钻头与夹持器应适配，并妥善安装。

2）确保现场用电安全

（1）确认现场所接电源与电钻铭牌是否相符，是否接有漏电保护器。

（2）确认电钻开关处于关闭状态，以免接通电源时电钻立即启动而造成人员伤害。

（3）若作业场所远离电源，应使用容量足够、安装合格的延伸线缆。延伸线缆如通过人行过道，应高架或做好防止线缆被碾压损坏的措施。

3）操作说明

（1）在金属材料上钻孔时，应先在被钻孔位置处打样冲眼。

（2）在钻较大孔眼时，应预先用小钻头钻穿，然后再使用大钻头钻孔。

（3）如需长时间在金属上进行钻孔，可采取一定的冷却措施，以保持钻头的锋利。

（4）钻孔时产生的钻屑严禁用手直接清理，应使用专用工具清理。

4）维护和检查

（1）检查钻头：发现迟钝或弯曲的钻头，应立刻处理或更换。

（2）检查电钻机身紧固螺钉：若发现螺钉松动，应立即扭紧，否则会导致电钻故障。

（3）检查碳刷：若发现电动机上碳刷的磨耗程度超出极限，应立即予以更换，以免电动机发生故障，此外碳刷必须保持干净状态。

（4）检查保护接地线：保护接地线是保护人身安全的重要措施，因此应经常检查并确保Ⅰ类器具的金属外壳有良好的接地。

8. 高精度数显倾角仪使用方法

1）角度尺精度检验

（1）测量 X 角和 Y 角的角度值 X_1 和 Y_1。

（2）原地旋转 180° 测量新角度值 X_2 和 Y_2，理论上应该得到 $X_1=-X_2$，$Y_1=-Y_2$。如果误差过大，要进入校正模式校正误差。

2）使用说明

（1）显示屏界面说明，如图 1-1-14 所示。

高精度数显倾角仪的使用方法

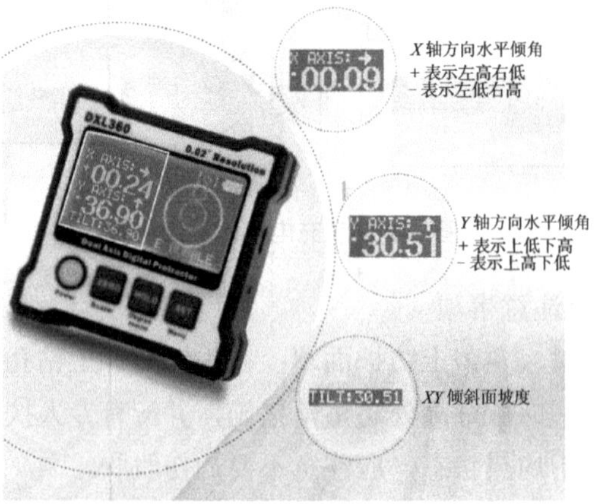

图 1-1-14　高精度数显倾角仪显示屏界面

（2）模拟水平泡：水泡在哪边，平面哪边就高，如图 1-1-15 所示。

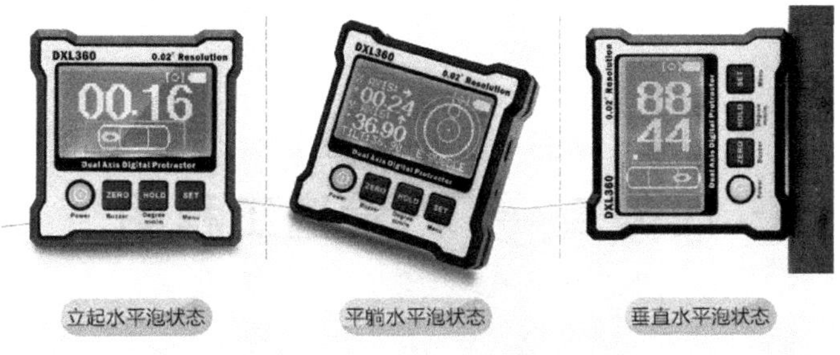

图 1-1-15　高精度数显倾角仪模拟水平泡

（3）数据保持：便于锁定水平仪读数状态，方便查看读数，如图 1-1-16 所示。

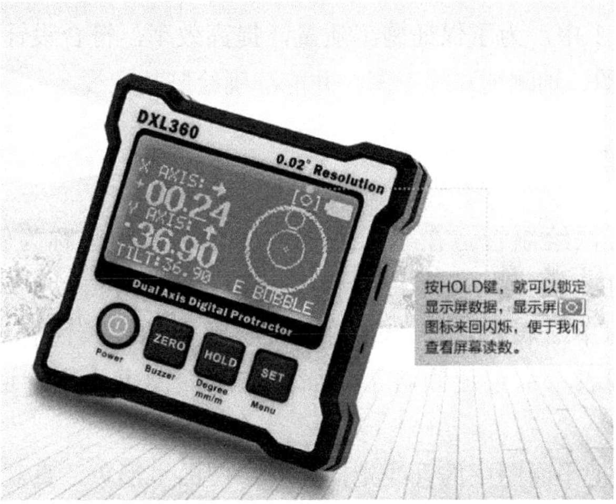

图 1-1-16　高精度数显倾角仪锁定读数状态

（4）陀螺仪功能：可以测试空间不相邻平面夹角，如图 1-1-17 所示。

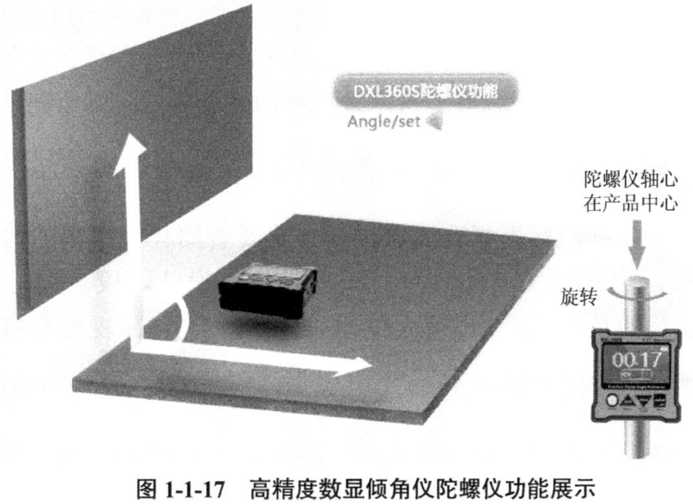

图 1-1-17　高精度数显倾角仪陀螺仪功能展示

【思考与练习】

（1）简述镀锌钢管割管器的使用方法。

（2）锯割时身体如何站立？推拉频率一般是多少？

任务二　管道工程图

【任务导入】

在管道工程施工中，为了保证施工质量，提高效率，符合设计、施工的要求，要正确识读管道平面图、轴测图和施工图，并能准确绘制基准线。

【任务准备】

1. 管道平面图

用正投影的方法绘制管道在平面图上的位置所得的图称为管道平面图。管道平面图表示管道在平面上的实际位置和走向，标有管径、坡度、走向、标高等。管道平行于平面用单线表示，在平面图上反映管道的实长；管道垂直于平面，在平面图上用一个圈表示；管道倾斜于平面，在平面图上为比管道实长短的直线。

2. 管道轴测图

管道轴测图能把平面图中的管线走向在一个图面里形象、直观地反映出来。特别是在一个系统里有许多纵横交错的管线时，轴测图就更能显示它的直观作用，其线条清晰、富有立体感，可以反映整个管线的空间走向和位置。

3. 识读管道施工图

识读管道施工图主要是识读平面图、立面图和轴测图等图样，尤其是识读平面图和轴测图这两个关键图样，掌握了这两种图样的识读方法，其余图样识读就轻而易举了。

1）单张图样的识读

当拿到一张图样时，首先要看标题栏，其次要看图样上所画的图和数据。通过标题栏的阅读，可知该图样的名称、工程项目、设计阶段及图号、比例等情况。特别需要注意的是，除了标题栏中标注的比例外，局部视图会另外标注放大比例。

在平面图的右上角往往都画有指北针，它表示管道和建筑物的朝向，实际施工时根据它确定所有管道的走向；有的还画有风向玫瑰图，如图 1-2-1 所示。

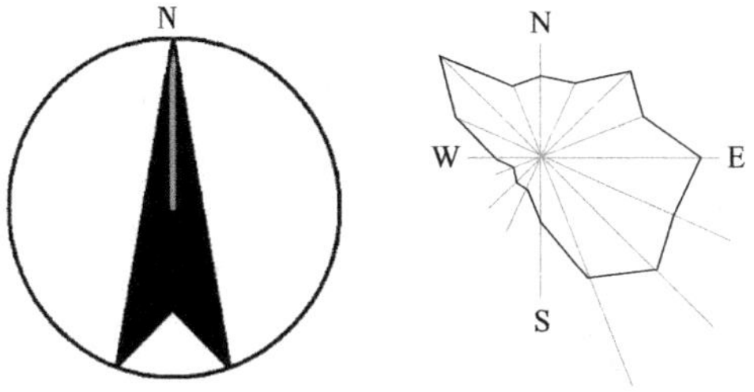

图 1-2-1　指北针和风向玫瑰图

图样上的符号、详图等，都应该由大到小、由粗到细认真识读；图样上的每一根线条、图例、数据都应互相校对；对图样上的每一路管线，必须弄清编号、管径大小、介质流向、管道尺寸、管道标高和材质以及管线的起点、终点和转折点。对于管线究竟是架空敷设，还是地面敷设或地下敷设，以及机器设备、建（构）筑物的相对位置等都要一一查对清楚。对于管线中的管配件，应弄清阀门、法兰、垫片、盲板、孔板、温度计、流量计、热电偶等的名称、种类、型号、数量、压力、温度等。

2）整套图样的识读

当拿到一整套图样时，首先应该看图样目录，其次是施工图说明和设备材料表，最后是平面图、轴测图等。

Ⅰ. 识读平面图的目的

（1）了解房屋构造、轴线分布及尺寸情况。

（2）明确各路管线的起点、终点、转折点，管线与管线、管线与设备或建（构）筑物之间的位置关系。

（3）掌握各设备的编号、名称、定位尺寸、接管方向及标高。

（4）明确各路管线的编号、规格、介质名称、坡度坡向、平面定位尺寸、标高尺寸及阀门的位置情况。

某建筑一至三层采暖平面图如图 1-2-2 所示。

Ⅱ. 识读轴测图的目的

（1）明确管线的实际走向、分支路数、转弯次数及弯头的角度。

（2）明确管线上的配件名称、阀件名称及所连接的设备。

（3）了解传输介质的性质，明确介质流动方向、管线标高及坡度等。

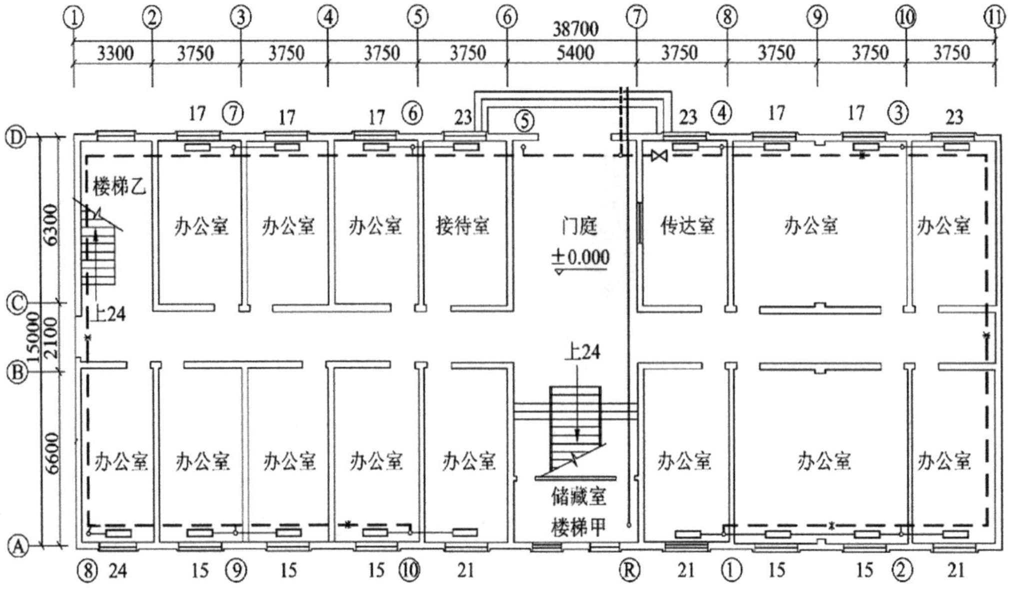

一层采暖平面图（1：100）

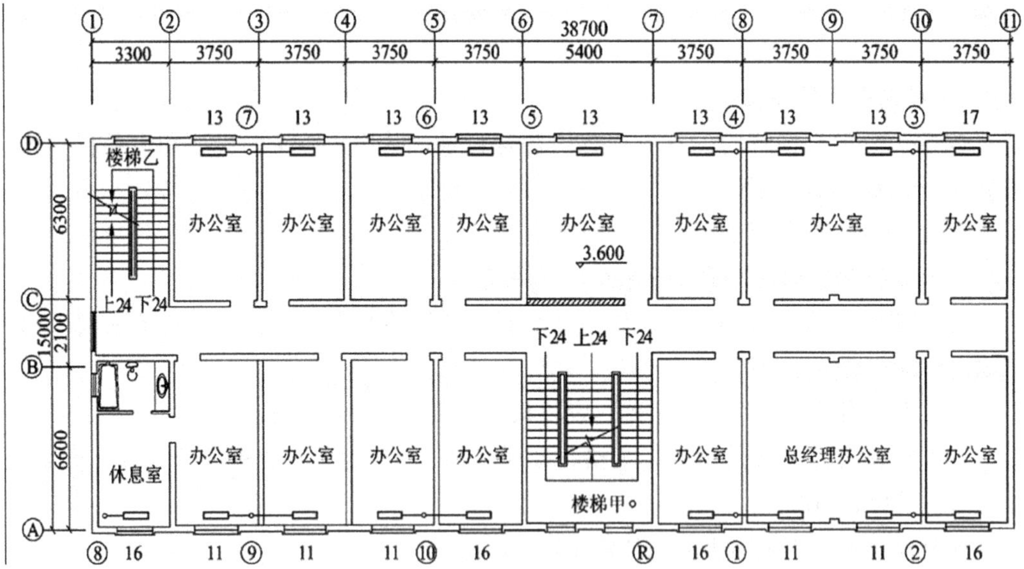

二层采暖平面图（1：100）

图 1-2-2　某建筑采暖平面图

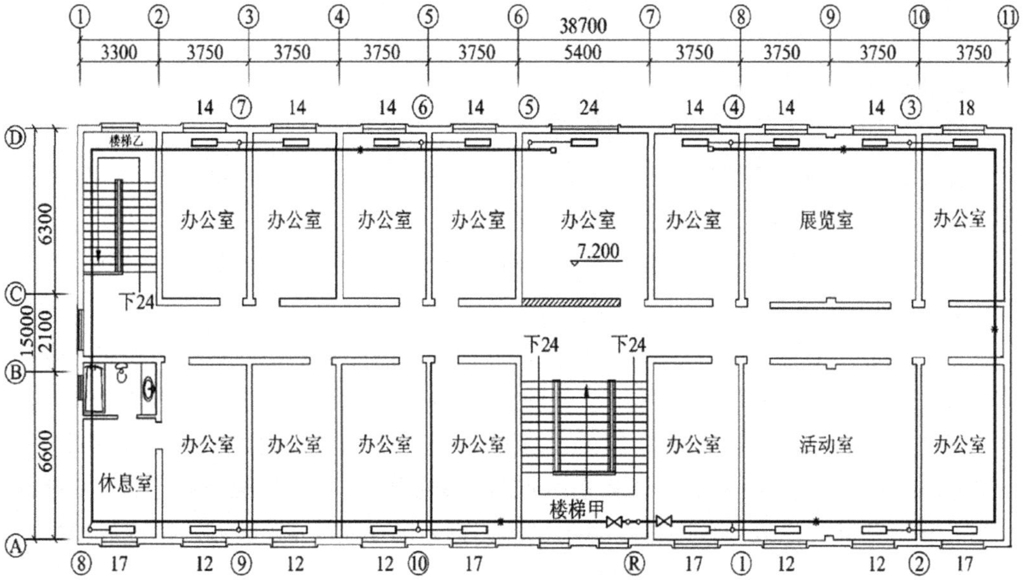

三层采暖平面图（1：100）

图 1-2-2　某建筑采暖平面图（续）

某建筑供暖轴测图如图 1-2-3 所示。

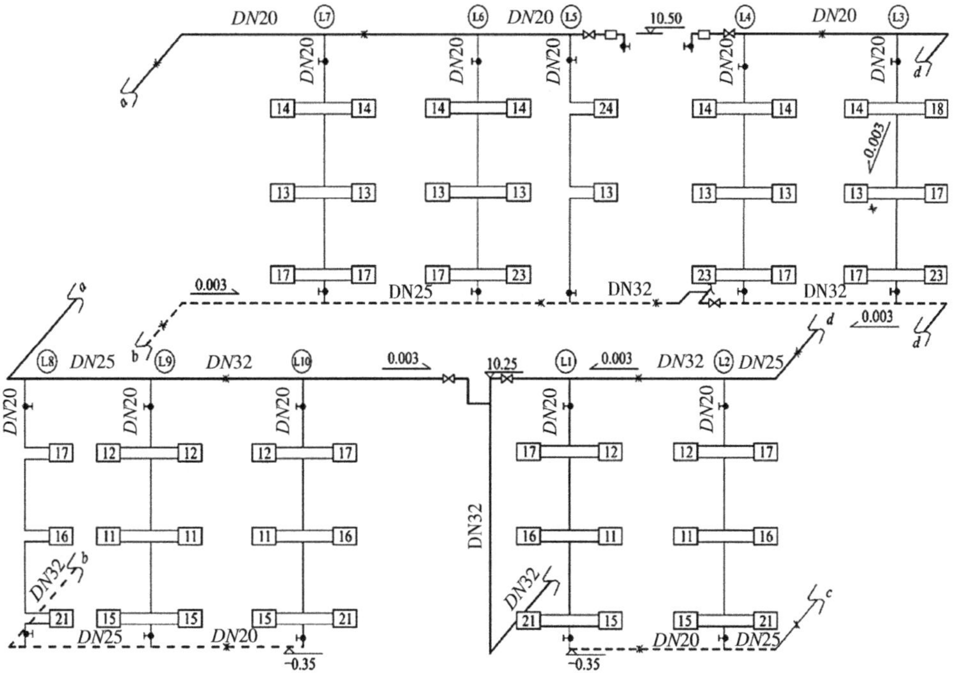

图 1-2-3　某建筑供暖轴测图

由于管道图的种类比较多，图与图之间既有联系又有区别，当感到所识读的图样不能完全反映管线细节时，应迅速准确地找到所需的其他对应图样，把它们对照起来看。图样上的线条多而复杂，应掌握投影原理、介质的工艺流程以及管配件、阀件常用图例的画法，并细致地按上述步骤和方法识读，就可以正确识图。

4. 绘制草图和基准线

绘制草图，可用以支持给定的施工图纸，辅助完成管道安装。

基准线是管道与制暖项目中设备及管道安装的位置基础，基准线绘制的准确性直接决定项目中设备及管道安装的质量及美观度。

在进行基准线的绘制时，应配合使用直板尺与水平尺，确保基准线横平竖直、位置精确。

如图 1-2-4 所示，其中基准线有两条，分别为横向（水平）基准线和竖向（垂直）基准线。基准线的绘制同样有基准，如图 1-2-4 中的横向基准线是以其面板底部为基准，以 1 000 mm 为基础尺寸绘制的；而竖向基准线是以其面板左侧为基准，以 1 500 mm 为基础尺寸绘制时，即横向基准线是以面板下沿为基准，向上量 1 000 mm 绘制，竖向基准线是以面板左侧边沿为基准，向右量 1 500 mm 绘制。基准线绘制时，应采用数显水平尺与钢直尺配合进行，数显水平尺主要根据显示的角度（水平为 0°，垂直为 90°）确定基准线的水平度和垂直度，钢直尺用于测量尺寸及划线。

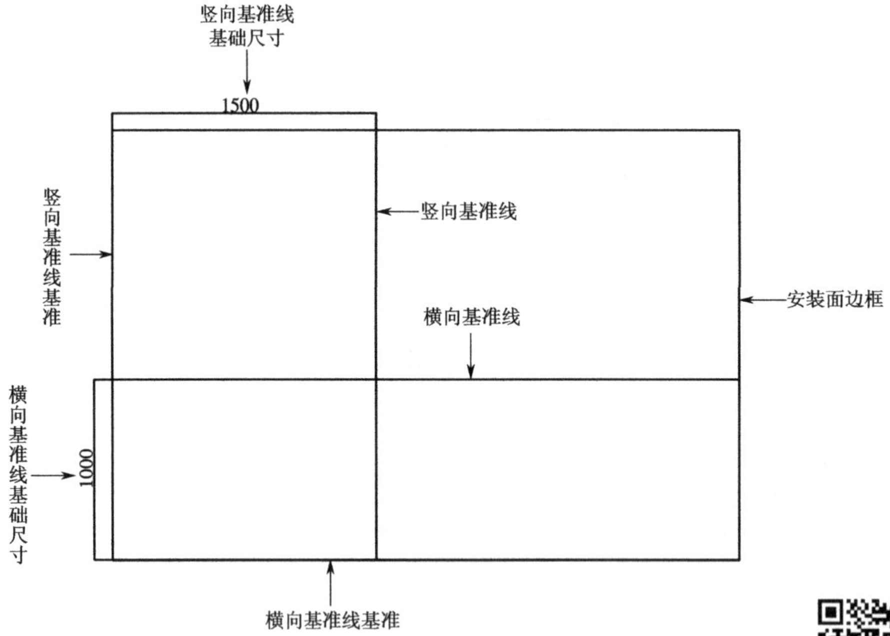

图 1-2-4　基准线示意图

基准线的绘制

【思考与练习】

（1）如何绘制基准线？

（2）管道施工图以平面图、立面图和轴测图为主，三种图分别可读取哪些参数？

任务三　建筑管道安装基本技术操作

【任务导入】

高质量的供热、给水、排水、卫生设施等管道系统变得越来越重要，根据国际主流先进管道系统，管道与制暖系统包括不锈钢管、铜管、铝塑复合管、镀锌管等管道的安装。管子煨弯、卡压连接、铜管焊接和镀锌钢管套丝等是管道安装施工中的关键技术。

【任务准备】

铝塑复合管的连接

管钳的使用方法

1. 工具和材料准备

（1）将操作台放在便于工作和光线适宜的地方。

（2）准备好实训所用工具和设备，检查工具、设备等是否良好，熟悉工具的使用方法和注意事项。

（3）将工量具整齐摆放在左右手两侧，不能使其伸到操作台以外。

（4）准备相关管材和管件，掌握材料的基本性能。

2. 工作要求

（1）按照实训项目防护要求，穿戴好防护用品。

（2）使用各种工具要轻拿轻放，由多个部件组合而成的工具要双手拿稳，避免部件跌落损坏。

（3）管钳、扳手等工具加套管接长使用时，必须使用专用的套管，且不可用力太猛，以防滑脱。

（4）当管子快锯断时，不要用力过大，应放慢速度，以免碰伤双手，并要采取防止锯断后管子坠落的措施。

（5）拧紧螺丝时用力不要过大，尽量不要在活动扳手上使用套管，如果必须使用，用力要适当，防止其脱落或断裂。

（6）工作完成后，认真清理现场，对所用过的工具设备按照不同保养要求进行清理、润滑，将工量具放回原处、摆放整齐，将材料、工件存放在规定的地方，将切屑及污物及时运送到指定地点。

【任务实施】

1. 煨弯工艺

用手动弯管器煨弯公称直径不超过 25 mm 的管子。

1）计算确定弯曲长度

弯曲长度是确定管段下料长度的依据，也是确定弯管起弯点的依据。弯曲长度的计算公式为

$$L=\frac{\pi\alpha R}{180}=0.017\,45\alpha R$$

式中　L——弯曲部分的展开长度（mm）；

α——弯曲角度（°）；

0.017 45——弯曲长度系数；

R——弯曲半径（mm）。

确定弯曲长度后，用笔标注起弯端的起弯点，如图 1-3-1 所示。

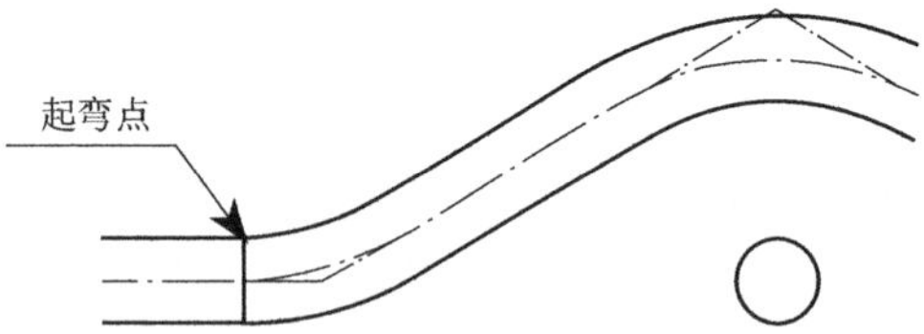

图 1-3-1　标注起弯点

2）半弯直长计算

半弯直长是起弯点与止弯点之间的直线距离，如图 1-3-2 所示。

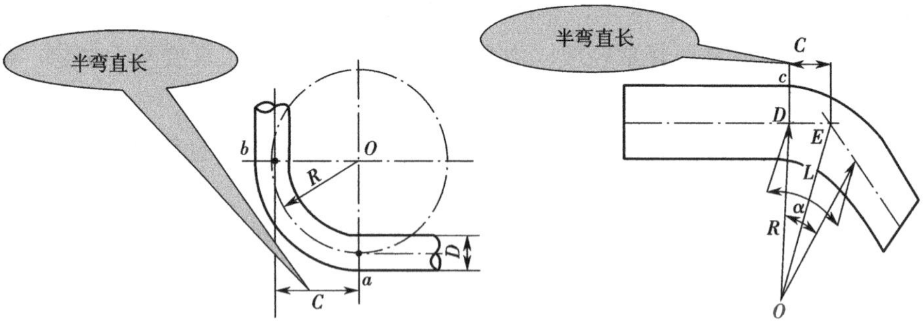

图 1-3-2　半弯直长示意图

实际煨弯过程中半弯直长为

$$C=C_{\alpha}\times R$$

式中　α——煨弯角度；

R——煨弯半径；

C_{α}——半弯直长系数。

其中，C_α 可根据表 1-3-1 查出或计算，例如 α=30° 的半弯直长系数计算公式为

$$C_{30°}=\tan(30°/2)=0.2679$$

表 1-3-1　半弯直长系数

弯曲角度 α	半弯直长系数	弯曲长度系数	弯曲角度 α	半弯直长系数	弯曲长度系数	弯曲角度 α	半弯直长系数	弯曲长度系数
1	0.008 7	0.017 5	31	0.277 3	0.541 1	61	0.589	1.064 7
2	0.017 5	0.034 9	32	0.286 7	0.558 5	62	0.600 9	1.082 1
3	0.026 1	0.052 4	33	0.296 2	0.576	63	0.612 8	1.099 6
4	0.034 9	0.069 8	34	0.305 7	0.593 4	64	0.624 9	1.117
5	0.043 6	0.087 3	35	0.315 3	0.610 9	65	0.637	1.134 5
6	0.052 4	0.104 7	36	0.324 9	0.628 3	66	0.649 4	1.151 9
7	0.061 1	0.122 2	37	0.334 5	0.645 8	67	0.661 8	1.169 4
8	0.069 9	0.139 6	38	0.344 3	0.663 2	68	0.674 5	1.186 8
9	0.078 7	0.157 1	39	0.354 1	0.680 7	69	0.687 2	1.204 3
10	0.087 5	0.174 5	40	0.364	0.698 1	70	0.700 2	1.221 7
11	0.096 2	0.192	41	0.373 8	0.715 6	71	0.713 2	1.239 2
12	0.105 1	0.209 4	42	0.383 9	0.733	72	0.726 5	1.256 6
13	0.113 9	0.226 9	43	0.393 9	0.750 5	73	0.739 9	1.274 1
14	0.122 8	0.244 3	44	0.404	0.767 9	74	0.753 6	1.291 5
15	0.131 6	0.261 8	**45**	**0.414 1**	**0.785 4**	75	0.767 3	1.309
16	0.140 5	0.279 3	46	0.424 5	0.802 9	76	0.781 3	1.326 5
17	0.149 4	0.296 7	47	0.434 8	0.820 3	77	0.795 4	1.343 9
18	0.158 4	0.314 2	48	0.445 2	0.837 8	78	0.809 8	1.361 4
19	0.167 3	0.331 6	49	0.455 7	0.855 2	79	0.824 3	1.378 8
20	0.176 3	0.349 1	50	0.466 3	0.872 7	80	0.839 1	1.396 3
21	0.185 3	0.366 5	51	0.476 9	0.890 1	81	0.854	1.417 3
22	0.194 4	0.384	52	0.487 7	0.907 6	82	0.869 3	1.431 2
23	0.203 4	0.401 4	53	0.498 5	0.925	83	0.884 7	1.448 6
24	0.212 6	0.418 9	54	0.509 5	0.942 5	84	0.900 4	1.466 1
25	0.221 6	0.436 3	55	0.520 5	0.959 9	85	0.916 3	1.483 5
26	0.230 9	0.453 8	56	0.531 7	0.977 4	86	0.932 5	1.501
27	0.24	0.471 2	57	0.542 9	0.994 8	87	0.948 4	1.518 4
28	0.249 3	0.488 7	58	0.554 3	1.012 3	88	0.965 7	1.535 9
29	0.258 7	0.506 1	59	0.565 7	1.029 7	89	0.982 7	1.553 3
30	**0.267 9**	**0.523 6**	**60**	**0.577 4**	**1.047 2**	**90**	**1**	**1.570 8**

注：表中加粗数字为常用角度半弯直长系数，且角度单位为（°）。

3）煨弯计算例题

例 假设弯曲半径 R=56 mm，煨制图 1-3-3 所示管道，图中管材间距 25 mm 指管材外壁到外壁的距离，而非管材中心距离。

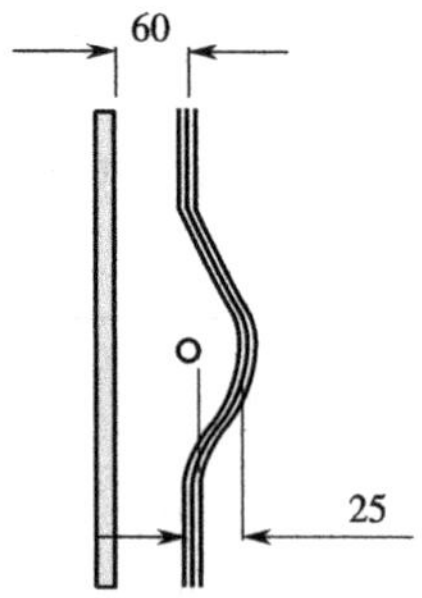

图 1-3-3 煨弯例题示意图

已知条件中没有煨弯角度，可以根据现场情况自己设定，设定的角度只能是特殊角，即 30°、45°、60°、90°。

（1）计算三角形边长，如图 1-3-4 所示：

A=25+8+8+A_1=49 mm

B=tan 60°×A=84.9 mm

C=A/sin 30°=98 mm

注：A_1 按照管子半径估算为 8 mm。

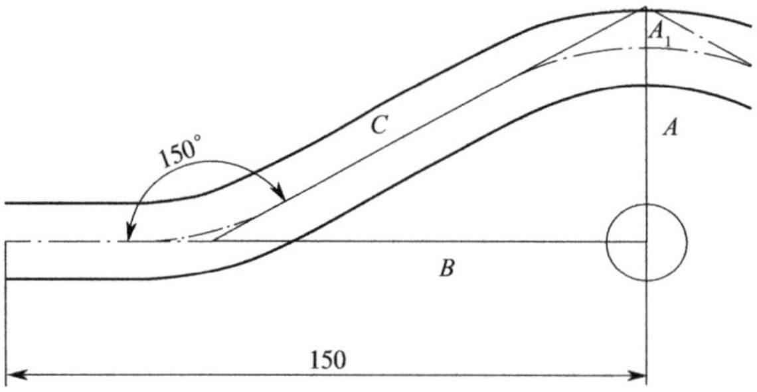

图 1-3-4 煨弯三角形示意图

（2）计算起弯点 1，取 A=49 mm，B=85 mm，C=98 mm，如图 1-3-5 所示，则起弯点 1=150−85−15=50 mm。

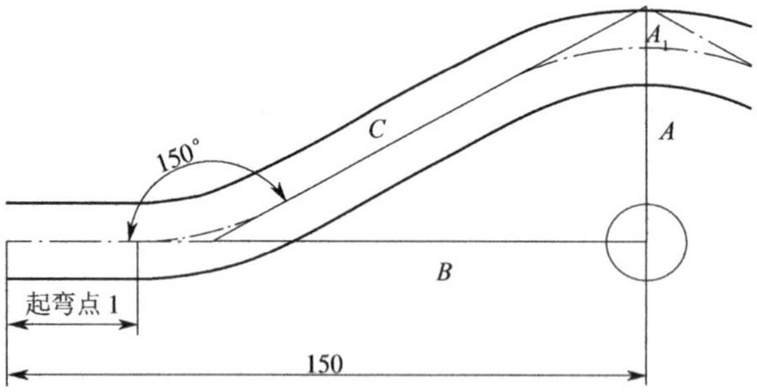

图 1-3-5 煨弯起弯点示意图

（3）计算起弯点 2 和止弯点 1，如图 1-3-6 所示：

C_1=C− C_{30}×R− C_{60}×R=51 mm

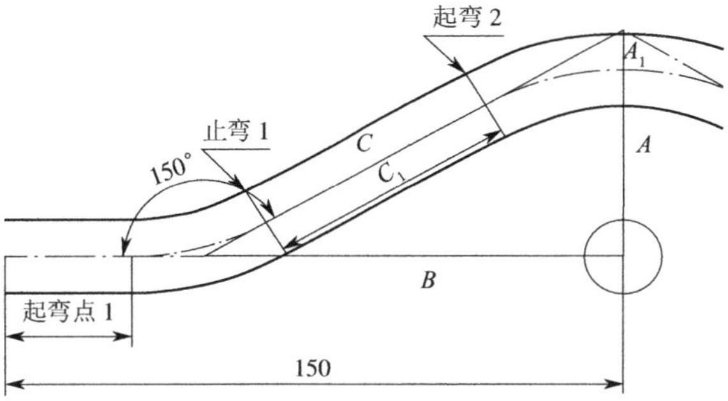

图 1-3-6　煨弯起弯点、止弯点示意图

弯管前，先根据弯管的弯曲角度，在被弯管上划出止弯点，一般止弯位置应比所需弯曲角度大 3°~5°。操作时，将被弯制的管子放在弯管胎槽内（注意：应用天然气输送钢管和直缝焊接钢管冷弯时，应使焊缝位于距中心轴线 45° 的区域内），管子一端固定在活动挡板上，慢慢推动手柄，将管子弯曲到所要求的角度，然后松开手柄，取出弯管。

4）煨弯操作

学生按照 4 至 6 人一组进行分组，选定组长，安排好每个人的分工，以小组为单位合作完成管道煨弯。

铝塑管煨弯加工

（1）根据所弯管材的规格和弯曲半径选用合适的手动弯管器。

（2）将手动弯管器成型手柄固定在操作台的台钳上夹持固定，并用水平角度仪测量调整其水平度，使水平角度仪指针指向 0°。

（3）根据图样设计要求，选用相应规格的管材，检查管材表面有无凹陷、压扁等缺陷，表面质量不合格的不得选用，并将管材表面清理干净。

（4）确定弯管弧度的起点，并做标记线。

（5）松开挂钩，抬起滑块手柄，在滑块和成型盘槽中滴几滴润滑油，以减小摩擦力，然后将管材放置在成型盘槽中，并用挂钩将其固定在成型盘中。

（6）将滑块手柄推至零角度线位置，调整管子，使管道标记线与“0°”刻度线对齐，并拉动滑块手柄进行卡紧。

（7）推动滑块手柄旋转，在初始点时不要用力过大，直到弯成所需要的角度为止。

（8）弯曲过程是塑性变形过程，伴有弹性变形过程，外力除去后，管材弯曲半径增大，角度增加。由于管材硬度、外径公差及壁厚不同，一般应对管材进行试弯，最后确定回弹量。

（9）弯曲结束后，在终点处做标记线。

（10）将弯管卸下，用角度尺和水平尺测量煨弯后的管子角度、水平度是否符合设计要求，如有差异，则需要进行修整，弯曲角度误差要控制在设计要求范围内。

5）注意事项

毛巾架的制作

（1）在煨弯过程中弯管要保证水平，使其与弯管器在同一水平面上，每次煨弯前都需使用水平角度仪进行水平度测量，如果发现水平度不一致，则需加以调整。

（2）煨弯操作必须佩戴手套。

2. 卡压连接

不锈钢管的管件认知

卡压钳的使用

卡压连接（图 1-3-7）原理：在双卡压式管件端部凸出的 U 形槽内，预先安装有特制抗老化、食品级 O 形密封圈；安装时，将不锈钢管插入管件中，用专用的卡压工具在管件端部卡压，使 U 形槽内部缩颈，薄壁不锈钢管和管件承插部分同时收缩，卡压成六角形，从而达到连接强度，并满足密封要求，实现管道的连接安装。卡压管件中 O 形密封圈压缩后还保持一定弹性，当由于早晚及季节变化产生热胀冷缩时，能自动补偿，确保管道密封安全。

图 1-3-7　卡压连接

1）工具准备

卡压钳、钢直尺、铝塑管或不锈钢管、割刀、记号笔、倒角器、不锈钢卡压管件。

2）卡压连接操作

学生按照 4 至 6 人一组进行分组，选定组长，安排好每个人的分工，以小组为单位合作完成卡压连接。

（1）划线、下料：量取所需长度划线标记，切断管材；割管时，不可用力过猛，防止管材缩颈。

（2）去除毛刺：不锈钢管材切断后，应将毛刺去除干净，以免割伤密封圈。

（3）为使铝塑管或不锈钢管完全插入管件承口，必须在管端对插入长度进行标记划线。

（4）在管件的 U 形槽内正确安装密封圈，将管子插入管件承口内，等待压接。

（5）将管件凸起部位放在卡压钳模具凹形槽内，钳口与管轴线保持垂直。

（6）卡压完成后，检查成品是否有异常，如出现移位过大、小耳朵等情况应重新制作。

3）操作注意事项

卡压连接操作

（1）卡压时按住卡压工具，直到卡压钳解除压力，卡压不到位容易导致接头漏水，卡压处若有松动可在原卡压处重新卡压一次。

（2）带螺纹的管件应先锁紧螺纹后再卡压，以免因拧螺纹而造成卡压好的接头松脱。

（3）管道如果发生弯曲，应在直管无管件部位修正，不可在管件部位修正，否则可能引起卡压处松动而造成泄漏。

（4）在进行卡压连接的过程中必须佩戴手套，防止手被管道端口毛刺划伤。

4）卡压检查

卡压后检查是否平直无歪斜，检查无误后，再用专用量规检查尺寸是否到位，应仔细检查卡压尺寸，不符合设计尺寸应再次卡压或切断后重新卡压。

3. 铜管焊接

1）钎焊

钎焊是利用熔点比母材低的金属作为钎料，加热后钎料熔化，母材不熔化。利用液态钎料润湿母材，填充接头间隙并与母材相互扩散，将焊件牢固地连接在一起。硬钎焊的钎料熔点高于 450 ℃，软钎焊的钎料熔点低于 450 ℃。

薄壁铜管应用最成熟的钎焊方法：大口径铜管采用使用铜磷钎料或低银铜磷钎料的铜磷硬钎焊，小口径铜管采用使用无铅锡钎料或无铅锡银钎料的锡银软钎焊。

铜管母材的接触面要用钎剂进行处理。钎剂的作用是增加钎料的润湿性和毛细流动性。钎焊钎剂的种类如图 1-3-8 所示。

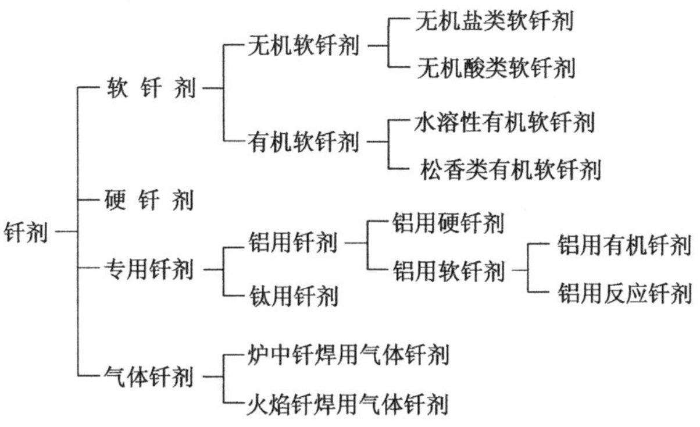

图 1-3-8　钎焊钎剂的种类

2）钎焊操作步骤

学生按照 4 至 6 人一组进行分组，选定组长，安排好每个人的分工，以小组为单位合作完成钎焊。

Ⅰ. 铜管焊前准备

铜管焊接前需要组装和调试焊接设备，完成焊枪射吸能力检查和设备气密性检查

（图 1-3-9（a））。

Ⅱ．铜管下料

铜管焊接连接

（1）选用铜管，检查其是否平直，如有弯曲则应进行调直，管道调直宜在平整的木垫板或操作台上进行，不能在金属板或水泥地上操作，以免损伤管壁。操作时，用木榔头轻轻敲击需调直的部位，逐段调直，或者通过铜管校直器调直。

（2）按照图样要求，量取相应长度的铜管，用作标记，如图 1-3-9（b）所示。

（3）一只手握住铜管，另一只手使用手动割刀器沿标记线位置对铜管进行切割。铜管切割时必须注意应缓慢进刀，防止端口受压过大而内缩，断面应垂直于管轴且不发生变形。

（4）铜管在切割后，用倒角器去除端面毛刺，并用砂纸打磨切割端口 10 mm 范围内的管外壁，去掉铜管焊接处表面氧化层，以便于焊接时获得较好的焊接质量，最后还要用抹布将铜管擦拭干净，如图 1-3-9（c）所示。

铜管焊接有三种位置：竖直焊、水平焊、倒立焊。

（1）竖直焊：为避免钎料流失，应将钎料放在稍高于间隙的部位，然后从另一侧加钎料，使钎料依靠重力作用和毛细作用流入间隙。

（2）水平焊：使钎料紧贴接头，依靠毛细作用使钎料进入缝隙。

（3）倒立焊：因为钎料完全是依靠毛细作用来填满缝隙，因此接头间隙不能过大，且下端不宜加热过多，钎料应紧贴接头处，从火焰的另一侧加料，为了完全填满间隙，保温时间可以相对长一些。

Ⅲ．涂抹焊锡膏

利用小毛刷将焊锡膏均匀地涂抹在承口，如图 1-3-9（d）所示。

Ⅳ．装夹

夹持管件时切忌将承口夹变形，如图 1-3-9（e）所示。

Ⅴ．预加热

对管材与管件进行预加热，温度在 150 ℃左右，如图 1-3-9（f）所示。

Ⅵ．加热

将火焰移至焊料注入点的背后，对管材进行加热，温度控制在 250 ℃左右，如图 1-3-9（g）所示。

Ⅶ．送丝

将火焰稍微移开，使管材温度保持在 250 ℃左右，另一边沿与铜管 45° 角斜下开始送丝，如图 1-3-9（h）所示。

Ⅷ．观察

送丝过程中观察焊料的流动，直至焊料将承口缝隙填满，如图 1-3-9（i）所示。

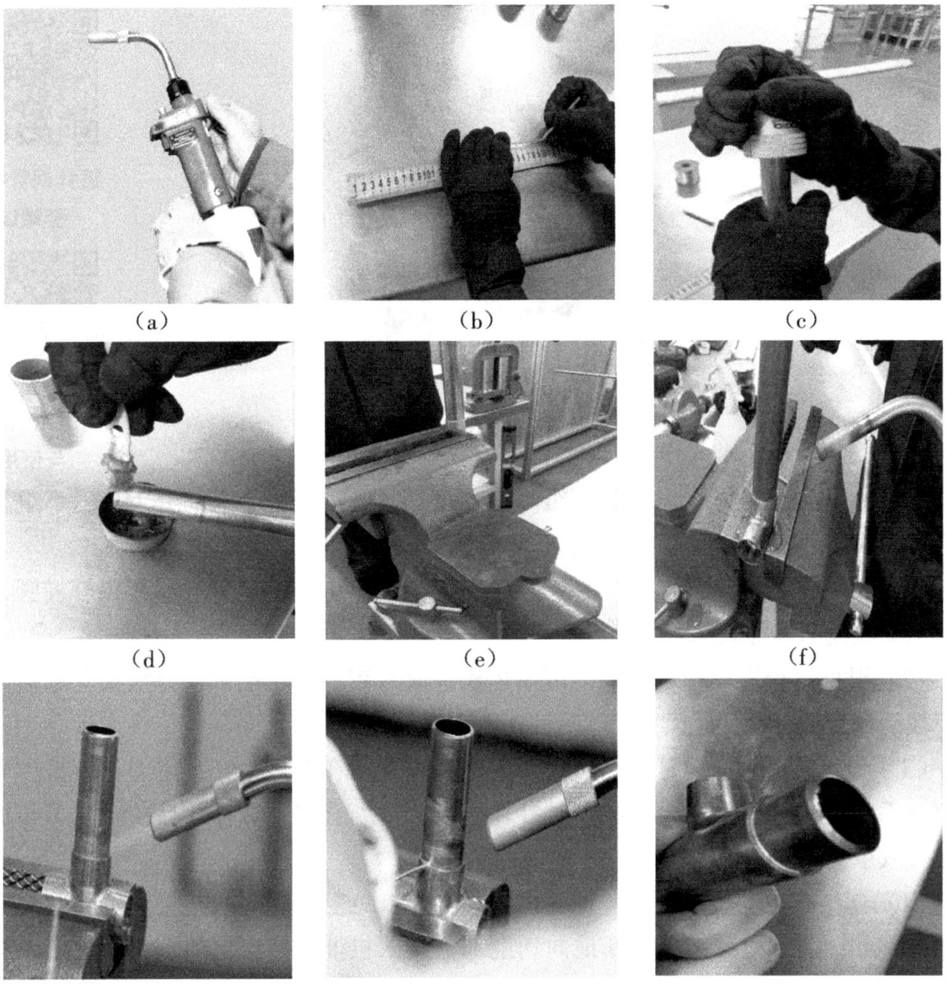

（a）（b）（c）（d）（e）（f）（g）（h）（i）

图 1-3-9　钎焊操作步骤

Ⅸ. 清洁

用喷水壶将水喷在焊接的部位，迅速用棉布将多余的焊锡膏擦拭干净，同时观察焊料是否已经将缝隙填满。如缝隙未填满，则重新加热、送丝，直至整个缝隙都充满焊料。

3）注意事项

（1）手持焊枪时，焊枪头不要对着人。

（2）铜管切割断面和管轴垂直，铜管和管件承插充分，必须确保插到承口底部，防止焊料漏焊。

（3）在焊料未完全凝固时，焊口不得受到任何振动，防止产生裂缝。

（4）铜的传热能力较强，焊接操作时必须佩戴隔热手套，防止烫伤。

4. 镀锌钢管套丝

手动套丝机因为携带方便、无须电源而应用广泛，如图 1-3-10 所示。

图 1-3-10　板牙固定型套丝机

镀锌钢管手工套螺纹

台虎钳的认识与使用

学生按照 4 至 6 人一组进行分组，选定组长，安排好每个人的分工，以小组为单位合作完成套丝。具体步骤及注意事项如下，如图 1-3-11 所示。

（1）将镀锌管夹紧在台虎钳上，管端伸出台虎钳约 150 mm，管口不得有椭圆、斜口、毛刺及喇叭口等缺陷。

（2）根据管径选取相应的一个可换牙模头放入铰板棘轮端部，将铰板套进镀锌管口，拨动棘轮拨叉，使牙模头能顺时针（右手螺纹）转动。

（3）套丝时，人面向管子和台虎钳，两脚分开站在右侧，左手用力将铰板压向管子，右手握住手柄以管轴为中心顺时针转动铰板，当套出 1~2 扣丝后左手就不必加压了，可双手同时转动手柄。

（4）套丝时，动作要平稳，不可用力过猛，以免套出的螺纹与管子不同心而造成啃扣、偏扣；套制过程中要间断地向切削部位滴入机油，使套出的螺纹较光滑，同时减轻切削力；当套至规定的长度时，拨动棘轮拨叉，使铰板逆时针带着牙模头转动退出管子即可。

（5）若要在长度为 100 mm 左右的镀锌管的两端套丝，由于如此短的镀锌管夹持到台虎钳上，伸出的长度小于铰板的厚度而无法套丝，故可先在一根较长的镀锌管上套好一端的螺纹，然后按所需的长度截下并旋入带有直接头的另一根镀锌管上，即可在台虎钳上进行另一端的套丝。

图 1-3-11　手动套丝

【思考与练习】

（1）管子加工中煨弯的角度选用多少度？

（2）管子煨弯的弯曲长度如何计算？

项目二

太阳能热水系统

【项目描述】

太阳能是绿色环保的能源，太阳能热水系统是目前太阳能应用发展中经济价值高、技术成熟且已实现商业化的应用产品。该系统既可提供生产和生活用热水，又可作为其他能源利用形式的热源。本项目介绍太阳能热水系统原理、组成和设计步骤，并指导学生进行管路安装实践。

【项目目标】

（1）掌握太阳能热水系统的原理与组成。

（2）掌握太阳能热水系统的设计方法。

（3）掌握太阳能热水系统的安装方法。

任务一　太阳能热水系统原理

【任务导入】

太阳能热水系统是利用太阳能集热器吸收太阳辐射热量从而加热储水箱中热媒的装置。平板太阳能热水系统主要由平板太阳能集热器、控制中心、双盘管水箱、膨胀罐、排气阀等几大部件组成。太阳能集热器是太阳能低温热利用的核心部件，是吸收太阳辐射能量并向工质传递热量的热交换器。

【任务准备】

1. 太阳能热水系统原理与分类

1）太阳能热水系统原理

太阳能热水系统是利用太阳能集热器吸收太阳辐射热量从而加热储水箱中热媒的装置。太阳能集热器在阳光照射下吸收辐射热并将其充分转化为热能以使热媒升温，通过自动控制循环泵将升温的热媒传输到大型保温储水箱中换热，将热量传递给储水箱中的水并进行保温。该系统既可提供生产和生活用热水，又可作为其他能源利用形式的热源。太阳能热水系统是目前太阳能应用发展中经济价值高、技术成熟且已实现商业化的应用产品，如图 2-1-1 所示。

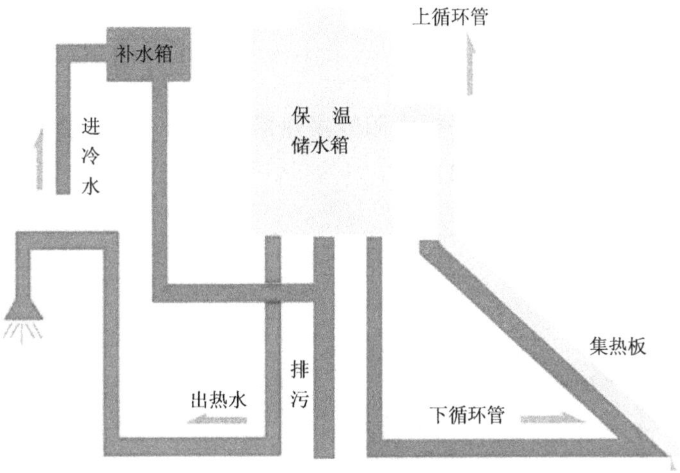

图 2-1-1　太阳能热水系统

2）太阳能热水系统分类

Ⅰ. 无动力型太阳能热水系统

该系统由真空管集热器、水箱、可调整支架、换热器组成。

该系统运行原理：真空管内的水受太阳辐射后开始升温，管内的水升温后密度变小，自然循环到水箱内，逐步加热水箱内的水，升温后的水储存在采用聚氨酯发泡保温的水箱内；室内自来水在水箱内固定好的波纹管流道内流过，与波纹管外水箱内的热水进行换热，有压力的自来水升温到几乎与水箱内热水相同的温度后流出，从而获得稳定的、有压力的、洁净的热水。

Ⅱ. 自然循环太阳能热水系统

该系统是依靠集热器和储水箱中的温差形成热虹吸压头使水在系统中循环，集热器的升温热水不断流动，并储存在储水箱内。

该系统在运行过程中，集热器内的水受太阳辐射后温度升高、密度降低，加热后的水在集热器内逐步上升，从集热器的上循环管进入储水箱的上部；储水箱底部的冷水由下循环管流入集热器的底部。经过一段时间后，储水箱中的水形成明显的温度分层，上层水首先达到可使用的温度，直至整个储水箱的水都可以使用。

取用热水的方法有两种：一种是有补水箱，由补水箱向储水箱底部补充冷水，将储水箱上层热水顶出使用，其水位由补水箱内的浮球阀控制，这种方法称为顶水法；另一种是无补水箱，热水依靠本身重力从储水箱底部落下使用，这种方法称为落水法。

Ⅲ. 直流式太阳能热水系统

该系统是使水一次通过集热器就被加热到所需的温度，被加热的热水陆续进入储水箱中。该系统在运行过程中，为了得到温度符合用户要求的热水，通常采用定温放水的方法。

Ⅳ. 强制循环太阳能热水系统

该系统是在集热器和储水箱之间管路上设置水泵，作为系统中水的循环动力，集热器的有用能量通过加热水，不断储存在储水箱内。

2. 平板太阳能热水系统

1）平板太阳能热水系统组成

平板太阳能热水系统主要由平板太阳能集热器、工作站、盘管换热储水箱、膨胀罐、排气阀等部件组成，如图 2-1-2 所示。

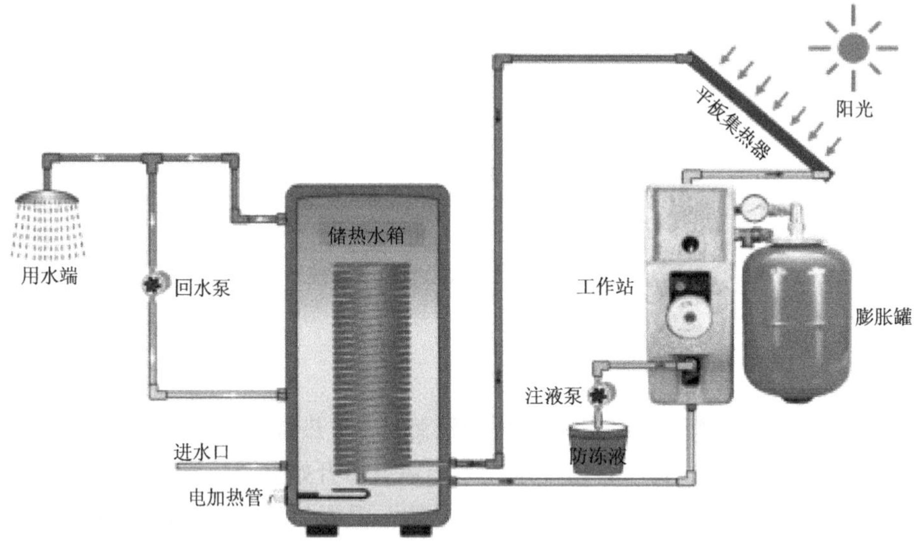

图 2-1-2　平板太阳能热水系统

Ⅰ. 平板太阳能集热器

平板太阳能集热器（图 2-1-3）是太阳能低温热利用的基本部件，也是太阳能市场的主导产品，它是一种吸收太阳辐射能量并向工质传递热量的热交换器。平板太阳能集热器由吸热板芯、壳体、透明盖板、保温材料及有关零部件组成，具体如图 2-1-4 所示。

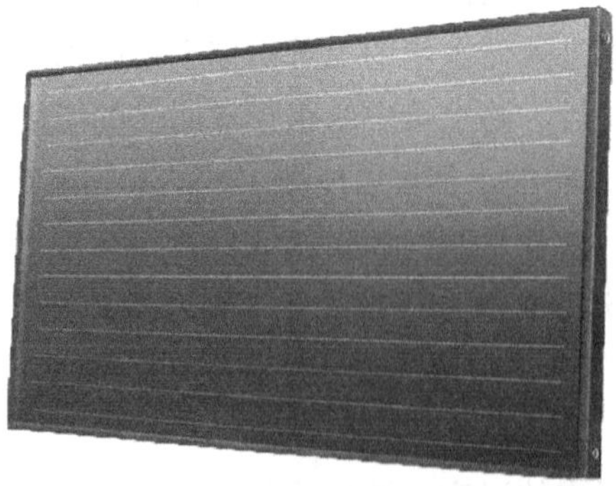

图 2-1-3　平板太阳能集热器

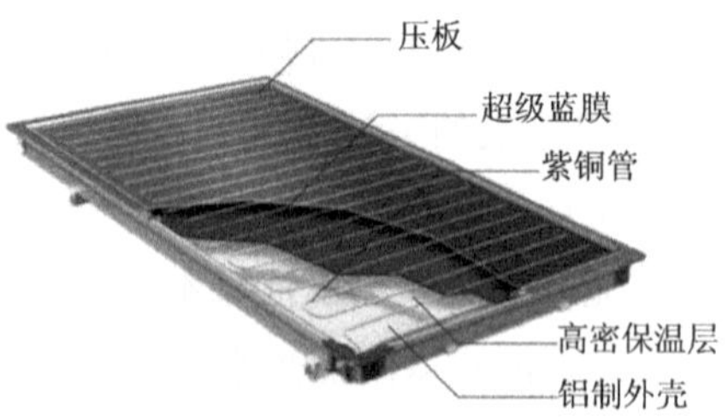

图 2-1-4　平板太阳能集热器组成

Ⅱ. 太阳能工作站

太阳能工作站（图 2-1-5）主要用于强制循环太阳能热水系统，是核心控制部件。工作站能够随时监测循环系统的压力、流量和温差，并且根据进回工质温差自动调整工作站中循环泵的工作状态，实现太阳能热水系统的自动运行。太阳能泵站外形精巧大方、集成度高、安装维护方便、操作简单。

图 2-1-5　太阳能工作站

Ⅲ. 排气阀

排气阀（图 2-1-6）主要应用于液体介质管道中，起到管道自动排气的作用。当系统中有气体时，因为气体会顺着管道向热水系统最高处聚集，所以排气阀一般都安装在系统最高点。气体进入排气阀阀腔后，会聚集在排气阀的上部，随着阀内气体增多，压力上升。当气体压力大于热水系统压力时，气体会使腔内水面下降，浮筒随水位一起下降，打开排气口排气；气体排尽后，水位上升，浮筒也随之上升，关闭排气口停止排气。同样的道理，当热水系统中产生负压时，阀腔中水面下降，浮筒随水位一起下降，排气口打开，由于此时外界大气压力比系统压力大，大气通过排气口进入系统平衡压力，防止系统内出现负压。通常情况下，阀帽应该处于开启状态，如拧紧排气阀阀体上的阀帽，排气阀停止排气会失去自动排气作用。排气阀可以与隔断阀配套使用，以便于排气阀的检修。

图 2-1-6　排气阀

Ⅳ. 双盘管承压水箱

双盘管承压水箱（图 2-1-7）是热水系统中的储水装置，也是生活热水与太阳能集热系统工质（包括水或其他沸点、冰点的液体）换热的设备。太阳能集热系统把工质加热后，输送到水箱内铜制盘管中，与水箱中的水进行热交换，从而加热水箱中的水。加热后的水储存在水箱中保温。当生活中使用热水时，热水从水箱生活热水出口中流出，同时通过生活水进水口自动补充水箱中的水，使水箱中一直保持固定的水量。

双盘管承压水箱由生活热水出口、燃气壁挂炉工质出口、镁棒口、温度探头、燃气壁挂炉工质进口、太阳能工质出口、生活热水回水口、太阳能工质入口、冷水进口、排污口组成，如图 2-1-8 所示。

图 2-1-7　双盘管承压水箱外形

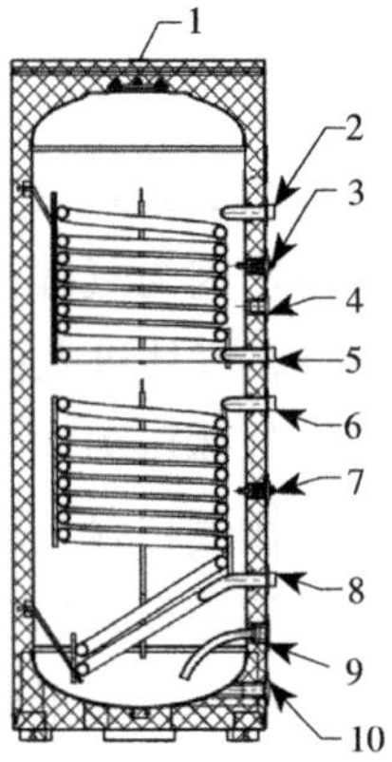

图 2-1-8　双盘管承压水箱结构

1—生活热水出口；2—燃气壁挂炉工质出口；3—镁棒口；4—温度探头；5—燃气壁挂炉工质进口；6—太阳能工质出口；7—生活热水回水口；8—太阳能工质入口；9—冷水进口；10—排污口

Ⅴ. 膨胀罐

膨胀罐（图 2-1-9）用来吸收工作介质因温度变化增加的那部分体积，缓冲系统压力波动，在系统内水压轻微变化时，膨胀罐内气囊的自动膨胀收缩会对水压的变化有一定缓冲作用，以保证系统的水压稳定。

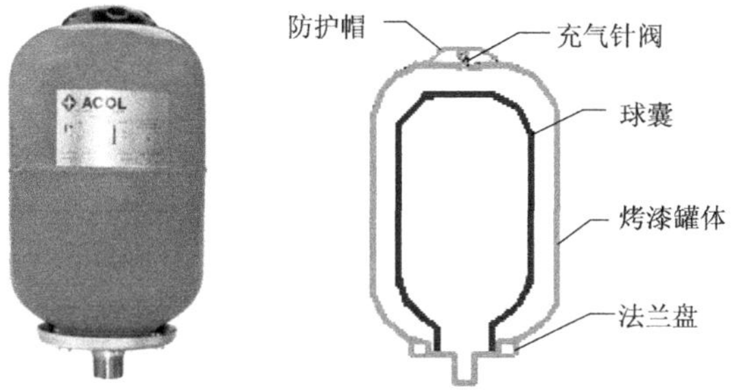

图 2-1-9　囊式膨胀罐结构

膨胀罐的工作原理：当外界有压力的水进入膨胀罐球囊时，密封在球囊和罐体之间的氮气被压缩，氮气受到压缩后体积变小、压力升高，直到球囊和罐体之间的氮气压力与球囊内水的压力达到一致时停止进水；当水流失压力降低时，球囊和罐体之间的氮气压力大于水的压力，氮气膨胀将球囊内的水挤出补到系统中，直到氮气压力与水的压力再次达到一致时，停止排水。

2）平板太阳能热水系统工作原理

在平板太阳能热水系统运行过程中，中央控制器控制循环泵的启动和关闭，既可节约电能又可减少热能损失，如图 2-1-10 所示。控制系统中常用温差控制，也可同时应用温差控制和光电控制。

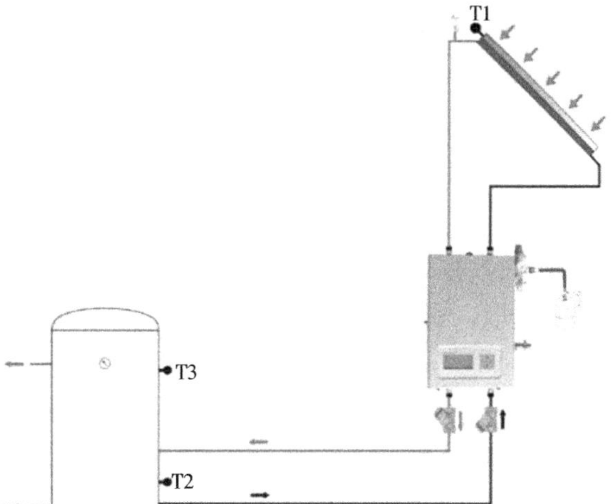

图 2-1-10　平板太阳能热水系统原理

温差控制是利用集热器出口处水温和储水箱底部水温之间的温差来控制循环泵的运行。早晨日出后，集热器内的工质受太阳辐射能加热，温度逐步升高，一旦集热器出口处水温和储水箱底部水温之间的温差达到设定值，温差控制器给出信号，启动循环泵，系统开始运行；遇到云遮日或下午日落前，太阳辐照度降低，集热器温度逐步下降，一旦集热器出口处水温和储水箱底部水温之间的温差达到另一设定值，温差控制器给出信号，关闭循环泵，系统停止运行。

【思考与练习】

（1）平板太阳能热水系统如何工作？

（2）双盘管承压水箱共有几个接口？分别接哪些管路？

任务二　太阳能热水系统设计

【任务导入】

太阳能热水系统的设计包括太阳能热水系统日用热水量计算、小时耗热量计算、热水供水管秒流量计算和图样设计等。

【任务准备】

1. 设计依据

《建筑给水排水设计标准》（GB 50015—2019）。

《民用建筑太阳能热水系统应用技术标准》（GB 50364—2018）。

《太阳热水系统设计、安装及工程验收技术规范》（GB/T 18713—2002）。

备注：具体设计依据可参照本国的相关设计规范。

2. 设计参数

此设计以某城市的相关参数为例讲解设计过程。不同地域可参照该地域具体参数和城市具体情况进行参数选取，否则计算不具备可用性。

1）气象参数

年太阳辐照量：水平面 4 657.516 MJ/m^2，30° 倾角表面 4 913.953 MJ/m^2。

年平均日辐射量：水平面 12.736 MJ/m^2，30° 倾角表面 13.447 MJ/m^2。

年平均每日的日照小时数：5.5 h。

年平均温度：15.7 ℃。

2）热水设计参数

日最高用水定额：100 L（人·d）。

日平均用水定额：60 L（人·d）。

设计热水温度：60 ℃。

设计冷水温度：17 ℃。

3）常规能源费用

电价：0.86~1.8 元 /（kW・h）（示例工业价格）。

天然气价格：2.63 元 /m^3（示例价格）。

4）太阳能集热器性能参数

集热器类型：真空管集热器。

集热器规格：1.81 m^2。

3. 工程设计

1）建筑说明

某住宅小区，地理位置为北纬 $x°x'$，东经 $x°x'$。该建筑为三室二厅，正南朝向，平面屋顶，建筑面积为 140 m^2，一个卫生间，一个厨房，热水点共四个。

2）生活热水供应

设计太阳能热水系统为局部（独立）间接供水系统，24 h 全日供应热水，设置单水箱，既作为储热水箱又作为供水箱；太阳能集热器通过预埋件以嵌入式安装在楼顶上，水箱放置在卫生间，辅助电源为电加热器。

3）热水系统负荷计算

（1）用水人数 m：该用户用水人数为 3 人。

（2）系统日耗最大热水量计算：

$$q_{rd} = q_r m$$

式中　q_{rd}——设计日耗最大热水量（L/d）；

q_r——日最高热水用水定额 [L/（人・d)]；

m——用水计算单位人数。

则

$$q_{rd} = 300\ \text{L/d}$$

（3）系统平均日用热水量计算：

$$Q_w = Q_{ar} m$$

式中　Q_w——平均日用热水量（L/d）；

Q_{ar}——日平均用水定额 [L/（人・d)]；

m——用水计算单位人数。

则

$$Q_{ar} = 60\ \text{L/（人・d）}$$

$$Q_w = 180\ \text{L/d}$$

注：用水计算单位人数 m，按照实际家庭人数选取，此处选 3 人。

（4）设计小时耗热量计算、设计小时热水量计算：

$$Q_h = K_h \frac{m q_r c \rho (t_r - t_L)}{86\,400}$$

式中 Q_h——设计小时热耗量（W）；

m——用水计算单位人数，3 人；

q_r——日最高热水用水定额，100 L/（人·d）；

c——水的比热容，4 187 J/（kg·℃）；

ρ——热水密度（kg/L）；

t_r——热水温度（℃）；

t_L——冷水温度（℃）；

K_h——小时变化系数，通过查表 2-2-1 取用户小时变化系数为 4.21。

则

$$Q_h = 2\,631.85\ \text{W}$$

表 2-2-1 热水小时变化系数 K_h 值

类别	住宅	别墅	酒店式公寓	宿舍（Ⅰ、Ⅱ类）	招待所、培训中心、普通旅馆	宾馆	医院	幼儿园、托儿所	养老院
热水用水定额/[L/（人（床）·d）]	60~100	70~110	80~100	40~80	25~50 40~60 50~80 60~100	120~160	60~100 70~130 110~200 100~160	20~40	50~70
使用人（床）数	100~6 000	100~6 000	150~1 200	150~1 200	150~1 200	150~1 200	50~1 000	50~1 000	50~1 000
K_h	4.8~2.75	4.21~2.47	4.00~2.58	4.80~3.20	3.84~3.00	3.33~2.60	3.63~2.56	4.80~3.20	3.20~2.74

注：1.K_h 应根据热水用水定额、使用人（床）数取值，当热水用水定额、使用人（床）数多时取低值，反之取高值，使用人（床）数小于或等于下限值及大于或等于上限值的，K_h 就取下限值及上限值，中间值可用内插法求得；
2. 未在表中列出的其他类建筑的 K_h 值从给水小时变化系数选值。

（5）热水供水管的设计秒流量 q（L/s）计算：住宅建筑生活热水供应给水主干管管道的设计秒流量，应按下列步骤和方法计算。

①计算出最大用水时卫生器具给水当量平均出流概率：

$$U_0 = \frac{q_r m K_h}{0.2 \times N_g T \times 3\,600}(\%)$$

式中 U_0——热水供应管道的最大用水时卫生器具给水当量平均出流概率；

m——用水计算单位人数，3 人；

q_r——热水用水定额，100 L/（人·d）；

K_h——小时变化系数；

N_g——每户设置的卫生器具给水当量数，若有带混合水嘴的浴盆 2 个，带混合阀的淋浴器 1 个，带混合水嘴的洗涤盆 1 个，带混合水嘴的洗脸盆 3 个，则 $N_g=1.2\times2+0.75\times1+0.75\times1+0.75\times3=6.15$。

T——用水时数，24 h：

0.2——单个卫生器具给水当量的额定流量（L/s）。

则

$$U_0=1.188\%$$

②计算管段的卫生器具给水当量同时出流概率：

$$U=\frac{1+a_c(N_g-1)^{0.49}}{\sqrt{N_g}}(\%)$$

式中 U——计算管段的卫生器具给水当量同时出流概率；

a_c——对应于不同 U_0 的系数，查建筑给水排水设计相关规范，取 0.010 82；

N_g——计算管段的卫生器具给水当量总数，6.15。

则

$$U=41.3\%$$

③计算管段的设计秒流量；

$$q_g=0.2UN_g$$

式中 q_g——计算管段的设计秒流量（L/s）；

U——计算管段的卫生器具给水当量同时出流概率（%）；

N_g——计算管段的卫生器具给水当量总数，6.15。

则

$$q_g=0.51\ \text{L/s}$$

4. 循环设计

太阳能储热系统自动水循环可保证热水的正常供应。太阳辐射能对集热器内的水加热，当集热器顶部温度传感器的温度达到设定温度，且储热水箱内温度传感器的温度达到设定温度时，补水电磁阀打开，利用自来水的压力把集热器内的热水顶入储热水箱。当集热器顶部温度传感器的温度小于设定温度时，补水电磁阀关闭。通过这样一个不断重复的过程把太阳能转化成热能进行储存。当储热水箱内水满，集热器顶部温度传感器的温度大于设定水温时，打开内部循环水泵，不打开电磁阀，对储热水箱内水进行循环加热；当储热水箱内水位低于下限水位时，打开电磁阀将储热水箱快速补水到设定水位；当储热水箱温度低于设定温度时，启动电加热，达到设定温度时停止。当集热器底部温度传感器的温度低于 5 ℃时，启动水泵进行防冻循环，保证管道安全。

恒温供水系统：为了实现 24 h 供热水，设置一套恒温供水系统。恒温水箱利用电辅助加热保持恒温水箱内的水温恒定，并进行管路定温循环，从而保证用户 24 h 内即开即热。

系统自动补水：当用户用水时，恒温水箱水位下降，水位传感器检测到水位下降，启动补水泵和电磁阀，将水补进恒温水箱内。

定温管路循环：当供水管路内的水温低于所设定水温时，管路电磁阀打开，将热水管路中的低温水放入储热水箱内。

太阳能热水系统循环设计如图 2-2-1 所示。

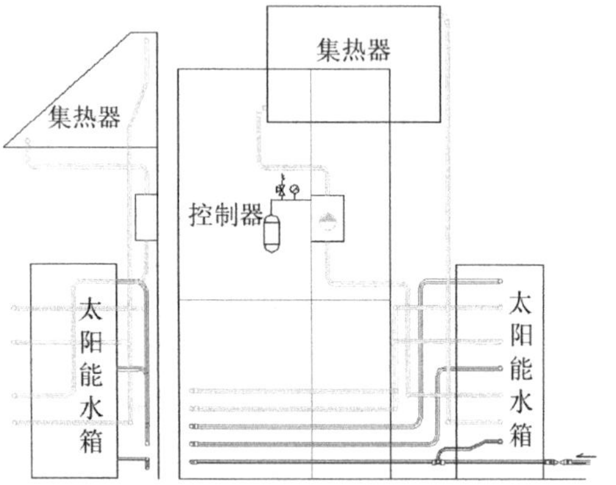

图 2-2-1　太阳能热水系统循环设计

1）设计的原则

（1）根据实际位置和太阳能水箱的进出水情况进行设计。

（2）确定管路连接方案，要求在符合安装标准的基础上，成本最低、工作量最少，尽量少占用空间。

2）确定使用材料

太阳能系统管材可选用不锈钢管、铜管、铝塑管管材及对应管件。原则上该系统选用不锈钢管（16 mm/22 mm）或铜管（16 mm/22 mm）及铝塑管（16 mm/20 mm）以及对应管件、管卡。

管卡的安装

【思考与练习】

（1）简述平板太阳能热水系统工作原理。

（2）太阳能热水系统循环设计应该满足哪些要求？

任务三　太阳能热水系统安装

【任务导入】

根据平板太阳能热水系统的平面展开图、模型立体图以及平板太阳能热水系统安装管材要求，按照图纸完成平板太阳能热水系统的安装。

【任务准备】

学生按照 4 至 6 人一组进行分组，选定组长，安排好每个人的分工，以小组为单位合作完成太阳能热水系统安装。按照铜管焊接料单和工具单，编写铝塑管和卡套式管件制作太阳能热水管路系统的料单和工具单。

太阳能模块连接安装

1. 铜管焊接的材料准备

根据设计图样准备所需管材、管件，见表 2-3-1。

表 2-3-1　太阳能热水系统安装料单

序号	名称	型号规格	数量	单位	备注
1	铜变径内丝直接	S1/2–3/4F	4	个	
2	铜管外丝活接	HJS22–3/4M	8	个	
3	不锈钢活接	HJS3/4F	2	个	
4	铝塑管内丝活接	HJS20–3/4F	6	个	
5	镀锌钢管三通	T20	1	个	
6	排气阀	1/2	1	个	
7	安全阀	1/2	1	个	
8	不锈钢对丝	3/4	6	个	
9	铜球阀	3/4	5	个	
10	不锈钢弯头	L22	6	个	
11	不锈钢活接	HJS20–3/4F	4	个	

2. 装配工具准备

根据设计设备安装工具，见表 2-3-2。

剪刀、割刀的使用

表 2-3-2　太阳能热水系统安装工具清单

序号	名称	型号规格	数量	单位	备注
1	焊枪	标准	1	把	
2	焊锡丝	SnCu0.7	1	卷	
3	助焊剂	标准	1	盒	
4	喷水壶	标准	1	瓶	
5	倒角器	5~36 mm	1	个	
6	抹布	棉制	1	块	
7	铜管割刀	4~32 mm	1	把	
8	铝塑管卡压钳	A1620	1	把	
9	不锈钢卡压钳	DN15/DN20	1	把	
10	铝塑管校直机	通用	1	个	
11	胀管器	16/20	1	个	
12	PPR 剪刀	5~32 mm	1	把	
13	活动扳手	10 in	1	把	
14	美工刀	18 mm	1	把	
15	小毛刷	通用	1	把	
16	弓锯	300 mm	1	把	

注：1 in=2.54 cm

【任务实施】

太阳能热水系统的安装如图 2-3-1 所示。

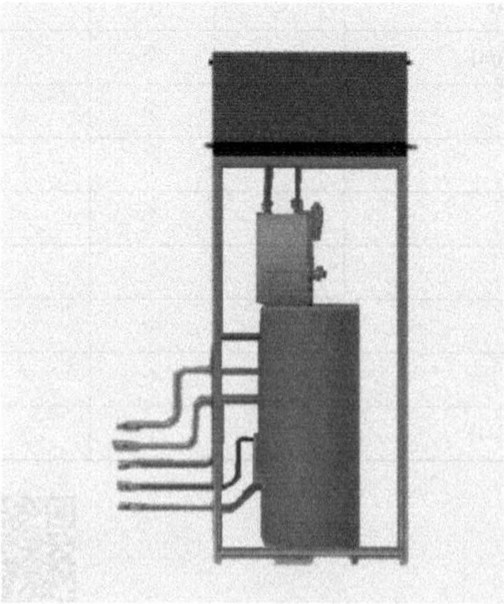

主视图

立体图

图 2-3-1　太阳能热水系统总装图

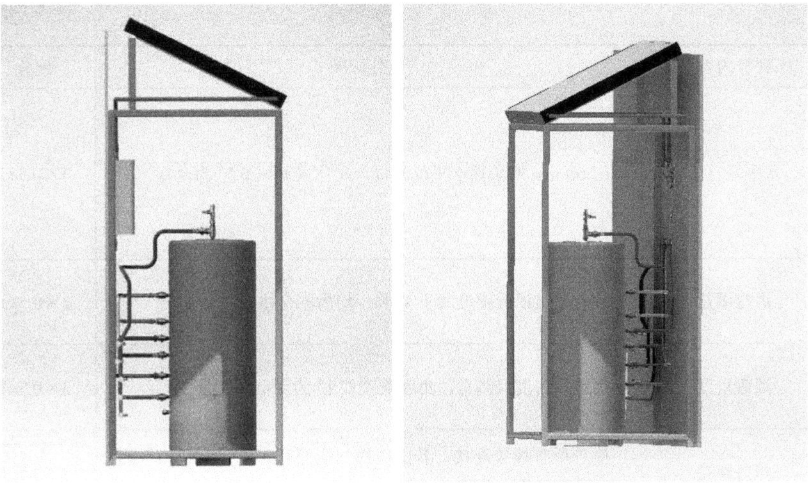

左视图　　右视图

图 2-3-1　太阳能热水系统总装图（续）

【技能训练】

太阳能热水系统具体安装要求如下。

（1）设计遵循管路最短、管件最省、弯曲最少、管路相互避让合理、间距等距、功能元件齐全、坡度合理、符合工作原理等要求。

（2）按照制图规范进行手工绘图，做到线条清晰、标注规范、尺寸齐全、图形符号正确。

（3）管材与管件选择满足使用要求。

（4）管道连接符合规范要求，保证牢固，密封良好。

（5）管道安装严格按设计图纸进行，包括尺寸、水平度、垂直度、管道连接方式等。

（6）确保设备及管道表面清洁，无污物、划痕等。

根据设计内容搭建并安装太阳能热水系统。太阳能热水系统管路比较复杂，安装过程中一定要注意区分各个管路的管材以及各个管道的安装顺序，只有安装顺序正确，才能在安装过程中事半功倍。

【任务评价】

太阳能热水系统安装评分标准见表 2-3-3。

表 2-3-3　太阳能热水系统安装评分标准

序号	评分内容	评分标准	配分	得分
1	尺寸	用直角尺配合钢直尺对管材外壁与基准线进行检测，在管材中部便于测量的位置做好标记，然后统一测量，尺寸误差 ≤ ±2 mm 为合格	4×0.5=2	

续表

序号	评分内容	评分标准	配分	得分
2	水平垂直度	用 60 mm 的数显水平仪测量，尺寸误差≤ 0.5° 为合格	4×0.5=2	
3	煨弯质量	凡有褶皱或椭圆度大于 10%，均为不合格	2×0.5=1	
4	煨弯角度	用数显角度尺测量，角度误差≤ 1° 为合格	2×0.5=1	
5	阀门连接	检查所有螺纹连接，若出现阀门端面有损伤、生料带外露、螺纹连接处没有外露 1~2 丝扣等任意一种问题均为不合格	2×0.5=1	
6	管道连接	不锈钢卡压处，承插深度线可见且距离管件端面在 2 mm 以内，卡压位置正确无误	2×0.5=1	
7	压力试验	2 分钟 0.2 MPa 压力试验，压力表数值下降不得分	2	

【思考与练习】

你能通过本项目的学习，自行设计一套太阳能热水系统吗？

管道气密性检测

项目三

天然气壁挂炉

【项目描述】

天然气作为一种绿色、高效的能源，在工业、民用等领域得到了广泛应用。低碳经济和节能减排为城市天然气利用、发展创造了良机。大量使用天然气不仅可以降低能耗、提高效率，而且能够改善大气环境，提高人民生活质量。因此，天然气壁挂炉作为热源的新型分户式供暖系统得到了越来越多的关注。

【项目目标】

（1）了解天然气壁挂炉系统组成。

（2）掌握天然气壁挂炉工作原理。

（3）掌握天然气壁挂炉管路设计方法。

（4）掌握天然气壁挂炉管路安装技术。

任务一　天然气壁挂炉系统原理

【任务导入】

家用天然气壁挂炉最早出现于欧洲，距今已有半个多世纪的应用历史。其与家用热水器的区别主要在于增加了水泵、换热器等部件，具有采暖、洗浴、生活热水的多功能用途，天然气壁挂炉的出现扩展了家用热水器的应用范围。

【任务准备】

1. 天然气壁挂炉概念

天然气壁挂式采暖炉（以下简称“天然气壁挂炉”）是一种以天然气为能源，提供温暖舒适的居家采暖及生活用水的家用设备，如图 3-1-1 所示。

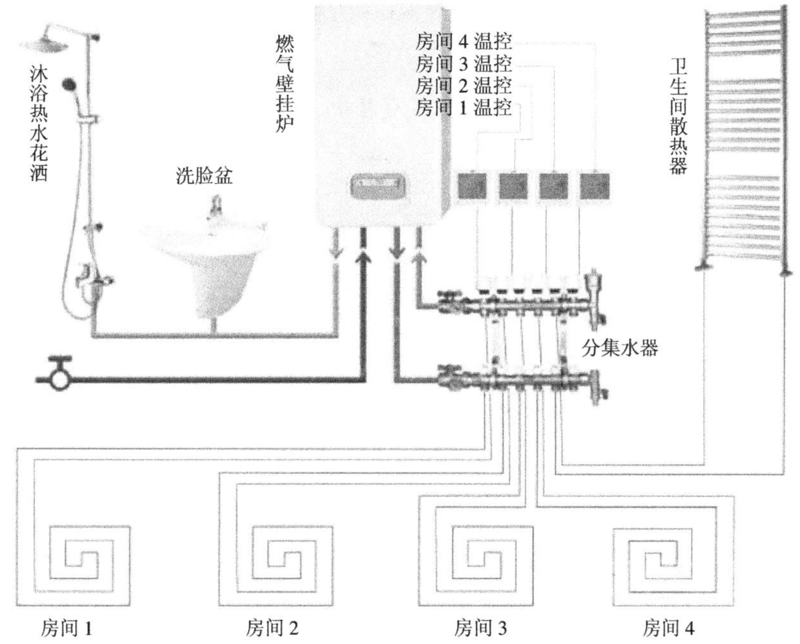

图 3-1-1　天然气壁挂炉系统示意图

天然气壁挂炉以水为热媒，燃烧天然气产生热量，用于家庭采暖兼供生活热水，常被称为壁挂炉、家用锅炉、天然气采暖炉、天然气采暖热水炉、壁挂式天然气锅炉等。其散热终端可采用散热片、地暖盘管和风机盘管等；生活热水可采用储水式或者直接采用快速式热水器。

2. 天然气壁挂炉结构

图 3-1-2 所示为天然气壁挂炉实物图。

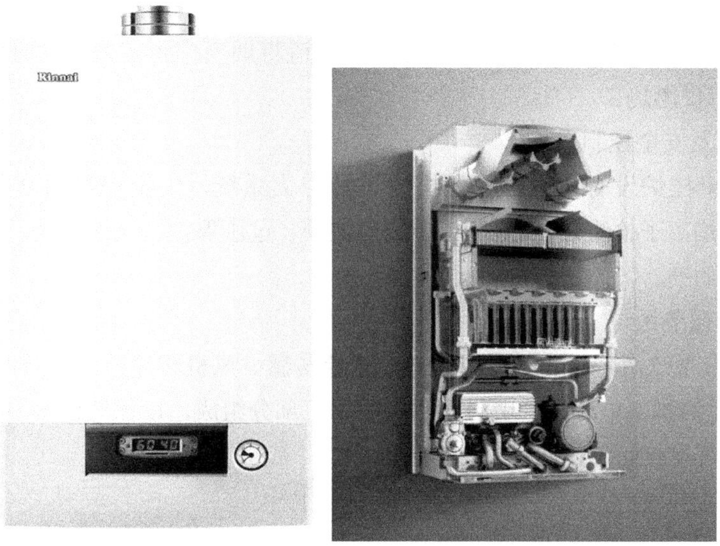

图 3-1-2　天然气壁挂炉实物图

天然气壁挂炉由五个系统组成，如图 3-1-3 所示。

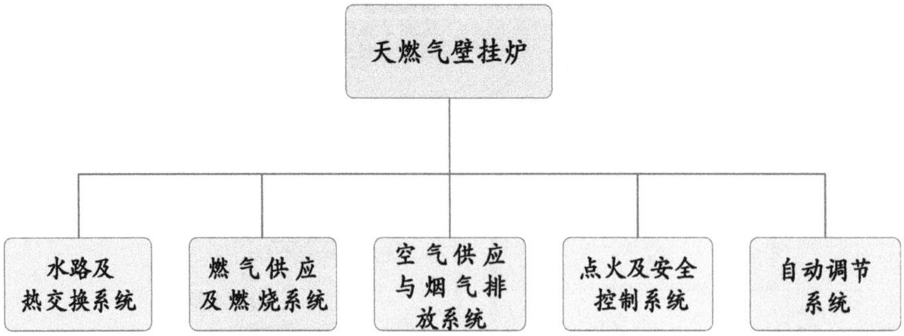

图 3-1-3　天然气壁挂炉结构组成图

1）水路及热交换系统

水经冷水阀进入热水器，经过滤器、稳压（稳流）器、水气连锁或水流传感器、水量调节阀进入热交换系统，通过燃烧室壁面换热和对流热交换器两部分换热，最后经热水出口供用户使用。若是冷凝式壁挂炉，则增加一个余热回收热交换器。壁挂炉的水路及热交换系统一般分为循环水加热系统和生活热水加热系统。

2）燃气供应及燃烧系统

预混气（天然气 + 空气）经进气口进入壁挂炉后，经过滤器、电磁阀、调压（稳压）器、气量调节阀、水气连锁装置、集气管、喷嘴后进入燃烧器，在燃烧室燃烧释放热量。

3）空气供应与烟气排放系统

空气供应与烟气排放系统有自然供风和强制供风两种形式。自然供风依靠燃烧室高温烟气与外部空气的密度差而形成的热压作为供风动力。强制供风（排烟）依靠鼓风机或排烟机作为空气供应与烟气排放系统的动力。现代天然气壁挂炉大量采用平衡式强制排烟方式，在风机的作用下通过平衡烟道将烟气排到室外，同时将室外的空气吸入燃烧室以供燃烧。

4）点火及安全控制系统

天然气壁挂炉设有电脉冲（压电陶瓷）点火系统，安全控制内容包括熄火保护（热电偶、火焰离子检测）、水气连锁、过热保护、过压保护、风压开关、防冻装置、漏电保护等。

5）自动调节系统

自动调节系统由传感器（水温传感、水流传感、风机转速检测）、计算控制电路和执行机构（比例阀、电动阀、电磁阀组合等）三部分组成，以保证供水温度的恒定。

3. 天然气壁挂炉工作原理

天然气壁挂炉工作原理如图 3-1-4 所示。

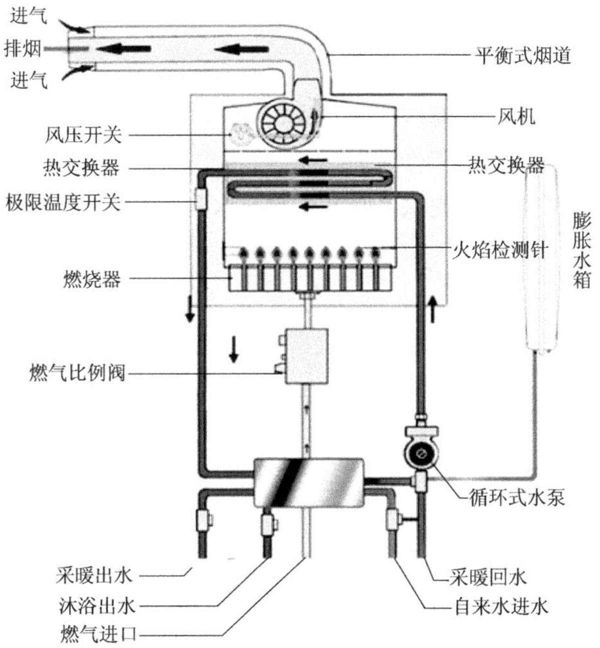

图 3-1-4　天然气壁挂炉工作原理

当壁挂炉点火开关进入工作状态，风机先启动使燃烧室内形成负压差，然后风压开关闭合，启动水泵；水泵启动后，通过管路内水的流动使水流开关闭合接通高压放电器进行打火产生电弧，等待比例阀供天然气，同时天然气比例阀启动并向燃烧室供气，从燃烧器喷嘴喷出的天然气遇到高压放电器的电弧后被点燃，开始正常燃烧。天然气比例阀、风压开关及烟气感应开关是连锁控制的，燃烧室必须有一定的负压天然气，比例阀才可以工作，当烟气感应开关连续 5 s 检测不到有废气排出时，就切断天然气比例阀停止供气，从而保证安全使用天然气。

4. 天然气壁挂炉的优点

（1）天然气壁挂炉的热量释放和供暖温度稳定，可根据需要灵活调节供热温度，避免了集中供热中调节困难、能量浪费的问题。采暖和生活热水的一体化，使天然气壁挂炉成为家庭的小型能源中心。单户天然气壁挂炉采暖具有很大的调节灵活性，使用完全独立，采暖温度可以自主调节，采暖时间可自行控制，各个房间温度可分别自如控制，无锅炉房和外热网热损失，节省外网建设投资，且占地面积小，用户控制方便，卫生无烟尘，提高了居民的生活质量。

（2）壁挂炉可连接散热器和地板采暖对室内供暖。地板采暖为低温供水辐射采暖形式，节省热量，壁挂炉热水温度就可以满足，且舒适性好，即室内垂直方向温度梯度小、温度均匀；管理控制方便，可实现分户温控和计量；节约能源，比大部分采暖方式节能 20%~30%；节省空间，能增加 2%~3%的室内使用面积，便于摆放家具。

（3）单户天然气壁挂炉采暖可准确计量耗气量，用气量可由用户自主控制，节约天然气。采暖循环泵的电能消耗低，可提高热水管线的利用率和使用经济效益。

【思考与练习】

（1）天然气壁挂炉采暖有哪些优点？

（2）天然气壁挂炉主要由哪些部分组成？

（3）简述天然气壁挂炉的工作原理。

（4）天然气壁挂炉能同时提供采暖和生活热水吗？

任务二　天然气壁挂炉管路设计

【任务导入】

天然气壁挂炉是集水、电、气、热于一身的综合性、多环节设备。其安装、调试、使用维护对于满足功能、用户体验和燃气、用水安全非常重要。一台天然气壁挂炉的安装实际上是一个小型工程。与之相适应的管路系统设计安装也非常重要，规范的安装可以减少管路流体能量损失，降低水泵功率，提高热量利用率。

【任务准备】

1. 设计依据

《城镇燃气设计规范》（GB 50028—2006）（2020 年版）。

《家用燃气燃烧器具安装及验收规程》（CJJ 12—2013）。

备注：可参照本国有关规范执行。

2. 天然气壁挂炉管路设计分析

通过对天然气壁挂炉的工作原理分析，可知常用天然气壁挂炉有两个功能：一是采暖；二是生活用水和洗浴。

结合此类工程设计的经验，天然气管道计算流量按照《城镇燃气设计规范》规定的同时工作系数法计算。

通常情况下，按照《城镇燃气设计规范》附录中给出的居民双眼灶的同时工作系数，先计算出居民双眼灶的耗气量，然后再根据《家用燃气燃烧器具安装及验收规程》中给出的采暖炉同时工作系数计算出壁挂炉的用气量，最后将两个耗气量累加起来。但是这种方法计算出的用气量会很大，与现实生活中实际的用气量相差较多。

还可以首先按照《城镇燃气设计规范》附录中给出的居民双眼灶和快速热水器的同时工作系数，用灶具负荷和住宅热水热负荷，计算管道天然气满足灶具和天然气壁挂炉热水供应功能的耗气量；然后按照《家用燃气燃烧器具安装及验收规程》给出的采暖炉同时工作系数，用住宅采暖热负荷计算管道天然气满足天然气壁挂炉供暖功能的耗气量；最后将两者叠加，作为天然气管道计算流量。

1）计算天然气管道计算流量

$$Q_h = \sum kNQ_n$$

式中　Q_h——天然气管道计算流量（m^3/h）；

k——燃具同时工作系数；

N——户数；

Q_n——燃具的额定流量（m^3/h）。

居民双眼灶和快速热水器的同时工作系数详见表 3-2-1。

表 3-2-1　居民生活用燃具的同时工作系数 *k*

同类型燃具数目 *N*	燃气双眼社	燃气双眼灶和快速热水器	同类型燃具数目 *N*	燃气双眼社	燃气双眼灶和快速热水器
1	1.00	1.00	40	0.39	0.18
2	1.00	0.56	50	0.38	0.17
3	0.85	0.44	60	0.37	0.176
4	0.75	0.38	70	0.36	0.174
5	0.68	0.35	80	0.35	0.172
6	0.64	0.31	90	0.345	0.171
7	0.60	0.29	100	0.34	0.17
8	0.58	0.27	200	0.31	0.16
9	0.56	0.26	300	0.39	0.15
10	0.54	0.25	400	0.29	0.14
15	0.48	0.22	500	028	0.138
20	0.45	0.21	700	0.26	0.134
25	0.43	0.20	1 000	0.25	0.13
30	0.40	0.19	2 000	0.24	012

注：1. 表中“燃气双眼灶”是指一户居民装设一个双眼灶的同时工作系数；每当一户居民装设两个单眼灶时，也可参照本表计算。

2. 表中“燃气双眼灶和快速热水器”是指一户居民装设一个双眼灶和一个快速热水器的同时工作系数。

3. 分散采暖系统的采暖装置的同时工作系数可参照国家现行标准《家用燃气燃烧器具安装及验收规程》中表 3.3.6–2 的规定确定。

2）热负荷估算

Ⅰ. 采暖热负荷

在掌握建筑热负荷的情况下，可采用热负荷数据进行计算；在无法取得建筑物热负荷详细资料的情况下，通常采用概算指标法来确定各类热用户的热负荷。供暖设计的热负荷概算常采用体积热指标法来计算，即建筑物的供暖设计热负荷可按下式进行概算：

$$Q_n = q_v V(t_n - t_w)$$

式中 Q_n——建筑物的供暖设计热负荷（W）；

V——建筑物的外围体积（m^3）；

t_n——供暖室内计算温度（℃）；

t_w——供暖室外计算温度（℃）；

q_v——建筑物的供暖体积热指标 [W/(m^3 • ℃)]，它表示各类建筑物在室内外温度差为 1 ℃时，每 1 m^3 建筑物外围体积的供暖热负荷。供暖体积热指标 q_v 的大小主要与建筑物的围护结构及外形有关。建筑物围护结构传热系数、采光率、建筑外部体积等会影响 q_v 值。

Ⅱ. 生活热水热负荷

天然气壁挂炉的生活热水热负荷是指为了制备生活热水所提供的热量，其计算方法如下：

$$Q = \sum q_s (t_r - t_l)\ c\rho$$

式中 Q——生活热水的设计供热量（W）；

q_s——器具的额定秒流量（L/s），参照《建筑给水排水设计标准》选取；

t_r——使用时的热水温度（℃），户内若采用双管供热系统，则 t_r 以 55~60 ℃为宜，户内如果采用单管供热系统，则 t_r 一般为 35~40 ℃；

t_l——冷水温度（℃），参照《建筑给水排水设计标准》选取；

c——水的比热，4 187 J/（kg • ℃）；

ρ——热水密度（kg/L）。

3. 天然气壁挂炉管路系统的安装要求

（1）天然气壁挂炉管路系统安装最主要的要求是“通畅性”。壁挂炉水容量小，循环动力小，出水、回水温差不能过大（最大不能超过 20 ℃），故要求系统水阻力要小，水流速要快，因此主管道应尽量选取较大管径（一般建议公称直径 DN20 以上），且尽量减少管道拐弯、起落等情况。

（2）末端的“均衡性”。各个供暖末端必须并联安装，包括地暖和散热片，每个末端能同时供热，也可以分别调节不同的流量和温度，实现壁挂炉采暖自主调节、个性化温控每个房间温度的功能。

（3）“安全性”要求。壁挂炉与其他供暖形式相比有诸多优势，但其缺点是对安全性要求很高。除了机器出厂自身的各项安全保护功能外，其安装的规范性、可靠性也非常重要。

4. 天然气壁挂炉管路安装连接方法

（1）设计好的安装位置与预留的烟道和系统管路相对应，而且要保证天然气壁挂炉横平竖直。

（2）排气管的安装必须使用随机配套的专用排烟管。严禁安装使用其他进、排烟管，严禁对烟道进行自行改造。进气管的表面带孔部分必须伸出墙外不少于 60 mm，使进、排气畅通。安装排气管应注意远离天花板。

（3）壁挂炉底下接口应采用软管进行连接，连接时下方有五个管道，分别连接壁挂炉采暖出水口、采暖回水口、生活用热水出口、自来水进水口、天然气进气口。各接口软管和对应管路之间安装阀门。

（4）天然气管和壁挂炉的天然气管因材质不同，接法也不同，可采用铝塑管、塑料软管和不锈钢波纹管，天然气管接头要插进去，切忌只插一半，接好后要用肥皂水检查接头是否漏气，天然气管不宜过长，不要掉到地上，要在墙上固定好，定期检查，防止泄漏。

（5）预留电源插座，为壁挂炉提供电力。

5. 天然气壁挂炉管路安装注意事项

（1）天然气壁挂炉安装位置的上方不得有明装电线，下方不能有燃气烤炉、燃气灶等燃烧器，因为燃烧器的热气会造成壁挂炉运转不良并有发生火灾的危险。

（2）在壁挂炉左右两侧各留出 50 mm 的空间，便于壁挂炉的维修和养护；壁挂炉下方要至少留出 200 mm 空间，便于检修和更换生活热水换热器。

（3）壁挂炉的安装高度一般取观察孔高度与人眼视线齐平。

（4）壁挂炉安装应保持竖直，不得倾斜，安装位置应尽量靠近外墙，以减少烟道长度。

（5）壁挂炉安装的部位应由不可燃材料建造，否则采用防热板隔离；安装壁挂炉的墙应坚实，能满足悬挂器具所需要的受力要求。

【思考与练习】

（1）天然气壁挂炉管路设计安装时主要遵循哪些原则？

（2）天然气壁挂炉管路系统的安装要求有哪些？

任务三　天然气壁挂炉管路安装

【任务导入】

现有一套燃气管路系统的平面展开图、模型立体图及一些零散的零部件及相关模块，试搭建燃气管路系统。

【任务准备】

以镀锌钢管为例，说明燃气管路制作安装方法。图 3-3-1 中立管为燃气管路进户主管道，水平横管为入户支管，燃气管路采用 DN20 镀锌钢管制作。

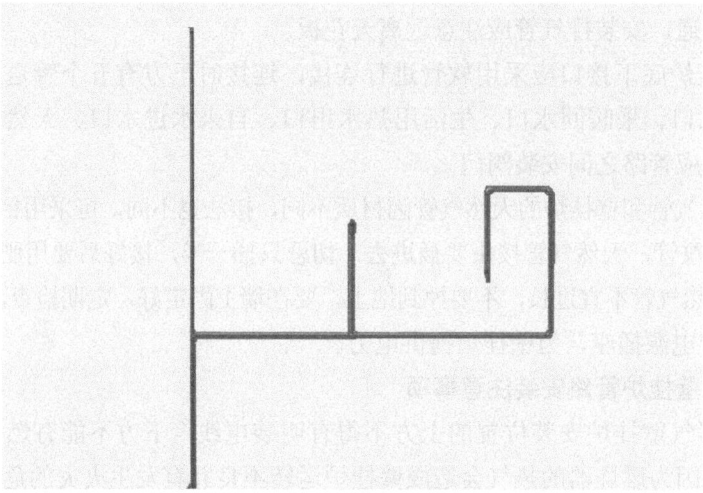

图 3-3-1　镀锌钢管

【任务实施】

学生按照 4 至 6 人一组进行分组，选定组长，安排好每个人的分工，以小组为单位合作完成管路安装。

1. 燃气管路安装材料准备

燃气管路安装部分配件见表 3-3-1。

表 3-3-1　燃气管路安装部分配件清单

序号	名称	型号规格	数量	单位	备注
1	镀锌钢管	DN20		m	
2	镀锌堵头	DN20	2	个	
3	镀锌正三通	T20	2	个	
4	镀锌弯头	L20	3	个	
5	球阀（全铜）	3/4 in	2	个	

注：1 in=2.54 cm

2. 燃气管路安装工具准备

燃气管路安装部分工具见表 3-3-2。

表 3-3-2　燃气管路安装部分工具清单

序号	名称	型号规格	数量	单位	备注
1	卷尺	3~5.5 m	1	把	

续表

序号	名称	型号规格	数量	单位	备注
2	人字梯	1.2 m	2	件	
3	活动扳手	12 in	1	把	
4	管钳	12 in	1	把	
5	油性针管笔	0.05~1.0 mm	1	支	
6	管子割刀	16~22 mm	1	把	
7	倒角器	镀锌钢管	1	把	
8	轻型管子铰板	1/4~1 in	1	把	
9	管子虎钳	18 in	1	把	

注：1 in=2.54 cm

3. 图纸识读与安装规范

1）燃气管路安装图

燃气管路安装如图 3-3-2 所示。

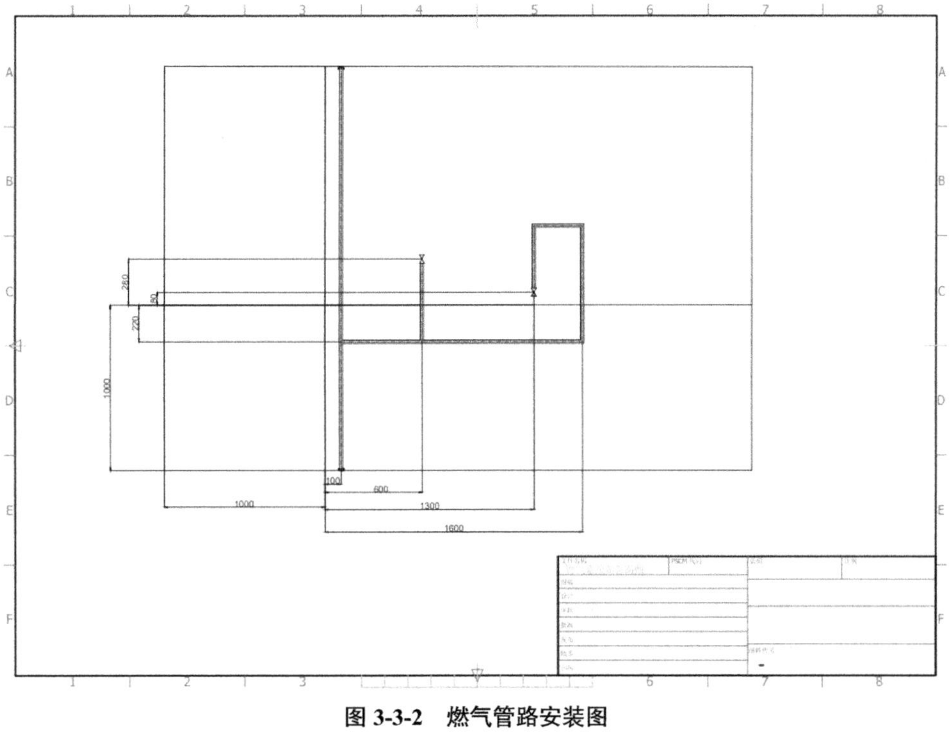

图 3-3-2　燃气管路安装图

2）燃气管路安装效果图

燃气管路安装效果如图 3-3-3 所示。

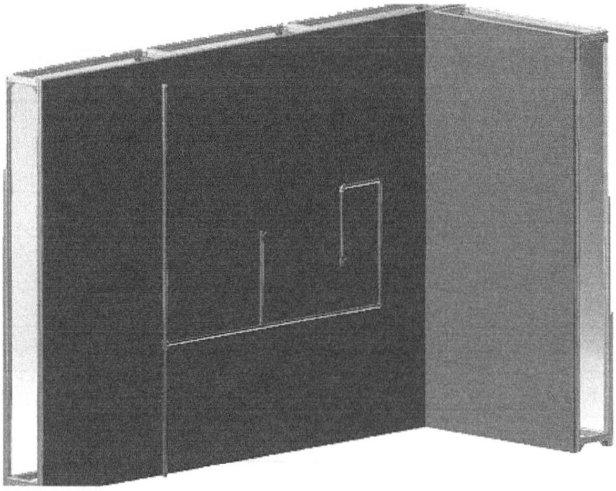

图 3-3-3　燃气管路安装效果图

4. 现场管理

对装配完成的对象进行清洁，对工作过程产生的二次废料进行整理，以及工具的入箱、垃圾的打扫，对能回收的材料单独整理回收。

【技能训练】

学生按照 4 至 6 人一组进行分组，选定组长，安排好每个人的分工，以小组为单位合作完成管路安装。

1. 镀锌钢管的加工

1）镀锌钢管画线

测量管件，根据图纸计算管段长度，根据计算长度画线。

2）镀锌钢管夹固

镀锌钢管加工需要在台虎钳上进行，夹持时镀锌钢管画线部分离台虎钳口 150 mm 左右，且夹持力度要适中，若夹持过轻，管子在加工过程中转动会产生划伤；若夹持过重，管子会变形、变扁。

3）镀锌钢管切断

割管时必须将管子穿在割刀的两个压紧轮与滚刀之间，刀刃对准管子上的切断线，转动把手使两个滚轮适当压紧管子，但压紧力不能太大，否则转动割刀将很困难，还可能压扁管子。转动割刀之前，先在割断处和滚刀刃上加适量机油，以减少刀刃的磨损；割刀围绕管子轴心每转动一圈，滚刀向轴线方向适当进刀，重复以上动作即滚刀可不断地切入管子直至切断。若滚刀的刀刃不锋利或有崩缺，要及时更换。刀割的优点是切口平齐、操作简单、易于掌握，其切割速度较锯割快，但管子切断面因受刀刃挤压而会使切口内径变小，应使用倒角器平整管口。

4）镀锌钢管套丝

具体见项目一任务三相关内容。

5）镀锌钢管连接

镀锌钢管连接前，应清除外螺纹管端上的污染物、铁屑等，注意缠绕填料（生料带）的方向必须与管件的拧入方向相同，缠绕量要适中，若缠绕过少密封作用差、易泄漏，若缠绕过多则管件不易旋进并造成浪费。

缠绕填料后，先用手将管子（或管件、阀门等）拧进连接件中 2~3 圈，再用管钳等工具拧紧，如果是三通、弯头、直通之类的管件拧劲可稍大，如果是阀门等控制件拧劲不可过大，否则极易将其胀裂。连接好的部位一般不要回退，否则容易引起渗漏。拧紧后，螺纹外漏 1~2 牙。

6）镀锌钢管清理生料带

镀锌钢管连接后，使用钢丝刷清理接口处多余生料带，生料带不能用手撕出即为清理合格。

生料带的使用

2. 燃气管路的制作安装实施

1）计算管段尺寸

现场测量管件、阀门尺寸；根据燃气管道图，计算每段镀锌钢管尺寸，分别记录管段长度，填入表 3-3-3。

表 3-3-3　材料清单

序号	名称	型号规格	数量	单位	备注
1	生料带	单卷 20 m 加厚	2	卷	例
2	镀锌钢管（直管）	DN15	1 500	mm	例
3	管卡	DN15–22M8	8	个	例
4	压力表	量程 0~1 MPa	1	个	例
5	试压工具		1	套	例
6					
7					
8					
9					
10					

2）断管套丝

根据计算的管段长度，首先在镀锌钢管上画线；然后按照画线使用工具切断钢管；最后根据套丝规范，在管段两头套上螺纹。按照以上步骤依次加工各个管段。

3）螺纹连接

燃气管路因为尺寸较大，应分成两个部分制作安装上墙。第一部分为不含立管的部分，先将横管部分在台虎钳上安装成型，生料带清理干净，再上墙安装。第二部分是在横管与立管连接处安装三通，已经安装好堵头的上下立管。

4）打压试验

在阀门处安装压力表，进行打压试验。

5）清理管道

检查清理管接口上的生料带，去除板面管道上的污迹。

6）检查

根据图纸检查调整安装尺寸、水平垂直度。

7）整理现场

螺纹连接

安装完毕后，将工具和量具进行整理和复位，摆放回工具车；清理台面，可回收物和废弃物分别放入对应回收箱。

【任务评价】

燃气管路安装评分标准见表 3-3-4。

表 3-3-4　燃气管路安装评分标准

序号	评分内容	评分标准	配分	得分
1	尺寸	用直角尺配合钢直尺对管材外壁与基准线进行检测，在管材中部便于测量的位置做好标记，然后统一测量，尺寸误差≤ ±2 mm 为合格	4×0.5=2	
2	水平垂直度	用 60 mm 的数显水平仪测量，尺寸误差≤ 0.5° 为合格	4×0.5=2	
3	管道连接质量	螺纹外露不是 1~2 牙，生料带可以用手撕下	4×0.5=2	
4	阀门连接	检查所有螺纹连接，出现阀门端面有损伤、生料带外露、螺纹连接处没有外露 1~2 丝扣任意一种均为不合格	2×0.5=1	
5	管道划伤	管道上出现划伤	2×0.5=1	
6	压力试验	2 分钟 0.2 MPa 压力试验，压力表数值下降不得分	2	

【思考与练习】

用镀锌钢管制作安装了燃气管道，你还能用其他管材或者混合管材制作安装燃气管道吗？

项目四

散热器供暖

【项目描述】

供暖是指采用人工方法向室内供给热量，使室内保持一定的温度，以创造适宜的生活条件或工作条件的技术。本项目以散热器供暖为例，介绍民用建筑中的供暖系统形式。

【项目目标】

（1）了解散热器供暖系统的定义。

（2）掌握各种散热器供暖系统的形式。

（3）掌握散热器的选择与布置。

（4）掌握散热器供暖管路的设计与安装。

任务一　散热器供暖原理

【任务导入】

供暖系统主要由热媒制备、热媒输送和热媒利用 3 个部分组成。热媒是可以用来输送热能的媒介物，常用的热媒是热水和蒸汽。从安全、节能和卫生等方面考虑，民用建筑供暖系统一般采用以热水为热媒的散热器供暖系统。

【任务准备】

1. 散热器供暖系统形式的认识

以散热器为热媒利用设备的供暖系统称为散热器供暖系统。以热水为热媒的散热器供暖系统，称为热水供暖系统。按系统循环动力的不同，其可分为重力（自然）循环系统和机械循环系统。散热器供暖系统大多采用的供回水温度为 95 ℃ /70 ℃，也有的采用供回水温度为 85 ℃ /60 ℃。实际运行中，供水温度根据实际情况可能低于 95 ℃或 85 ℃，但供回水温差一般保持在 20~25 ℃。

1）重力（自然）循环热水供暖系统

Ⅰ. 重力（自然）循环热水供暖系统的工作原理

靠水的密度差进行循环的系统，称为重力（自然）循环系统。图 4-1-1 所示为重力（自然）循环系统的工作原理图。由于 $\rho_h > \rho_g$，系统的循环作用压力为

$$\Delta p = p_{右} - p_{左} = gh(\rho_h - \rho_g)$$

式中　Δp——自然循环系统的作用压力（Pa）；

g——重力加速度（m^2/s）；

h——加热中心至冷却中心的垂直距离（m）；

ρ_h——回水密度（kg/m^3）；

ρ_g——供水密度（kg/m^3）。

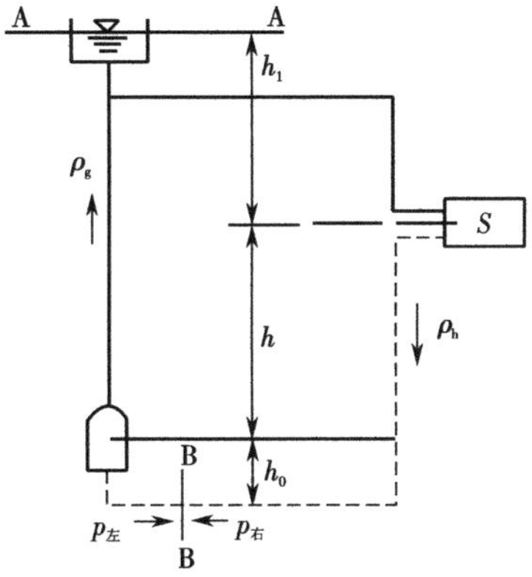

图 4-1-1　重力循环热水供暖系统基本原理

（2）重力（自然）循环热水供暖系统的基本形式

图 4-1-2 中（a）和（b）是重力循环热水供暖系统的两种主要形式。上供下回式系统的供水干管敷设在所有散热器之上，回水干管敷设在所有散热器之下。

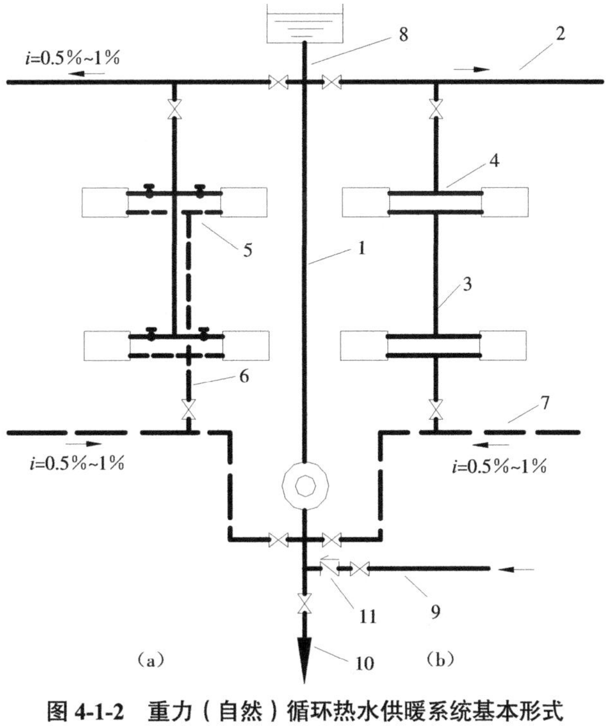

图 4-1-2　重力（自然）循环热水供暖系统基本形式

（a）双管上供下回式系统　（b）单管上供下回式系统

1—总立管；2—供水干管；3—供水立管；4—散热器供水支管；5—散热器回水支管；6—回水立管；7—回水干管；8—膨胀水箱连接管；9—充水管（接上水管）；10—泄水管（接下水道）；11—止回阀

注意事项：

（1）一般情况下，重力循环系统的作用半径不宜超过 50 m；

（2）通常宜采用上供下回式，锅炉位置应尽可能降低，以增大系统的作用压力。如果锅炉中心与底层散热器中心的垂直距离较小，宜采用单管上供下回式重力循环系统，而且最好是单管垂直串联系统；

（3）不论采用单管系统还是双管系统，重力循环的膨胀水箱应设置在系统供水总立管顶部（距供水干管顶标高 300~500 mm 处）。

重力循环热水供暖系统结构简单，操作方便，运行时无噪声，不需要消耗电能；但它的作用半径小，系统所需管径大，初投资较高。当循环系统作用半径较大时，应考虑采用机械循环热水供暖系统。

2）机械循环热水供暖系统

Ⅰ. 机械循环热水供暖系统的工作原理

机械循环热水供暖系统依靠水泵提供动力，强制水在系统中循环流动。循环水泵一般设在锅炉入口前的回水干管上，该处水温最低，可避免水泵出现气蚀现象。

在较大规模的机械循环热水供暖系统中，设有与自来水相连接的补水箱，储存与系统规模相适应的补水备用水源，并通过与补水箱相连的补水泵（或称加压泵）起到向供热管网系统的补水、定压作用。

而在规模较小或单户使用的机械循环热水供暖系统中，一般仅设置膨胀水箱，水箱通常设置在系统的最高处，水箱下部接出的膨胀管连接在循环水泵入口前的回水干管上。其作用除了容纳水受热膨胀而增加的体积外，还能恒定水泵入口压力，保证供暖系统压力稳定。在供水干管末端最高点处设置集气罐，以便空气能顺利地和水流同方向流动，集中到集气罐处排除。图 4-1-3 为机械循环上供下回式热水供暖系统，系统中设置了循环水泵、膨胀水箱、集气罐和散热器等设备。

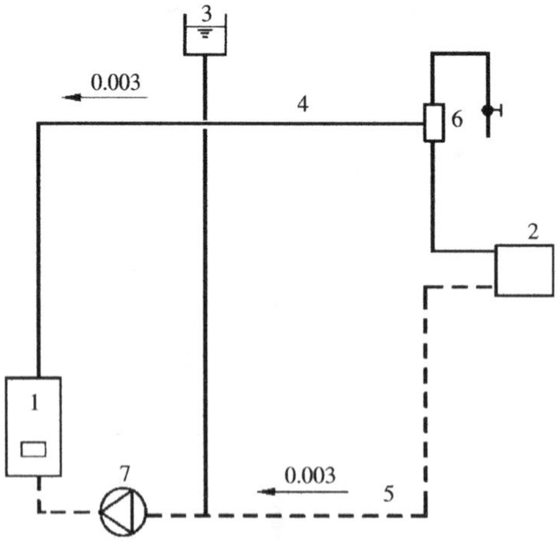

图 4-1-3　机械循环上供下回式热水供暖系统

1—热水锅炉；2—散热器；3—膨胀水箱；4—供水管；5—回水管；6—集气罐；7—循环水泵

Ⅱ. 机械循环热水供暖系统的基本形式

Ⅰ）按供回水干管布置的方式分类

按供回水干管布置的方式不同，机械循环热水供暖系统可分为上供下回式、上供上回式、下供下回式、下供上回式和中供式系统，如图 4-1-4、图 4-1-5 所示。

上供下回式系统（图 4-1-4（a））的供回水干管分别设置于系统最上面和最下面，布置管道方便，排气顺畅，是应用最多的系统形式。

上供上回式系统（图 4-1-4（b））的供回水干管均位于系统最上面，供暖干管不与地面设备及其他管道发生占地矛盾；但立管消耗管材量增加，立管下面均要设放水阀，主要用于设备和工艺管道较多的、沿地面布置干管发生困难的工厂车间。

下供下回式系统（图 4-1-4（c））的供回水干管均位于系统最下面。与上供下回式系统相比，其供水干管无效热损失小，可减轻上供下回式双管系统的垂直失调（即沿垂直方向各房间的室内温度偏离设计工况）。由于其上层散热器环路重力作用压头大，但管路亦长，阻力损失大，故有利于水力平衡。

下供上回式系统（图 4-1-4（d））的供水干管在系统最下面，回水干管在系统最上面。如供水干管在一层地面明设，其热量可加以利用，因而无效热损失小。与上供下回式系统相比，其底层散热器平均温度升高，从而减少底层散热器面积。

中供式系统（图 4-1-5）的供水干管位于中间某楼层，供水干管将系统在垂直方向分为两部分，可减轻垂直失调。

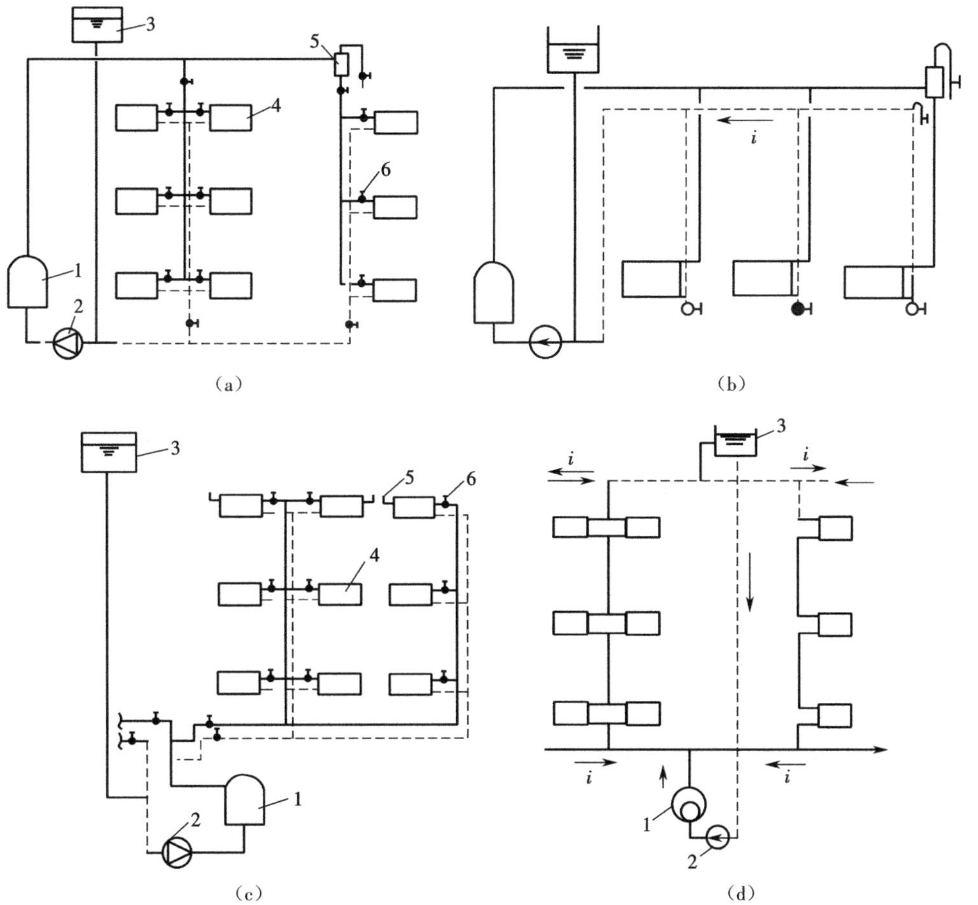

图 4-1-4 机械循环热水供暖系统分类

（a）上供下回式 （b）上供上回式 （c）下供下回式 （d）下供上回式

1—热水锅炉；2—循环水泵；3—膨胀水箱；4—散热器；5—集气罐、放气阀；6—阀门

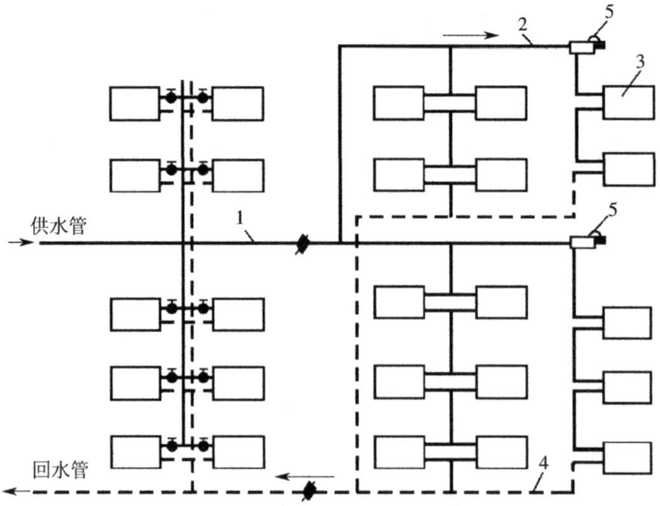

图 4-1-5　机械循环中供式热水供暖系统

1—中部供水管；2—上部供水管；3—散热器；4—回水干管；5—集气罐

Ⅱ）按散热器的连接方式分类

按散热器的连接方式不同，机械循环热水供暖系统可分为垂直式系统与水平式系统。垂直式供暖系统是指不同楼层的各散热器用垂直立管连接的系统，如图 4-1-6（a）所示；水平式供暖系统是指同一楼层的各散热器用水平管线连接的系统，如图 4-1-6（b）所示。

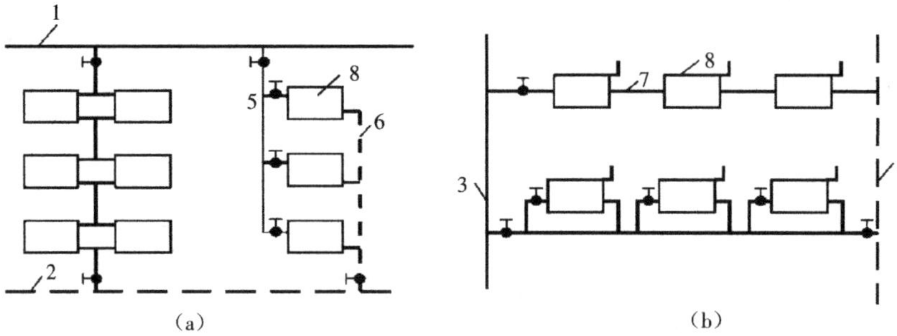

图 4-1-6　垂直式系统与水平式系统

（a）垂直式　（b）水平式

1—供水干管；2—回水干管；3—水平式系统供水立管；4—水平式系统回水立管；
5—供水立管；6—回水立管；7—水平支路管道；8—散热器

Ⅲ）按连接散热器的管道数量分类

按连接相关散热器的管道数量不同，机械循环热水供暖系统可分为单管系统与双管系统，如图 4-1-7 所示。单管系统是用一根管道将多组散热器依次串联起来的系统，双管系统是用两根管道将多组散热器相互并联起来的系统。图 4-1-7（a）表示垂直单管基本组合体，其左边为单管顺流式，右边为单管跨越管式；图 4-1-7（b）为垂直双管基本组合体；图 4-1-7（c）为水平单管组合体，其上边为水平顺流式，下边为水平跨越管式；图 4-1-7（d）为水平双管组合体。

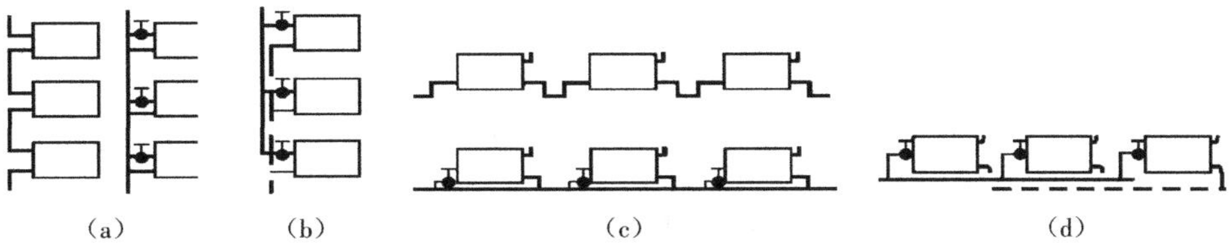

图 4-1-7　单管系统与双管系统的基本组合体

（a）垂直单管　（b）垂直双管　（c）水平单管　（d）水平双管

单管系统节省管材、造价低、施工进度快，顺流单管系统不能调节单个散热器的散热量，跨越管式单管系统以采取多用管材（跨越管）、设置散热器支管阀门和增大散热器的代价换取散热量在一定程度上的可调性；单管系统的水力稳定性比双管系统好。如采用上供下回式单管系统，往往底层散热器较大，有时造成散热器布置困难。双管系统可单个调节散热器的散热量，管材耗量大、施工麻烦、造价高，易产生垂直失调。

Ⅴ）按并联环路水的流程分类

按并联环路水的流程不同，机械循环热水供暖系统划可分为同程式系统与异程式系统。热媒沿各基本组合体流程相同的系统，即各环路管路总长度基本相等的系统称为同程式系统，如图 4-1-8（a）所示。热媒沿各基本组合体流程不同的系统称为异程式系统，如图 4-1-8（b）所示。

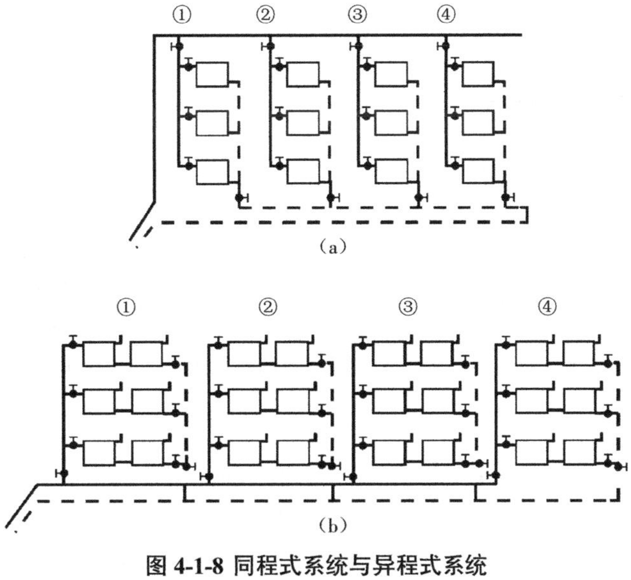

图 4-1-8 同程式系统与异程式系统

（a）同程式系统　（b）异程式系统

机械循环热水供暖系统作用半径大、适应面广、配管方式多，系统选择应根据建筑物形式等具体情况进行综合技术经济比较后确定。

2. 散热器的选择与布置

散热器是将供暖系统的热媒（蒸汽或热水）所携带的热量通过散热器壁面传给房

间的设备。对散热器的基本要求包括：热工性能方面，散热器的传热系数越高，其散热性能越好；经济方面，散热器传给房间的单位热量所需金属耗量越少，成本越低，其经济性越好；安装使用和工艺方面，散热器应具有一定机械强度和承压能力，散热器的结构形式应便于组合成所需要的散热面积，结构尺寸要小，少占用房间面积和空间，散热器的生产工艺应满足大批量生产的要求；卫生和美观方面，散热器外表光滑，不积灰和易于清扫，散热器的装设不应影响房间观感；使用寿命方面，散热器应不易于被腐蚀和破损，使用年限长。

目前，各国生产的散热器种类繁多，按其制造材质，主要分为铸铁、钢制散热器两大类；按其构造形式，主要分为柱型、翼型、管型、平板型等。

1）散热器分类

Ⅰ. 铸铁散热器

铸铁散热器长期以来得到广泛应用，它具有结构简单、防腐性好、使用寿命长以及热稳定性好的优点；但其金属耗量大、生产能耗高、污染大、金属热强度低于钢制散热器。

Ⅰ）翼型散热器

翼型散热器分为圆翼型和长翼型两类，如图 4-1-9 和图 4-1-10 所示。翼型散热器制造工艺简单，长翼型散热器造价也较低；但翼型散热器的金属热强度和传热系数比较低，外形不美观，灰尘不易清扫，特别是它的单体散热量较大，设计选用时不易恰好组成所需的面积。

图 4-1-9　圆翼型散热器

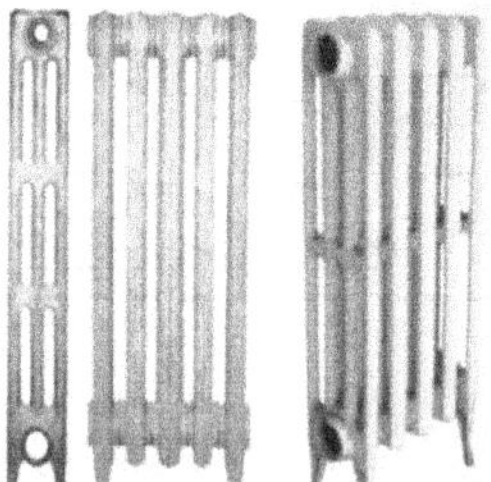

图 4-1-10　长翼型散热器

图 4-1-11　柱型散热器

Ⅱ）柱型散热器

柱型散热器是呈柱状的单片散热器，其外表面光滑，每片各有几个中空的立柱相互连通，如图 4-1-11 所示。常用的柱型散热器主要有二柱和四柱两类。柱型散热器有带脚和不带脚两种片型，便于落地或挂墙安装。柱型散热器与翼型散热器相比，其金属热强度及传热系数高，易清除积灰，容易组成所需的面积，因而它在一段时间得到较广泛的应用。随着经济发展，人们审美水平提高，因与室内装饰不协调开始被逐步淘汰，但在特殊场合还在使用。

Ⅱ. 钢制散热器

钢制散热器承压能力高、体积小、质量轻，钢材的韧性较好，便于机械加工成各种具有装饰性的散热器；导热性能优于铸铁，钢材比铸铁的热惰性小，更便于调节。但因其耐腐蚀性能较差，一般用于热水供暖系统。钢制散热器有柱型、板型、扁管型和钢制串片对流散热器等。

Ⅰ）钢制柱型散热器

钢制柱型散热器的构造与铸铁柱型散热器相似，每片也有几个中空立柱。这种散热器是采用 1.25~1.5 mm 厚冷轧钢板冲压延伸形成片状半柱型，将两片片状半柱型经压力滚焊复合成单片，单片之间经气体保护焊连接成散热器，如图 4-1-12 所示。

Ⅱ）钢制串片对流散热器

闭式钢制串片对流散热器由钢管、钢片、联箱及管接头组成，其规格以高 × 宽表示，其长度可按设计要求制作，如图 4-1-13 所示。

图 4-1-12 钢制柱型散热器

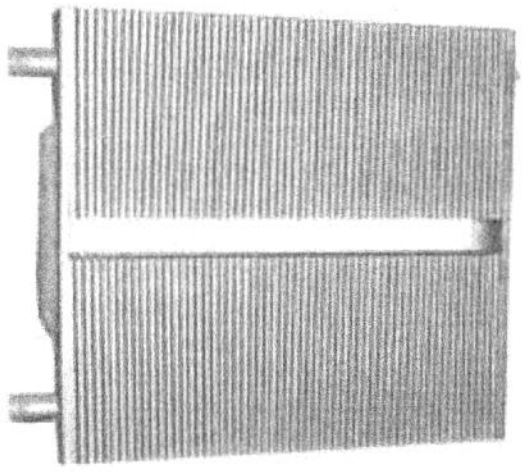

图 4-1-13 钢制串片对流散热器

图 4-1-14 板型散热器

Ⅲ）板型散热器

板型散热器由面板、背板、进出水口接头、放水门固定套及上下支架组成，如图 4-1-14 所示。其中，背板有带对流片和不带对流片两种类型。

Ⅳ）扁管型散热器

扁管型散热器由数根水通路扁管叠加焊接在一起，两端加上联箱制成。扁管型散热器的板型有单板、双板、单板带对流片和双板带对流片四种结构形式。

在生活中，除了钢制和铸铁散热器，还可以看到其他材质的散热器，如铝、铜、钢铝复合、铜铝复合、不锈钢铝复合和搪瓷（珐琅）等材料制成的散热器。

2）散热器的选择

散热器的功能是将供热系统的热水所携带的热量，通过散热器壁面传给房间。散热器的选择应满足下列基本要求：热工性能好，承压能力符合要求，外形与室内装饰协调，易清除积灰。通常，在民用建筑中宜采用外形美观、易于清扫的散热器；在放散粉尘或防尘要求较高的生产厂房应采用易于清扫的散热器；在具有腐蚀性气体的生产厂房或相对湿度较大的房间宜采用铸铁散热器。热水系统采用钢制散热器时应采取必要的防腐措施，蒸汽供暖系统不得采用钢制柱型、板型和扁管型等散热器。

3）散热器的布置

布置散热器时，应注意下列规定。

（1）散热器一般应安装在外墙的窗台下，这样沿散热器上升的对流热气流能阻止和改善从玻璃窗下降的冷气流和玻璃冷辐射的影响，使流经室内的空气比较暖和舒服。

（2）散热器一般应明装，布置简单。内部装修要求较高的民用建筑可采用暗装，托儿所和幼儿园应暗装或加防护罩，以防烫伤儿童。

（3）在垂直单管或双管热水供暖系统中，同一房间的两组散热器可以串联连接；贮藏室、盥洗室、厕所和厨房等辅助用室及走廊的散热器，可同邻室串联连接，串联管直径应与散热器接口直径相同，以便流水畅通。

【思考与练习】

（1）机械循环热水供暖系统按系统循环动力的不同可分为________系统和______系统。

（2）机械循环热水供暖系统按供回水干管布置的方式不同可分为____________、上供上回式、____________、_____________和中供式系统。

（3）散热器按其制造材质主要有_________、_________散热器两大类。

（4）散热器一般应安装在外墙的______下，一般应______装。

（5）通过对散热器供暖系统的学习，尝试完成绘制上供下回式双管重力循环热水供暖系统与同程式单管顺流式机械循环热水供暖系统的图形。

任务二　散热器供暖热媒输送管路设计

【任务导入】

供暖系统主要由热媒制备、热媒输送和热媒利用三个部分组成。散热器的功能是将供暖系统的热媒所携带的热量，通过散热器壁面传给房间。在热媒制备和热媒利用之间就依靠管路连接进行热媒输送和热媒回流，从而完成热媒制备、热媒输送和热媒利用之间的闭合环路，实现热媒的循环利用。散热器供暖热媒输送管路设计主要是指室内供暖系统的设计。

【任务准备】

1. 散热器供暖管路设计

由于终端用户房屋的户型结构、家具摆设、管道布置等千差万别，散热器的连接方式也有很多差异。下面以燃气壁挂炉为热源介绍室内散热器供暖的不同管路设计形式。

1）异程并联管路设计形式

异程并联系统设有供回水总管道，在到达散热器安装位置时，利用三通管件将供回水接入散热器，利用阀门控制散热器的进水量，如图 4-2-1 所示。其中，“异程”体现于供回水在主管道内的流向相反。

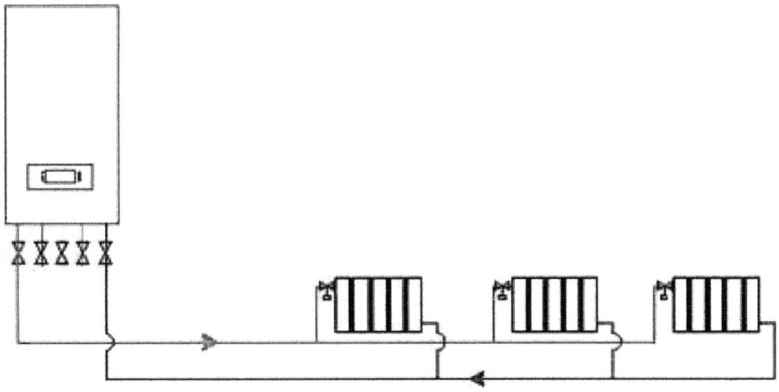

图 4-2-1　异程并联管路设计形式

此连接方式可自由控制每一组散热器，对于不同的温度需求，只需调节阀门的开合程度就可满足；如果有房间处于闲置状态，将此处阀门关闭即可。此连接方式的弊端在于最末端散热器所配置的阀门可全开，距离壁挂炉越近的散热器阀门开度越小，其他阀门必须适当调节开度，否则极有可能出现前面散热器很热、后面散热器不热的热量失衡情况。

2）同程并联管路设计形式

同程并联系统的供水与异程并联系统相同，区别在于回水，此系统是将所有的回水汇集于末端散热器的回水处，然后用一根完整的管道将回水送回壁挂炉，如图 4-2-2 所示。其中，“同程”体现于供回水在主管道内的流向相同。

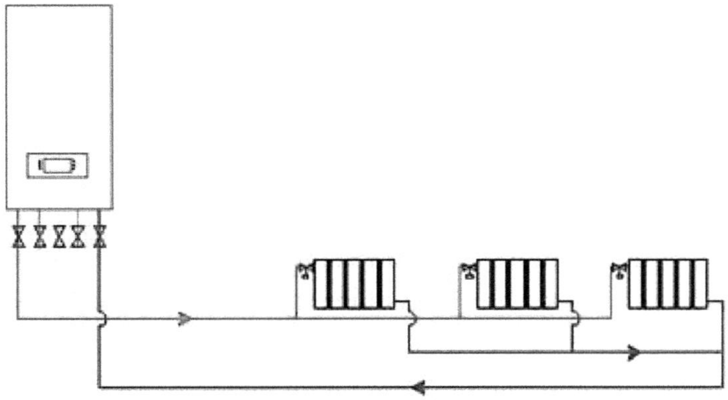

图 4-2-2　同程并联管路设计形式

此系统的调节方式与异程并联系统的调节方式相同，相较于异程并联系统，其各组散热器的水温更相近。

3）串联管路设计形式

串联系统即从壁挂炉供水口接出管道后将散热器串连，并将最后一组散热器的回水接回到壁挂炉回水处，如图 4-2-3 所示。

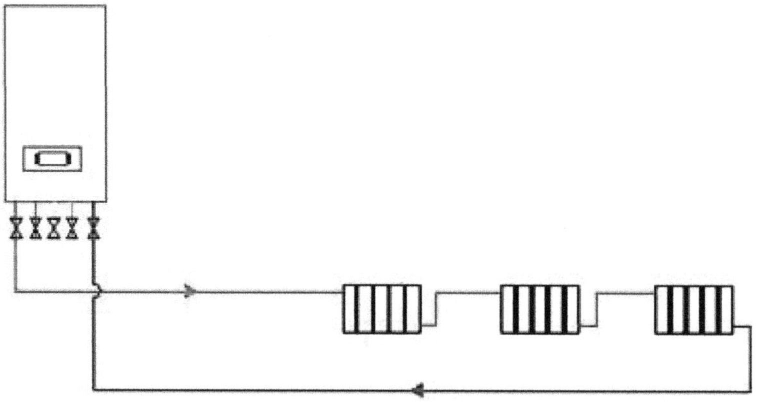

图 4-2-3　串联管路设计形式

此系统无法单独调控某一组散热器，只能由壁挂炉的设定温度来控制室温。若整个散热系统较大，散热器数量较多，距离壁挂炉从近到远会出现明显的温度差。

4）跨越式串联管路设计形式

跨越式串联系统是串联系统的升级版本，即为了解决串联系统的不可调控问题，在每组散热器的供水处接入三通调节阀，回水处接入三通管件，即为每组散热器做一个过桥式连接，如图 4-2-4 所示。

此系统可根据用户的需求调整采暖水的流向，并可单独控制每组散热器的热水流量，可有效降低串联系统造成的温差。

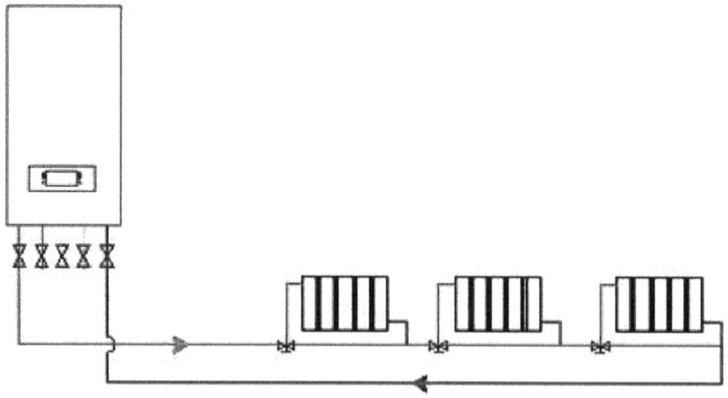

图 4-2-4　跨越式串联管路设计形式

5）章鱼式管路设计形式

章鱼式系统是使用分水器、集水器作为采暖水的分配装置，堵塞、泄漏等故障率非常低，而且各采暖支路流量均衡、互不影响、流量调节控制简便，其存在的弊端是所用管路较多，不适用于明装采暖系统，如图 4-2-5 所示。

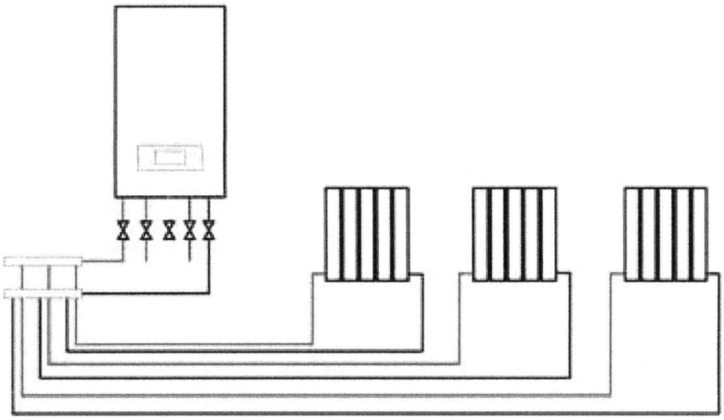

图 4-2-5　章鱼式管路设计形式

2. 散热器管路连接

散热器管路连接形式有同侧上进下出、异侧上进下出、异侧下进下出、异侧下进上出、同侧下进上出。其中，散热器的进、出口成对角线时，它的散热效果最佳；当散热器长度小于 1 m 时，它的进、出口也可以在同侧安装，如图 4-2-6 所示。

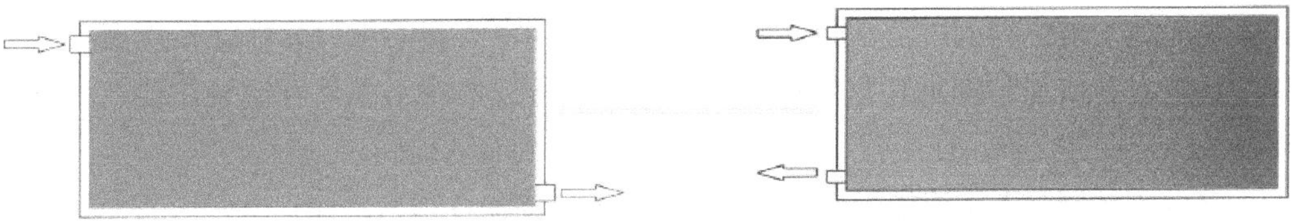

图 4-2-6　散热器管路连接

【思考与练习】

（1）散热器供暖的不同管路设计形式可分为__________形式、__________形式、__________形式、__________形式和__________形式。

（2）散热器管路连接形式有同侧上进下出、__________、异侧下进下出、异侧下进上出、__________。

（3）散热器的进、出口__________时，它的散热效果最佳。

任务三　散热器供暖热媒输送管路安装

【任务导入】

现有一套不锈钢管供暖管路的安装图样以及所需要的材料清单，试根据材料清单准备相关材料，然后按照图样要求完成供暖管路系统的安装并进行气压试验。

【任务准备】

1. 薄壁不锈钢管卡压式连接安装技术

薄壁不锈钢管是近年来发展起来的保证用水卫生的供水管材，它可用于给水、热水、饮用纯净水等工程，具有质量轻、力学性能好、使用寿命长、摩阻系数小、不易产生二次污染等优点，应用前景广阔。随着薄壁不锈钢管安装施工技术的成熟，卡压式连接的施工工艺得到广泛应用。它是以带有特种密封圈的承口管件连接管道，用专用工具压紧管口而起密封和紧固作用的一种连接方式，施工中具有安装便捷、连接可靠及经济合理等优点，使工程质量和劳动生产率得到有效提高。

薄壁不锈钢管卡压连接管件的端部 U 形槽内装有 O 形密封圈，安装时将不锈钢管插入管件中，用专用卡压钳卡压管件端部，使不锈钢管和管件端部同时收缩（表面形成六角形 ），达到连接强度、满足密封的要求。

2. 薄壁不锈钢管卡压式连接质量控制重点

1）薄壁不锈钢管卡压式连接

（1）管材下料后，对管子内外的毛刺必须用专用锉刀或专门的除毛刺器除去，若清除不彻底，插入时会割伤橡胶密封圈而造成泄漏，如图 4-3-1 所示。

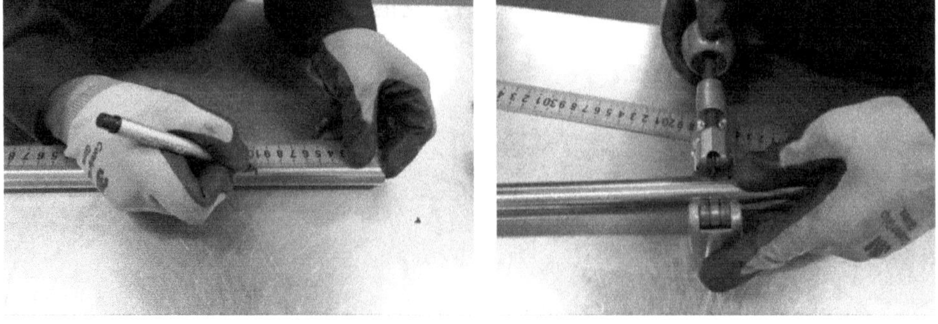

图 4-3-1　管材下料和去除毛刺

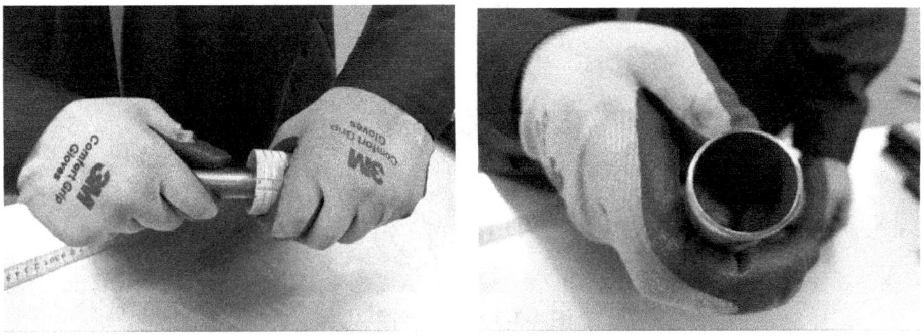

图 4-3-1　管材下料和去除毛刺（续）

（2）管子插入管件前，必须确认管件 O 形密封圈已安装在管件端部的 U 形槽内，安装时严禁使用润滑油，如图 4-3-2 所示。

图 4-3-2　安装 O 形密封圈和承插管件

（3）管子必须垂直插入管件，若歪斜则易使 O 形密封圈割伤或脱落而造成泄漏；插入长度必须符合表 4-3-1 的规定，否则会因管道插入不到位而造成连接不紧密而出现渗漏。

表 4-3-1　管子插入长度的确认

公称直径/mm	15	20	25	32	40	50	65	80	100
插入长度/mm	21	24	24	39	47	52	53	60	75

（4）卡压连接时钳口的凹槽必须与管件凸部靠紧，工具钳口应与管子轴心线垂直，卡压压力必须符合要求；开始作业后，凹槽部必须咬紧管件，直至产生轻微振动才可结束；卡压连接后，薄壁不锈钢管与管件承插部位形成六边形，可用量规检查其是否完好，如图 4-3-3 所示。

图 4-3-3　卡压连接

2）薄壁不锈钢管与丝扣件的连接

薄壁不锈钢管与阀门、水表、水嘴等丝扣件的连接必须采用专用的薄壁不锈钢内外丝转换接头，严禁在薄壁不锈钢管上套丝。

3）热水薄壁不锈钢管的热补偿

热水薄壁不锈钢管安装时，应按设计要求采取补偿管道的措施，公称直径≤ 25 mm 的管道可采用自然补偿或方形补偿，大管径管道则可通过安装不锈钢伸缩节进行补偿。

【任务实施】

进入操作区域，要穿戴防砸鞋、防护手套、工作服，在保证人身安全的情况下进行操作。

（1）将工器具及所需管材、管件摆放整齐，绘制基准线，打好管卡。

（2）完成各段管路所需管材的下料工作。

（3）完成管材与管件的组装工作。

（4）将组装好的管路安装并部分固定。

（5）应用卡压钳完成管路的卡压工作，并调整好水平垂直度。卡压操作需一步到位，不可多次重复卡压，管路的水平垂直度是考察的重点，需要边测量边调整固定，以达到要求。

数显游标卡尺使用操作

（6）完成气压试验。气压试验至关重要，只有通过气压试验，管路系统才可以投入实际使用，一定要确保无泄漏。测试压力为工作压力的 1.5 倍，但不得大于 1.6 MPa。

（7）现场管理。按照车间管理要求，对装配完成的对象进行清洁，完成工作过程产生的二次废料的整理、工具的入箱、垃圾的打扫等。

【技能训练】

学生按照 4 至 6 人一组进行分组，选定组长，安排好每个人的分工，以小组为单位合作完成操作。

学习薄壁不锈钢管材材料清单和工具清单，试按照铝塑管管材填写材料清单。

1. 供暖系统管材、管件的准备

薄壁不锈钢管供暖系统材料清单见表 4-3-2。

表 4-3-2　薄壁不锈钢管供暖系统材料清单

序号	名称	型号规格	数量	单位	备注
1	弯头	L22	2	个	
2	变径三通	T22-16-22	2	个	
3	管帽	C22	2	个	
4	内丝活接	S22-3/4F	2	个	
5	内丝活接	S22-1/2F	4	个	
6	不锈钢对丝	3/4 in	2	个	
7	不锈钢对丝	1/2 in	4	个	
8	不锈钢球阀	3/4 in	2	个	
9	不锈钢球阀	1/2 in	2	个	
10	生料带	单卷 20 m，加厚	5	卷	
11	不锈钢管（直管）	DN22×1.0 mm，6 m/ 根	1	根	
12	不锈钢管（直管）	DN16×1.0 mm，6 m/ 根	1	根	
13	管卡	DN15-22M8	30	个	
14	压力表	量程 0~1 MPa	1	个	
15	试压工具	根据实际要求配全	1	套	组装

注：1 in=2.54 cm

2. 管路制作安装工器具准备

管路制作安装工器具清单见表 4-3-3。

表 4-3-3　管路制作安装工器具清单

序号	名称	型号规格	数量	单位	备注
1	数显水平仪	DXL-360S	1	个	
2	数显水平尺	985D 600 mm	1	把	
3	数显角度尺	0~225°	1	把	
4	电动螺钉旋具	12~18 V	1	个	
5	弯管器	16 mm	1	个	
6	呆扳手	14~29 mm	1	个	
7	卷尺	3~5.5 m	1	个	
8	钢直尺	300 mm	1	把	
9	钢直尺	500 mm	1	把	
10	直角尺	300 mm	1	把	
11	钢丝刷	314 直柄不带刮片	1	把	
12	美工刀	大号	1	把	
13	手动液压式卡压钳	液压不锈钢 1525	1	套	
14	管子割刀	16~22 mm	1	把	

续表

序号	名称	型号规格	数量	单位	备注
15	倒角器	铜管、不锈钢管	1	把	
16	电动卡压钳	电池套装	1	套	

3. 图样识读与管路下料

管路安装之前仔细研究装配图图样并核对所有配件，做到万无一失；计算尺寸需严谨，理解任务中的要求，看清结构再开始操作。供暖管路安装图如图 4-3-4 所示。

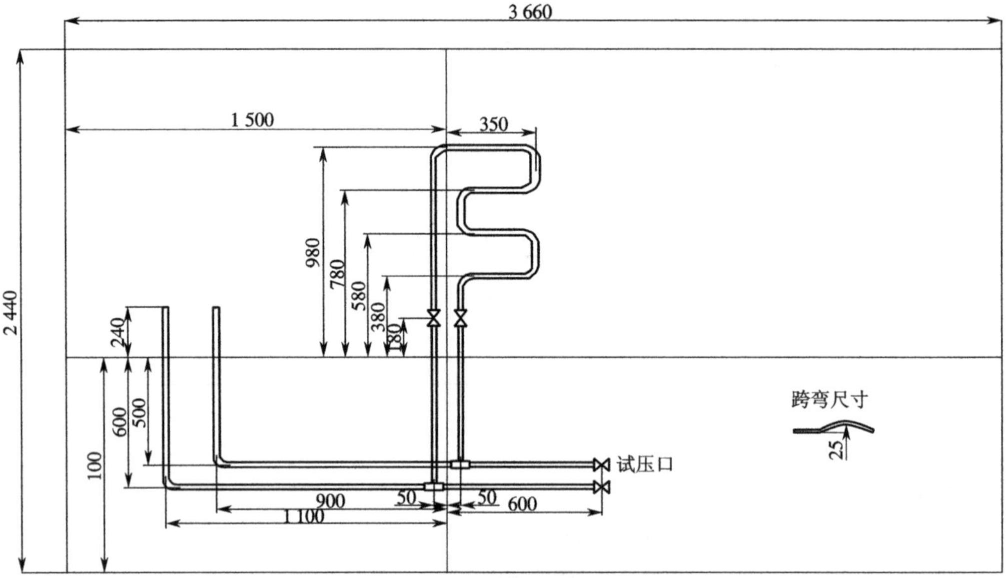

图 4-3-4　供暖管路安装图

4. 管路安装施工工艺过程

1）安装前准备

绘制基准线，根据施工图样规划好管卡位置，安装好管卡。管卡与薄壁不锈钢管材间必须采用塑料或胶皮垫隔离，以免不锈钢管受到腐蚀。管卡型号规格必须与管材型号规格相匹配，严禁以大代小，管卡螺母必须配备平垫圈。

2）预制加工

根据设计图样规定的坐标和标高线，并结合现场实际情况绘制加工草图，按图进行管段的预制加工和预装配。

（1）下料：小规格管材选用手动切管器截管，应使端面平齐，且垂直于轴线，并去除毛刺。

（2）连接管件和管材：在不锈钢管上画出需插入管件的长度应满足要求；然后将不锈钢管垂直插入卡压式管件中，应确认管子上所画标记线距端部的距离，公称直径 15~25 mm 时为 3 mm，公称直径 32~40 mm 时为 5 mm。

3）管道安装

（1）将预制加工好的管段按编号运至安装部位进行安装。

（2）用管卡将管道固定在墙上，不得有松动现象，公称直径≤ 25 mm 的管道安装时可采用塑料管卡。

（3）管道敷设时严禁产生轴向弯曲和扭曲，穿过墙或楼板时不得强制校正。当与其他管道平行敷设时，应按设计要求预留保护距离；当设计无规定时，其净距不宜小于 100 mm。当管道平行时，管沟内薄壁不锈钢管宜设在镀锌钢管的内侧。

（4）将各管段进行卡压连接。

（5）压力试验必须在该模块安装完成后进行，进行 2 分钟 0.2 MPa 的压力试验并进行修正，检测无误后通知教师进行压力试验。

【任务评价】

散热器供暖管路安装评分标准见表 4-3-4。

表 4-3-4　散热器供暖管路安装评分标准

序号	评分内容	评分标准	配分	得分
1	尺寸	用直角尺配合钢直尺对管材外壁与基准线进行检测，在管材中部便于测量的位置做好标记，然后统一测量，尺寸误差≤ ±2 mm 为合格	4×0.5=2	
2	水平垂直度	用 60 mm 的数显水平仪测量，尺寸误差≤ 0.5° 为合格	4×0.5=2	
3	煨弯质量	凡有褶皱或椭圆度大于 10%，均为不合格	2×0.5=1	
4	煨弯角度	用数显角度尺测量，角度误差≤ 1° 为合格	2×0.5=1	
5	阀门连接	检查所有螺纹连接，出现阀门端面有损伤、生料带外露、螺纹连接处没有外露 1~2 丝扣任意一种问题均为不合格	2×0.5=1	
6	管道连接	不锈钢卡压处，承插深度线可见且距离管件端面在 2 mm 以内，卡压位置正确无误	2×0.5=1	
7	压力试验	2 分钟 0.2 MPa 压力试验，压力表数值下降不得分	2	

【思考与练习】

如果本供暖系统采用铝塑管或镀锌钢管制作，你能完成吗？

项目五

地板采暖

【项目描述】

地板采暖系统设计与安装需要相应的理论知识，本项目介绍地板采暖的概念、原理、构造，地板采暖的主要设备，地板采暖的主要工作流程及其主要安装技术。

【项目目标】

（1）掌握地板采暖的概念。

（2）了解地板采暖的工作流程。

（3）掌握地板采暖的主要设备。

（4）掌握地板采暖的主要安装技术。

任务一　地板采暖原理

【任务导入】

传统的取暖方式，房间的顶部大约有 30 ℃，而人体所处的位置尤其是脚部仅有 15 ℃甚至更低。中医认为“热从头生，寒从足入”。暖人先要暖脚，只有脚温暖了，全身才会感觉温暖。

地板采暖是地板辐射散热，是最舒适的采暖方式，室内地表温度均匀，室温由下而上随着高度的增加逐步下降，这种温度曲线正好符合人的生理需求，给人以脚暖头凉的舒适感。同时，地板采暖可促进居住者足部血液循环，从而改善全身血液循环，促进新陈代谢，并在一定程度上提高免疫能力。此外，“足热头寒”的环境可以避免犯困，有利于增强记忆力、提高学习和工作效率。

地板采暖高效、节能、运行费用低，可利用余热水、太阳能、地热等各种低温热源；室内设定温度即使比对流式采暖方式低 2~5 ℃，也能使人们有同样的温暖感觉，温差传热损失大大减小；热媒低温传送，在传送过程中热量损失小，热效率高；与其他采暖方式相比，节能幅度约为 20%，如采用分区温控装置，节能幅度可达到 40%。

学习地板采暖的概念、原理、主要设备安装技能，对于普及地板采暖技术和改善生活品质将起到促进作用。

【任务准备】

1. 地板采暖的概念

地板采暖是指在地面装饰层（如瓷砖、地板等）的下面铺设一层能够发热的材料，然后通过发热材料向室内辐射热量来达到取暖目的的一种方式。

2. 地板采暖的特点

1）散热均匀

地板采暖散热终端为地板，全屋均匀铺设，散热面积大，与散热片空调等传统采暖方式相比，不存在水平方向明显的温度梯度；在较低的设置温度下，可实现全屋处处温暖，采暖舒适度较高。

2）清洁健康

地板采暖系统的供暖原理为辐射传热，与空调、暖气等通过强制对流循环供暖相比，能有效减少空气中的灰尘和空气中病菌的蔓延，使室内空气变得更加清洁卫生。

地板采暖系统供热符合人体温感特点，热量来自脚下，可有效促进足部血液循环，从而改善全身血液循环，促进新陈代谢，垂直方向温度梯度从下往上逐渐降低，在保证温暖的同时，不会有憋闷感。

地板采暖系统设备与采暖终端有隔离，且设备运行噪声低，运行基本无噪声。

3）环保节能

地板采暖系统与传统的对流供暖方式相比节能效果明显，地板采暖在传送过程中热量损失较小，并且热量集中在人体受益的高度内，即使室内设定温度比对流供暖方式低 2~5 ℃，也能使人们有同样的温暖感。

4）美观大方

整个系统为隐藏式安装，室内不再有暖气片或空调内机，不影响装修风格，美观大方。

3. 地板采暖的设备

地板采暖主要由燃气壁挂炉、循环泵、主管道、分 / 集水器、地板采暖盘管、温控器、执行器等部分组成。

1）燃气壁挂炉

燃气壁挂炉是以天然气、人工煤气或液化气作为燃料，通过燃烧室内燃烧器燃烧后，经过热交换器将热量传递给循环水，采暖系统中的水在热交换器和管路中循环成为循环水，经过往复的加热升温—热量输出给建筑物降温—加热升温过程，为建筑物提供热源，如图 5-1-1 和图 5-1-2 所示。

壁挂炉需根据房屋采暖热负荷进行选型，主要有 18 kW、24 kW、28 kW、32 kW 几种。

两用燃气壁挂炉根据换热元件可分为套管式和板换式。

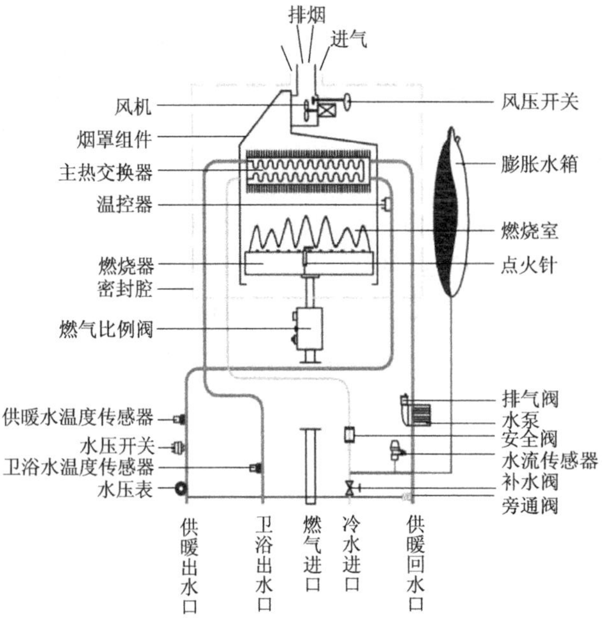

图 5-5-1　套管式两用燃气壁挂炉结构图

图 5-1-2　燃气壁挂炉外观

2）循环泵

地暖循环泵是地板采暖设施的辅助设备，是地暖管道内水流循环的动力来源，如图 5-1-3 所示。循环泵需以地暖循环水流量来进行选型。循环泵在安装过程中需要注意安装方向，必须与地暖水流方向相同。

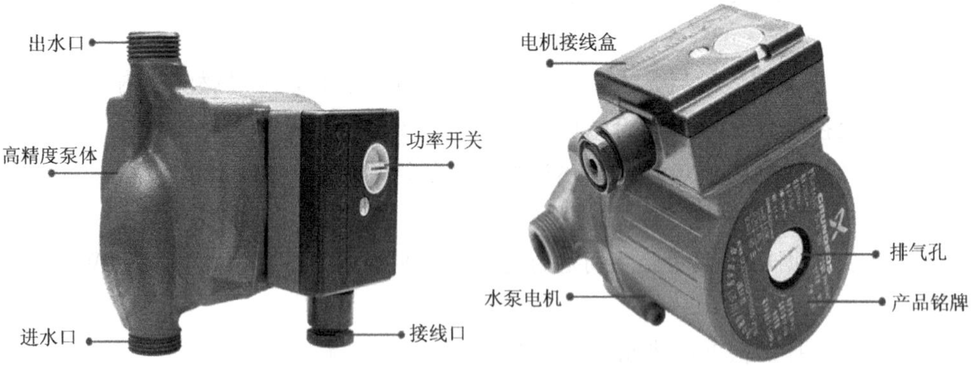

图 5-1-3　循环泵

3）主管道

地板采暖主管道是从热源将采暖水送到分 / 集水器的输送管道，一般多采用 PPR、铝塑管安装，也有部分业主采用铜管或者不锈钢管安装，如图 5-1-4 所示。

图 5-1-4　分 / 集水器与主管道

图 5-1-5　分 / 集水器

4）分 / 集水器

分 / 集水器包括分 / 集水干管、排气泄水装置、支路阀门和连接配件等，如图 5-1-5 所示。因受水力特征的影响，地板采暖加热管的长度需要限制在一定范围内，因此一个环路所能覆盖的面积是有限的。因此，一个区域的供暖要通过多个环路来实现，而为多个环路分配热媒和汇集热媒的装置就是分 / 集水器，人们通常把分 / 集水器称为地板采暖系统中的心脏，整个地板采暖系统的热水靠分 / 集水器均匀地分配到每个支路里，在地板采暖管内循环后汇集到一起，在循环泵水力的作用下再分配，来保证整个采暖系统安全、正常的运行。

分 / 集水器根据采暖面积和地板采暖盘管路数来选择型号。

5）地板采暖盘管

地板采暖盘管是地板采暖系统的散热终端，其质量好坏直接影响地板采暖系统的制暖效果，由于地板采暖盘管为隐蔽安装，故在同一回路中应为一根整管，通常管路中不能有接头，如图 5-1-6 所示。

图 5-1-6　地板采暖盘管

地板采暖盘管按生产材料常用的主要有 PB、PE-RT、PE-X、PAP 等几种。

6）温控器

地板采暖温控器是为控制地板采暖系统设备而研制的一种末端控制产品，它可以根据人们的需要控制温度，如图 5-1-7 所示。当房间温度低于设定值，温控器向电热执行器发出开启指令，电热执行器开启安装在集水主管内的阀门，热水通过阀门流过铺设在该房间地板下的地板采暖管，向该房间供暖。反之，当房间温度高于设定值，温控器向电热执行器发出关闭指令，电热执行器关闭安装在集水主管内的阀门，热水不能流过铺设在该房间地板下的地板采暖管，停止向该房间供暖。部分型号温控器更能分时段设置开关机或房间温度，从而实现采暖的智能化。

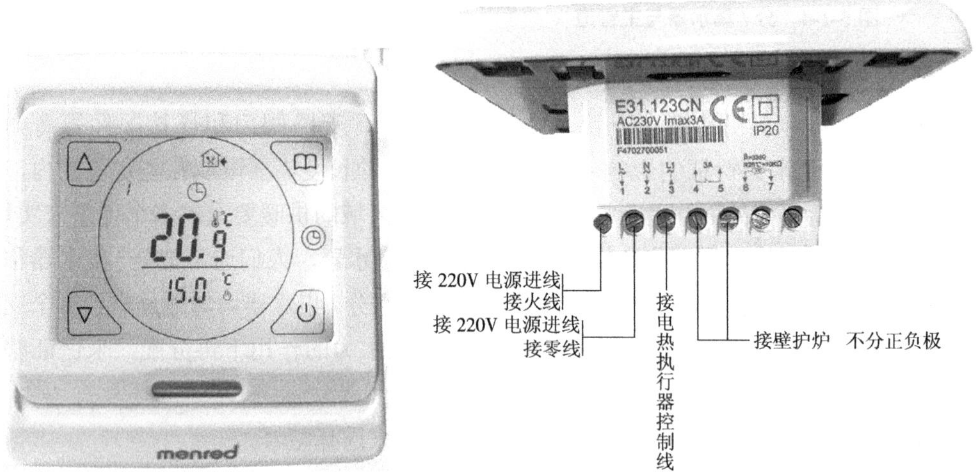

图 5-1-7 温控器面板与接线示意图

7）执行器

电热执行器安装于分、集水器的集水主管上，通过导线与智能房间温控器相连，它的作用是接收房间温控器的指令，控制分 / 集水器上的阀门开启或关闭，从而控制地板采暖管各环路内的水流量，进而控制各房间温度，如图 5-1-8 所示。

图 5-1-8 执行器

【思考与练习】

（1）什么是地板采暖?

（2）地板采暖的设备有哪些?

任务二 地板采暖设计

【任务导入】

地板辐射采暖是以温度不高于 60 ℃的热水为热媒，在加热管内循环流动，加热地板，通过地面以辐射和对流的传热方式向室内供热的供暖方式。地板采暖的构造和地板采暖的铺设方式对供热质量和效果非常重要。

【任务准备】

1. 地板采暖热水的输送

1）集中供热时的热水输送

在集中供热时，我们是利用供热站或换热站所输送过来的热水来进行冷热水输送的，也就是我们所说的热媒。在这个过程中有两个关键的因素，也就是地板采暖工作原理的本质——加压和循环。所谓的加压和循环，就是保证热水可以输送到室内，并且可以在室内实现正常的循环。此时需要两个设备——加压泵和循环泵，加压泵的作用是提高循环水的压力；循环泵的作用是提供循环驱动力，让热水在供水和回水之间来回流动。集中供热就是通过加压泵和循环泵来实现冷热水的输送。地板采暖构造示意如图 5-2-1 所示。

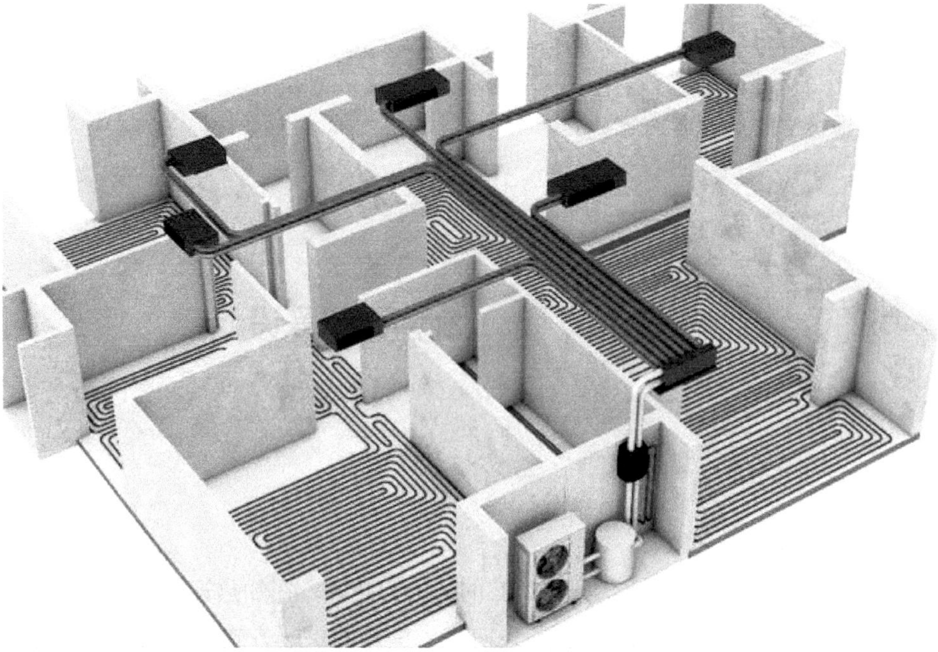

图 5-2-1　地板采暖构造示意图

2）家庭独立安装的地板采暖

家庭独立安装的地板采暖常见的热源设备是燃气壁挂炉或电加热设备等，通过消耗燃气或电能加热热媒对外供热，依靠加压和循环在室内能够正常地进行热水循环供暖。一般加压泵的压力可以达到 0.55 MPa，循环泵可以实现二者之间的压力差达到 0.1 MPa。

2. 地板采暖地面下热水循环

1）分集水设施

对于地板采暖，分集水设施主要是指分 / 集水器。其中，分水器的作用就是将热源输送过来的热水通过分水器分配到各个回路中；而集水器的作用就是把从分水器出去流过各个回路的热媒收集起来，最终回到回水的干管中。这样就可以实现热水从室外进入到分水器，然后在地面下循环一周以后，再通过回水管道回到集水器并统一流入回水总干管中，最终回到循环泵持续循环。

2）地面下的加热管道

在地板采暖的分集水器的下面所安装的就是地板采暖管，也称为地板采暖的加热管道。地板采暖的加热管道是以盘绕的方式铺在地面下的。目前比较常见的地采暖的加热管道基本上是 PE-RT 或者是 PE-X 管。加热管道的安装从地板采暖的分水器开始，按照设计图纸进行盘绕，一个回路的整个长度控制在 80 m 以下，然后回到集水器。运行的时候，热水在地面下暗埋的加热管道中循环，实现室内地面的加热，为室内提供采暖热量。地板采暖水循环示意如图 5-2-2 所示。

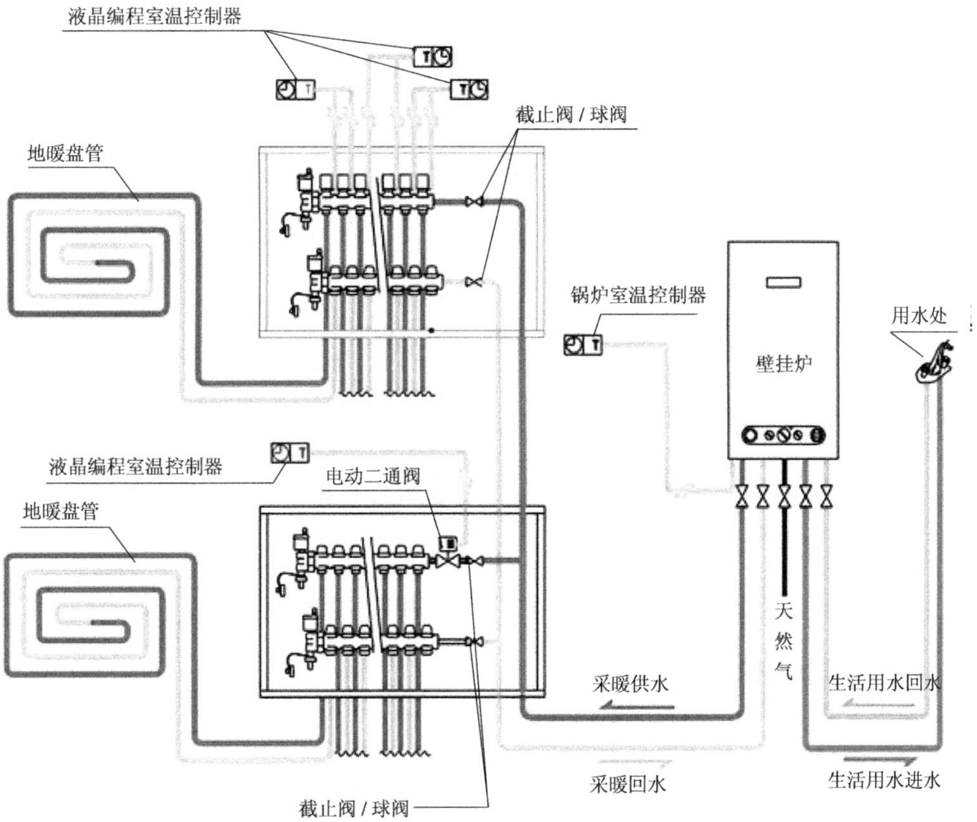

图 5-2-2　地板采暖水循环示意图

3. 地板热量的交换

1）热传导

所谓热传导，就是通过材料之间的接触来传递热量。由于地板采暖是把加热管道埋在地面以下，热水通过管道的管壁将热量传递到周围的材料中。如果回填的是混凝土，就是通过热传导的方式把热量传输到混凝土中，混凝土被加热。

2）热辐射

所谓热辐射，就是指温度不同且互不接触的物体之间通过电磁波进行换热的过程。室内整个地面被加热升温后，即可以辐射的方式对室内空间进行加热。因此，采用地板采暖的室内地面上尽量不要有遮挡物，否则会影响散热效果。地标采暖实例如图 5-2-3 所示。

图 5-2-3　地板采暖实例

4. 地板采暖的构造

地板采暖自下而上的各层结构分别如下。

（1）混凝土层：钢筋混凝土楼板。

（2）隔热层：铺设聚苯乙烯发泡板（XPS 板），上面敷设反射膜（无纺布基铝箔材料），如图 5-2-4 和图 5-2-5 所示。聚苯乙烯发泡板用来隔绝热量向下传递（也可采用泡沫混凝土），反射膜用来阻止向下辐射传热。

图 5-2-4　聚苯乙烯发泡板

图 5-2-5　无纺布基铝箔材料

（3）钢丝网：作为固定地热管线的基础，保证均匀辐射热量，避免局部温度过高，如图 5-2-6 所示。水暖也可采用蘑菇板固定，如图 5-2-7 所示。

图 5-2-6　钢丝网

图 5-2-7　蘑菇板

（4）地热管线：地板采暖材料分为水热和电热两种，水热一般采用 PE-RT、PE-X 或 PB 管材，电热一般采用发热电缆或电热膜。

（5）填充层：采用豆石混凝土浇制，起到均匀分布热量和蓄热作用，如图 5-2-8 所示。

图 5-2-8　豆石

5. 地板采暖管的铺设方式

地板采暖管可采用双回形铺设方式或 S 形铺设方式。

【思考与练习】

简述地板采暖的三个工作过程。

任务三　地板采暖安装

【任务导入】

现有一户分户采暖家庭需安装地板采暖系统，试按照用户需求进行管路设计和安装。

【任务准备】

地板采暖的安装方法和步骤如下。

（1）检查测量地板采暖分 / 集水器。拆开包装后，将防护泡沫和外包装封存，养成良好的职业素养。检查分 / 集水器外观有无缺陷；阅读说明书，检查配件是否齐全（图 5-3-1）；测量分 / 集水器支架和分 / 集水器出水口的尺寸；关闭分 / 集水器上不用的出口。

（2）确定分 / 集水器安装位置。根据图纸中主管道和地板采暖管位置尺寸和分 / 集水器安装尺寸，计算分 / 集水器支架安装位置，在安装分 / 集水器支架螺纹孔位置画上标记。

（3）安装分 / 集水器支架。根据墙上位置，用自攻钉固定分 / 集水器支架。

（4）安装分 / 集水器。先将分 / 集水器支架垫片安装入分 / 集水器支架，再将分水器与集水器分别安装到支架上固定，安装时注意测量与主管道的安装距离，以及地板采暖管道的位置，安装过程中注意分 / 集水器表面的保护，如图 5-3-2 所示。

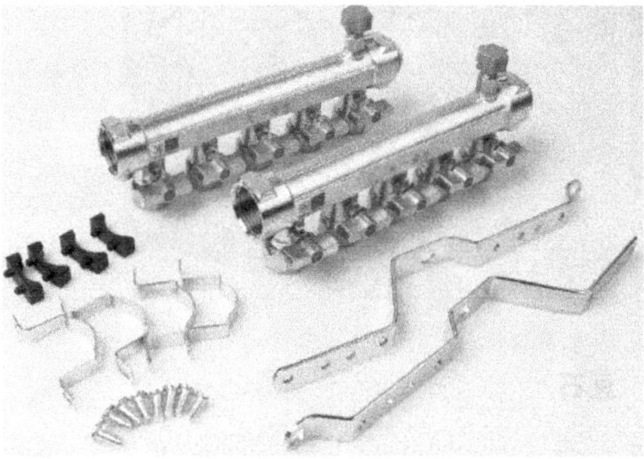

图 5-3-1　分 / 集水器配件

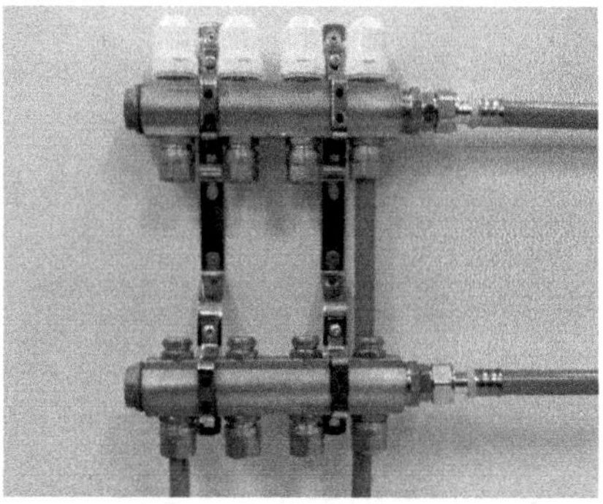

图 5-3-2　分 / 集水器安装

（5）安装地板采暖盘管。地板采暖系统安装，地面采用 U 形卡固定。在安装前，应根据图纸中的安装尺寸和基准线位置，选定 U 形卡位置，U 形卡在管道弯曲处应加上管卡；确定管卡位置后，用自攻钉固定 U 形卡，最后根据图纸安装管道。管道安装过程中，可使用弯管弹簧或者弯管器对管道弯曲处进行弯制，弯制过程中注意不能将管道弯扁，最后清理安装地面，如图 5-3-3 所示。

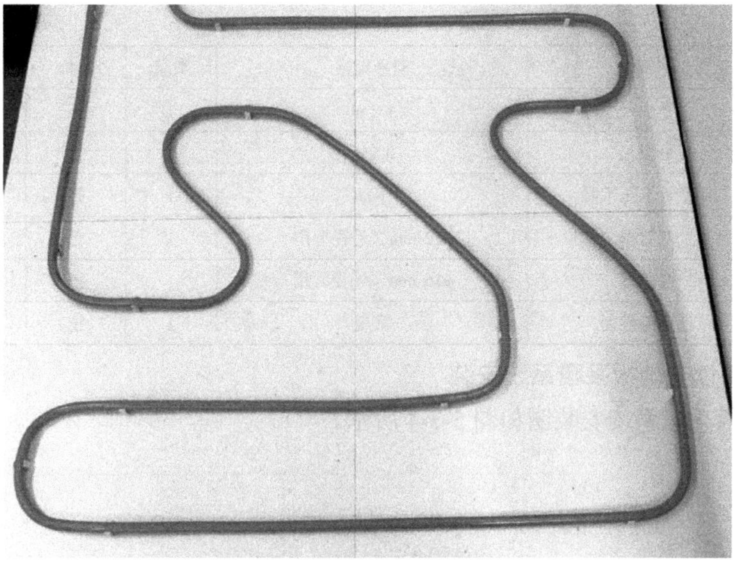

图 5-3-3　地板采暖盘管安装

【任务实施】

学生按照 4 至 6 人一组进行分组，选定组长，安排好每个人的分工，以小组为单位合作完成安装。

1. 地板采暖系统安装材料的准备

地板采暖系统安装材料清单见表 5-3-1。

表 5-3-1　地板采暖系统安装材料清单

序号	名称	型号规格	数量	单位	备注
1	分、集水器	4 路	1	套	
2	补芯	1–3/4	2	个	
3	铝塑管	1620	1	米	
4	铝塑管	1216	1	米	
5	外丝活接	HJS20*3/4 F	4	个	
6	内丝三通	T20*3/4 F	1	个	
7	打压套装	标配	1	套	

2. 地板采暖系统装配工具准备

地板采暖系统装配工具清单见表 5-3-2。

表 5-3-2　地板采暖系统装配工具清单

序号	名称	型号规格	数量	单位	备注
1	铝塑管剪刀	常规	1	把	
2	直角尺	300 mm	1	件	
3	盒尺	5 m	1	件	
4	数显水平尺	600 mm	1	把	

续表

序号	名称	型号规格	数量	单位	备注
5	平板尺	1.0 m	1	把	
6	平板尺	0.5 m	1	把	
7	铝塑管卡压工具	手动	1	把	
8	弯管器	ϕ22 mm（外径）用	1	把	
9	弯管器	ϕ16 mm（外径）用	1	把	
10	电动螺丝刀	常规	1	把	

3. 图纸识读与地板采暖系统安装

（1）地板采暖系统安装图如图 5-3-4 所示。

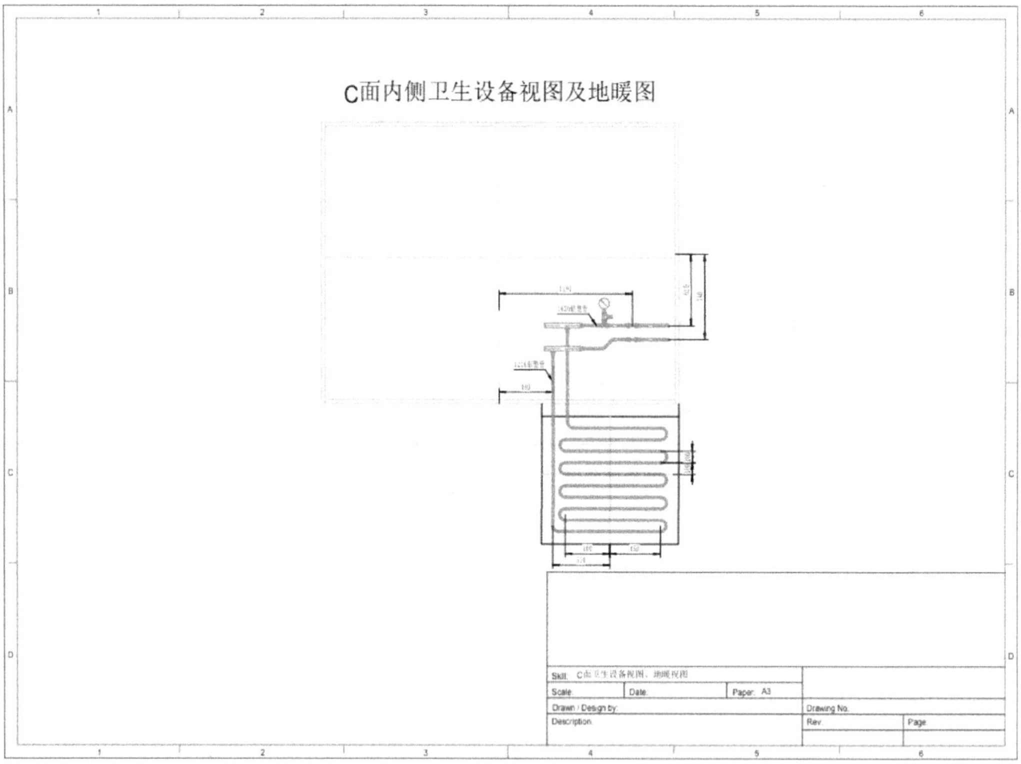

图 5-3-4　地板采暖系统安装图

（2）地板采暖系统安装成品效果图如图 5-3-5 所示。

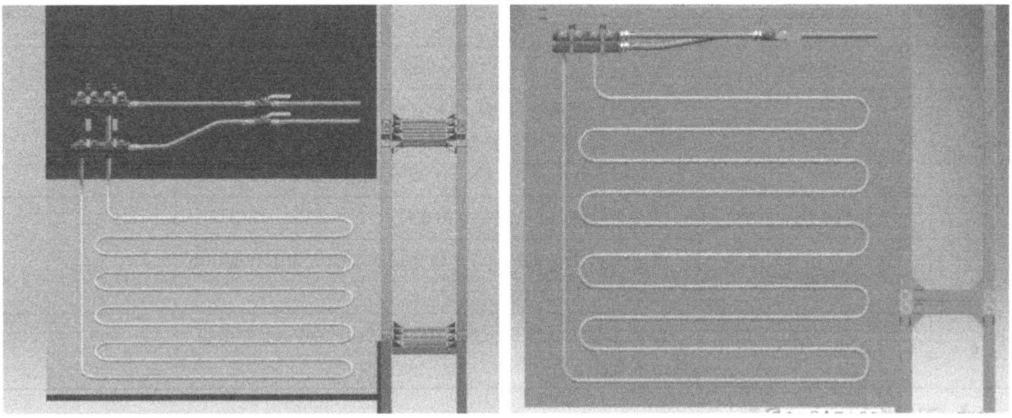

图 5-3-5　地板采暖系统安装成品效果图

【技能训练】

（1）学生按照 4 至 6 人一组进行分组，选定组长，安排好每个人的分工，以小组为单位合作完成安装。

（2）拆开包装，检查配件和外观，根据说明书正确组装分 / 集水器。

（3）根据设计图，找到安装位置，画出安装孔。

（4）安装分 / 集水器支架。

（5）安装分 / 集水器。

（6）根据设计图，找到地板采暖盘管 U 形卡安装位置，并安装 U 形卡。

（7）根据设计图，安装地板采暖盘管。

（8）现场管理，按照要求，对装配完成的盘管现场进行清洁，对产生的废料进行整理以及工具入箱、打扫垃圾等。

【任务评价】

地板采暖安装评分标准见表 5-3-3。

表 5-3-3　地板采暖安装评分标准

序号	评分内容	评分标准	配分	得分
1	基准线	基准线尺寸误差超过 2 mm 或水平垂直度误差超过 0.5° 为不合格，与之相关尺寸为 0 分	5	
2	尺寸	尺寸误差≤ ±2 mm 为合格，不合格每处扣 0.5 分	5	
3	水平度、垂直度	用 60 mm 数显水平仪测量，尺寸误差≤ 0.5° 为合格，不合格每处扣 0.5 分	5	
4	煨弯角度	数显角度尺测量，角度误差≤ 1° 为合格，不合格每处扣 0.5 分	5	
5	煨弯质量	凡有褶皱或椭圆度大于 10% 均为不合格，不合格每处扣 0.4 分	2	

续表

序号	评分内容	评分标准	配分	得分
6	阀门连接	出现阀门端面有损伤、生料带外露（以是否能用手撕下来为标准）、同一排管路阀门方向不一致（泵阀门除外）任意一种问题，均为不合格，不合格每处扣 0.2 分	1	
7	管道连接	连接无松动，不合格每处扣 0.5 分	1	
8	管卡固定	管卡未完全安装到位，出现晃动等现象均为不合格，不合格每处扣 0.3 分	1	
9	压力试验	地板采暖模块管路同时进行 2 分钟 0.2 MPa 压力试验，压力表数值下降不得分	5	

【思考与练习】

（1）地板采暖与散热器采暖的区别有哪些？

（2）地板采暖压力测试表压是多少，需保持多长时间？

项目六

冷热水管路

【项目描述】

冷热水管路主要用于家庭冷水和热水供水。冷热水管路系统设计与安装需要相应的理论知识，本项目介绍冷热水管路中给水系统的分类、组成，给水管路的布置、敷设、防腐及其主要安装技术。

【项目目标】

（1）掌握给水系统的分类。

（2）掌握给水系统的组成。

（3）了解给水管路的布置、敷设及防腐。

（4）掌握给水系统的主要安装技术。

任务一　冷热水管路原理

【任务导入】

可靠的城市给水系统是城市赖以生存和发展的基础条件。建筑内部给水系统必须结合室外管网所能提供的水质、水量和水压情况，卫生器具及消防设备等用水点在建筑物内的分布，用户对供水安全可靠性的要求等因素，经技术经济比较或经综合评判来确定给水方案、给水方式。本任务学习给水系统的相关理论知识，介绍给水系统的分类、组成。

【任务准备】

1. 给水系统的分类

室内给水系统的任务是将室外给水管网中的水引进建筑物内，并送至各种用水设备处，满足人们的生产、生活等要求。根据用户对水质、水压、水量、水温的要求，并结合外部对室内给水系统情况，可分为 3 种基本给水系统，即生活给水系统、生产给水系统、消防给水系统。

1）生活给水系统

生活给水是在日常生活中满足人们生活的饮用、烹饪、盥洗、沐浴、洗涤衣物、冲厕、清洗地面和其他生活用途的用水。由于人们对生活给水的需求不同，而对水的品质要求有所不同，按照供水水质可分为生活饮用水系统、直饮水系统和杂用水系统。

生活饮用水系统包括盥洗、沐浴等用水，直饮水系统包括纯净水、矿泉水等用水，杂用水系统包括冲厕、浇灌花草等用水。

2）生产给水系统

生产过程中所需生产用水包括产品工艺用水、清洗用水、冷饮用水、稀释用水、除尘用水、锅炉用水等。由于工艺过程和生产设备的不同，生产给水系统种类繁多，因此对水质要求差异较大，有的低于生活饮用水标准，有的高于生活饮用水标准。因此，生产给水系统必须满足生产工艺对水质、水量、水压及安全方面的要求。

3）消防给水系统

消防给水系统分为消火栓给水系统、自动喷水灭火系统、水幕系统、水喷雾灭火系统等。消防灭火设施用水主要包括消火栓、消防卷盘和自动喷水灭火系统等设施的用水。消防用水主要用于灭火（扑灭火灾）和控火（控制火势蔓延）。

消防给水系统的选择需要根据当地的生活、生产、消防等对水质、水量和水压的要求，通过技术经济比较或综合评判的方法进行确定。消防用水对水质要求不高，但必须保证水量和水压。

4）组合给水系统

上述三种基本给水系统在同一建筑物中不一定全部都有，可根据具体情况及建筑物的用途和性质、设计规范等要求，设置独立的某种系统或组合系统。如生活与生产给水系统、生活与消防给水系统、生产与消防给水系统以及生活、生产与消防给水系统等。

对于组合给水系统的选择，应根据生活、生产、消防等各项用水对水质、水量、水压、水温的要求，结合室外给水系统的实际情况，通过技术经济比较或综合评判进行确定。

2. 给水系统的组成

建筑（以某三层楼房为例）内部给水系统一般由引入管、给水管道、给水附件、给水设备、配水设施和计量仪表等组成，如图 6-1-1 所示。

1）引入管

引入管又称进户管，指从室外给水管网的接管点引至室内的连接管，是室内外给水管网之间的联络管段。引入管段上一般设有水表、阀门等附件。

2）水表节点

水表节点是指装设在引入管上的水表及其前后设置的阀门和泄水装置的总称，如图 6-1-2 所示。其中，引入管段上的水表用于计量建筑物的总用水量。水表及其前后的附件一般设在水表井中。当建筑物只有一根引入管时，宜在水表井中设旁通管。寒冷地区为防止水表冻裂，可将水表井设在采暖房间内；温暖地区则可将水表井设在室外。

在建筑内部给水系统中，除了在引入管段上安装水表外，在需要计量的某些部位和设备的配水管上也要安装水表，如住宅建筑每户的进水管上均应安装分户水表。为便于查表，分户水表宜设在户门外的管道井或者水箱间中。

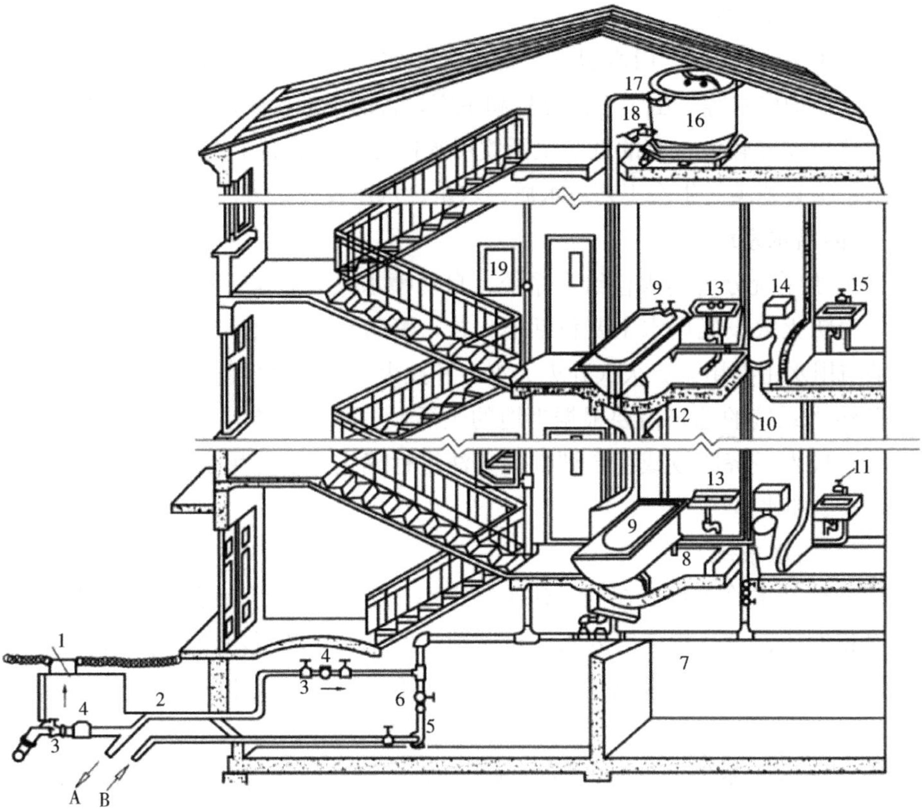

图 6-1-1　建筑内部给水系统

1—阀门井；2—引入管；3—闸阀；4—水表；5—水泵；6—止回阀；7—干管；8—支管；9—浴盆；10—立管；11—水龙头；12—淋浴器；13—洗脸盆；14—大便器；15—洗涤盆；16—水箱；17—进水管；18—出水管；19—消火栓；A—回水干管；B—供水干管

3）给水干管

给水干管是将引入管送来的水输送给各给水立管的水平管道。

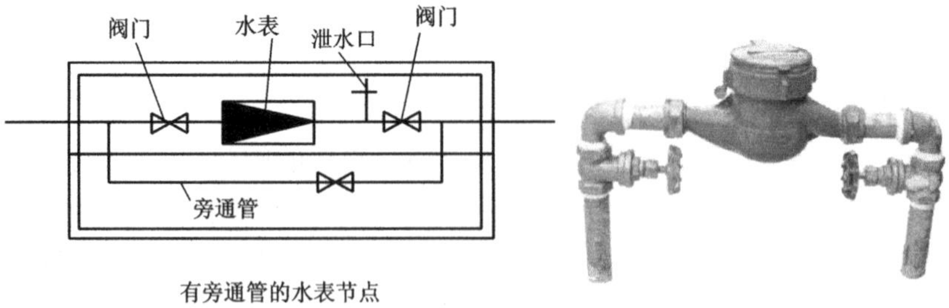

有旁通管的水表节点

图 6-1-2　水表节点

4）给水管网

给水管网包括干管、立管、支管和分支管，用于输送和分配用水至建筑内部各个用水点。

（1）干管：又称总干管，是将引入管送来的水输送给各立管的管段，为水平方向管道。

（2）立管：又称竖管，是将水从干管输送至各楼层、各不同标高处的管段，为垂直方向管道。

（3）支管：又称分配管，是将水从立管输送至各房间内的管段。

（4）分支管：又称配水支管，是将水从支管输送至各用水设备处的管段。

3. 给水附件

给水附件是指管道系统中调节水量和水压、控制水流方向、改善水质以及关断水流，便于管道、仪表和设备检修的各类阀门和设备的总称。给水附件一般分为配水附件和控制附件两类，包括各种阀门、水锤消除器、过滤器、减压孔板等管路附件。

1）配水附件

配水设施是用来开启或关闭生活、生产和消防给水系统管网终端水流的设施。生活给水系统的配水设施主要指卫生器具的给水配件或配水嘴，如图 6-1-3 所示；生产给水系统的配水设施与消防给水系统的配水设施在此不做叙述。

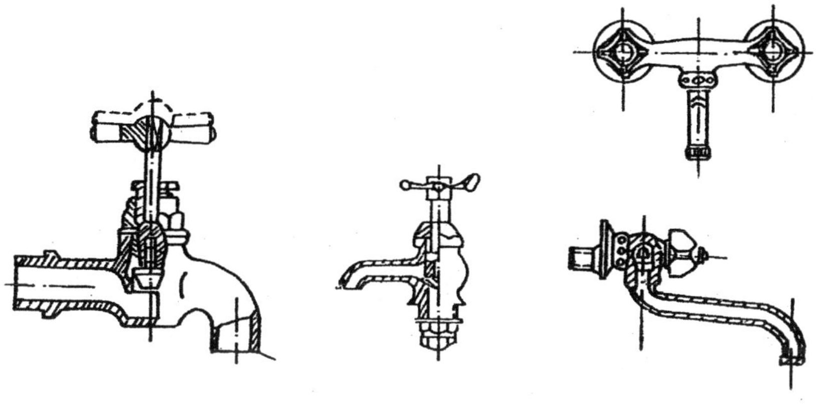

（a）　　（b）　　（c）

图 6-1-3　配水附件

（a）普通水嘴　（b）盥洗水嘴　（c）混合水嘴

（1）普通水龙头：一般采用截止阀式结构供给洗涤用水的配水龙头，通常装在洗涤盆、污水盆及盥洗槽上，由可锻铸铁或铜制成，规格有 15、20、25 mm 三种。

（2）盥洗水龙头：采用截止阀或瓷片式、轴筒式、球阀式等结构，装设在洗脸盆上，通常与洗脸盆成套供应，有莲蓬头式、鸭嘴式、角式、长脖式等多种形式，多为表面镀镍的铜制品，较美观和洁净。

（3）混合水龙头：通常装设在浴盆、洗脸盆及淋浴器上，用来分配调节冷热水，按结构形式分为双把和单把两种。

此外，还有很多特殊用途的水龙头，如用于化验室的鹅颈水龙头，用于节水的充气水龙头、定流量水龙头、定水量水龙头、自动水龙头及小便斗冲洗器等。

2）控制附件

控制附件是指用来控制水量和关闭水流的各种阀门。室内给水管道上常用的阀门有下面几种，如图 6-1-4 所示。

（1）闸阀：全开时水流直线通过，水流阻力小，一般应用在管径大于 50 mm 的管道上，但水中若有杂质落入阀座会使阀门关闭不严，产生磨损，容易发生漏水。

阀门的认识

（2）截止阀：水流呈曲线通过该阀，水流阻力大，关闭严密，安装有方向性，因局部阻力系数与管径成正比，适用于管径小于或等于 50 mm 和经常启闭的管道上。

（3）止回阀：也称单向阀、逆止阀、单流阀，阀体内装有单向开启阀瓣，用以阻止管道中水的反向流动。室内常用的止回阀有旋启式和升降式两种，阻力大。

①旋启式止回阀在水平、垂直管道上均可设置，但因启闭迅速，易引起水锤，不宜在压力大的管道系统中采用。

②升降式止回阀依靠上下游压差值使阀盘自动启闭（在阀前压力大于 19.62 kPa 时方能启闭灵活），水流阻力较大，一般适用于小管径水平管道。

③消声止回阀，当水向前流动时，推动阀瓣压缩弹簧使阀门开启，停泵时阀瓣在弹簧作用下在水锤到来前即关闭，一般情况下阀门关闭时的水锤冲击和噪声可以在此阀门使用时被消除。

④梭式止回阀是利用压差梭动原理制造的新型止回阀，具有水流阻力小、密闭性能好的优点。

（4）浮球阀：用以控制水箱、水池等储水设备的水位，以免溢流，一般安装在各种水池、水塔、水箱的进水口上，以及室内卫生器具（如常用于大、小便器）上。其原理是利用水位上升、浮球上升而关闭进水口，水位下降、浮球下落而开启进水口，但存在浮球体积大占用空间，阀芯易卡住引起溢水等弊病。

（5）液压水位控制阀：与浮球阀原理相同，但优于浮球阀，能够克服浮球阀的弊病，其原理是通过水位下降时阀内浮筒下降，管道内的压力将阀门密封面打开，水从阀门两侧喷出，水位上升，浮筒上升，活塞上移，阀门关闭，停止进水，可以认为其是浮球阀的升级换代产品。

（6）安全阀：一种保安器材，为避免管网、用具或密闭水箱超压破坏，需安装此阀，一般有弹簧式和杠杆式两种。

4. 增压和储水设备

增压和储水设备是指在室外给水管网压力不足时，给水系统中用于升压、稳压、储水和调节的设备，包括水泵、水池、水箱、储水池、吸水井、气压给水设备等。

压力仪器的认识与使用

5. 水表

水表是一种计量建筑物或设备用水量的仪表，由于其种类繁多，故在其分类、选用、安装等方面均有相关的要求。

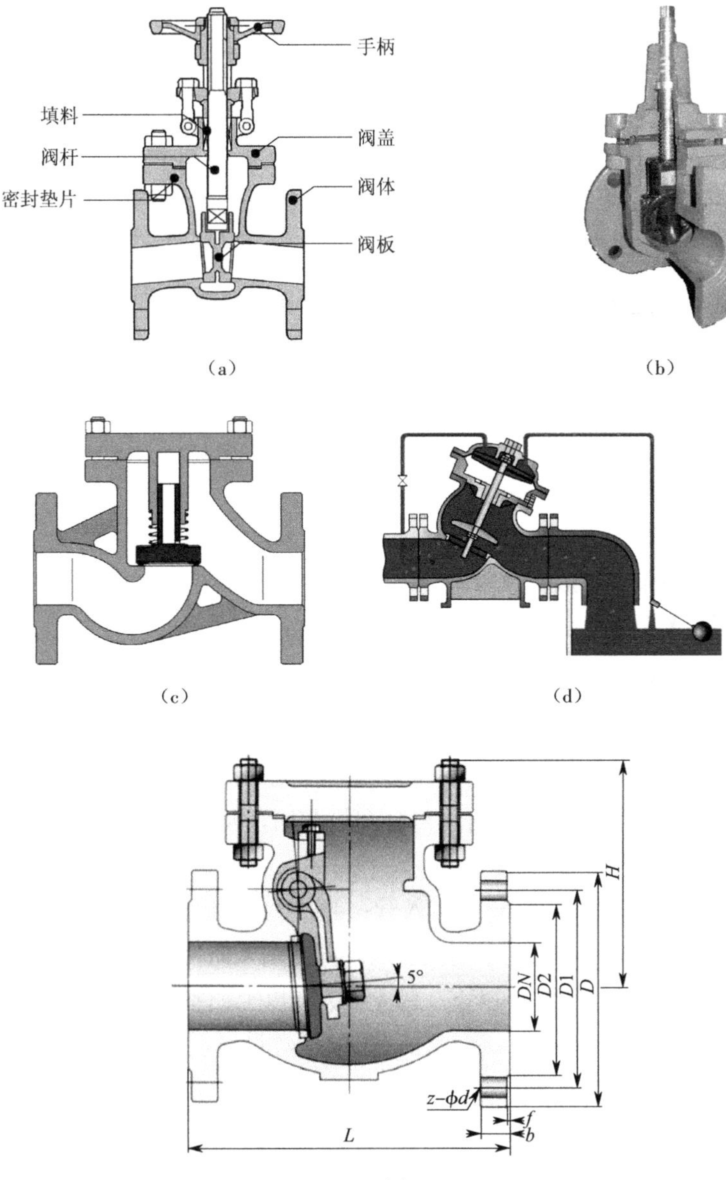

(e)

图 6-1-4　控制附件

(a) 截止阀　(b) 闸阀　(c) 升降式止回阀　(d) 旋启式止回阀　(e) 浮球阀

按原理可分为容积式水表、流速式水表（分为旋翼式和螺翼式）、活塞式水表。目前，室内给水系统中多采用流速式水表，在管径数值确定后，通过叶轮转动速度与水流量成正比的原理来进行计量。旋翼式水表又分为单流束和多流束两种；螺翼式水表又分为竖直螺翼式和水平螺翼式两种。

按计数器的工作现状可分为湿式水表（计数器浸没在被测水中）、干式水表（计数器与被测水隔离开）、液封式水表（计数器中的读数部分用特殊液体与被测水隔离）。

【思考与练习】

（1）简述给水系统的分类。

（2）简述给水系统的组成。

任务二　冷热水管路设计

【任务导入】

给水系统管道的布置、敷设及防腐。

【任务准备】

1. 给水管道的布置

1）引入管

从配水平衡和供水可靠考虑，当用水点分布不均匀时，宜从建筑物用水量最大处和不允许断水处引入给水管道；当用水点分布均匀时，从建筑中间引入，以缩短管线长度，减小管网水头损失。

对于引入管根数，一般只用一根引入管；当不允许断水或消火栓个数大于 10 个时，引入管根数为 2 条，且从建筑不同侧引入；同侧引入时间距大于 10 m。

对于防冰防压，冰冻线 0.2 m 以下，黏土 0.7 m 以上；室内给水横管穿承重墙或基础、立管穿楼板时均应预留孔洞；暗装管道在墙中敷设时，也应预留墙槽，以免临时打洞、刨槽影响建筑结构的强度。

2）水表节点

冬季最低气温小于 0 ℃地区，设在承重墙内；冬季最低气温大于 0 ℃地区，设在水表井内。

3）室内给水管网

室内给水管网与建筑性质、外形、结构状况、卫生器具布置及采用的给水方式有关。

（1）力求长度最短，尽可能呈直线布置，平行于墙、梁、柱，尽量保证美观，且考虑施工检修方便。

（2）干管尽量靠近大用户或不允许间断供水的用户，确保大口径管道最短，减少管道传输流量，保证供水可靠和节能。

（3）不得敷设在排水间、烟道和风道内，不允许穿过大小便槽、橱窗、壁柜、木质装修空间。

（4）避开沉降缝，如果必须穿越，应采取相应的技术措施。

（5）车间内给水管道可架空、可埋地，架空时不得妨碍生产操作及交通，不从设备上方通过，不允许在遇水会引起爆炸、燃烧或损坏的原料、产品、设备上方布管道；埋地应避开设备基础，避免压坏或振坏。

2. 给水管道的敷设

根据建筑对卫生、美观方面的要求不同，给水管道的敷设可分为明装和暗装。

1）明装

管道在室内沿墙、梁、柱、天花板下、地板旁暴露敷设。其优点是：造价低，便于安装维修；缺点是不美观，凝结水，积灰，妨碍环境卫生。

2）暗装

管道敷设在地下室或吊顶中，或在管井、管槽、管沟中隐蔽敷设。其特点是卫生条件好、美观、造价高、施工维护均不便，适用于建筑标准高的建筑（如高层、宾馆）和要求室内洁净无尘的车间（如精密仪器、电子元件）等。

室内给水管道可以与其他管道一同架设，应考虑安全、施工、维护等要求。在管道平行或交叉设置时，对管道的相互位置、距离、固定等应按管道综合有关要求统一处理。

3）水表节点

冬季最低气温高于 2 ℃的地区，安装在第一道承重墙内；冬季最低气温低于 2 ℃的地区，安装在水表井中，且应便于维修查表，不受污染，不被损坏。

3. 管道防腐、防冻、防露的技术措施

为使建筑内部给水系统能在较长年限内正常工作，除应加强维护管理外，在施工中还需采取如下一系列措施。

1）防腐

不论明装或暗装的管道和设备，除镀锌钢管外，均需做防腐处理。

钢管外防腐采用刷油法，即除锈、樟丹防锈漆二道、面漆（银粉）。防腐层可采用底漆（冷底子油）、沥青玛蹄脂（SMA）、防水卷材、牛皮纸等，实施冷底子油、沥青玻璃布二道、热力清三道（二布三油）。

铸铁管，若埋地外表一律刷沥青防腐，若明露外表刷樟丹防锈漆及银粉。

对于内防腐，输送具有腐蚀性的液体时，除采用耐腐蚀管道外，也可将钢管或铸铁管内壁涂衬胶、玻璃钢等防腐材料。

2）防冻，避开易冻房间

寒冷地区屋顶水箱，冬季不采暖的室内管道，设于门厅、过道处的管道，应采取保暖措施，如保湿材料采用矿渣棉、玻璃棉等。

3）防露

采暖卫生间、工作温度高及湿度较大的房间（洗衣房）管道水温低于室温时，管道及设备外壁结露，久而久之会损坏墙面，引起管道腐蚀，影响环境卫生。防结露措施为做防潮绝缘层，一般与温保法相同。

4. 水质防护

（1）各给水系统（生活给水、直饮水、生活杂用水）应各自独立、自成系统，不得串接。

（2）生活用水不得因管道虹吸产生回流污染。

（3）建筑内二次供水设施的生活饮用水箱应独立设置，其储量不得超过 48 h 的用水量，并不允许其他用水的溢流水进入。

（4）埋地式生活储水池与化粪池、污水处理构筑物的净距不应小于 10 m。

（5）建筑物内的生活储水池应采用独立结构形式，不得利用建筑物本体结构作为水池的壁板、底板及顶盖。

（6）生活水池（箱）与其他用水水池（箱）并列设置时，应有各自独立的池壁，不得合用同一分隔墙；两池壁之间的缝隙渗水，应自流排出。

（7）建筑内的生活水池（箱）应设在专用的房间内，其上方的房间不应设有卫生间、厨房、污水处理间等。

（8）生活水池（箱）的构造和配管应符合下列要求：

①水池（箱）的材质、衬砌材料、内壁涂料应采用不污染水质的材料；

②水池（箱）必须有盖并密封，人孔应有密封盖并加锁，水池透气管不得进入其他房间；

③进出水管应布置在水池的不同侧，以避免水流短路，必要时应设导流装置；

④通气管、溢流管应装防虫网罩，严禁通气管与排水系统通气管和风道相连；

⑤溢水管、泄水管不得与排水系统直接相连，应有 0.2 m 的空气隔断。

【思考与练习】

简述给水系统的防腐措施。

任务三　冷热水管路安装

【任务导入】

冷热水管道系统主要用于家庭供水，包括冷水和热水，包含铝塑管道、管件、阀门、循环泵以及水龙头花洒、洗手盆、马桶的供水。冷热水系统以卡套和煨弯为主，重点培养冷热水供应原理的理解、卡套连接、煨弯、管道安装质量、管道终端设备安装技术技能。

【任务准备】

冷热水管道制作安装所需要的主要工具包括钢直尺、铝塑管剪刀、整圆器、校直机、弯管器、充电钻、台钳、数显倾角仪、数显水平尺、扳手等。其中，钢直尺用于测量尺寸，铝塑管剪刀用于切断铝塑管，整圆器用于剪切完管道后整圆管口，校直机用于将弯曲的铝塑管校直，弯管器用于管道的煨弯，充电钻用于管卡安装及管道固定。另外，阀门、循环泵采用螺纹连接，连接前需缠生料带。

【任务实施】

（1）冷热水管路系统平面图如图 6-3-1 所示。

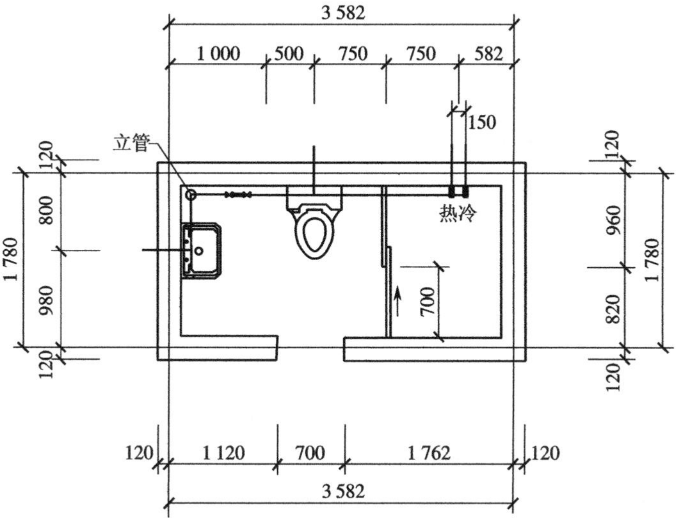

图 6-3-1　冷热水管路系统平面图

（2）冷水管路系统图如图 6-3-2 所示。

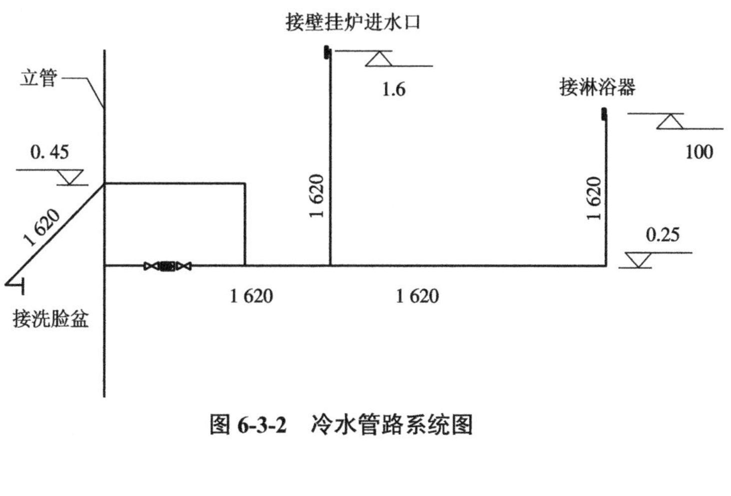

图 6-3-2　冷水管路系统图

（3）热水管路系统图如图 6-3-3 所示。

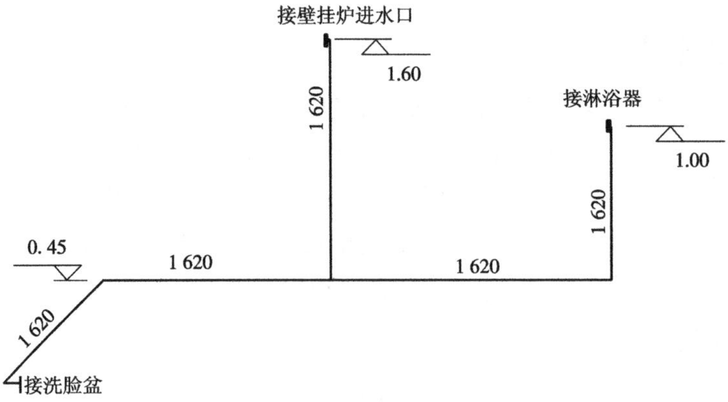

图 6-3-3　热水管路系统图

【技能训练】

（1）团队合作，4 至 6 人共同完成，选定组长，然后做好每个人的分工。

（2）将工器具及所需管材、管件摆放整齐，绘制基准线，打好管卡。

（3）完成各段管路所需管材的下料工作，规划好施工工艺，按照施工工艺完成相关管材与管件的连接工作。

（4）将组装好的管路安装，并部分固定。

（5）测量调整好尺寸，并固定。

（6）完成水压试验。

（7）现场管理，按照车间管理要求，对装配完成的对象进行清洁、工作过程产生的二次废料进行整理，并使工具入箱、打扫垃圾等。

【任务评价】

冷热水管路安装评分标准见表 6-3-1。

表 6-3-1　冷热水管路安装评分标准

序号	评分内容	评分标准	配分	得分
1	尺寸	用直角尺配合钢直尺对管材外壁与基准线进行检测，在管材中部便于测量的位置做好标记，然后统一测量，尺寸误差≤ ±2 mm 为合格	4×0.5=2	
2	水平垂直度	用 60 mm 的数显水平仪测量，尺寸误差≤ 0.5° 为合格	4×0.5=2	

续表

序号	评分内容	评分标准	配分	得分
3	阀门连接	检查所有螺纹连接，出现阀门端面有损伤、生料带外露、螺纹连接处没有外露 1~2 丝扣任意一种问题均为不合格	4×0.5=2	
4	管件和管材直线方向	钢直尺测量，误差≤ 1° 为合格	2×0.5=1	
6	完成度	在规定时间完成安装，并试压合格	1	
7	水压试验	按验收规范要求进行水压试验，无渗漏为合格	2	

【思考与练习】

本次任务中所采用管道为铝塑管材质，冷热水管路还可以采用哪些材质的管道？安装时有哪些不同之处？

修边刀、整圆器、倒角器的认识

项目七

清洁能源综合应用

【项目描述】

能源危机和环境污染是全世界共同关注的问题，最大化地提高清洁能源和可再生能源的利用比例，通过多能源的综合利用来解决环境问题已成为全球能源产业的共识。

本项目以清洁能源协同互补供热系统为研究对象，对多能源耦合系统进行分析讲解，以有利于其在建筑供热系统中的应用和推广。

【项目目标】

（1）了解清洁能源协同互补供热系统概念。

（2）掌握清洁能源协同互补供热系统运行原理。

（3）了解清洁能源协同互补供热系统优点。

（4）掌握清洁能源综合应用管路安装技术。

任务一　清洁能源协同互补供热系统

【任务导入】

随着社会经济的发展、城市建设的扩张和人们生活水平的提高，高质量的供热、供暖等管道系统变得越来越重要。同时，随着大气、水土污染治理力度的不断加大，社会经济发展中环保节能压力与日俱增。清洁能源协同互补供热系统为解决以上问题提供了很好的路径。

【任务准备】

1. 太阳能＋清洁能源供热系统简述

太阳能热利用是利用太阳能集热器收集太阳辐射能量转化成热能，以传热工质为媒介，通过换热器转换，为应用场景提供需要的热量。太阳能＋清洁能源供热系统是由太阳能集热器、传热系统、储热系统、连接管路、辅助热源、换热系统及控制系统等组成，如图 7-1-1 所示。

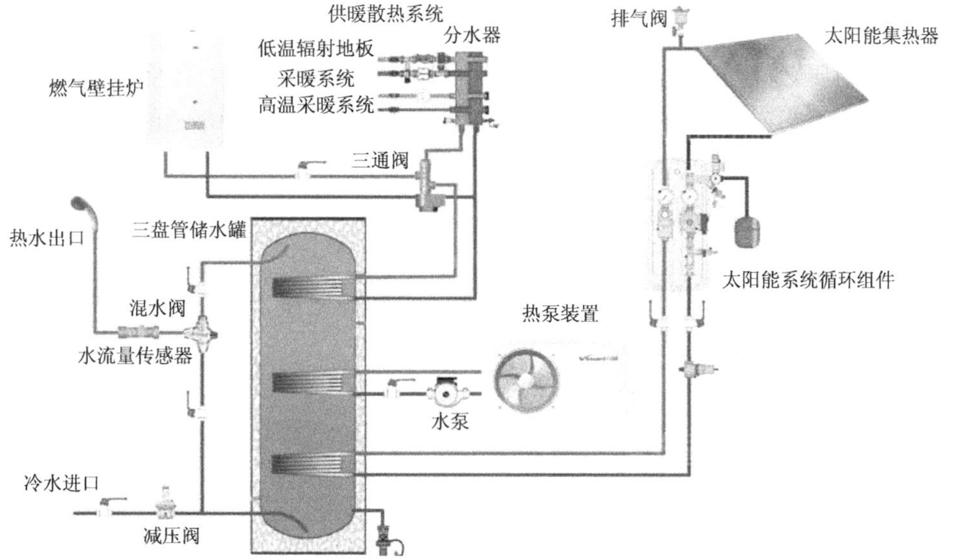

图 7-1-1　太阳能 + 清洁能源供热系统

2. 太阳能 + 清洁能源供热系统运行原理（图 7-1-2）

（1）太阳能集热器中的吸热板吸收太阳辐射热，然后传递给吸热板内的传热工质，使传热工质的温度升高，传热工质携带热量通过传热系统将热量储存在保温水箱（储水罐）中。

（2）当保温水箱中的水温达到 40~60 ℃时，不需要启动电加热，热水从储水箱输送到室内用热设备，将热水输送至地板采暖盘管中，通过地面均匀地向室内辐射热量可实现采暖。

（3）当保温水箱中水温未达到 40~60 ℃时，需要启动电加热，确保水温在 40~60 ℃。

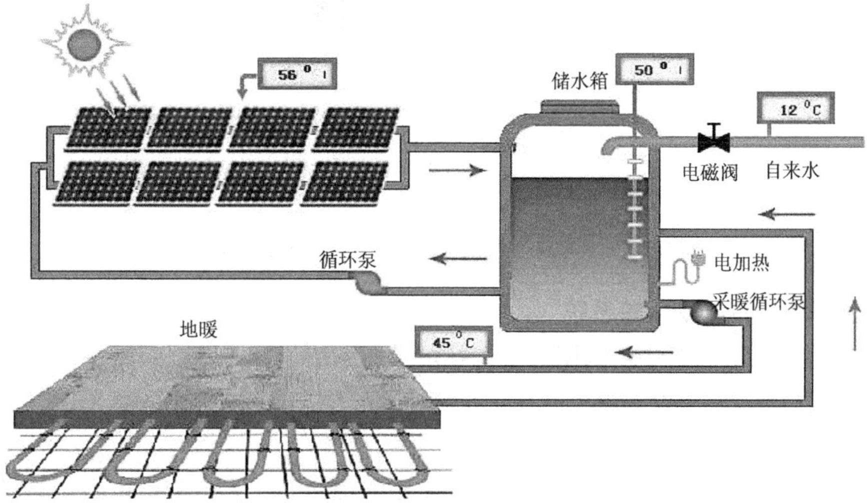

图 7-1-2　太阳能 + 清洁能源供热系统运行原理

3. 太阳能 + 清洁能源供热系统优点

1）绿色环保

采用矿物质燃料燃烧供热方式，会产生大量的废烟气，造成对环境的污染。太阳能供热系统利用洁净、绿色的太阳能，无污染，可为用户提供干净舒适的生活空间。

2）高效节能

太阳能供热系统有效利用太阳能，可节约能源成本 40%~60%。

3）安全可靠

传统的燃煤采暖炉，如通风不畅，会导致一氧化碳中毒，危害人身安全。太阳能供热系统是安全可靠的供热系统。

4）安装方便

太阳能集热器可安装在建筑物阳台、窗下等朝阳的墙面，可与建筑很好地融为一体，安装方便。

4. 太阳能 + 清洁能源供热系统应用范围

太阳能 + 清洁能源供热系统结构简单，传热工质热流密度较低，传热温度较低，安全可靠。该系统具有承压能力强、吸热面积大等特点，广泛应用于高层及多层的建筑、独立别墅、工厂、学校、宾馆、酒店、医院、游泳池等阳光充足的区域，如图 7-1-3 所示。

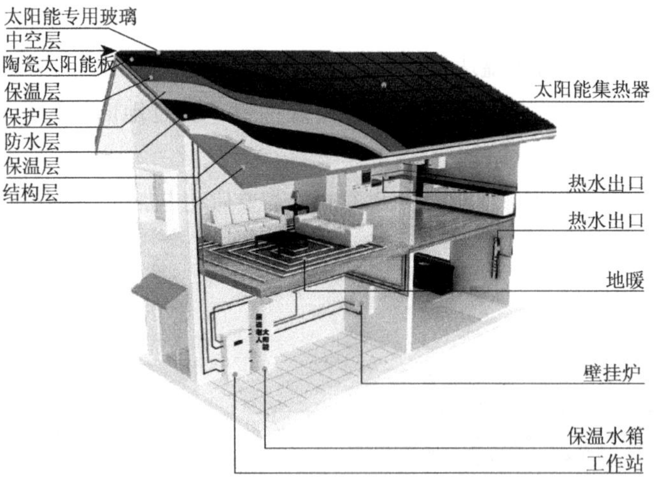

图 7-1-3　太阳能 + 清洁能源供热系统在建筑中的应用

5. 太阳能 + 壁挂炉供热系统

在管道与制暖项目中，太阳能 + 壁挂炉供热系统为双热源强制循环供热系统。该系统采用太阳能集热系统与燃气壁挂炉系统综合加热方式，主热源为太阳能集热板，辅助热源为壁挂炉。

太阳能 + 壁挂炉供热系统是由平板式太阳能集热器、太阳能工作站（控制中心）、双盘管储水箱、膨胀罐、排气阀等设备组成。

该系统配置了优质绿色燃气热力源系统、太阳能集热系统、太阳能工作站模组、高效多路热换系统、散热器和地板盘管，呈现了多种组合的制暖形式，体现了统一性和代表性。

（1）绿色燃气热力源系统：金属外壳，底板有 5 组接口，可与燃气管道、冷水管道、生活用热水管道、供暖供回水管道连接，如图 7-1-4 所示。

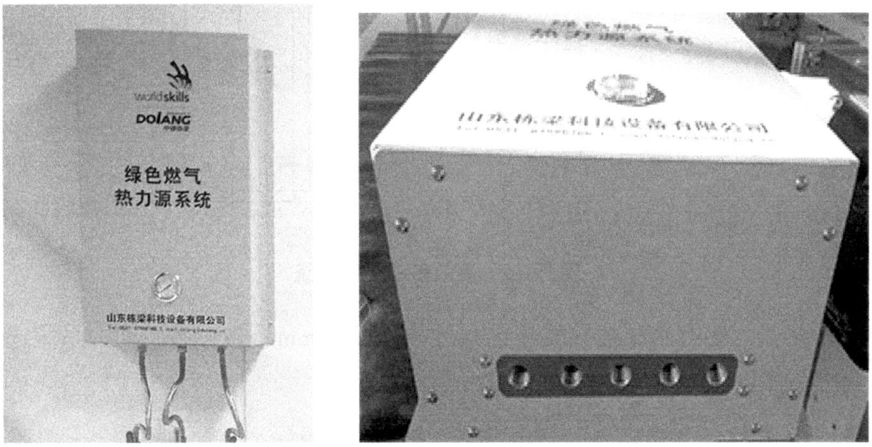

图 7-1-4　绿色燃气热力源系统

（2）太阳能集热系统：金属外壳，配有 4 组接口，内部连通，可与供暖管道连接，并配有三角支架，方便与模块墙的安装，如图 7-1-5 所示。

（3）太阳能工作站模组：单泵工作站，包括循环泵、气压表、温度表、排气阀等，如图 7-1-6 所示。

图 7-1-5　太阳能集热板

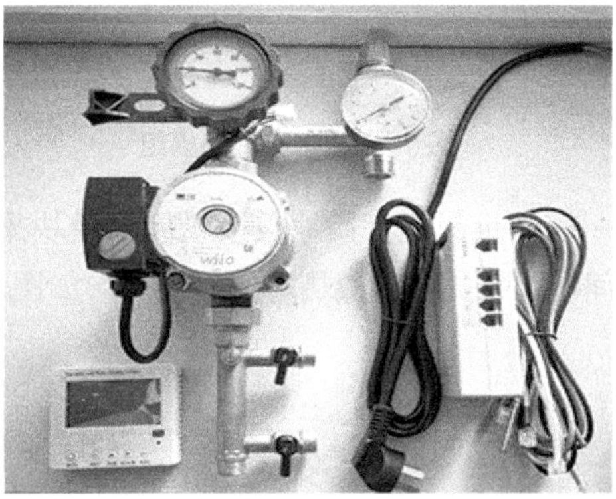

图 7-1-6　太阳能工作站模组

（4）高效多路热换系统：容积 150 L，8 口双盘管保温水箱，冷水进口、热水出口、回水口、排气口各 1 个，循环进口、循环出口各 2 个，如图 7-1-7 所示。

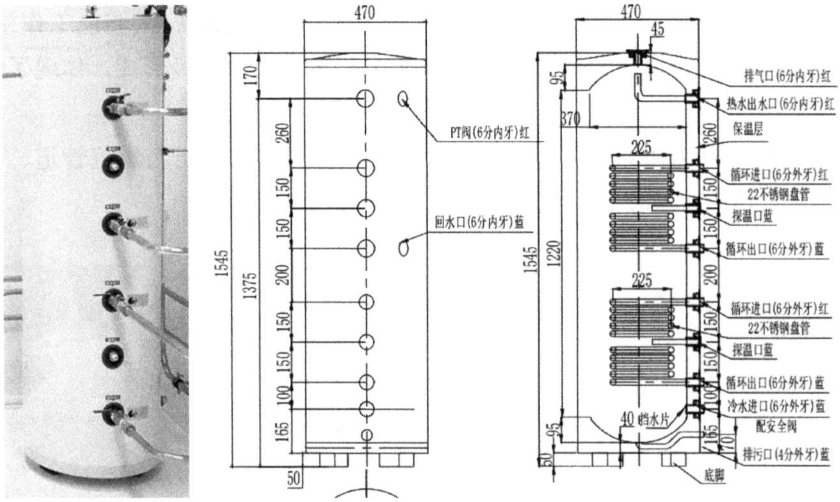

图 7-1-7　高效多路热换系统

（5）散热器：铝制水暖散热模组，尺寸 565×490 mm，热力循环动力系统选用进出口为 6 分的循环泵，如图 7-1-8 和图 7-1-9 所示。

图 7-1-8　水暖散热模组

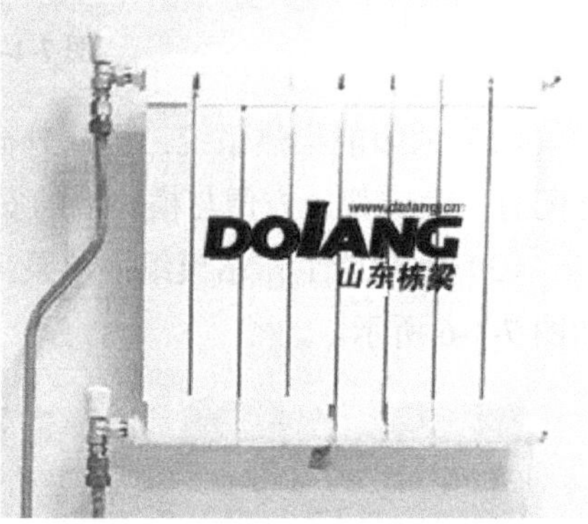

图 7-1-9　热力循环动力系统

（6）地板盘管：地板采暖展示模块采用薄型节能干式铝板免回填铺设，具有预热时间短、导热快、散热均匀的特点，如图 7-1-10 和图 7-1-11 所示。

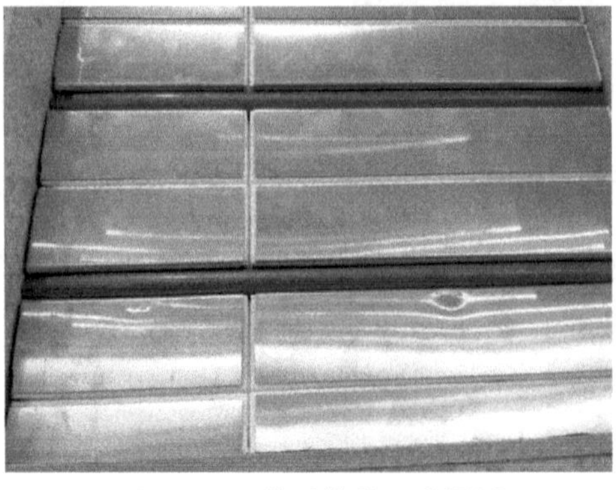

图 7-1-10　薄型节能干式铝板

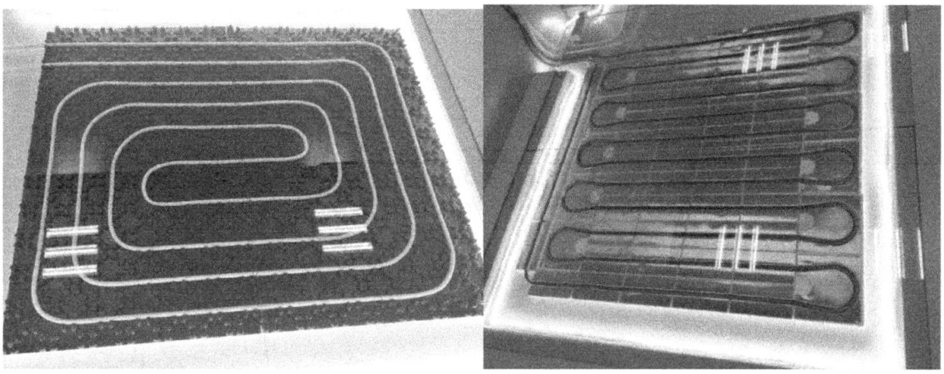

图 7-1-11　地板采暖模型

地板采暖展示模块配有智能温控分水器，温控面板安装在对应的房间，设定温度后，面板实时检测房间温度，当检测温度低于设定温度时，面板自动打开执行器，直到房间温度等于设定温度后，面板自动关闭执行器，如此往复达到室温恒定，如图 7-1-12 所示。

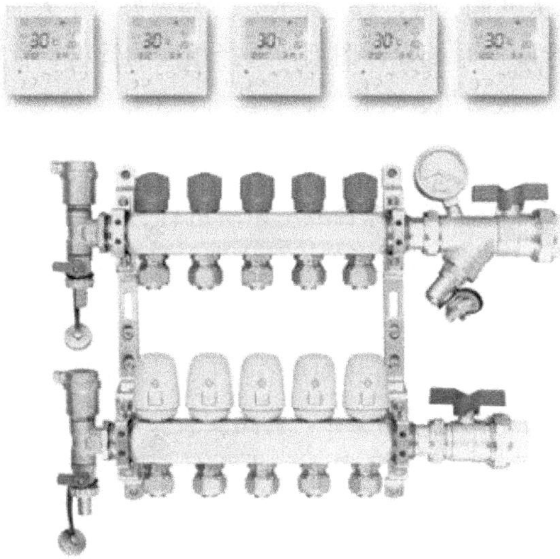

图 7-1-12　智能温控分水器

【思考与练习】

（1）简述清洁能源协同互补供热系统运行原理。

（2）太阳能 + 清洁能源供热系统有哪些优点？

（3）简述太阳能 + 壁挂炉供热系统的组成。

任务二 清洁能源综合应用管路安装

【任务导入】

清洁能源综合应用系统由燃气热力源系统、太阳能集热系统、太阳能工作站模组、高效多路热换系统、水暖散热模组、热力循环动力系统等组成。只有各部分之间通过管路连接作为桥梁来传输天然气和热媒，才能具备实用价值的“太阳能 + 天然气”的绿色能源系统。

【任务准备】

团队合作，4 至 6 人共同完成，选定组长，然后做好每个人的分工。

根据清洁能源综合应用系统设计图纸，选择相应的管材、管件、阀门等材料和电动卡压钳、数显水平尺、校直机、弯管器、套丝机、手枪钻等工具。

【任务实施】

按照管路安装图对该清洁能源综合应用系统进行管路连接，管路系统包括不锈钢管、铜管、铝塑复合管、镀锌管等管道的安装实训，具体安装图如图 7-2-1 所示。

【技能训练】

安装之前仔细研究安装图图样并核对所有配件，做到万无一失；计算尺寸需严谨，理解任务中的要求，看清结构再开始操作。管路安装要求如下。

（1）设计遵循管路最短、管件最省、弯曲最少、管路避让合理、间距等距、功能元件齐全、坡度合理、符合工作原理等要求。

（2）按照制图规范进行手工绘图，线条清晰、标注规范、尺寸齐全、图形符号正确。

（3）管材与管件选择满足使用要求。

（4）管道连接符合规范要求，保证牢固、密封良好。

（5）管道安装严格按设计图纸进行，包括尺寸、水平度、垂直度、管道连接方式等。

（6）确保设备及管道表面清洁，无污物、划痕等。

根据设计内容搭建并安装清洁能源系统。清洁能源系统管路比较复杂，安装过程中一定要注意区分各个管路的管材以及各个管道的安装顺序，各组填写表 7-2-1。

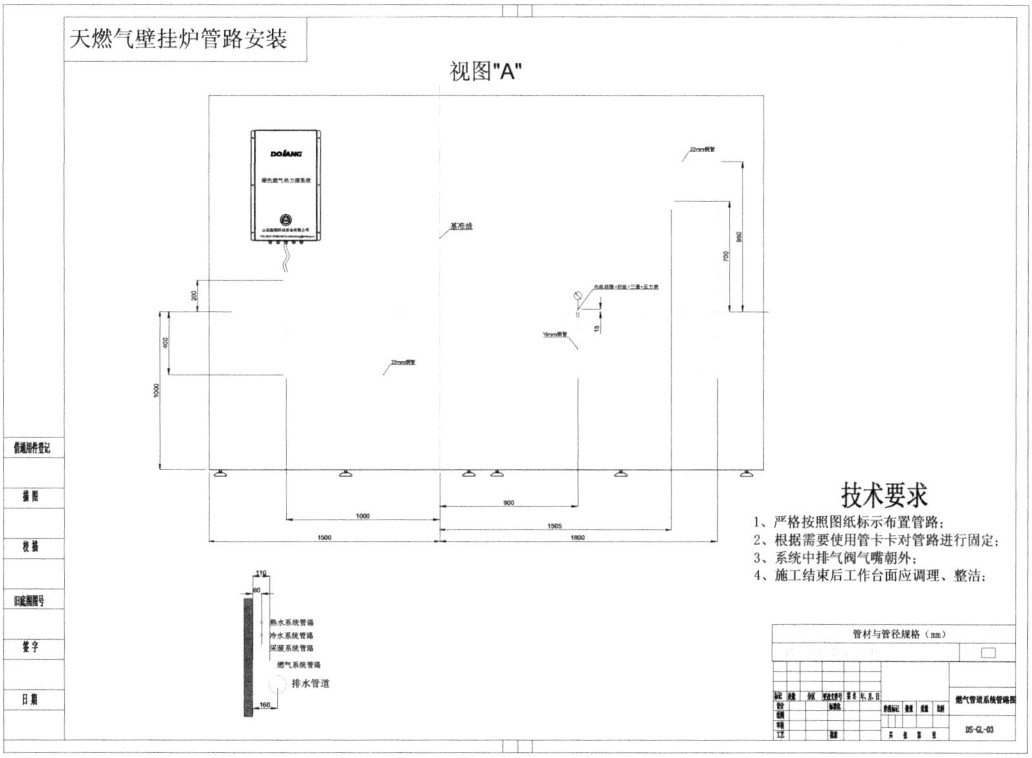

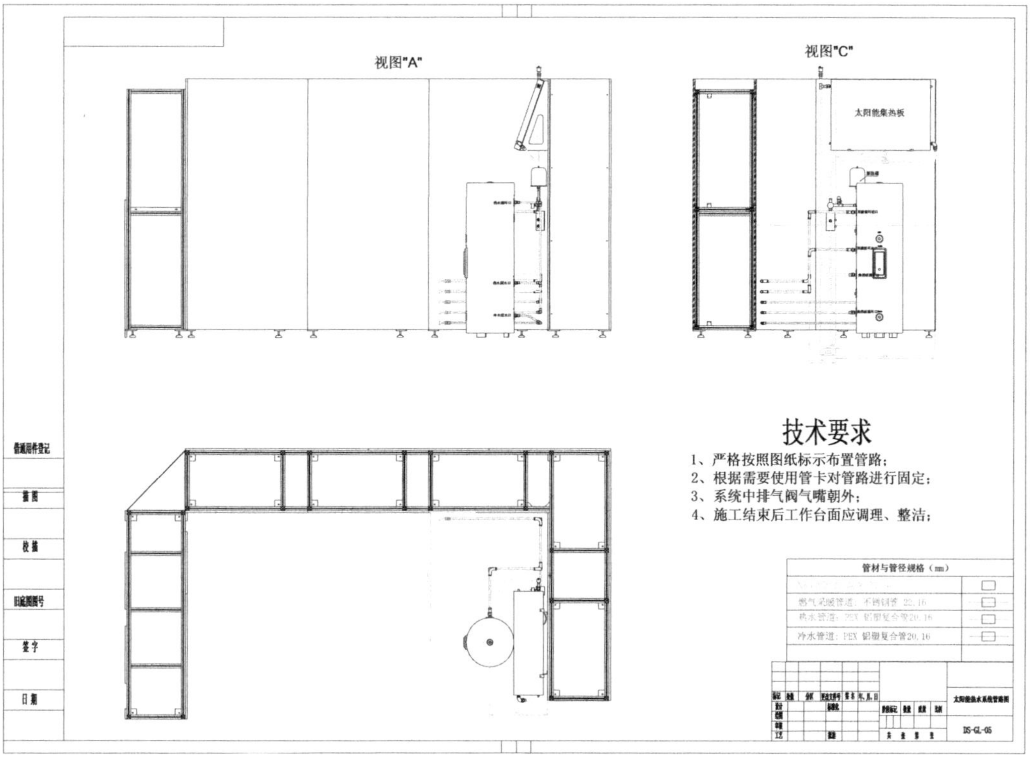

图 7-2-1　清洁能源综合应用系统管路安装图

表 7-2-1　管材及工具表

序号	管段（连接位置）	管材	长度 /mm	所需管件及个数	使用相应工具	管道安装图（手绘标注尺寸）
1						
2						
3						
4						
5						
6						
7						
8						

【任务评价】

清洁能源综合应用管路安装评分标准见表 7-2-2。

表 7-2-2　清洁能源综合应用管路安装评分标准

序号	评分内容	评分标准	配分	得分
1	尺寸	用直角尺配合钢直尺对管材外壁与基准线进行检测，在管材中部便于测量的位置做好标记，然后统一测量，尺寸误差≤ ±2 mm 为合格	4×0.5=2	
2	水平垂直度	用 60 mm 的数显水平仪测量，尺寸误差≤ 0.5° 为合格	4×0.5=2	
3	煨弯质量	凡有褶皱或椭圆度大于 10%，均为不合格	2×0.5=1	
4	煨弯角度	用数显角度尺测量，角度误差≤ 1° 为合格	2×0.5=1	
5	管道连接质量	螺纹外露不是 1~2 牙，生料带可以用手撕下	4×0.5=1	
6	阀门连接	检查所有螺纹连接，出现阀门端面有损伤、生料带外露、螺纹连接处没有外露 1~2 丝扣任意一种问题均为不合格	2×0.5=1	
7	管道连接	不锈钢卡压处，承插深度线可见且距离管件端面在 2 mm 以内，卡压位置正确无误	2×0.5=1	
8	压力试验	2 分钟 0.2 MPa 压力试验，压力表数值下降不得分	2	

【思考与练习】

清洁能源综合应用管路安装过程中各部件的安装顺序如何设置更合理？

项目八

卫生器具与管路

【项目描述】

卫生器具是用来满足人们日常生活中各种卫生要求、承受用水和收集排放使用后的废水的设备，是建筑内部给水排水系统的重要组成部分。本项目主要介绍生活中常用卫生器具的使用与管路安装。

【项目目标】

（1）了解各类卫生器具的种类和特点。

（2）掌握各类卫生器具的安装工艺要求。

（3）掌握各类卫生器具的安装方法。

任务一　卫生器具管路原理

木板开孔器的操作与使用

【任务导入】

随着人们生活水平和卫生标准的逐步提高，卫生器具趋向多功能、造型新、色彩调和、材质优良的方向发展，为人们创造一个卫生、舒适的环境。

【任务准备】

1. 卫生器具

卫生器具是给排水管道系统的一个重要组成部分，卫生器具按功能有以下分类：便溺用卫生器具，如坐便器、大便槽、小便器、小便槽等；盥洗、淋浴用卫生器具，如洗脸盆、盥洗槽、浴盆、淋浴器等；洗涤用卫生器具，如洗涤盆、污水盆等。本次任务使用的卫生器具有坐便器、洗脸盆和淋浴器等。

1）坐便器

坐便器是排除粪便污水的卫生器具，把污水快速排入下水道，同时具备防臭功能。坐便器由便器、冲洗水箱、冲洗装置、存水弯等构成。坐便器分为坐式和蹲式两种，按其排泄原理可分为冲落式、虹吸冲洗式、虹吸喷射式、虹吸漩涡式，按其冲洗形式可分为高水箱、低水箱、自闭冲洗阀、脚踏冲洗阀等多种形式。

（1）冲落式坐便器：如图 8-1-1（a）所示，环绕便器上口是一圈开有很多小孔的冲洗槽，水进入冲洗槽由下孔沿便器内表面冲下，便器内水面壅高，将粪便冲出存水弯边缘。其缺点是受污面积大，水面面积小，每次冲洗不一定能冲洗干净。

（2）虹吸式坐便器：如图 8-1-1（b）所示，在冲洗水槽进水口处有一个冲水缺口，部分水从这里冲射下来，加快虹吸的形成，靠虹吸作用把粪便全部吸出。有的坐便器使存水弯的水直接从便器后面排出，增加了水封深度，优于一般坐便器。其主要缺点是噪声较大。

（3）虹吸喷射式坐便器：如图 8-1-1（c）所示，冲洗水的一部分从上圈冲洗槽的孔口中流下，另一部分从坐便器边部的通道 g 冲下来，由 a 口中向上喷射，很快形成强有力的虹吸作用，把坐便器中的粪便全部吸出。其冲洗作用快，噪声较小。

（4）虹吸漩涡式坐便器：如图 8-1-1（d）所示，从上圈下来的水量很小，其旋转力已不起作用，因此在底部出水口 Q 处做成弧形，使水流沿切线冲出，形成强大的漩涡，使水表面漂着的粪便在漩涡向下旋转的作用下，与水一起迅速下到水管入口处，在入口底反作用力的作用下，很快进入排水管道，从而加强了虹吸能力，噪声极低。

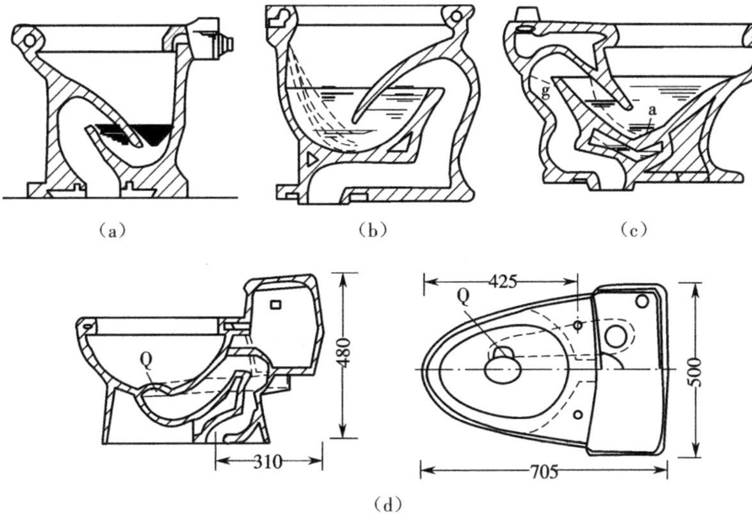

图 8-1-1　坐便器

（a）冲落式　（b）虹吸式　（c）虹吸喷射式　（d）虹吸漩涡式

（5）蹲便器：一般用于集体宿舍、普通住宅、公共建筑的卫生间或防止接触传染的医院的厕所内，采用高位水箱或自闭式冲洗阀冲洗。

2）浴盆

浴盆一般设在住宅、宾馆、医院等卫生间及公共浴室内。随着人们生活水平的不断提高，浴盆不仅用于清洁身体，其保健功能日益增强，出现了水力按摩浴盆等新型的浴盆。

浴盆的形式一般为长方形，亦有方形、斜边形、三角形等。制作浴盆的材料有铸铁搪瓷、钢板搪瓷、玻璃钢、人造大理石等。根据不同功能要求，浴盆可分为扶手式、防滑式、坐浴式、裙板式、水力按摩式和普通式等类型。

3）淋浴器

淋浴器适合于工厂、学校等单位的公共浴室。淋浴器是大量用于公共浴室、卫生间及体育场馆等处的洗浴设备，具有占地少、造价低、清洁卫生等优点。淋浴器分为管件组装式和成品式两类。根据形式不同，淋浴器又分为手持式、头顶式和侧喷式三种。

淋浴器也可安装在卫生间的浴盆上，作为配合浴盆一起使用的洗浴设备。

淋浴器与浴盆相比具有以下优点：淋浴采用水流冲洗，淋浴水一次流过使用卫生，可以避免各种皮肤疾病的传染；淋浴占地面积小，同样面积淋浴比盆浴使用人次多、洗得快；淋浴比盆浴节水，由于淋浴时间短，一般为 15~25 min，一人次耗水量为 135~180 L，而盆浴为 250~300 L；淋浴设备费用低，产品单价和浴室造价及建造费用均比浴盆低。

4）洗脸盆

洗脸盆一般用于洗脸、洗手、洗头，广泛用于宾馆、公寓卫生间与浴盆配套设置，也用于公共卫生间或厕所等。洗脸盆有台式、立式和普通式等多种形式。

5）洗涤盆

洗涤盆装置在居住建筑、食堂及饭店的厨房内供洗涤碗碟及菜蔬食物之用。

2. 卫生器具的安装要求

卫生器具的安装应在室内装修工程施工之后进行，其安装一般应满足如下技术要求。

1）安装位置准确性

各种卫生器具的安装高度应符合设计要求，如设计无要求时，应符合表 8-1-1 的规定，对于允许偏差，单独器具为 ±10 mm，成排器具为 ±5 mm。

表 8-1-1　卫生器具安装高度

<table>
<tr><th rowspan="2">序号</th><th rowspan="2" colspan="3">卫生器具名称</th><th colspan="2">卫生器具安装高度 / mm</th><th rowspan="2">备　注</th></tr>
<tr><th>居住和公共建筑</th><th>幼儿园</th></tr>
<tr><td rowspan="2">1</td><td rowspan="2" colspan="2">污水盆（池）</td><td>架空式</td><td>800</td><td>800</td><td rowspan="2"></td></tr>
<tr><td>落地式</td><td>500</td><td>500</td></tr>
<tr><td>2</td><td colspan="3">洗涤盆（池）</td><td>1 000</td><td>800</td><td rowspan="4">自地面至器具上边缘</td></tr>
<tr><td>3</td><td colspan="3">洗脸盆和洗手盆（有塞、无塞）</td><td>800</td><td>500</td></tr>
<tr><td>4</td><td colspan="3">盥洗槽</td><td>800</td><td>500</td></tr>
<tr><td>5</td><td colspan="3">浴盆</td><td>≤ 520</td><td></td></tr>
<tr><td rowspan="2">6</td><td rowspan="2">蹲便器</td><td colspan="2">高水箱</td><td>1 800</td><td>1 800</td><td rowspan="2">自台阶面至高水箱底</td></tr>
<tr><td colspan="2">低水箱</td><td>900</td><td>900</td></tr>
<tr><td rowspan="3">7</td><td rowspan="3">坐便器</td><td colspan="2">高水箱</td><td>1 800</td><td>1 800</td><td>自台阶面至高水箱底</td></tr>
<tr><td rowspan="2">低水箱</td><td>外露排出管式</td><td>510</td><td rowspan="2">370</td><td rowspan="2">自台阶面至低水箱底</td></tr>
<tr><td>虹吸喷射式</td><td>470</td></tr>
</table>

2）严密性

安装的严密性体现在卫生器具和给水排水管道的连接以及与建筑物墙体靠接两方面。金属与磁器之间的所有接合处，均应垫以橡胶垫、铅垫做到软接合，在用螺栓紧固时，应缓慢加力，使之接合紧密。与墙靠接时，可以抹油灰或者用白水泥塞填，使缝隙结合紧密。安装好的卫生器具应进行试水试验，保证供给卫生器具的各个给水管接口的严密性，同时还应保证卫生器具与排水管道各个接口处的严密性。

3）稳固性

卫生器具安装的稳固性取决于底座、支腿、支架等的稳固程度。

4）可拆卸性

为保证卫生器具在维修、更换时便于拆卸，当卫生器具和给水支管连为一体时，给水支管接近器具处应设置活接头。卫生器具排水口与排水管道的接口处，均应使用便于拆除的油灰堵塞连接。

5）端正美观性

卫生器具既是一种使用器具，客观上又是室内的一种陈设物，故必须保证安装的平整美观。

3. 卫生器具及其管路安装原理

1）卫生器具

（1）卫生器具安装必须牢固、平稳，不歪斜，垂直度偏差不大于 3 mm。

（2）卫生器具安装位置的坐标、标高应正确。

（3）卫生器具应完好洁净、不污损，能满足使用要求。

2）排水口管路连接

（1）卫生器具排水口与排水管道的连接处应密封良好，不发生渗漏现象。

（2）有排水栓的卫生器具，排水栓与器具底面的连接应平整且略低于底面。

（3）卫生器具排水口与暗装管道的连接应良好，不影响装饰美观。

3）给水配件管路连接

（1）给水镀铬配件必须良好、美观，连接口严密，无渗漏现象。

（2）阀件、水嘴开关灵活，水箱配件动作正确、灵活，不漏水。

（3）安装冷热水龙头要注意安装的位置和色标，一般蓝色（或绿色）表示冷水，应安装在面向卫生器具的右侧；红色表示热水，应安装在面向卫生器具的左侧。

（4）给水连接软管尽可能做到不弯曲，必须弯曲时弯管应美观、不折扁。

（5）暗装配管连接完成后，板面应完好，给水配件的装饰罩与板面的配合应良好。

【思考与练习】

（1）卫生器具按其功能可以分为________卫生器具、________卫生器具、________卫生器具以及专用卫生器具等。

（2）坐便器由便器、________、冲洗装置、________等构成。

（3）卫生器具的安装一般应满足哪些技术要求？

任务二　卫生器具管路设计

【任务导入】

卫生器具的形式多样，其管路设计也各有特点。卫生器具的管路设计应根据卫生器具的摆放位置进行合理设计，以达到安装标准和使用要求。

【任务准备】

卫生器具的安装应符合易于拆卸、维修等要求，其管路敷设应设计合理、实用美观，并符合卫生器具安装标准。下面着重介绍洗脸盆、淋浴器、浴盆、蹲便器、坐便器等几种常用卫生器具的管路设计。

1. 洗脸盆的管路设计

一套完整的洗脸盆由脸盆、盆架、排水栓、排水管、链堵和脸盆水嘴等部件组成，如图 8-2-1 所示。墙架式洗脸盆一般按下述方法进行安装。

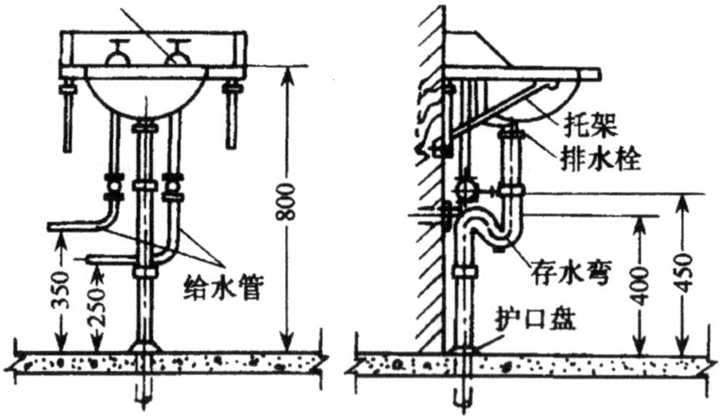

图 8-2-1　洗脸盆的管路安装

1）安装盆架

根据管道的甩口位置和安装高度在墙上划出横、竖中心线，找出盆架的位置，并用螺丝把盆架拧紧在预埋的胀管，如墙壁为钢筋混凝土结构，可用膨胀螺栓固定。

2）洗脸盆就位并安装水嘴

将脸盆放在稳定好的盆架上，脸盆水嘴垫胶皮垫后穿入脸盆的上水孔，然后加垫并用根母紧固。水嘴安装应端正、牢固，注意热水嘴应装在左边。

3）安装排水栓

将排水栓加橡胶垫用根母紧固在洗脸盆的下水口上。注意使排水栓的保险口与脸盆的溢水口对正。

4）安装角型阀

将角型阀的入口端与预留的上水口相连接，另一端配短管与脸盆水嘴相连接，并紧固。

5）安装存水弯

当采用S形存水弯时，缠上生料带后与排水短管插接；当采用P形存水弯时，先穿上管压盖（与墙相接用的装饰件）插入墙内排水管口，用锡焊（或缠石棉绳、抹油灰）连接，再在接口处抹上油灰，压紧管压盖。

2. 淋浴器的管路设计

淋浴器有现场制作安装的管件淋浴器，也有成套供应的成品淋浴器，安装尺寸如图8-2-2所示。其安装一般按下述方法进行。

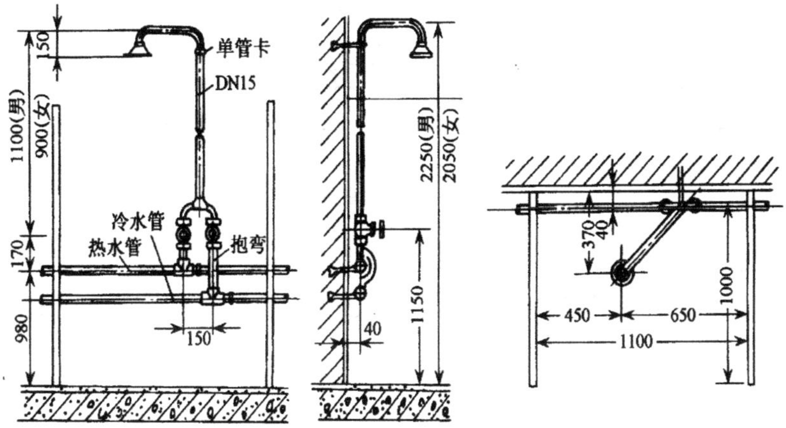

图8-2-2　淋浴器的管路安装

1）管件淋浴器的安装

安装顺序：划线配管、安装管节及冷热水阀门、安装混合管及喷头、固定管卡。

具体做法：管件淋浴器安装时，在墙上先划出管子垂直中心线和阀门水平中心线，按线配管，在热水管上安装短节和阀门，在冷水管上配抱弯再安装阀门；混合管的半圆弯用活接头与冷热水管的阀门相连接，最后装上混合管和喷头，混合管的上端应设一个单管卡。

安装时要注意热水管与冷水管的位置，当管材水平敷设时，热水管在上面。当垂直敷设时，热水管在左面。

2）成品沐浴器的安装

较管件沐浴器的安装简单，安装时将阀门下部短管丝扣缠生料带，与预留管口连接，阀门上部混合水管抱弯用根母与阀门紧固，然后再用根母把混合水铜管紧固在冷热水混合口处，最后使混合水铜管上部护口盘与墙壁靠严，并用螺丝固定于预埋在墙中的胀管上。

3. 浴盆的管路设计

浴盆有铸铁搪瓷和陶瓷、水磨石、玻璃钢等多种，以铸铁搪瓷浴盆使用较多，其外形尺寸以长 × 宽 × 高表示，安装形式有自身带支撑和另设支撑两种。浴盆距地面一般为 120~140 mm，浴盆本身具有直径为 40 mm 的排水孔和 25 mm 的溢流管孔，污水由排水孔排入带存水弯的污水管道。浴盆底本身一般具有 0.02 的坡度，坡向排水孔，安装时要求浴盆上沿平面呈水平状态。图 8-2-3 所示为一冷热水龙头浴盆安装图，其安装一般按下述程序进行。

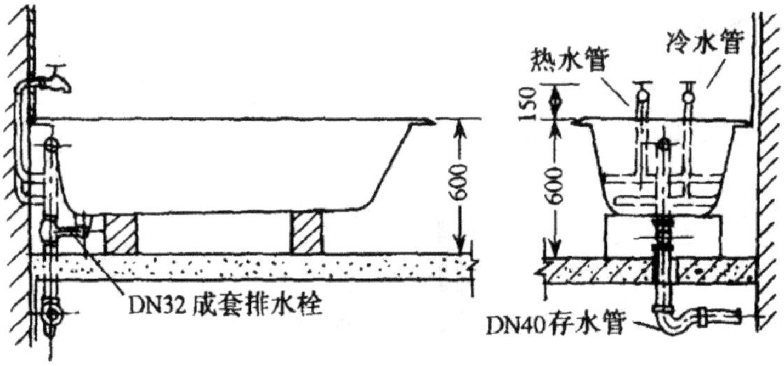

图 8-2-3 浴盆的管路安装

1）浴盆就位安装

将浴盆腿插在浴盆底的卧槽内稳牢，然后按要求位置安放正直，如无腿，用砖砌垛垫牢。

2）浴盆排水装置安装

浴盆排水管部分包括盆端部的溢水管和盆底的排水管。安装时，先将溢水管、弯头、三通等进行预装配，量好并截取所需各管段的长度，然后安装成套排水装置。安装排水管时，把浴盆排水栓加胶垫由浴盆底排水孔穿出，再加垫并用根母紧固，然后把弯头安装在已紧固好的排水栓上，弯头的另一端装上预制好的短管及三通。安装溢水管时，把弯头加垫安在溢水口上，然后用一端带长丝的短管把溢水口外的弯头和排水栓外的三通连接起来；将三通的另一端接小短节后直接插入存水弯内，存水弯的出口与下水道相连接。

3）冷热水管及其水嘴安装

从预留管口装上引水管，用弯头、短节伸出墙面，装上水嘴。

4. 蹲便器的管路设计

蹲便器由冲洗水箱、冲洗管和蹲便器组成。冲洗水箱一般使用高水箱。蹲便器本身不带存水弯，安装时须另加存水弯。在地板上安装蹲便器，至少需增设高为 180 mm 的平台。图 8-2-4 所示为高水箱蹲便器安装图，其安装通常按如下程序进行。

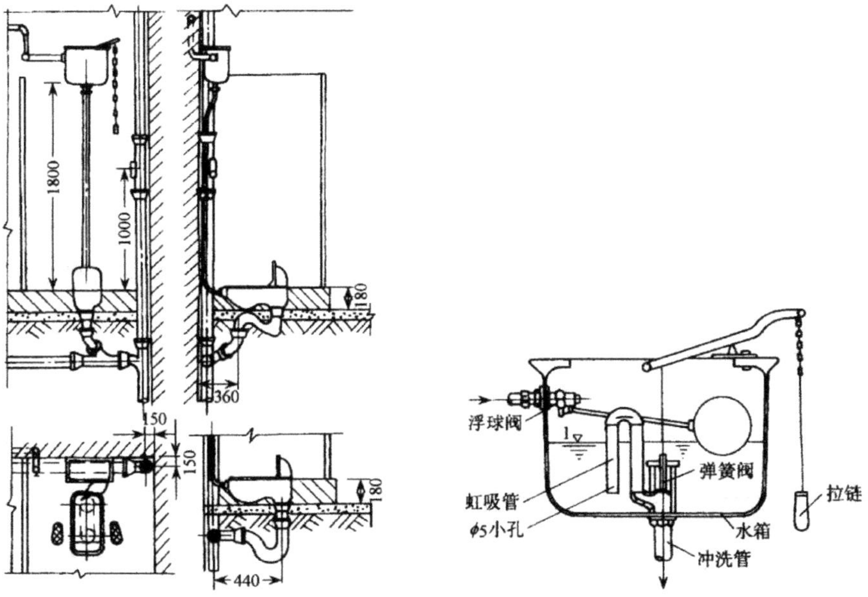

图 8-2-4　高水箱蹲便器的管路安装

1）高水箱的安装

先将水箱的冲洗洁具和水道连接好，其中上下水口的连接处均应套以橡皮保证接口的严密性。然后将水箱通过后背的孔洞挂装在墙体已预埋的螺栓或膨胀螺栓上紧固好。

2）蹲便器的安装

将麻丝白灰（或油灰）缠抹在坐便器的出水口上，同时在预留的排水短管的承口内也抹上油灰，然后将坐便器出水口插入短管的承口内，按实校正后刮去多余的油灰，四周用砖垫牢固。

3）各接管安装

用小管（多为硬塑料管）连接水箱浮球阀和给水管的角型阀，注意各处锁紧螺母应连接紧密。将冲洗管上端（已做好乙字弯）套上锁母，管接头缠麻丝抹铅油插入水箱排水栓后用锁母锁紧，下端套上胶皮碗，将其另一端套在坐便器的进水口上，然后用 14 号铜丝把胶皮碗两端绑扎牢固。

4）填、抹施工

在蹲便器和砖砌体中间填入细砂，并压实刮平，在砂土上面抹一层水泥砂浆。

5. 坐便器的管路设计

坐便器由冲洗水箱、冲洗管和坐便器组成，其冲洗水箱一般多采用低水箱，坐便器本身构造包括存水弯，坐便器可直接安装于地面或楼板地坪上。图 8-2-5 所示为虹吸式低水箱坐便器安装图，其安装通常按如下程序进行。

1）低水箱的安装

以装好的与地面平齐的不带承口的排水短管的管中心为基准，在地面上画出坐便器的安装中心线，并延伸至后墙面，再向上画出水箱安装的垂直中心线，并从地面向上量出 840 mm，以此高度画出水箱螺栓安装中心线，定出水箱各螺栓孔安装位置，装配螺栓或膨胀螺栓，然后安装低水箱。

2）坐便器的安装

以坐便器实物量测出其四个地脚螺栓的位置，并以此位置打出四个 40 mm×40 mm 的方洞，紧紧嵌入经防腐处理的小木砖，用四个配套的木螺丝将坐便器紧固于地面上。在紧固坐便器前也是先在坐便器的排水口缠石棉绳抹油灰，以保证与排水短管连接紧密。

3）接管及其他安装

连接冲洗管、接通水箱给水管，方法同前述。合格后将坐便器的坐圈、坐盖安好。

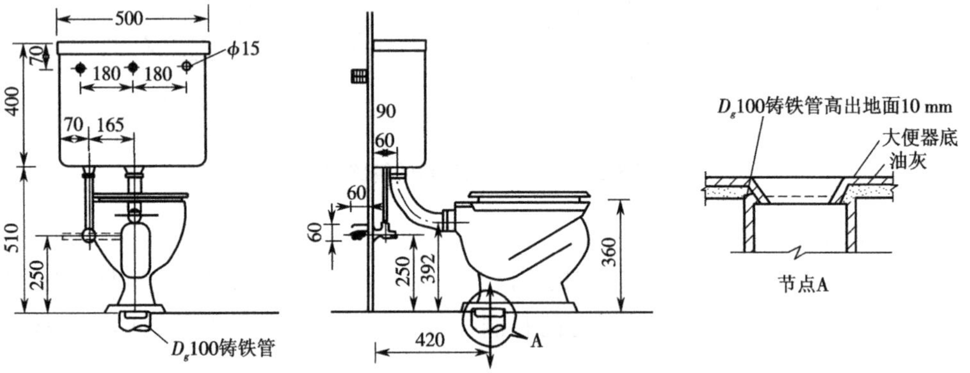

图 8-2-5　虹吸式低水箱坐便器的管路安装

【思考与练习】

（1）简述洗脸盆的管路设计。

（2）简述淋浴器的管路设计。

任务三　卫生器具管路安装

【任务导入】

现有一套卫生器具安装图样以及所需要的材料清单，试根据材料清单准备相关材料和工具、量具，然后按照图样要求完成卫生器具的安装，并进行满水和通水试验。

【任务准备】

1. 卫生器具的供水管路图形设计

卫生器具的管路图形设计原则如下：

（1）根据卫浴设备摆放位置，对冷热水、排水进行管路设计；

（2）确定管路施工路径，以成本最低、工作量最少、尽量少占用空间为基准。

卫生器具的供水管路设计图如图 8-3-1 所示。

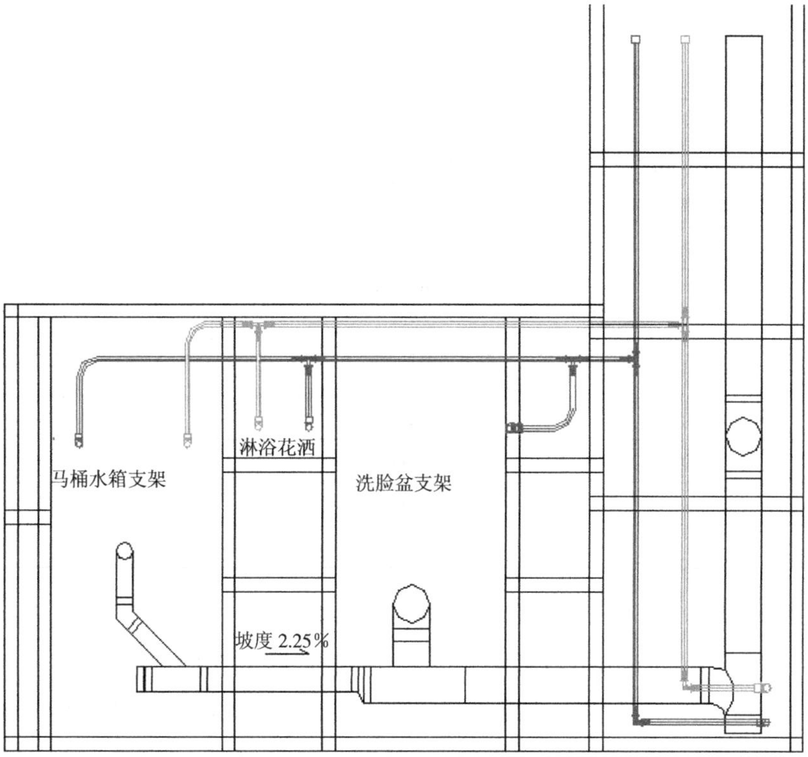

图 8-3-1　卫生器具的供水管路设计图

2. 卫生器具及给排水配件的准备

准备本次任务所需卫生器具及给排水配件，材料清单见表 8-3-1。

表 8-3-1　卫生器具及给排水配件材料清单

序号	名称	型号规格	数量	单位	备注
1	立柱式洗脸盆	标配	1	套	
2	后排式坐便器	标配	1	套	包括配件
3	成品淋浴器	标配	1	套	包括配件
4	面盆水嘴	标配	1	个	
5	面盆排水栓	标配	1	个	
6	面盆排水软管	标配	1	根	
7	冷水三角阀	DN15	2	个	

续表

序号	名称	型号规格	数量	单位	备注
8	热水三角阀	DN15	1	个	
9	给水软管	300~400 mm	3	根	
10	聚四氟乙烯生料带	标配	2	卷	
11	聚氨酯密封胶	标配	1	支	

3. 卫生器具安装工器具准备

按照工具清单领取本次任务所需工器具，工器具清单见表 8-3-2。

表 8-3-2　卫生器具及给排水配件安装工器具清单

序号	名称	型号规格	数量	单位	备注
1	数显水平尺	985D 600 mm	1	把	
2	充电螺钉旋具	12~18 V	1	把	
3	卷尺	3~5.5 m	1	个	
4	钢直尺	1 000 mm	1	把	
5	钢直尺	500 mm	1	把	
6	活扳手	10 in	2	把	
7	大开口活扳手	12 in	1	把	
8	锤子	标配	1	把	
9	密封胶枪	标配	1	把	
10	百洁布	标配	1	块	

【任务实施】

（1）团队合作，4 至 6 人共同完成，选定小组负责人，进行每个人的分工。

（2）根据材料清单准备卫生器具及配件，根据工器具清单准备安装工器具，并有序摆放整齐。

（3）根据图样，规划好施工流程，在模块墙上划出基准线。

（4）完成各卫生器具与给排水配件组装。安装镀铬的卫生器具给排水配件时不得使用管子钳，应使用扳手加垫布，以保护镀铬表面完好无损；给水配件应安装端正，表面洁净，并清除外露生料带。

（5）将组装好的卫生器具摆放到管道与制暖平台上，并与冷热水系统和排水系统预留的管接口对接。

（6）测量调整好尺寸，固定卫生器具。

（7）完成满水和通水试验。通水之前，将器具内污物清理干净，不得借通水之便将污物冲入下水管内，以免管道堵塞。

（8）现场管理，对装配完成的对象进行清洁、工作过程产生的二次废料进行整理，并使工具入箱、打扫垃圾等。

【技能训练】

1. 卫生器具的安装

1）画线定位

根据图样画出基准线，确定好卫生器具的安装坐标和标高。 卫生器具布局示意图如图 8-3-2 所示。

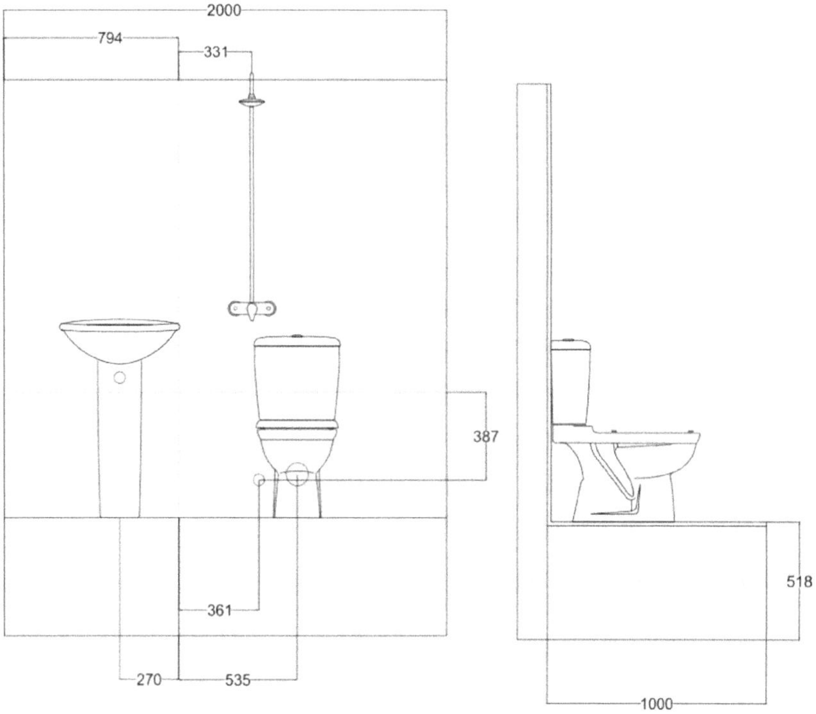

图 8-3-2　卫生器具布局示意图

2）卫生器具的安装

（1）立柱式洗脸盆安装步骤如下。

①将排水栓加胶垫后插入脸盆的排水口内，装上止水垫圈，用大开口活动扳手或自制扳手把锁母拧紧；将排水软管安装在排水栓端部。

②将水嘴垫上胶垫后穿入脸盆进水孔，底部加垫并用锁母锁紧；将冷热水软管拧在水龙头底部进水口上。

③在冷热水系统预留的冷热水管接口上安装三角阀。

④按照排水管口中心位置在模块墙上画出竖线，立好支柱，将洗脸盆中心对准竖线放在立柱上，用水平尺找平，并用螺栓将洗脸盆固定在模块墙上。

⑤将排水软管与排水管接通。

⑥将冷热水软管分别与板面预留的冷热水管上的三角阀连接。

⑦在支柱与洗脸盆接触处及支柱与地面接触处用密封胶勾缝，防止支柱移动。

（2）成品淋浴器安装步骤如下。

①将淋浴器阀门对应的曲角（DN15 一端）螺纹缠上生料带，与模块墙上预留的冷

热水管接口对接，用扳手拧紧，调整好两个曲角的中心距离（150 mm），并用水平尺找平。

②将淋浴器阀门上的冷热进水口与已经安装在模块墙上的曲角试接，若接口吻合，把装饰盖安装在曲角上并拧紧，再将胶垫套入淋浴器阀门，与曲角对齐后拧紧，扳动阀门，测试安装是否正确。

③将花洒软管六角螺母端旋合在主体上部（或底部）螺纹上，旋合程度要适当，以拧紧后无渗漏为准，不要过度拧紧。

④将花洒支架用螺丝固定在模块墙的适当高度。

⑤将花洒软管圆锥端与手握花洒的螺纹拧紧，不要过于用力拧紧。

⑥将花洒放置在花洒支架上。

（3）后排式坐便器安装步骤如下。

①将坐便器水箱盖取下放好。

②安装坐便器水箱配件及盖板，将给水软管接到水箱进水阀上。

③将排污软管大头的密封圈套入坐便器的排污口。

④在冷热水系统预留的冷水管接口上安装三角阀。

⑤按照排水管口中心位置在模块墙上画出竖线，将坐便器水箱中心对准竖线，靠在模块墙上，用水平尺将坐便器找平找正。

⑥将排污软管小头塞入排水系统预留的排水口内。

⑦将坐便器进水阀软管与三角阀连接。

⑧盖上水箱盖。

⑨将坐便器与地面交汇处用密封胶封住，防止坐便器移动。

2. 满水、通水试验

卫生器具安装完毕后，应逐个将卫生器具灌满水，检查器具的排水栓是否渗漏和溢流孔是否畅通。所有卫生器具均应做通水试验。满水后各连接件不渗不漏，通水试验给排水畅通。

3. 质量验收标准

（1）卫生器具安装质量检验评定标准有以下三项。

①保证项目。

a. 卫生器具排水的排出口与排水管承口的连接处必须严密不漏。检查数量为各抽查 10%，但均不少于 5 个接口。检验方法为通水检查。

b. 卫生器具的排水管径和最小坡度，必须符合设计要求和施工规范规定。检查数量为各抽查 10%，但均不少于 5 处。检验方法为观察或测量检查。

②基本项目。

a. 排水栓、地漏的安装应符合以下规定。

合格：平正、牢固、低于排水表面，无渗漏。

优良：在合格基础上，排水栓低于盆、槽底表面 2 mm，低于地表面 5 mm；地漏低于安装处排水表面 5 mm。

检查数量：各抽查 10%，但均不少于 5 个。

检验方法：观察和测量检查。

b. 卫生器具的安装应符合以下规定。

合格：木砖和支架、托架防腐良好，埋设平整牢固，器具放置平稳。

优良：在合格的基础上，器具洁净，支架与器具接触紧密。

检查数量：各抽查 10%，但均不少于 5 组。

检验方法：观察和手扳检查。

③允许偏差项目。

卫生器具安装的允许偏差和检验方法应符合表 8-3-4 的规定。

检查数量：各抽查 10%，但均不少于 5 组。

（2）卫生器具安装工程施工质量验收标准见表 8-3-3。

表 8-3-3　卫生器具安装工程施工质量验收标准

项目	内容
主控项目	1. 排水栓和地漏的安装应平正、牢固，低于排水表面，周边无渗漏，地漏水封高度不得小于 50 mm。检验方法：试水观察检查 2. 卫生器具交工前应做满水和通水试验。检验方法：满水后各连接件不渗不漏；通水试验给排水畅通
一般项目	1. 卫生器具安装的允许偏差应符合表 8-3-4 的规定 2. 有饰面的浴盆，应留有通向浴盆排水口的检修门。检验方法：观察检查 3. 小便槽冲洗管，应采用镀锌钢管或硬质塑料管；冲洗孔应斜向下方安装，冲洗水流与墙面成 45°；镀锌钢管钻孔后应进行二次镀锌。检验方法：观察检查 4. 卫生器具的支架、托架必须防腐良好，安装平整、牢固，与器具接触紧密、平稳。检验方法：观察和手扳检查

（3）卫生器具安装的允许偏差和检验方法见表 8-3-4。

表 8-3-4　卫生器具安装的允许偏差和检验方法

项次	检查项目		允许偏差 /mm	检验方法
1	坐标	单独器具	10	拉线、吊线和尺量检查
		成排器具	5	
2	标高	单独器具	±15	
		成排器具	±10	
3	器具水平度		2	用水平尺和尺量检查
4	器具垂直度		3	用吊线和尺量检查

（4）卫生器具给水配件安装工程施工质量验收标准见表 8-3-5。

表 8-3-5　卫生器具给水配件安装工程施工质量验收标准

项目	内容
主控项目	卫生器具给水配件应完好无损伤，接口严密，启闭部分灵活。检验方法：观察及手扳检查
一般项目	1. 卫生器具给水配件安装标高的允许偏差应符合表 8-3-6 的规定 2. 浴盆软管淋浴器挂钩的高度，如设计无要求，应距地面 1.8 m。检验方法：尺量检查

（5）卫生器具给水配件安装标高的允许偏差和检验方法见表 8-3-6。

表 8-3-6　卫生器具给水配件安装标高的允许偏差和检验方法

项次	检查项目	允许偏差 /mm	检验方法
1	大便器高、低水箱角阀及截止阀	±10	尺量检查
2	水嘴	±10	
3	淋浴器喷头下沿	±15	
4	浴盆软管淋浴器挂钩	±20	

（6）卫生器具排水管道安装工程施工质量验收标准见表 8-3-7。

表 8-3-7　卫生器具排水管道安装工程施工质量验收标准

项目	内容
主控项目	1. 与排水横管连接的各卫生器具的受水口和立管均应采取妥善可靠的固定措施；管道与楼板的接合部位应采取牢固可靠的防渗、防漏措施。检验方法：观察和手扳检查 2. 连接卫生器具的排水管道接口应紧密不漏，其固定支架、管卡等支撑位置应正确、牢固，与管道的接触应平整。检验方法：观察及通水检查
一般项目	1. 卫生器具排水管道安装的允许偏差应符合表 8-3-8 的规定 2.　连接卫生器具的排水管管径和最小坡度，如设计无要求，应符合表 8-3-9 的规定。检验方法：水平尺和尺量检查

（7）卫生器具排水管道安装的允许偏差及检验方法见表 8-3-8。

表 8-3-8　卫生器具排水管道安装的允许偏差及检验方法

项次	检查项目		允许偏差 /mm	检验方法
1	横管弯曲度	每 1 m 长	2	水平尺和尺量检查
		横管长度≤ 10 m，全长	<8	
		横管长度 >10 m，全长	10	
2	卫生器具的排水管口及横支管的纵横坐标	单独器具	10	
		成排器具	5	
3	卫生器具的接口标高	单独器具	±10	尺量检查
		成排器具	±5	水平尺和尺量检查

（8）连接卫生器具的排水管管径和最小坡度见表 8-3-9。

表 8-3-9　连接卫生器具的排水管管径和最小坡度

项次	卫生器具名称	排水管管径 /mm	管道的最小坡度（‰）
1	污水盆（池）	50	25
2	单、双格洗涤盆	50	25
3	洗手盆、洗脸盆	32~50	20
4	浴盆	50	20
5	淋浴器	50	20

续表

项次	卫生器具名称		排水管管径 /mm	管道的最小坡度（‰）
6	大便器	高、低水箱	100	12
		自闭式冲洗阀	100	12
		拉管式冲洗阀	100	12
7	小便器	手动、自闭式冲洗阀	40~50	20
		自动冲洗水箱	40~50	20
8	化验盆（无塞）		40~50	25
9	净身器		40~50	20
10	饮水器		20~50	10~20
11	家用洗衣机		50（软管为 30）	—

【任务评价】

卫生器具管路安装评分标准见表 8-3-10。

表 8-3-10　卫生器具管路安装评分标准

序号	评分内容	评分标准	配分	得分
1	安装位置	坐标误差在 ±10 mm 以内为合格	4×0.5=2	
2	水平垂直度	用 60 mm 的数显水平仪测量，尺寸误差≤ 0.5° 合格	4×0.5=2	
3	给水配件安装质量	安装牢固、镀铬无损伤、接口无渗漏	4×0.5=2	
4	排水配件安装质量	排水管插入排水支管管口吻合，密封严密	2×0.5=1	
5	完成度	在规定时间完成安装，并试验合格	1	
6	满水或通水试验	排水畅通、接口无渗漏为合格	2	

【思考与练习】

在安装工程中会经常遇到各种不同形式的卫生器具，试谈谈如何将洗脸盆、坐便器等卫生器具正确安装到位。

项目九

排水管路

【项目描述】

排水管路指汇集排放污水、废水和雨水的管渠及其附属设施所组成的系统。包括干管、支管以及通往污水处理厂的管道。建筑排水系统的作用是将人们在日常生活、生产中使用过的、受到污染的水以及降落到屋面的雨雪水收集起来并排到室外。建筑排水系统分为污废水排水管路系统和屋面雨水排水管路系统两大类。本项目主要针对建筑内部排水管路系统进行讲解。

【项目目标】

（1）了解排水管路系统的分类。

（2）了解污废水排水系统的组成。

（3）掌握污废水排水系统的类型。

（4）掌握排水管路的设计。

（5）掌握排水管路的安装

任务一　排水管路原理

【任务导入】

根据项目任务的要求，在已知的情境下合理选择排水类型和排水管路的敷设方式。

【任务准备】

1. 排水系统的分类

按照污废水的来源，污废水排水系统可分为生活排水系统、屋面雨水排水系统和工业废水排水系统（工业废水排水系统将不再本书中讲述）。

1）生活排水系统

（1）按照废水的可再利用和循环利用，生活排水系统可分为以下两种。

①生活污水排水系统：便器（槽）、小便器（槽）以及与此相似卫生设备产生的污水。

②生活废水排水系统：洗脸、洗澡、洗衣和厨房产生的废水。生活废水经简单处理就可循环或重复使用，如可作为杂用水冲洗厕所、浇洒绿地和道路、冲洗汽车等。

（2）按污水与废水在排放过程中的关系，生活排水系统又分为以下两种。

①合流制：用同一管道系统收集和输送生活污水和生产污（废）水，把它们一起排出室外的系统，也可集中处理后排放或再利用。

②分流制：用不同管道系统分别收集和输送各种污水、雨水和生产废水的排水方式。按照使用后的水质不同，可分为优质杂排水（常指淋浴、洗涤后的排放水）、杂排水（优质杂排水中又含厨房洗涤水）、生活污水（含有粪便污水）分别排放，此方式便于处理和回收利用。

2）屋面雨水排水系统

屋面雨水排水系统收集排除降落到建筑屋面（尤其是大型建筑或者工业厂房）上的雨雪水。

2. 污废水排水系统的组成

建筑内部污废水排水系统的基本组成如图 9-1-1 所示。同时，建筑内部污废水排水系统的布置需满足以下要求：系统能迅速畅通地将污废水排到室外；排水管道系统内的气压稳定，有毒有害气体不进入室内，保持室内良好的环境卫生；管线布置合理，简短顺直，工程造价低。

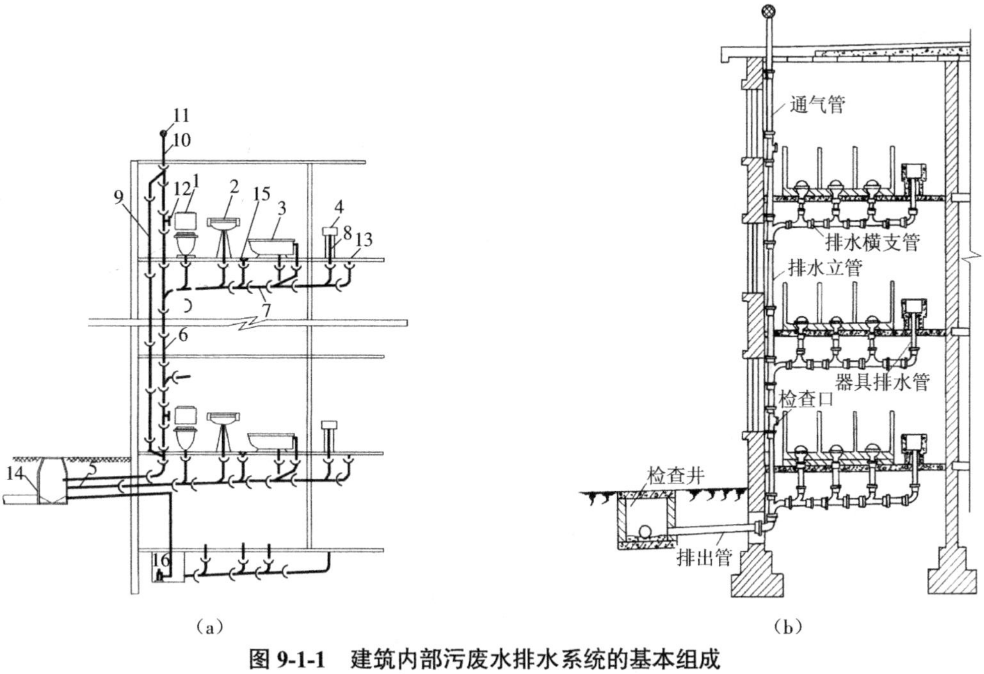

图 9-1-1　建筑内部污废水排水系统的基本组成

（a）家庭排水系统示意　（b）公共卫生间排水系统示意

1—坐便器；2—洗脸盆；3—浴盆；4—厨房洗涤盆；5—排水出户管；6—排水立管；7—排水横支管；8—器具排水管（含存水弯）；9—专用通气管；10—伸顶通气管；11—通风帽；12—检查口；13—清扫口；14—排水检查井；15—地漏；16—污水泵

1）卫生器具

卫生器具是接收、排出人们在日常生活中产生的污废水或污物的容器或装置。这类设备是室内排水系统的起点。污废水从器具排水栓经器具内的水封装置或与器具排水管连接的存水弯流入横支管。

2）排水管道

排水管道包括器具排水管（含存水弯）、横支管、立管、埋地干管和排出管。其作用是将各个用水点产生的污废水及时、迅速地输送到室外。

3）通气系统

建筑内部排水管道内是水气两相流。为使排水管道系统内空气流通，压力稳定，避免因管内压力波动使有毒有害气体进入室内，需要设置与大气相通的通气管道系统。通气系统有排水立管延伸到屋面上的伸顶通气管、专用通气管以及专用附件。

4）清通设施

清通设施主要有检查口、清扫口和检查井等，用于检查、清通管道内的堵塞物。污废水中含有固体杂物和油脂，容易在管内沉积、粘附，减小通水能力，甚至堵塞管道。为疏通管道，保障排水畅通，需设清通设施。

3. 建筑内部污废水排水系统的类型

按系统通气方式和立管数目不同，建筑内部污废水排水系统可分为单立管排水系统、双立管排水系统和三立管排水系统，图 9-1-2 所示。

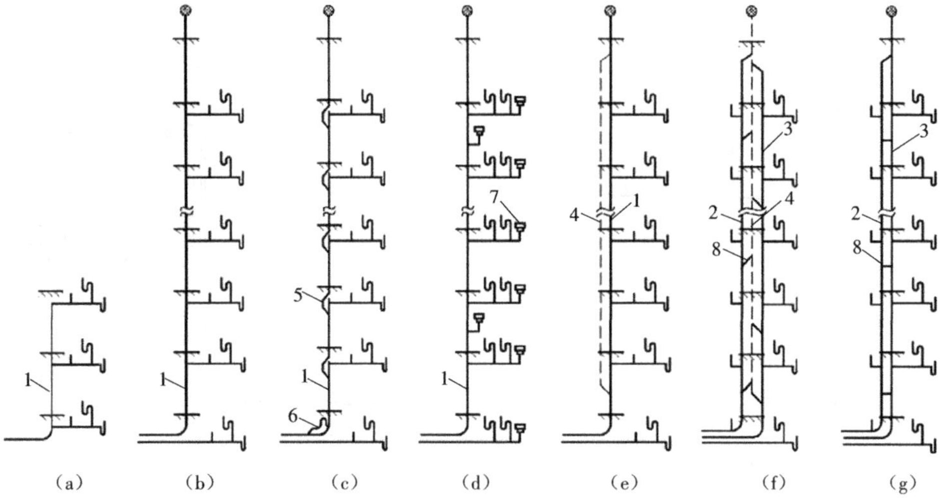

图 9-1-2　建筑内部污废水排水系统类型

（a）无通气管单立管　（b）普通单立管　（c）特制配件单立管　（d）吸气阀单立管

（e）双立管　（f）三立管　（g）污废水立管互为通气管

1—排水立管；2—污水立管；3—废水立管；4—通气立管；5—上部特制配件；

6—下部特制配件；7—吸气阀；8—结合通气管

1）单立管排水系统

单立管排水系统只有一根排水立管，利用排水立管本身及其连接的横支管和附件进行气流交换（内通气）。图 9-1-2（a）至（d）是单立管排水系统的 4 种类型。

（1）无通气管的单立管排水系统如图 9-1-2（a）所示，适用于立管短、卫生器具少、排水量小，立管顶端不便伸出屋面的情况。

（2）有通气的普通单立管排水系统如图 9-1-2（b）所示，排水立管穿出屋顶与大气连通，适用于一般多层建筑。

（3）特制配件单立管排水系统如图 9-1-2（c）所示，在横支管与立管连接处，设置上部特制配件代替一般的三通；在立管底部与横干管或排出管连接处设置下部特制配件代替弯头。此种系统不改变立管管径，却可改变管内水流方向与通气状态，增大排水能力，故也叫诱导式内通气，适用于各类多层、高层建筑。

（4）特殊管材单立管排水系统如图 9-1-2（d）所示，立管采用内壁有螺旋导流槽的塑料管，配套使用偏心三通，适用于各类多层、高层建筑。

2）双立管排水系统

双立管排水系统如图 9-1-2（e）所示，由排水立管和通气立管组成，利用排水立管与通气立管之间进行气流交换，属于干式外通气，适用于污废水合流的各类多层、高层建筑。

3）三立管排水系统

三立管排水系统如图 9-1-2（f）所示，由生活污水立管、生活废水立管和通气立管组成，两根排水立管共用一根通气立管，其通气方式也是干式外通气，适用于生活污水和生活废水需分别排出室外的各类多层、高层建筑。

图 9-1-2（g）是三立管排水系统的一种变形系统，其去掉专用通气立管，将废水立管与污水立管每隔 2 层互相连接，利用两立管的排水时间差，互为通气立管，其通气方式也叫湿式外通气。

4. 新型排水系统

当前大多数建筑内部采用重力非满流排水系统，利用水流的自身重力作用，从高处向低处流动，节能且管理简单。但此类系统管径大，占地面积大，横管要有坡度，管道容易淤积堵塞。新型排水系统克服了以上缺点。

1）真空排水系统

真空排水系统是在建筑物地下室内设有真空泵站（由真空泵、真空收集器和污水泵组成）。真空坐便器设有手动真空阀，其他卫生器具下面设有液位传感器，自动控制真空阀的启闭。卫生器具排水时真空阀打开，真空泵启动，将污水吸到真空收集器里储存，定期由污水泵将污水送到室外。真空排水系统具有节水，管径小，横管无须坡度，可向高处流动（最高可达 5 m），无淤积，在管道受损的情况下污水也不会外漏等特点。

2）压力流排水系统

压力流排水系统是在卫生器具排水口下装设微型污水泵，微型污水泵在工作时开启并加压排水，使管内排水状态由重力非满流变为压力满流。此类系统的排水管径小，管配件少，占用空间小，横管无须坡度，流速增大，卫生器具出口可不设水封，室内环境卫生条件好。

5. 排水系统选择

建筑内部排水管路系统的选择和管道布置敷设需要满足以下要求：保证排水畅通

和室内良好的生活环境；在建筑类型、标准、投资等因素的基础上，兼顾好其他管道、线路和设备。排水系统选择主要考虑下列因素。

1）污废水的性质

根据污废水中所含污染物的种类，选择是合流还是分流。污废水产生有毒有害气体和其他难处理的有害物质时选择分流排放；不含有机物且污染轻微的生产废水可排入雨水排水系统。

2）污废水污染程度

为便于轻污染废水的回收利用和重污染废水的处理，污染物种类相同，但浓度不同的两种污水应选择分流排放。

3）污废水综合利用的可能性和处理要求

对卫生标准要求较高，设有中水系统的建筑物，生活污废水宜采用分流制。而以下几种污废水应单独排放：含有大量致病病毒、细菌或放射性元素超过排放标准的医院污水；含油较多的公共餐饮业厨房的洗涤废水；洗车台的冲洗水；水温超过 40 ℃的锅炉或其他加热设备的排水；可重复利用的冷却水以及用作中水水源的生活排水。

6. 排水管道的布置与敷设

室内排水管道的布置与敷设在保证排水畅通、安全可靠的前提下，还应兼顾工程造价低、施工占地面积小、总线路短、方便管理、美观等因素。

1）排水畅通，水力条件好

为使排水管道系统能够将室内产生的污废水以最短的距离、最短的时间排出室外，应采用水力条件好的管件和连接方法；排水支管不宜太长，尽量少转弯，连接的卫生器具不宜太多；立管宜靠近外墙，靠近排水量大、水中杂质多的卫生器具；厨房和卫生间的排水立管应分别设置；排出管以最短的距离排出室外，尽量避免在室内转弯。

2）保证设有排水管道的房间或场所的正常使用

在某些房间或场所布置排水管道时，要保证这些房间或场所正常使用，如横支管不得穿过有特殊卫生要求的生产厂房、食品及贵重商品仓库和变电室；不得布置在遇水易引起燃烧、爆炸或损坏的原料、产品和设备上面；也不得布置在食堂、餐饮业的主副食操作烹调场所的上方。

3）保证排水管道不受损坏

为使排水系统安全可靠的使用，必须保证排水管道不会受到腐蚀、外力、高温等破坏。如管道不得穿过沉降缝、烟道、风道；管道穿过承重墙和基础时应预留洞；埋地管不得布置在可能受重物压坏处或穿越生产设备基础；土壤松软地区横干管应设在地沟内；排水立管应采用柔性接口；塑料排水管道应远离温度高的设备和装置，在汇合配件处（如三通）设置伸缩节等。

4）保证室内环境卫生条件

管道不得穿越卧室、病房等对卫生、安静要求较高的房间，并不宜靠近与卧室相邻的内墙；商品住宅卫生间的卫生器具排水管不宜穿越楼板进入他户；建筑层数较多，对于伸顶通气的排水管道而言，底层横支管与立管连接处至立管底部的距离小于表9-1-1 规定的最小距离时，底部支管应单独排出。如果立管底部放大一号管径或横干管比与之连接的立管大一号管径时，可将表中垂直距离适当缩小。有条件时宜设专用通气管道。

表 9-1-1 最底层横支管接入处至立管底部排出管的最小垂直距离

立管连接卫生器具的层数 / 层	≤4	>5
最小垂直距离 /m	0.45	0.75

5）施工安装、维护管理方便

为便于施工安装，管道距楼板和墙应有一定的距离。为便于日常维护管理，排水立管宜靠近外墙，以减少埋地横干管的长度；对于公共餐饮业的厨房、公共浴池、洗衣房、生产车间可以用排水沟代替排水管。

7. 异层排水和同层排水

按照室内排水横支管所设位置，可将排水系统分为异层排水和同层排水。

1）异层排水

异层排水是指室内卫生器具的排水支管穿过本层楼板后接下层的排水横管，再接入排水立管的敷设方式，也是排水横支管敷设的传统方式。其优点是排水通畅，安装方便，维修简单，土建造价低，配套管道和卫生器具市场成熟；主要缺点是对下层造成不利影响，譬如易在穿楼板处造成漏水，下层顶板处排水管道多、不美观、有噪声等。

2）同层排水

同层排水是指卫生间器具排水管不穿越楼板，排水横管在本层套内与排水立管连接，安装检修不影响下层的一种排水方式。同层排水具有如下特点：排水管路系统布置在本层中，不干扰下层；卫生器具的布置不受限制，用户可以自由布置卫生器具的位置，满足卫生器具个性化的要求；排水噪声小，渗漏概率小。

8. 管道与制暖中常见排水管道

1）PP 排水管

PP 是一种半透明、半晶体的热塑性塑料，常用的 PP 原料是等规聚丙烯。PP 综合性能优良，具有强度高、绝缘性好、吸水率低、热变形温度高、密度小、结晶度高等特点；还具有良好的耐溶剂、耐油类、耐弱酸、弱碱等性能；具有很高的硬度和刚性，具有高抗蠕变和应力松弛能力，优良的耐磨性、自润滑性，耐疲劳性是其他工程塑料不能相比的。聚丙烯（PP）静音排水管是新型的建筑排水用管，具有以下特性：

（1）优越的静音性；

（2）超强的耐化学腐蚀性，管材内层耐酸可达 pH2、耐碱可达 pH12，可排放 pH2~pH12 的液体；

（3）优异的耐高温性，可以耐受 95 ℃的热水；

（4）良好的抗冲击性能，坚硬的外层不仅保护着中层结构，而且确保管材具有良好的抗冲击性能；

（5）先进的柔性连接，拆装方便，不受安装环境限制，降低安装费用，水密性和自调节性好，无须使用伸缩节，可在节省管件的同时，避免水流冲击管壁时声音向下一个管件传递；

（6）环保性强，产品的无毒性能可避免环境污染。

2）PE 排水管

PE 材料具有强度高、耐高温、抗腐蚀、无毒、耐磨、成本低等特点，被广泛应用于给排水制造领域，其具有以下特点。

（1）良好的卫生性能：PE 管加工时不添加重金属盐稳定剂，材质无毒性，无结垢层，不滋生细菌。

（2）卓越的耐腐蚀性能：除少数强氧化剂外，可耐多种化学介质的侵蚀，无电化学腐蚀。

（3）长久的使用寿命：在额定温度、压力状况下，PE 管道可安全使用 50 年以上。

（4）较好的耐冲击性：PE 管韧性好，耐冲击强度高，重物直接压过管道，不会导致管道破裂。

（5）良好的施工性能：管道质轻，焊接工艺简单，施工方便，工程综合造价低。

【思考与练习】

（1）按污水与废水在排放过程中的关系，生活排水系统可分为______和______两种。

（2）按照污废水处理、卫生条件或杂用水水源的需要，生活排水系统可分为_____和_____两种系统。

（3）按系统通气方式和立管数目，建筑内部污废水排水系统可分为______、______和_____三种系统。

（4）按照室内排水横支管所设位置，可将排水系统分为_____和_____两种系统。

（5）单立管排水系统可分为哪几种类型？

（6）建筑内部污废水排水系统的布置需满足哪些要求？

（7）异层排水的优缺点有哪些？

任务二　排水管路设计

【任务导入】

根据项目任务要求，在已知建筑基本信息的前提下，根据建筑的排水量进行建筑排水管路的设计与计算。

【任务准备】

建筑内部排水管路的设计与计算是在布置完排水管线，绘出系统计算草图后进行的。计算的目的是确定排水系统各管段的管径、横向管道的坡度、通气管的管径和各控制点的标高。

1. 排水定额和排水设计秒流量

1）排水定额

建筑内部的排水定额有两个：一个是以每人每日为标准，另一个是以卫生器具为标准。每人每日排放的污水量和时变化系数（最大小时用水量与平均小时用水量之比）与气候、建筑物内卫生设备完善程度有关。从用水设备流出的生活给水使用后损失很小，绝大部分被卫生器具收集排放，所以生活排水定额和时变化系数与生活给水相同。生活排水平均时排水量和最大时排水量的计算方法与建筑内部的生活给水量计算方法相同，计算结果主要用来设计污水泵和化粪池等。

卫生器具排水定额是经过实测得到的，主要用来计算建筑内部各个管段的排水流量，进而确定各个管段的管径。某管段的设计流量与其接纳的卫生器具类型、数量及使用频率有关。为了便于累加计算，与建筑内部给水相似，以污水盆排水量 0.33 L/s 为一个排水当量，将其他卫生器具的排水量与 0.33 L/s 的比值作为该种卫生器具的排水当量。由于卫生器具排水具有突然、迅速、流量大的特点，所以一个排水当量的排水流量是一个给水当量额定流量的 1.65 倍。各种卫生器具的排水流量和当量值见表 9-2-1。

表 9-2-1　卫生器具排水流量、当量和排水管的管径

序号	卫生器具名称	卫生器具类型	排水流量（L/s）	排水当量	排水管管径（mm）
1	洗涤盆、污水盆（池）		0.33	1.00	50
2	餐厅、厨房洗菜盆（池）	单格洗涤盆（池） 双格洗涤盆（池）	0.67 1.00	2.00 3.00	50 50
3	盥洗槽（每个水嘴）		0.33	1.00	50~75
4	洗手盆		0.10	0.30	32~50
5	洗脸盆		0.25	0.75	32~50
6	浴盆		1.00	3.00	50
7	淋浴器		0.15	0.45	50
8	大便器	冲洗水箱 自闭式冲洗阀	1.50 1.20	4.50 3.60	100 100
9	医用倒便器		1.50	4.50	100
10	小便器	自闭式冲洗阀 感应式冲洗阀	0.10 0.10	0.30 0.30	40~50 40~50
11	大便槽	≤ 4 个蹲位 >4 个蹲位	2.50 3.00	7.50 9.00	100 150
12	小便槽（每米）	自动冲洗水箱	0.17	0.50	—

续表

序号	卫生器具名称	卫生器具类型	排水流量（L/s）	排水当量	排水管管径（mm）
13	化验盆（无塞）		0.20	0.60	40~50
14	净身器		0.10	0.30	40~50
15	饮水器		0.05	0.15	25~50
16	家用洗衣机		0.50	1.50	50

注：家用洗衣机下排水软管直径为 30 mm，上排水软管内径为 19 mm。

2）排水设计秒流量

建筑内部排水管道的设计流量是确定各管段管径的依据，因此排水设计流量的确定应符合建筑内部排水规律。建筑内部排水流量与卫生器具的排水特点和同时排水的卫生器具数量有关，具有历时短、瞬时流量大、两次排水时间间隔长、排水不均匀的特点。为保证最不利时刻的最大排水量能迅速、安全地排放，某管段的排水设计流量应为该管段的瞬时最大排水流量，又称为排水设计秒流量。

建筑内部排水设计秒流量有三种计算方法：经验法、平方根法和概率法。按建筑物的类型，生活排水设计秒流量计算公式有两个。

（1）住宅、宿舍（Ⅰ、Ⅱ类）、旅馆、酒店式公寓、医院、疗养院、幼儿园、养老院、办公楼、商场、图书馆、书店、客运中心、航站楼、会展中心、中小学教学楼、食堂或营业餐厅等建筑用水设备使用不集中，用水时间长，同时排水百分数随卫生器具数量增加而减小，其排水设计秒流量计算公式为

$$q_{\mathrm{p}} = 0.12\alpha\sqrt{N_{\mathrm{p}}} + q_{\max} \tag{9-2-1}$$

式中 q_{p}——计算管段排水设计秒流量（L/s）；

N_{p}——计算管段卫生器具排水当量总数；

$q_{\max}$——计算管段上排水量最大的一个卫生器具的排水流量（L/s）；

α——根据建筑物用途而定的系数，按表 9-2-2 确定。

表 9-2-2 根据建筑物用途而定的系数 α 值

建筑物名称	宿舍（Ⅰ、Ⅱ类）、住宅、宾馆、酒店式公寓、医院、疗养院、幼儿园、养老院的卫生间	旅馆和其他公共建筑的盥洗室和厕所间
α 值	1.5	2.0~2.5

注：如计算所得流量值大于该管段上按卫生器具排水流量累加值，应按卫生器具排水流量累加值计。

用式（9-2-1）计算排水管网起端的管段时，因连接的卫生器具较少，计算结果有时会大于该管段上所有卫生器具排水流量的总和，这时应将该管段上所有卫生器具排水流量的累加值作为排水设计秒流量。

（2）宿舍（Ⅲ、Ⅳ类）、工业企业生活间、公共浴室、洗衣房、职工食堂或营业餐厅的厨房、实验室、影剧院、体育场馆等建筑的卫生设备使用集中，排水时间集中，同

时排水百分数大，其排水设计秒流量计算公式为

$$q_{\mathrm{p}}=\sum_{i=1}^{m} q_{0i} n_{0i} b_{i} \tag{9-2-2}$$

式中　q_{p}——计算管段排水设计秒流量（L/s）；

q_{0i}——第 i 种一个卫生器具的排水流量（L/s）；

n_{0i}——第 i 种卫生器具的个数；

b_i——第 i 种卫生器具同时排水百分数，冲洗水箱大便器按 12%计算，其他卫生器具同给水；

m——计算管段上卫生器具的种类数。

对于有大便器接入的排水管网起端，因卫生器具较少，大便器的同时排水百分数较小（如冲洗水箱大便器仅定为 12%），按式（9-3-2）计算的排水设计秒流量可能会小于一个大便器的排水流量，这时应将一个大便器的排水量作为该管段的排水设计秒流量。

2. 排水管网的水力计算

1）横管的水力计算

Ⅰ. 设计规定

为保证管道系统有良好的水力条件，稳定管内气压，防止水封破坏，保证良好的室内环境卫生，在设计计算横支管和横干管时，须满足下列规定。

Ⅰ）最大设计充满度

建筑内部排水横管按非满流设计，以便使污废水释放出的气体能自由流动并排入大气，调节排水管道系统内的压力，接纳意外的高峰流量。建筑内部排水横管的最大设计充满度见表 9-2-3。

表 9-2-3　排水横管的最大设计充满度

排水管道类型	管径 /mm	最大设计充满度
生活排水管道	≤ 125 150~200	0.5 0.6
生产废水管道	50~75 100~150 ≥ 200	0.6 0.7 1.0
生产污水管道	50~75 100~150 ≥ 200	0.6 0.7 0.8

Ⅱ）管道坡度

污水中含有固体杂物，如果管道坡度过小，污水的流速慢，固体杂物会在管内沉淀淤积，减小过水断面面积，造成排水不畅或堵塞管道，为此对管道坡度做了规定。建筑内部生活排水管道的坡度有通用坡度和最小坡度两种，见表 9-2-4。通用坡度是指正

常条件下应予保证的坡度；最小坡度为必须保证的坡度。一般情况下应采用通用坡度，当横管过长或建筑空间受限制时，可采用最小坡度。标准的塑料排水管件（三通、弯头）的夹角为 91.5°，所以塑料排水横管的标准坡度均为 0.026。

表 9-2-4　生活排水横管的通用坡度和最小坡度

管材	管径 /mm	坡度	
		通用坡度	最小坡度
塑料管	50	0.025	0.012
	75	0.015	0.007
	110	0.012	0.004
	125	0.010	0.003 5
	160	0.007	0.003
	200	0.005	0.003
	250	0.005	0.003
	315	0.005	0.003

Ⅲ）最小管径

为了排水通畅，防止管道堵塞，保障室内环境卫生，建筑物内部排水管的最小管径为 50 mm。厨房排放的污水中含有大量的油脂和泥沙，容易在管道内壁附着聚集，减小管道的过水面积。为防止管道堵塞，多层住宅厨房间的排水立管管径最小为 75 mm，公共食堂厨房排水管实际选用的管径应比计算管径大一号，且干管管径不小于 100 mm，支管管径不小于 75 mm。浴室泄水管的管径不宜小于 100 mm。

大便器瞬时排水量大，污水中的固体杂质多，所以连接大便器的支管，其最小管径为 100 mm。若小便器和小便槽冲洗不及时，尿垢容易聚积，堵塞管道，因此小便槽和连接 3 个及 3 个以上小便器的排水支管管径不小于 75 mm。

建筑物底层排水管道与其他楼层管道分开单独排出时，其排水横支管管径可按表 9-2-5 确定。

表 9-2-5　无通气的底层单独排出的横支管最大设计排水能力

排水横支管管径 /mm	50	75	100	125	150
最大排水能力（L/s）	1.0	1.7	2.5	3.5	4.8

注：建筑底部无通气的两层单独排出时，可参照本表执行。

Ⅱ. 水力计算方法

对于横干管和连接多个卫生器具的横支管，应逐段计算各管段的排水设计秒流量，通过水力计算来确定各管段的管径和坡度。建筑内部横向排水管道按圆管均匀流公式计算，即

$$q=\omega v \tag{9-3}$$

$$v=\frac{1}{n}R^{\frac{2}{3}}I^{\frac{1}{2}} \tag{9-4}$$

式中　q——计算管段排水设计秒流量（m^3/s）；

ω——管道在设计充满度的过水断面面积（m^2）；

v——流速（m/s）；

R——水力半径（m）；

I——水力坡度，即管道坡度；

n——管道粗糙系数，混凝土管、钢筋混凝土管为 0.013~0.014，钢管为 0.012，塑料管为 0.009。

2）立管的水力计算

排水立管的通水能力与管径、系统是否通气、通气的方式和管材有关，不同管径、不同通气方式、不同管材排水立管的最大允许排水流量见表 9-2-6。

表 9-2-6　排水立管最大排水能力

排水立管系统类型			最大设计通水能力 / （L/s）				
			排水立管管径 /mm				
			50	75	100（110）	125	150（160）
伸顶通气	立管与横支管连接配件	45° 斜三通	0.8	1.3	3.2	4.0	5.7
		90° 顺水三通	1.0	1.7	4.0	5.2	7.4
专用通气	专用通气管 75 mm	结合通气管每层连接	—	—	5.5	—	—
		结合通气管每层连接	—	3.0	4.4	—	—
	专用通气管 100 mm	结合通气管隔层连接	—	—	8.8	—	—
		结合通气管隔层连接	—	—	4.8	—	—
主、副通气立管 + 环形通气管			—	—	11.5	—	—
自循环通气	专用通气形式		—	—	4.4	—	—
	环形通气形式		—	—	5.9	—	—
特殊单立管	混合器		—	—	4.5	—	—
	内螺旋管 + 旋流器	普通型	—	1.7	3.5	—	8.0
		加强型	—	—	6.3	—	—

注：1. 排水层数在 15 层以上时，最大设计通水能力宜乘 0.9 的系数；
2. 括号内为塑料排水管径。

3）通气管道的计算

单立管排水系统的伸顶通气管管径可与污水管相同，但在最冷月平均气温低于 –13 ℃的地区，为防止伸顶通气管管口结霜，减小通气管断面，应在室内平顶或吊顶以下 0.3 m 处将管径放大一级。

通气管的管径应根据排水能力、管道长度来确定，一般不宜小于排水管管径的

1/2，通气管最小管径可按表 9-2-7 确定。

表 9-2-7 通气管最小管径 （mm）

管材	通气管名称	充满度（h/D）									
		32	40	50	75	90	100	110	125	150	160
塑料管	器具通气管		40	40				50			
	环形通气管			40	40	40		50	50		
	通气立管							75	90		110

注：表中通气立管是指专用通气立管、主通气立管、副通气立管。

双立管排水系统中，当通气立管长度小于或等于 50 m 时，通气立管最小管径可按表 9-2-7 确定；当通气立管长度大于 50 m 时，空气在管内流动时阻力损失增加，为保证排水支管内气压稳定，通气立管管径应与排水立管相同。

通气立管长度小于或等于 50 m 的三立管或多立管排水系统中，两根或两根以上排水立管共用一根通气立管，应按最大一根排水立管管径查表 9-2-7 确定共用通气立管管径，但同时应保证共用通气立管的管径不小于其余任何一根排水立管管径。

结合通气管管径不宜小于通气立管管径。

汇合通气管和总伸顶通气管的断面面积应不小于最大一根通气立管断面面积与 25%的其余通气立管断面面积之和，可按下式计算：

$$d_e \geqslant \sqrt{d_{max}^2 + 0.25\sum d_i^2}$$

式中 d_e——汇合通气管和总伸顶通气管管径（mm）；

d_{max}——最大一根通气立管管径（mm）；

d_i——其余通气立管管径（mm）。

PP 管与铝塑管的管件认知

3. 设计过程中常见排水管道的连接方式

1）管道的常见连接方式

（1）电热熔连接：采用专用电热熔焊机将直管与直管、直管与管件连接起来，一般多用于管径 160 mm 以下管。

（2）热熔对接连接：采用专用的对接焊机将管道连接起来，一般多用于管径 160 mm 以上管。

（3）钢塑连接：可采用法兰、螺纹丝扣等方法连接。

（4）承插式连接：适用于对 PP 管等类型的管道进行连接，需要对管道进行切割、去毛刺、倒角等操作。

2）PP 管承插式连接

（1）根据设计要求，按所需长度使用专用割管器（图 9-2-1）进行管道切割，切割后的管材端面应与管轴线垂直。

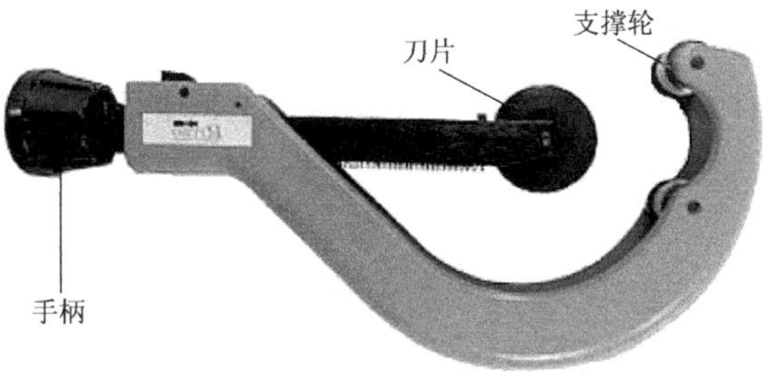

PP 管割刀的使用

图 9-2-1　割管器

（2）去除切割端面的毛边和毛刺，承插管材接口要清理干净，承插口内橡胶圈沟槽、插口端工作面及橡胶圈，不能有油污和其他杂物。

（3）使用倒角机，将管端倒入 15°~30°，坡口厚度为管材壁厚 1/3~1/2。

（4）使用棉纱或干布清洁承口的内侧和插口的外侧，必要时可使用丙酮等清洁剂。

（5）管件的承口深度减去 10 mm 即为管材的插入长度，以此长度在管材上做好标线。

（6）检查并调整好橡胶密封圈，用毛刷将润滑剂均匀地涂在橡胶密封圈表面以及管材或管件的插口外表面，但不得将润滑剂涂到承口的橡胶圈沟槽内，禁止使用黄油或其他油类作润滑剂。

（7）将管材或管件的插口匀速地插入管件承口至标线处，插入时必须保持垂直，如插入困难，可使用辅助器械。

PP 管的承插式连接

PP 管承插式连接步骤示意如图 9-2-2 所示。

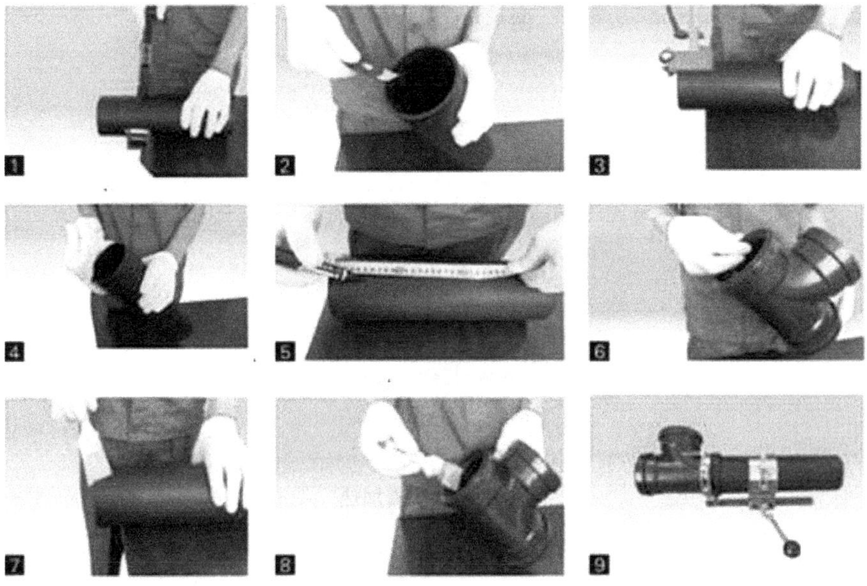

图 9-2-2　PP 管承插式连接步骤示意图

3）PP 管热熔连接

（1）管道切割，根据设计要求，按所需长度使用专用割管器进行管道切割。

（2）将管道或管件置于平坦位置，放于对接机上，留足 10 mm 的切削余量。

（3）夹紧，根据所需连接的管材、管件选择合适的模具，夹紧管材，为切削做好准备。

（4）切削，使用铣刀切削需要连接的管道、管件端面杂质、氧化层，直至两对接端面平整、光洁、无杂质，如图 9-2-3 所示。

（5）对中，两连接管段端面要完全对中，错边越小越好，错边不能超过壁厚的 10%，否则将影响对接质量。

（6）加热，对接温度一般在 210~230 ℃之间为宜，加热板加热时间冬夏有别，以两端面熔融长度以 1~2 mm 为佳，如图 9-2-4 所示。

图 9-2-3　端口切削

图 9-2-4　管道加热

（7）切换，将加热板拿开，迅速让两热融端面相粘并加压，为保证熔融对接质量，切换周期越短越好。

（8）熔融对接，热熔连接的关键，对接过程应始终处于熔融压力下进行，卷边宽度以 2~4 mm 为宜。

（9）冷却，保持对接压力不变，让接口缓慢冷却，冷却时间长短以手摸卷边生硬，感觉不到热为准。

（10）对接完成，冷却好后松开卡具，移开对接机，重新准备下一接口连接。

【思考与练习】

（1）建筑内部的排水定额是____________和____________两个。

（2）建筑内部排水设计秒流量有__________、__________和__________三种计算方法。

（3）排水管网的水力计算包括哪几部分？

任务三　排水管路安装

【任务导入】

本任务的排水管路主要是用于家庭污水及废水的外排，包含 PE 管及相应管件。排水管道系统包括立管、横干管以及支管，其中横管应有倾斜角度，便于废水流向立管。

【任务准备】

排水管路安装所需要的主要工具包括钢直尺、割管器、充电钻、台钳、数显倾角仪、数显水平尺、开孔器等。其中，钢直尺用于测量尺寸，割管器用于切割管道，充电钻用于管卡安装及管道固定。本任务选用 PE 管作为排水管道，包含 DN110PE 管、DN50PE 管、顺水三通、90° 弯头、45° 弯头、斜三通等。排水管路安装模拟马桶排污、洗手盆排水以及花洒地漏排水。

按照材料清单准备本任务所需管材、管件，材料清单见表 9-3-1。

表 9-3-1　排水管路安装材料清单

序号	名称	型号规格	数量	单位	备注
1	弯头	L110	1	个	
2	弯头	L50	2	个	
3	顺水三通	110	1	个	
4	斜三通	50	1	个	
5	45° 弯头	50	3	个	
6	变径三通	110-75-110	1	个	
7	HDPE 管	DN110	4	米	

续表

序号	名称	型号规格	数量	单位	备注
8	HDPE 管	DN50	4	米	
9	管卡	DN50×M8	10	个	
10	管卡	DN110×M8	10	个	

按照工器具清单准备本任务所需工器具，工器具清单见表 9-3-2。

表 9-3-2　排水管路安装工器具清单

序号	名称	型号规格	数量	单位	备注
1	数显水平仪	DXL-360S	1	个	
2	数显水平尺	985D 600 mm	1	把	
3	数显角度尺	数显角度尺	1	个	
4	电动螺钉旋具	12~18 V	1	个	
5	呆扳手	14~29 mm	1	个	
6	卷尺	3~5.5 m	1	个	
7	钢直尺	300 mm	1	把	
8	钢直尺	500 mm	1	把	
9	直角尺	300 mm	1	把	
10	热熔机	HDPE 热熔机	1	套	
11	管子割刀	50~110 mm	1	把	

【任务实施】

熟悉施工图纸，了解排水管道的走向布局；按图纸标注的尺寸，选择合适的工具进行管道的切割；按照图纸要求，组装管道，排水横管拥有不小于 5‰的坡度。

1. 项目要求

（1）根据施工图纸（图 9-3-1）所标注的尺寸施工，检测时使用直角尺和钢直尺进行测量，被测量直线大于 1.5 m 时采用三点测量原则，取被测量直线上三点进行测量；如直线段长度小于 1.5 m，采用就中测量，尺寸误差小于 ±2 mm（包括 2 mm）。

（2）水平度与垂直度，做到横平竖直（斜三通连接管除外），测量时使用数显水平仪进行检测，误差小于 0.5°。

（3）管道采用承插式连接，管件的承口深度减去 10 mm 即为管材的插入长度，以此长度在管材上做好标线。

（4）横管坡度，使用数显水平仪进行检测，坡度不小于 5‰。

（5）离墙距离按图纸要求，使用量规进行测量。

（6）管道固定牢靠，支架位置选择合理，管道与支架材质不同时中间应有隔离。

（7）管道表面保持清洁，不得有划痕、砸痕等伤痕。

（8）管道之间的跨越按图纸要求完成。

（9）安装整体美观、协调。

（10）用料选择合理，尽量少或不产生废料。

（11）模块墙上不得有多余的辅助线、孔洞。

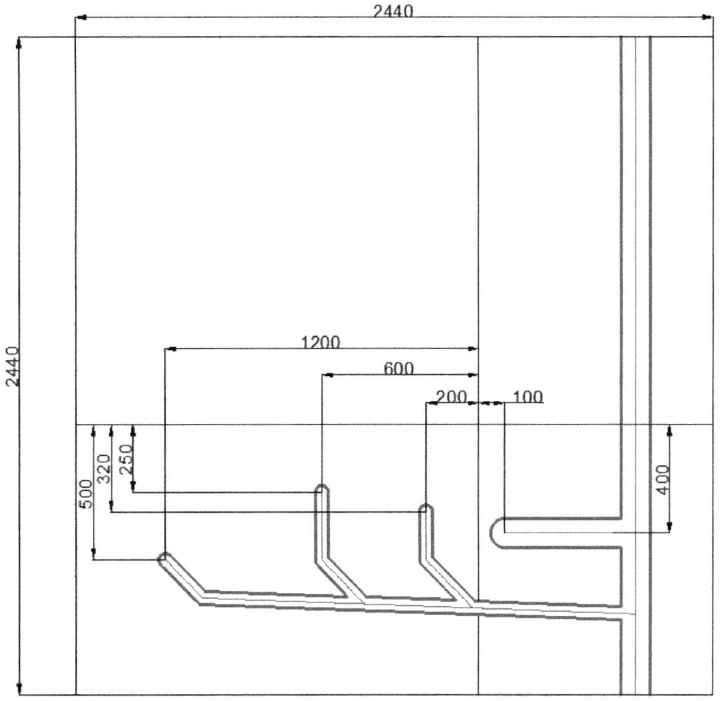

图 9-3-1　排水管道施工图纸

2. 注意事项

（1）排水横管有坡度，坡向竖管；排水管道连接注意操作规范。

（2）模块墙开孔，由于管道需要穿过模块墙进入另一面，因此需保障开孔位置准确，大小应略大于管道外径，开孔时注意安全防护。

（3）管道安装，由于排水管道管径较大，且连接方式特殊，因此需要将管道完全制作好、开孔完成才能安装。

（4）操作安装时需着重注意安装尺寸（包括离墙间距尺寸）、水平度、垂直度、坡度、承插连接、管卡固定、完成度等几个方面。

排水管路总装效果如图 9-3-2 所示。

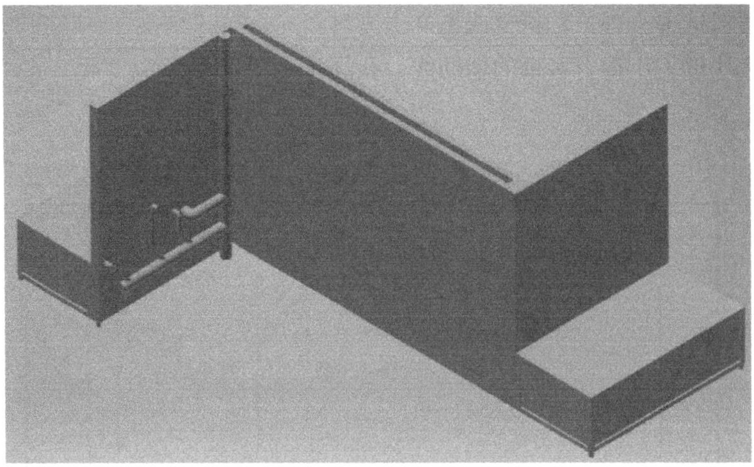

图 9-3-2　排水管路总装效果图

【任务评价】

排水管路安装评分标准见表 9-3-3。

表 9-3-3　排水管路安装评分标准

序号	评分内容	评分标准	配分	得分
1	尺寸	用直角尺配合钢直尺对管材外壁与基准线进行检测，在管材中部便于测量的位置做好标记，然后统一测量，尺寸误差≤ ±2 mm 为合格	2×0.5=1	
2	水平垂直度	用 60 mm 的数显水平仪测量，尺寸误差≤ 0.5° 为合格	2×0.5=1	
3	煨弯角度	用数显角度尺测量，角度误差≤ 1° 为合格	2×0.5=1	
4	完成度	在规定时间完成安装，并试压合格	1	
5	灌水试验	2 分钟管路连接处无渗漏为合格	2	

【思考与练习】

排水管路安装中的排水管道采用承插式连接，试在条件许可的情况下，拓展实施热熔连接的方式。其中要求：管道采用热熔连接时，焊口错边量小于管材壁厚 10%，对接焊缝凹槽不低于母材，熔接挤压面弧形美观，无明显气孔及其他损伤。

参考文献

[1] 王公儒. 管道安装工程训练教程 [M]. 北京：中国铁道出版社，2019

[2] 李本勇，严开淋. 管道与制暖技术与应用 [M]. 北京：机械工业出版社，2020

[3] 刘占孟，王敏. 建筑给水排水工程 [M]. 北京：中国电力出版社，2017：1–244.

[4] 刘遂庆. 给水排水管网 [M]. 北京：中国建筑工业出版社，2014：1–311

[5] 王增长. 建筑给水排水工程 [M]. 北京：中国建筑工业出版社，2016

[6] 姜湘山. 管道工必备技能 [M]. 北京：机械工业出版社，2015

[7] 太阳能供热采暖工程应用技术手册 [M]. 中国建筑工业出版社，郑瑞澄，2012

[8] 太阳能供热采暖应用技术手册 [M]. 化学工业出版社，何梓年，2009

[9] 卜一德. 地板采暖与分户热量技术 [M]. 北京：中国建筑工业出版社，2007

[10] 李春桥. 管道安装与维修手册 [M]. 北京：化学工业出版社，2009.

[11] 中华人民共和国住房和城乡建设部. 建筑给水排水及采暖工程施工质量验收规范 [S]. 北京：中国建筑工业出版社，2002.

[12] 中华人民共和国住房和城乡建设部. 建筑给水塑料管道工程技术规程 [S]. 北京：中国建筑工业出版社，2014.

[13] 中华人民共和国国家质量监督检验检疫总局，中国国家标准化管理委员会。管道元件 DN(公称尺寸) 的定义和选用 [S]. 北京：中国标准出版社，2005.

[14] 中华人民共和国住房和城乡建设部. 建筑给水排水设计规范 [S]. 北京：中国建筑工业出版社，2003.

[15] 中华人民共和国住房和城乡建设部. 建筑给水排水制图标准 [S]. 北京：中国建筑工业出版社，2010.

[16] 中华人民共和国住房和城乡建设部. 房屋建筑制图统一标准 [S]. 北京：中国建筑工业出版社，2017.

[17] 中国工程建设标准化协会. 建筑给水薄壁不锈钢管道工程技术规程 [S]. 北京：中国标准出版社，2003.

ДВУЯЗЫЧНЫЕ УЧЕБНЫЕ МАТЕРИАЛЫ ДЛЯ
ПРОФЕССИОНАЛЬНО-ТЕХНИЧЕСКОГО ОБУЧЕНИЯ

Технология монтажа трубы для отопления в городе

Главный редактор: Дан Тяньвэй, Ли Цинбинь, Вэй Сюйчунь

天津大学出版社

Данные каталогизации книг в публикации(**CIP**)

: Дан Тя

ньвэй, Ли Цинбинь , Вэй Сюйчунь.

Тяньцзинь: Издательство Тяньцзиньского университета, 06.2022

Двуязычные учебно-методические материалы для профессионально-технического обучения

ISBN 978-7-5618-7231-4

I.① Город···II.① Дан···② Вэй ···III.① Коммунальное хозяйство — Тепловые коммуникации — Монтаж трубопровода — Двуязычное обучение — Высшее профессионально-техническое обучение — Учебно-методические материалы IV.①TU995.3

Китайская библиотека с правом получения обязательного экземпляра, № CIP: (2022) 111183

CHENGSHI RENENG GUANDAO ANZHUANG JISHU

Издательство	Издательство Тяньцзиньского университета
Адрес	300072, г. Тяньцзинь, ул. Вэйцзиньлу, д.92, кампус Тяньцзиньского университета
Телефон	Отдел дистрибуции, 022-27403647
URL-адрес	www.tjupress.com.cn
Печать	ООО «Пекинская научно-техническая компания по сетевой коммерческой печати «Шэньтун»
Комиссионная продажа	Книжные магазины Синьхуа по всей стране
Формат книги	185мм × 260мм
Печ. л.	25.75
Количество слов	647 тыс.
Издание	Версия от 1 июня 2022 года
Версия печати	Первоочередная версия, июнь 2022 года
Цена	60, 00 юаней

Редакционная коллегия книги

Предисловие

Мастерская имени Лу Баня в Таджикистане построена Тяньцзиньским профессионально-техническим университетом управления городским строительством и Таджикским техническим университетом имени академика М.С. Осими с целью укрепления сотрудничества между Китаем и Таджикистаном в области прикладной технологии и профессионально-технического обучения, а также совместного использования высококачественных ресурсов китайского профессионально-технического обучения.

Данный учебник основан на потребностях в обучении и преподавании при мастерской имени Лу Баня в Таджикистане. С целью подготовки высококвалифицированных специалистов в области технологии использования тепловой энергии в городах, центр обучения по использованию зелёной энергии при мастерской имени Лу Баня, используя оборудование для обучения технологии трубопровода и отопления, представляет миру технические стандарты Китая по прокладке трубопроводов и знания по применению систем отопления с использованием экологически чистой энергии.

Материал разработан в соответствии с проектной моделью и концепцией профессионального образования, ориентированной на практические рабочие задачи, выделяет особенности связи профессионально-технического обучения и практического образования, делает акцент на сочетании теории и практики, интегрируя модульное обучение через теорию и практику. Пособие сопровождается информационными учебными ресурсами, которые можно просмотреть, отсканировав QR-код в книге с помощью мобильного телефона.

Данное учебное пособие объединяет в себе китайские государственные стандарты, квалификационные стандарты отбора и аттестации профессиональных навыков специалистов в области тепловой энергетики, водоснабжения и водоотведения, Учебник состоит из 9 учебных проектов, 26 типичных рабочих задач и 30 видеоматериалов. Согласно нормам восприятия

знаний учащимися, каждая задача состоит из таких разделов, как «Задача п роекта», «Подготовка к задаче», «Выполнение задачи», «Освоение навыков» , «Размышления и упражнения». Проекты I и II были подготовлены Дан Тяньвэй и Вэй Сюйчунь; проекты III и VII — Дан Тяньвэй и Лю Цзе; проекты IV и VIII — Ван Синьхуа; проекты V и VI — Вэй Сюйчунь и Гао Юйли; проект IX — Дан Тяньвэй и Ван Цзе. В разработке учебных материалов приняли участие Т. Р. Холмуратов, П. С. Хужаев, Р. Г. Абдуллаев из кафедры теплоснабжения, газоснабжения и вентиляции Таджикского технического университета имени академика М. С. Осими. За планирование и составление книги отвечают Дан Тяньвэй, Ли Цинбинь и Вэй Сюйчунь. У Хайюе участвовала в проверке перевода.

Учебник составлен на китайском и русском языках, пригоден для обучения и повышения квалификации в различных колледжах и университетах, может служить в качестве справочника для специалистов по проектированию, строительству, обслуживанию трубопроводов и систем отопления.

В процессе разработки данного учебного материала была оказана помощь и поддержка от ООО «Тяньцзиньская энергетическая инвестиционная корпорация», ООО «Тяньцзиньская теплоэнергетическая компания», ООО «Тяньцзиньский институт по планировании и проектировании газового отопления», ООО «Тяньцзиньская компания по геотермальной разработке», ООО «Шаньдунская компания по производству технологического оборудования Дунлян», а также были предоставлены соответствующие литературные материалы, в связи с чем мы выражаем искреннюю благодарность.

Из-за ограниченности объема знаний редакторов в данной области, книга может содержать некоторые ошибки и недочеты, поэтому критика и исправления от читателей приветствуется.

от Редактора

Июнь 2022 г.

видео

【Описание проекта】

Стандартизированный монтаж систем отопления, водоснабжения, водоотведения, санитарно-технического оборудования и других строительных трубопроводов, таких как смесители и угловые клапаны, является основной гарантией нормального производства и эксплуатации, а также энергосбережения и сокращения выбросов. Технология изготовления и монтажа трубопроводов является важным звеном в обеспечении качества проектирования трубопроводов.

Данный проект в основном знакомит нас с общими инструментами для производства и монтажа трубопроводов и методами их использования, инженерными чертежами трубопроводов и основными техническими операциями по их монтажу.

【Цели проекта】

(1) Ознакомиться с методами использования основных инструментов.

(2) Освоить методы чтения и составления инженерного плана трубопроводов, а также освоить методы нанесения базовой линии.

(3) Освоить основные технические операции по монтажу строительных трубопроводов.

Задача I　Основные инструменты и способы их использования

【Ввод задачи】

Умение пользоваться основными инструментами является необходимым условием для обеспечения качества изготовления и монтажа трубопроводов, а также основой для улучшения технических навыков. Посредством изучения этой задачи у учащихся культивируются практические способности, дух мастерства, целеустремленность,

Обзор и использование тележки для инструментов

сосредоточенность и новаторство.

【Подготовка к задаче】

В процессе изготовления и монтажа трубопроводов общеиспользуемыми инструментами являются: рихтовальный станок, трубогиб, пружина трубогиба, ножовочная пила, ручной клупп, резак для труб из оцинкованной стали, высокоточный инклинометр с цифровым дисплеем, цифровой угловой уровень и т.д. (см. рис. с 1-1-1 до 1-1-8).

Рис. 1-1-1　Рихтовальный станок

Рис. 1-1-2　Трубогиб

Рис.1-1-3　Пружина трубогиба

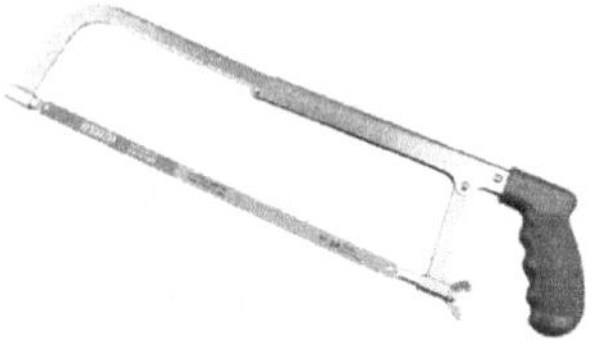

Рис. 1-1-4　Ножовочная пила

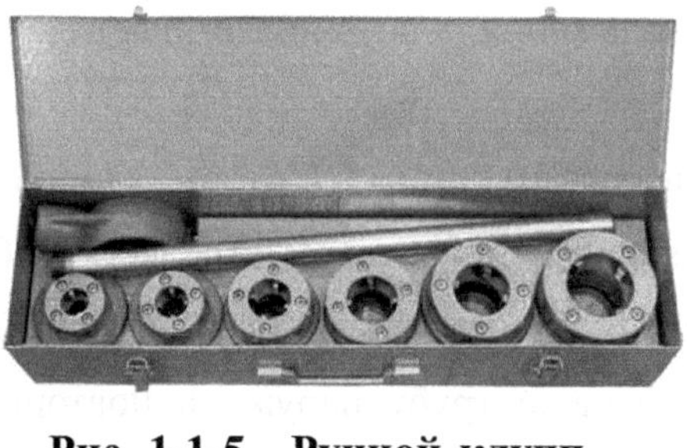

Рис. 1-1-5　Ручной клупп

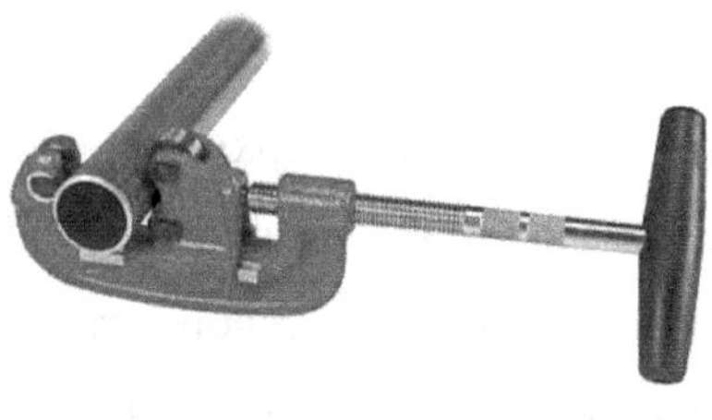

Рис. 1-1-6　Резак для труб из оцинкованной стали

Рис. 1-1-7 Высокоточный инклинометр с цифровым дисплеем

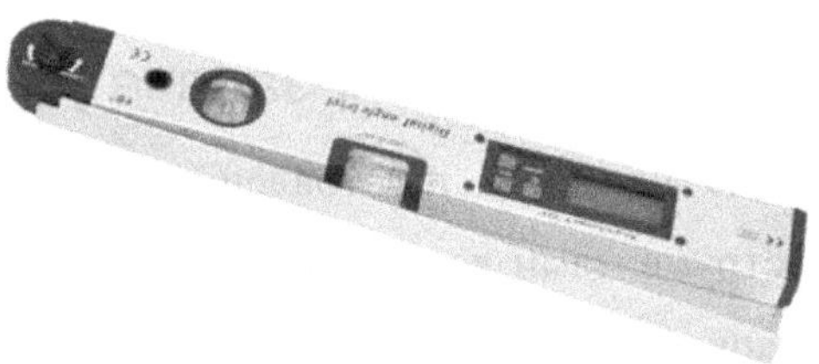

Рис. 1-1-8 Цифровой угловой уровень

【Выполнение задачи】

1. Способ применения рихтовального станка

Способ применения устройства для выпрямления алюминиево-пластмассовой трубы

Рихтовальный станок предназначен для выпрямления алюминиево-пластиковых труб. Алюминиево-пластиковая труба поставляется в рулонах, поэтому ее следует выпрямить перед использованием. Конкретные шаги заключаются в следующем:

(1) Прижмите четыре присоски в нижней части станка к плоской поверхности стола, нажмите на рукоятку присоски для закрепления рихтовального станка.

(2) Вставьте алюминиево-пластиковую трубу начиная с конца выпрямителя, регулируйте направление изгиба алюминиево-пластиковой трубы вверх или вниз, при этом не сгибая ее горизонтально, во избежание повреждения направляющей колеса рихтовального станка и предотвращения скольжения алюминиево-пластиковой трубы.

(3) Поверните верхнюю ручку рихтовального станка, чтобы изменить степень зажима выпрямительных колес. Поверните по часовой стрелке, чтобы затянуть, против часовой стрелки — чтобы ослабить. Когда натяжение отрегулировано, потяните алюминиево-пластиковую трубу наружу и повторите описанную выше операцию, чтобы добиться эффекта выпрямления. Качество выпрямления алюминиево-пластиковой трубы напрямую связано со степенью зажима рихтовального станка, если зажать слишком туго, алюминиево-пластиковая труба будет изгибаться в противоположном направлении, а если слишком слабо, то не будет достигнут должный эффект выпрямления.

2. Способ применения трубогиба (16мм)

1) Структура и составляющие

Структура трубогиба показана на рис. 1-1-9.

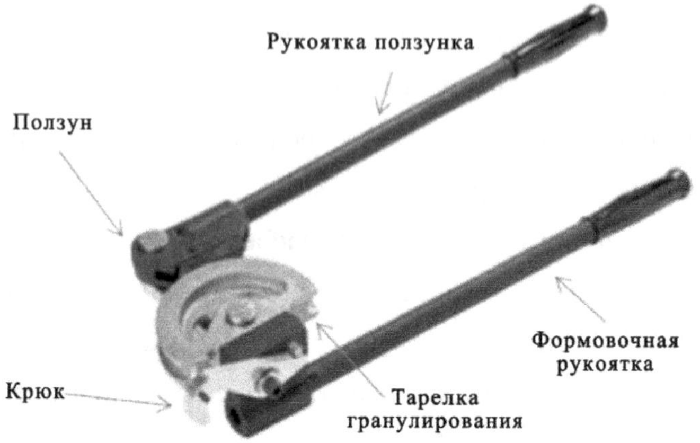

Рис. 1-1-9 Структура трубогиба

2) Общие этапы работы с трубогибом

(1) Держите формовочную рукоятку трубогиба или закрепите ее в тисках рабочего стола.

(2) Освободите крюк и откройте рукоятку ползунка.

(3) Поместите трубу в прорезь формовочного лотка и закрепите ее в формовочном лотке с помощью крючка.

(4) Переместите рукоятку ползунка в положение линии нулевого угла и отрегулируйте трубу так, чтобы линия маркировки точки изгиба трубы совпадала с отметкой “0” на шкале, затем потяните рукоятку ползунка, плотно зажав трубу.

(5) Сдвиньте рукоятку ползунка в направлении формовочной рукоятки, пока она не согнется под нужным углом, при этом не применяйте слишком много силы в начальной точке.

(6) После достижения нужного уровня изгиба, отметьте конечную точку маркером.

(7) Снимите трубу и используйте угловой уровень, чтобы измерить угол изгиба на соответствие проектным требованиям. При наличии разницы ее следует отрегулировать. Погрешность угла изгиба следует контролировать в пределах проектных требований.

3）Отскок

Трубы из всех материалов будут иметь определенную величину отскока после завершения операции. Трубы из более мягких материалов（таких, как медные трубы）имеют меньший отскок, чем трубы из более твердых материалов（таких, как трубы из нержавеющей стали）. Рекомендуется оставлять определенную величину компенсации отскока трубы при изгибе, которая обычно примерно на $1°\sim3°$ больше чем расчетный угол, в зависимости от материала и твердости трубы.

3. Способ применения пружины трубогиба

Во время ежедневного технического обслуживания иногда необходимо сгибать алюминиево-пластиковую трубу голыми руками. В таком случае требуется пружина трубогиба, чтобы предотвратить сплющивание алюминиево-пластиковой трубы.（см. рис. 1-1-10）.

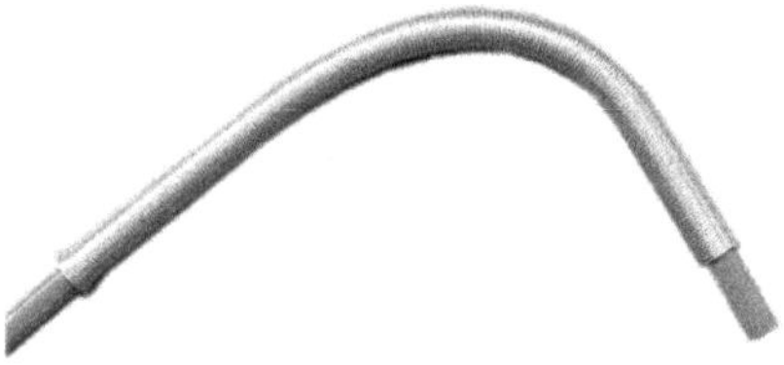

（a）с пружиной трубогиба

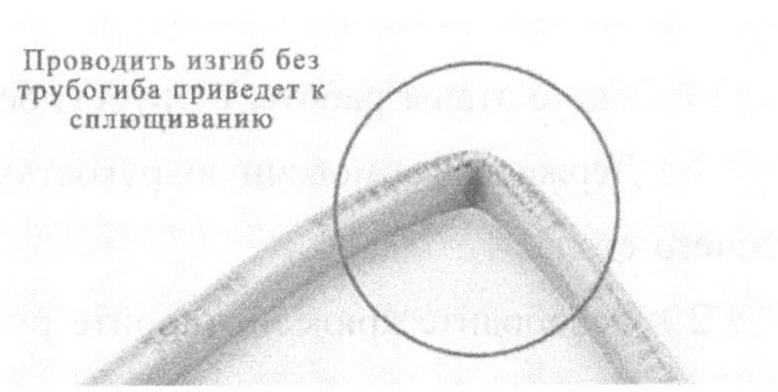

（b）без пружины трубогиба

Рис. 1-1-10 Изгиб алюминиево-пластиковой трубы

Меры предосторожности при эксплуатации пружины трубогиба:

（1）Поместите пружину трубогиба в положение, при котором необходимо согнуть алюминиево-пластиковую трубу;

（2）По мере возможности согните трубу с большим радиусом для изгиба, усилие должно быть медленным и постоянным, пока форма трубы не будет соответствовать требованиям к эксплуатации.

4. Способ применения ножовочной пилы

1）Основные моменты установки пильной ленты

（1）Кончики зубцов должны быть направлены вперед.

（2）Умеренная степень натянутости.

（3）Отсутствие скручивания пильной ленты.

Использование ножовочной пилы

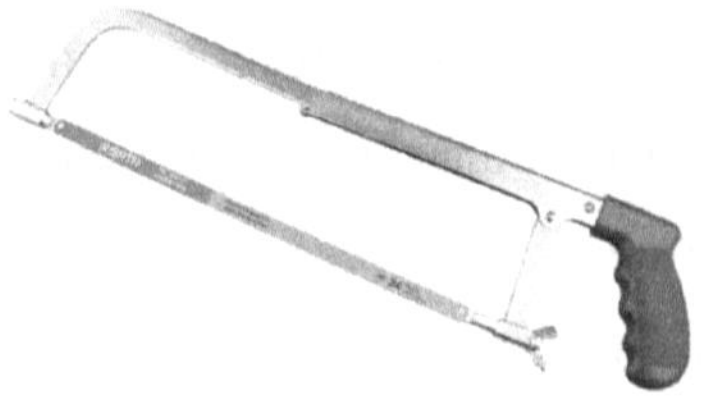

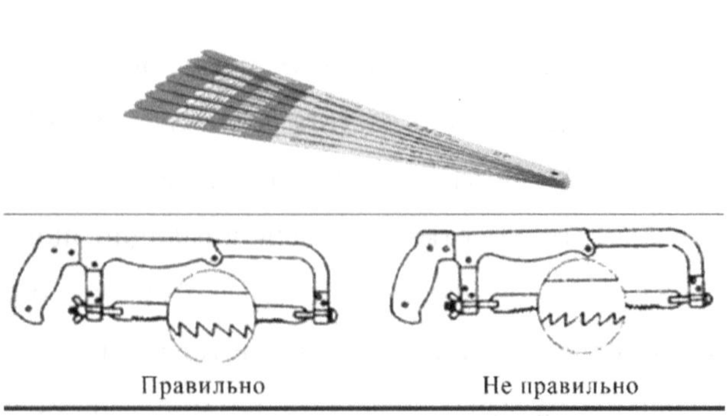

Рис. 1-1-11 Пильная лента

2) Основы распиливания

(1) При распиливании держите корпус в положении стоя: левая нога на полшага вперед, правая нога немного назад, стоять естественно, центр тяжести смещен к правой ноге, правая нога должна стоять, а коленный сустав левой ноги должен быть слегка согнут.

(2) Держите пилу так, чтобы она растягивалась естественным образом. Держите рукоятку пилы правой рукой, а передний конец ножовки левой рукой, слегка наклоните свое тело вперед и вращайте телом взад-вперед, чтобы ножовочная пила также двигалась вперед и назад. При нажатии на пилу пилообразный зуб играет режущую роль, поэтому необходимо оказывать соответствующее давление; оттягивая пилу назад, пилообразный зуб не сможет резать, поэтому пилу следует слегка приподнять, чтобы уменьшить износ пилообразного зуба. При распиливании следует максимально использовать эффективную длину пильной ленты. Если ход пилы будет слишком коротким, это приведет к быстрому местному износу и сокращению срока службы пильной ленты, что также может привести к застреванию или поломке.

(3) В начале распиливания угол наклона между пильной лентой и поверхностью изделия должен составлять около 15 градусов, и по крайней мере три зубца должны одновременно соприкасаться с изделием. В начале пиления следует использовать передний конец пильной ленты (вдали от пилы) или задний конец (рядом с пилой), чтобы начать пиление с края одной из сторон изделия. При использовании ножовой пилы перерыв между толчком и тягой должно быть коротким, давление должно быть легким, для обеспечения правильности размера и легкого движения зубцов пилы. Задний конец в основном используется для тонких листов.

(4) Обратите внимание на частоту толчка и тяги при пилении., Для

мягких материалов и цветных металлов частота составляет 50-60 раз в минуту, а для обычной стали частота составляет 30-40 раз в минуту.

(5) Длина зажатой заготовки, выступающей из зажима во время пиления должна быть короткой, а распиливающий шов должен располагаться как можно ближе к левой стороне зажима. При зажиме заготовок небольшого размера деформация может быть предотвращена, однако, в случае с заготовками большого размера, если они не могут быть зажаты, их необходимо надежно разместить перед распиливанием. Перед распиливанием нужно начертить линию распиливания на сырье или заготовке, при разметке линии следует учитывать запас на обработку после распиливания. При распиливании следует всегда следить за тем, чтобы пильная лента совпадала с начерченной линией для того, чтобы можно было получить идеальный пильный шов. Если шов перекосился, его следует вовремя исправить. Если шов сильно перекошен, его будет трудно исправить, в таком случае пильная лента может сломаться, пилу следует перезапустить с противоположной стороны пильного шва заготовки.

(6) При распилке мягких и толстых материалов (таких, как медь, бронза и т.д.) следует применять пильную ленту с крупными зубьями. При распиливании твердых или тонких материалов (таких, как инструментальная сталь, легированная сталь и т. д.) следует использовать пильную ленту с мелкими зубьями. В целом, при распиливании тонких материалов на секции пиления должно быть три зазубрины, которые должны участвовать в распиливании одновременно, чтобы избежать зацепления зазубрин или трещин.

(7) Тонкостенные трубы и готовые трубы должны быть зажаты между двумя деревянными вкладышами с V-образными канавками. При распиливании тонкой подкладки следует пилить с широкой стороны.

5. Способ применения ручного клуппа

Ручной клупп - это ручной инструмент для резьбы, также называемый трубной плашкой. Существует два типа ручных клуппов: фиксированные и подвижные.

Вес фиксированного ручного клуппа невелик, и он может только нарезать резьбу на стальной трубе одного диаметра. При изменении диаметра трубы необходимо заменить резьбонарезную головку. Обычно используемые характеристики клуппа для резьбы фиксированные -DN15 и DN20.

Подвижный ручной клупп оснащен специальной подвижной шкалой для

плашек, на подвижной шкале установлены ключ для затягивания плашки и рукоятка для регулировки расстояния между плашками. Ручка на подвижном диске может регулировать расстояние между кончиками резцов в соответствии с соответствующим диаметром трубы, после того, как расстояние между резцами и диаметром стальной трубы совпадает, можно зафиксировать расстояние между резцами путем блокировки рукоятки.

При использовании ручного клуппа (см. рис. 1-1-12), отрегулируйте натяжение ключа для ослабления или затягивания плашки. Одной рукой поверните ручку клуппа, проворачивая ее вдоль оси трубы, а другой рукой удерживайте клупп и толкайте его вперед по оси трубопровода. Когда плашка входит в трубу на 1-2 витка, добавьте специальное масло для смазки, затем обеими руками спереди и сзади равномерно вращайте ручку клуппа, плашка должна продолжать входить в резьбу втулки. Когда конец нарезанной трубы будет находиться на одном уровне с наружным концом плашки, процесс считается завершенным, в это время зубчатую вилку на вращающейся пластине можно поднять на 180°, а при продолжении движения резьбы можно снять клупп с трубы. При снятии ручного клуппа с трубы следует поддерживать резьбонарезную головку руками, во избежание повреждения из-за падения.

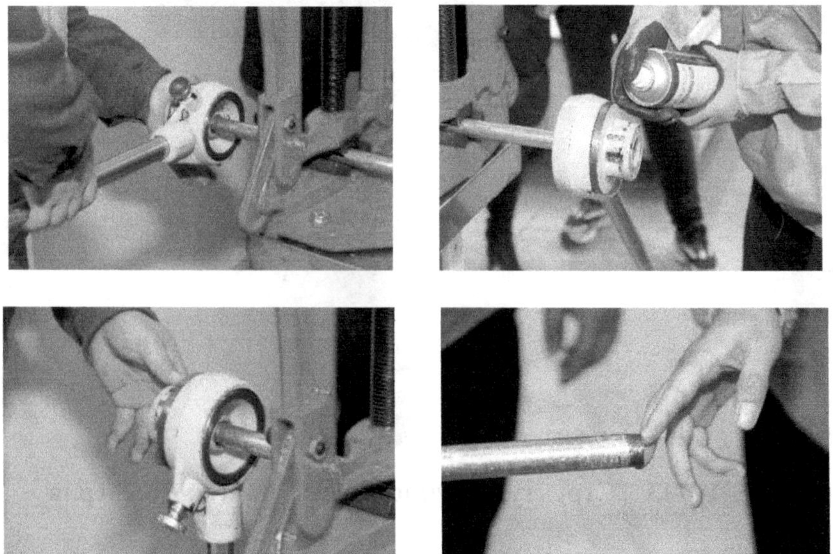

Рис. 1-1-12 Использование ручного клуппа

6. Способ применения резака для труб из оцинкованной стали

(1) Установите трубу между лезвием и двумя рядами подшипников.

（2）Задвиньте и поверните ручную рукоятку управления, чтобы резец легко соприкасался с трубой и оставался в зафиксированном положении.

（3）Толкайте рукоятку, чтобы резец вращался вокруг трубы, держите трубу в левой руке, а резец — в правой, вращайте резак вниз по окружности трубы правой рукой; можно также держать трубу в правой руке, а левой рукой вращать резец вверх по окружности трубы.

（4）Вращайте резец, чтобы сформировать четкий след резки на поверхности трубы. Убедившись, что резак может вращаться плавно, правильно затяните рукоятку, чтобы обеспечить синхронное вращение в направлении входа резца, повторяйте вышеуказанные действия до тех пор, пока труба не будет разрезана.

Метод использования зарядного ручного сверла

7. Способ применения ручного электрического сверла

Рис. 1-1-13　Структура ручного электрического сверла

1）Индивидуальная защита и меры предосторожности

（1）При работе когда лицом вверх следует надеть защитную маску; при сверлении отверстий на чугунной отливке следует надеть защитные очки.

（2）При работе на высоте следует принять меры по предотвращению

падения с высоты, а лестницу должен поддерживать другой человек.

(3) При долгой работе сверло может нагреваться, следует соблюдать осторожность, чтобы не обжечь кожу.

(4) При сверлении отверстий диаметром более 12 мм следует использовать пистолетное сверло с боковой рукояткой.

(5) Сверло и держатель должны быть адаптированы и установлены надлежащим образом.

2) Обеспечение безопасности использования электроэнергии на рабочем месте

(1) Убедитесь, что источник питания, подключенный к сети соответствует паспортной табличке электрического сверла, также убедитесь подключен ли предохранитель утечки.

(2) Убедитесь в том, что выключатель электросверла выключен, во избежание травм вызванных запуском электросверла сразу после включения питания.

(3) Если рабочее место находится далеко от источника питания, следует использовать удлинительный кабель с достаточной пропускной способностью и в соответствии к требованиям. Если удлинительный кабель проходит по тротуару, его следует подвесить или принять меры для предотвращения сдавливания и повреждения кабеля.

3) Инструкция по эксплуатации

(1) При сверлении отверстий в металлических материалах, в месте сверления необходимо сделать контрольные отверстия путем пробивания их в месте сверления.

(2) При сверлении больших отверстий, их следует предварительно просверлить маленьким сверлом, а затем большим.

(3) При необходимости просверливания отверстия на металле в течение длительного времени, можно принять определенные меры по охлаждению для сохранения остроты сверла.

(4) При сверлении строго запрещается очистка от стружи голыми руками, следует использовать специальные инструменты для очистки.

4) Техническое обслуживание и проверка

(1) Проверьте сверло: если обнаружено затупившееся или погнутое сверло, его следует немедленно устранить или заменить.

(2) Проверьте крепежные винты корпуса электросверла: при обнаружении ослабления винта следует немедленно завинтить его, иначе электросверло выйдет из строя.

(3) Проверьте графитовую щетку: если степень износа графитовой щетки электросверла превышает предел, следует немедленно заменить ее во избежание неисправности электродвигателя, кроме того, графитовая щетка должна быть в чистом состоянии.

(4) Проверьте провод защитного заземления: провод защитного заземления является важной мерой для защиты личной безопасности, поэтому его следует часто проверять, чтобы обеспечить хорошее заземление металлического корпуса приборов класса I.

8. Способ применения высокоточного инклинометра с цифровым дисплеем

1) Проверка точности угловой линейки

(1) Измерьте угловые значения X1 и Y1 углов X и Y.

(2) Поверните на 180° на месте, затем измерьте новые угловые значения X2 и Y2, теоретически должно быть получено значение X1=-X2, Y1=-Y2. Если погрешность слишком большая, войдите в режим калибровки, чтобы исправить ошибку.

Использование высокоточного инклинометра с цифровым дисплеем

2) Инструкция по эксплуатации

(1) Описание интерфейса дисплея (см. рис. 1-1-14).

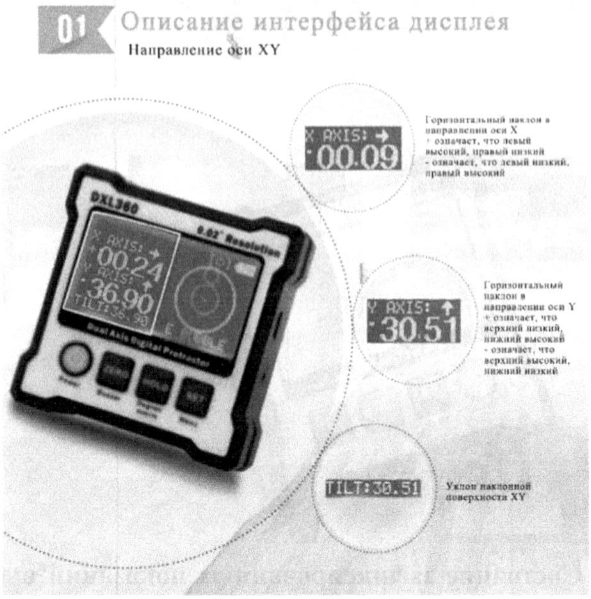

Рис. 1-1-14 Интерфейс дисплея высокоточного инклинометра с цифровым дисплеем

(2) Имитационный горизонтальный пузырь: там, где пузырь, плоскость выше. (см. рис. 1-1-15)

Рис. 1-1-15 Высокоточный инклинометр с цифровым имитирует горизонтальный пузырь

(3) Сохранение данных: блокировка состояния показаний инклинометра и просмотр показаний. (см. рис. 1-1-16)

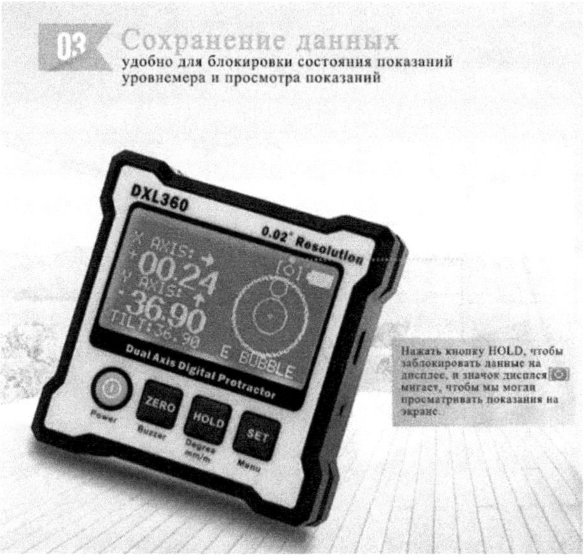

Рис. 1-1-16 Состояние зафиксированных показаний высокоточного инклинометра с цифровым дисплеем

(4) Функция гироскопа: измерить угол между плоскостями, не прилегающими к пространству (см. рис. 1-1-17).

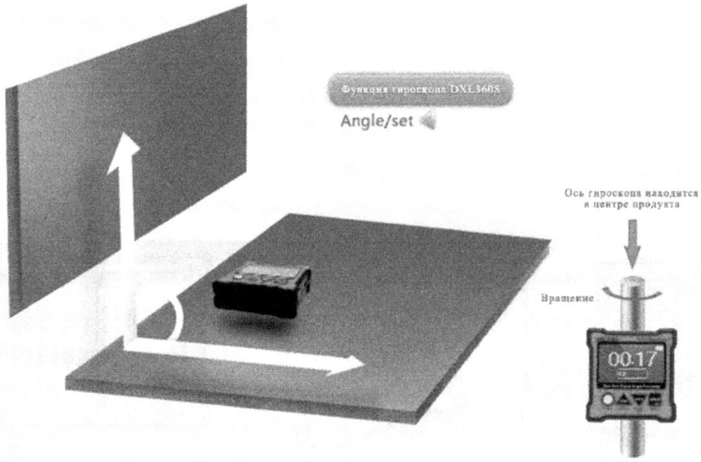

Рисунок 1-1-17 Функциональное отображение гироскопа высокоточного инклинометра с цифровым дисплеем

【Размышления и упражнения】

(1) Кратко опишите способ применения резака для труб из оцинкованной стали.

(2) Как расположен корпус при пилении? Какова частота толчка и тяги?

Задача II Схема трубопроводов

【Ввод задачи】

При инженерном строительстве трубопроводов для обеспечения качества строительства, повышения эффективности и выполнения требований проектирования и строительства необходимо правильно читать планы трубопроводов, аксонометрические чертеж и строительные чертежи, и точно наносить базовые линии.

【Подготовка к задаче】

1. План трубопроводов

Чертеж, полученный нанесением положения трубопровода на плане методом ортогонального проецирования называют планом трубопроводов. План трубопровода показывает фактическое положение и направление трубопровода на плоскости с указанием диаметра, уклона, направления и отметки и т.д. Если трубопровод параллелен плоскости, то он представлен одной линией, отражающей реальную длину трубопровода на плане; если трубопровод перпендикулярен плоскости, то на плане он представлен окружностью; если трубопровод наклонен к плоскости, на плане он представлен прямой линией, которая короче, чем реальная длина трубопровода.

2. Аксонометрический чертеж трубопроводов

Аксонометрический чертеж трубопровода может визуально и интуитивно отражать направление трубопровода на плане одного чертежа. В частности, при наличии большого количества перекрестных трубопроводов в одной системе, аксонометрический чертеж лучше показывает их визуальную роль, его линии четкие и имеют трехмерное отображение, что помогает передать пространственное направление и положение всего трубопровода.

3. Чтение строительных чертежей трубопровода

Чтение строительных чертежей трубопровода в основном заключается в

чтении таких чертежей, как планы этажей и фасадов, а также аксонометрические чертежи, особенно таких двух типов чертежа, как план и аксонометрический чертеж. Как только Вы освоите методы чтения этих двух типов, остальные чертежи будут читаться легче

1) Чтение одиночного чертежа

При получении какого-либо чертежа следует сначала посмотреть строку заголовка, а затем на изображение и данные нарисованные на чертеже. Прочитав строку заголовка, можно узнать название данного чертежа, элемент проекта, этап проектирования, номер чертежа, масштаб и т.д. Следует отметить, что, за исключением масштаба, указанного в заголовке, частичный вид будет отмечен увеличенным масштабом.

В правом верхнем углу плана, как правило, начерчивают компас, по которому указывают направление трубопроводов и зданий, при выполнении строительных работ по нему определяют направление всех труб. На некоторых из них еще и изображены розы ветров. (см. рис. 1-2-1)

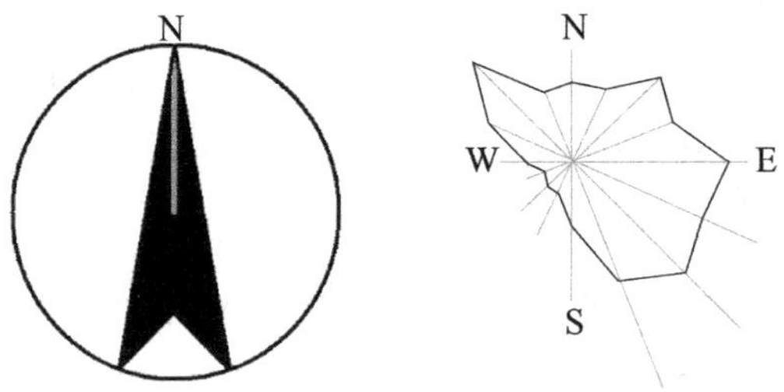

Рис. 1-2-1 Схема компаса и розы ветров

Условные обозначения, знаки, детали и т.п. на чертеже следует читать внимательно, от большого до малого, от толстого до тонкого; все линии, условные обозначения и данные на чертеже должны сверяться друг с другом. Для каждого трубопровода на чертеже необходимо уточнить номер, диаметр трубы, направление потока, размер трубы, высоту и материал трубы, а также начальную и конечную точки поворота трубопровода. Надземная, наземная или подземная прокладка трубопровода, а также расположение машин, оборудования и зданий (сооружений) должны проверяться поочередно. Для трубной арматуры в трубопроводе следует уточнить наименование, тип, модель, количество, давление, температуру клапанов, фланцев, прокладок, заглушек, дроссельных шайб, термометров, расходомеров, термопар и т.д.

2) Чтение полного комплекта чертежей

При получении комплекта чертежей следует сначала просмотреть содержание чертежей, затем описание рабочих чертежей и список оборудования и материалов, наконец план этажа, аксонометрические чертежи и т.д.

I. Цель чтения поэтажных планов

(1) Ознакомиться с конструкцией, расположением осей и размерами помещения.

(2) Определить начальную точку, конечную точки и точки поворота каждого трубопровода, а также расположение трубопроводов друг к другу, положение трубопроводов относительно оборудования или зданий и сооружений.

(3) Уточнить номер, наименование, размер позиций, направление и высоту расположения каждого оборудования.

(4) Уточнить номер, характеристику, наименование, наклон и направление, размер плоскости, высоту и положение клапанов трубопроводов.

На рис. 1-2-2 показана схема отопления с первого по третий этажи здания.

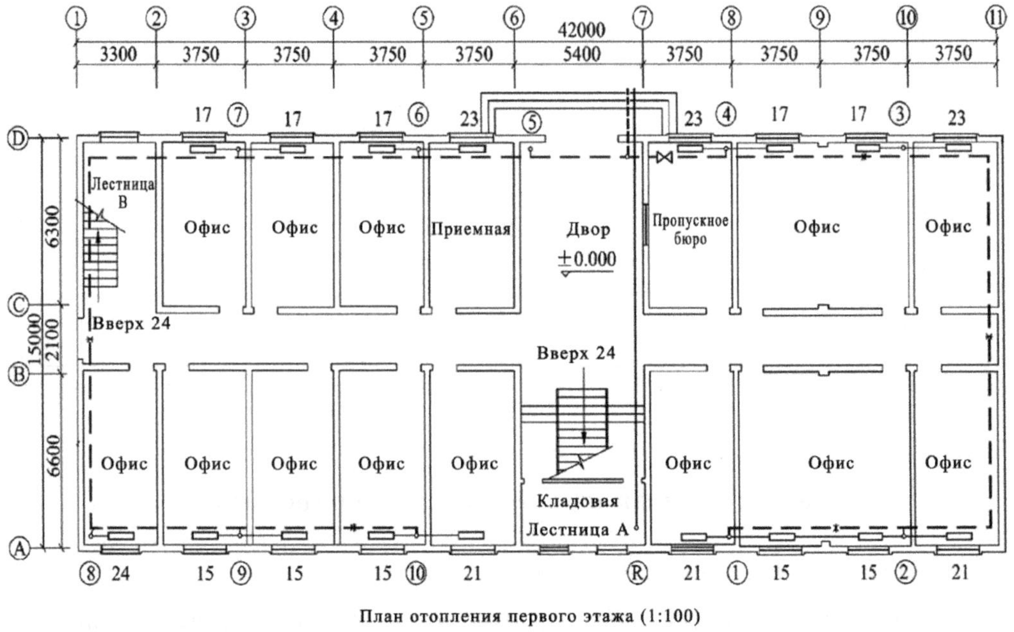

План отопления первого этажа (1:100)

Рис. 1-2-2 План отопления дома

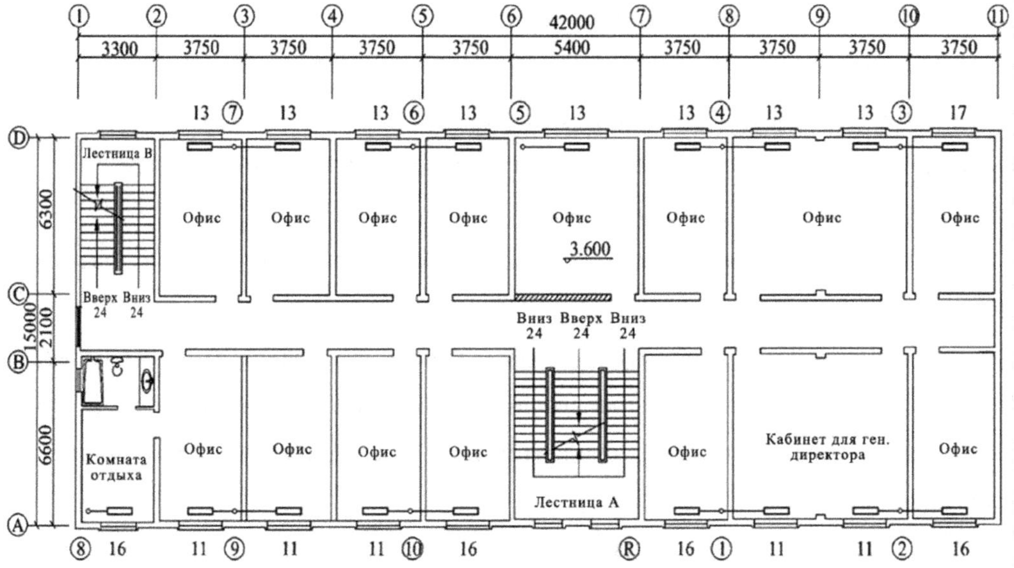

План отопления второго этажа (1:100)

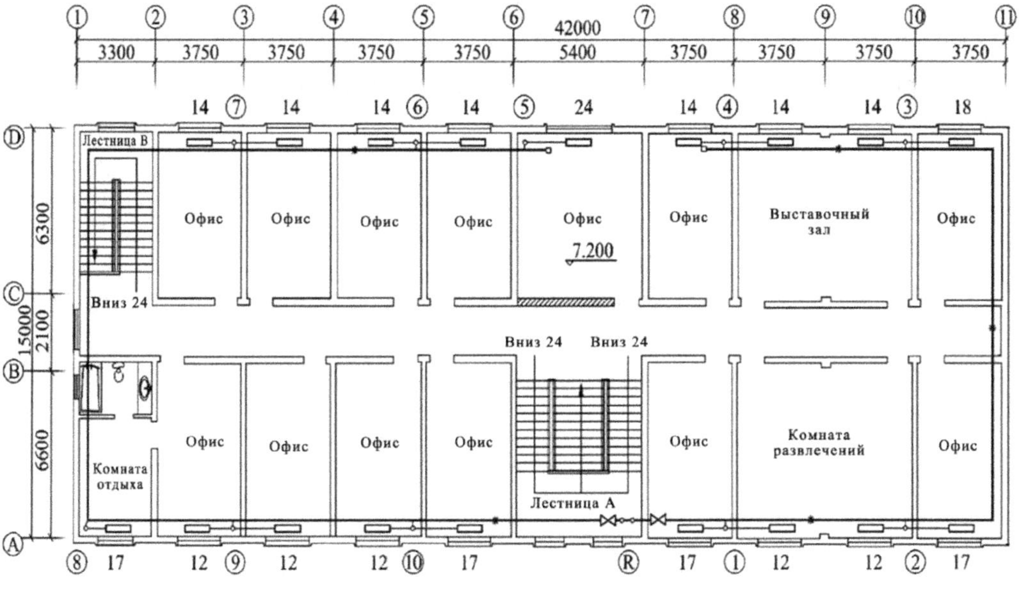

План отопления третьего этажа (1:100)

Рис. 1-2-2 План отопления дома (продолжение)

II. Цель чтения аксонометрических чертежей

(1) Уточнить фактическое направление трубопровода, количество ответвлений, количество поворотов и угол изгиба.

(2) Уточнить наименование фитингов, деталей клапанов и присоединяемого оборудования на трубопроводе.

（3）Понять свойства передачи, уточнить направление потока, отметку трубопровода, уклон и т.д.

Аксонометрический чертеж здания показан на рис. 1-2-3.

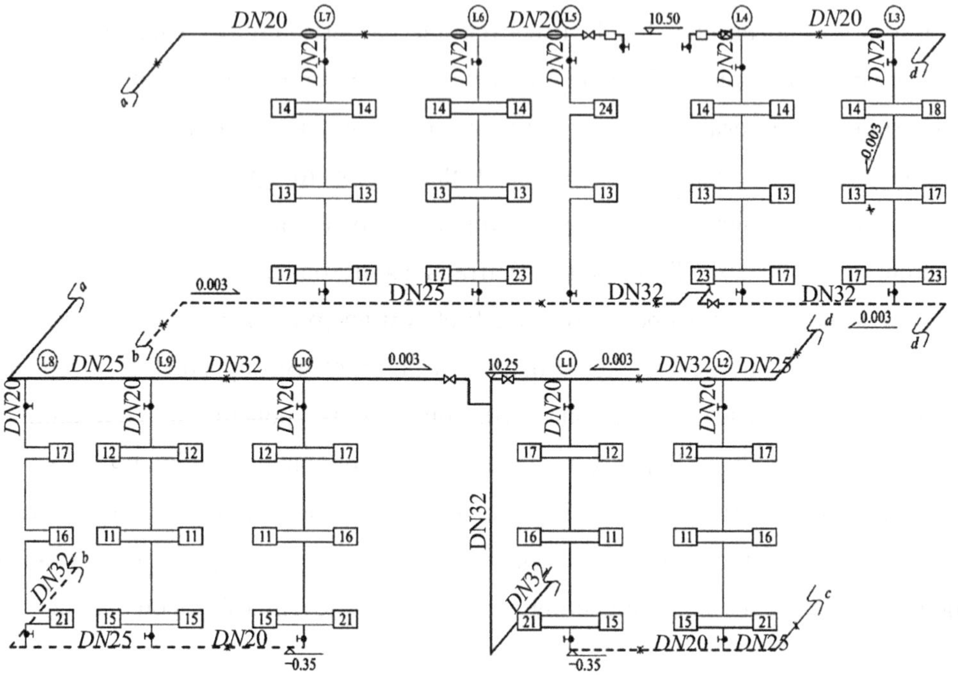

Рис.1-2-3 Аксонометрический вид отопления в здании

Из-за большого количества типов конвейерных диаграмм, между ними существуют как связи, так и различия. Если Вы заметили, что прочитанные шаблоны не полностью отражают детали трубопровода, постарайтесь быстро и точно найти другие соответствующие шаблоны, которые Вам нужны и сравнить их. Линий на шаблоне многочисленны и сложны, Вы должны овладеть принципом проектирования, технологическим процессом и методом рисования обще употребляемых условных обозначений для фитингов и деталей клапанов, уметь внимательно читать их в соответствии с вышеуказанными шагами и методами, чтобы правильно распознать рисунок.

4. Нанесение эскиза и базовой линии

Эскизы могут использоваться для поддержки заданного строительного чертежа и выполнения процесса монтажа трубопровода.

Базовая линия является основой для монтажа оборудования и труб в проекте трубопровода и отопления. От точности построения базовой линии

напрямую зависит качество и эстетичность монтажа оборудования и труб в проекте. При построении базовой линии следует использовать прямую линейку в сочетании с угловым уровнем для обеспечения горизонтальности, вертикальности и точности положения линии.

Как показано на рис. 1-2-4, имеются две базовые линии: горизонтальная и вертикальная. Нанесение базовой линии также имеет свою основу. Например, горизонтальная базовая линия на рисунке основана на нижней части панели, она начерчена с базовым размером в 1 000мм, в то время как вертикальная базовая линия основана на левой стороне панели и начерчена с базовым размером в 1 500 мм. То есть горизонтальная исходная линия проводится по нижнему краю панели и проводится на 1000 мм вверх, а вертикальная исходная линия проводится по левому краю панели и на 1500 мм вправо.При построении базисной линии следует использовать цифровой уровень в сочетании со стальной линейкой. Цифровой уровень в основном используется для определения горизонтальности и вертикальности базовой линии в соответствии с отображаемым углом ($0°$ по горизонтали и $90°$ по вертикали), стальная линейка используется для измерения размеров и нанесения базовой линии.

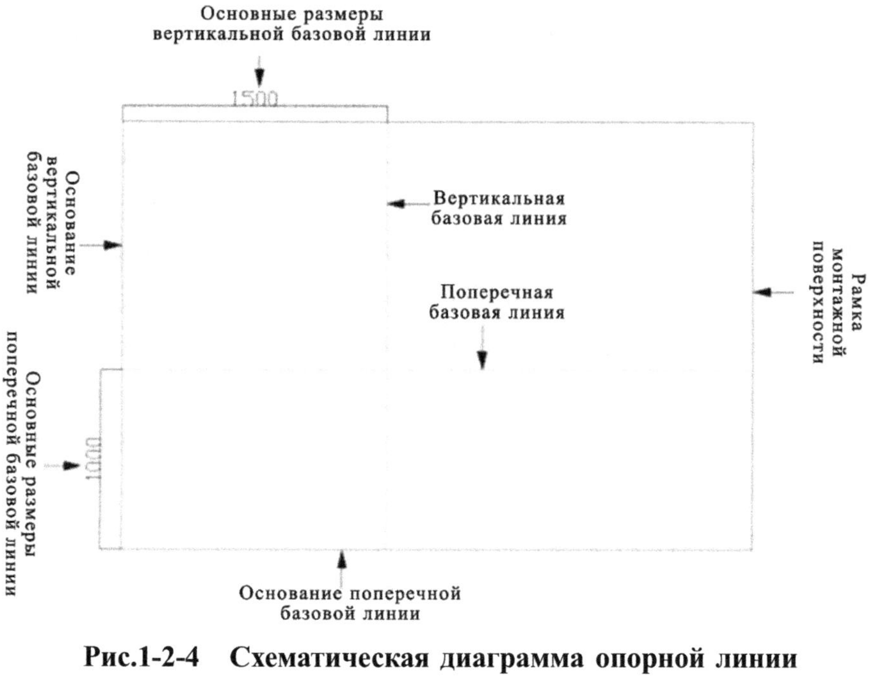

Рис.1-2-4 Схематическая диаграмма опорной линии

【Размышления и упражнения】

（1）Как наносить базовую линию？

（2）Строительные чертежи трубопроводов в основном выполняются на основе плана，фасада и аксонометрического чертежа，какие параметры можно считывать по этим трем чертежам？

Нанесение базовой линии

Задача III Основные технические операции по монтажу строительных трубопроводов

【Ввод задачи】

Высококачественные системы отопления，водоснабжения，водоотведения，санитарно-технические сооружения и другие трубопроводные системы приобретают все большее значение. Согласно международным основным передовым трубопроводным системам，трубопроводные и отопительные системы включают в себя монтаж труб из нержавеющей стали，медных труб，алюминиево-пластиковых композитных труб，и оцинкованных труб. Технология монтажа дренажных труб，компрессионное соединение，сварка медных труб и резьба оцинкованных стальных трубах являются ключевыми технологиями при монтаже и строительстве трубопроводов.

Соединение алюминиево-пластиковых композитных труб

Способ применения тисков для труб

【Подготовка к задаче】

1. Подготовка инструментов и материалов

(1) Установите рабочий стол в подходящем месте с хорошим освещением для удобства работы.

(2) Подготовьте инструменты и оборудование, используемые при обучении, проверьте являются ли инструменты, оборудование и т.д. исправными. Ознакомьтесь с правилами использования инструмента и мерами предосторожности.

(3) Аккуратно разместите рабочие и измерительные инструменты по обеим сторонам левой и правой руки, не выдвигайте их за пределы рабочего стола.

(4) Подготовьте соответствующие трубы и фитинги, освойте основные свойства материалов.

2. Требования к работе

(1) Наденьте защитное снаряжение в соответствии с требованиями защиты учебного проекта.

(2) Аккуратно обращайтесь с различными инструментами и крепко держите инструменты, состоящие из нескольких частей, обеими руками, чтобы избежать падения и повреждения деталей.

(3) При использовании трубного, гаечного ключа и других инструментов для удлинения труб, необходимо использовать специальный корпус, при этом сила применения не должна быть слишком сильной, чтобы предотвратить скольжение.

(4) При быстром распиливании трубы, не прилагайте слишком много усилий, снизьте скорость, во избежание повреждения рук, и примите меры для предотвращения падения трубы после распиливания.

(5) Не применяйте слишком большую силу при затягивании винта.

Постарайтесь не использовать втулку на разводном ключе. Если ее необходимо использовать, то усилие должно быть достаточным, чтобы предотвратить ее падение или поломку.

(6) После завершения работы тщательно очистите площадку, очистите и смажьте использованные инструменты и оборудование в соответствии с различными требованиями по техническому обслуживанию, положите рабочие и измерительные инструменты на свои исходные места и аккуратно расположите их, своевременно утилизируйте стружку и грязь в назначенное место.

【Выполнение задачи】

1. Технология изгиба

Изгиб труб диаметром условного прохода не более 25мм исполняется ручным трубогибом.

1) Расчет и определение длины изгиба

Длина изгиба является основой для определения длины отрезка трубы, а также основой для определения начальной точки изгиба трубы. Формула расчета длины изгиба:

$$L = \frac{\pi \alpha R}{180} = 0.01745\alpha R$$

Где L——длина изогнутой части в развернутом виде (мм);

a——угол изгиба (°);

0, 01745——коэффициент длины изгиба;

R——радиус изгиба (мм).

После определения длины изгиба отметьте начальную точку изгиба загнутой части (см. рис. 1-3-1).

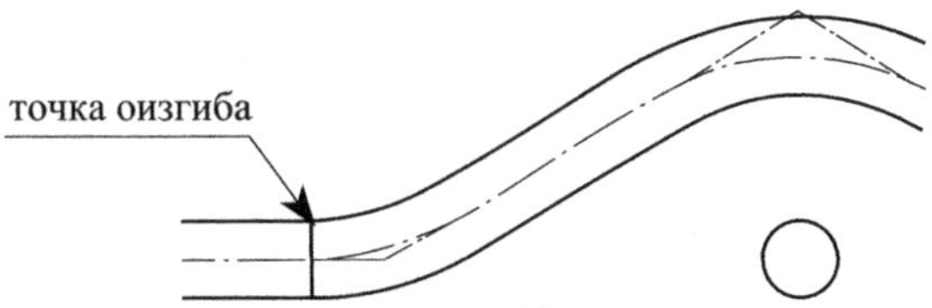

Рис. 1-3-1 Маркировка начальной точки изгиба

2) Расчет длины прямой полуизгиба

Длина прямой полуизгиба представляет собой расстояние между начальной точкой изгиба и окончательной точкой изгиба. (рис. 1-3-2)

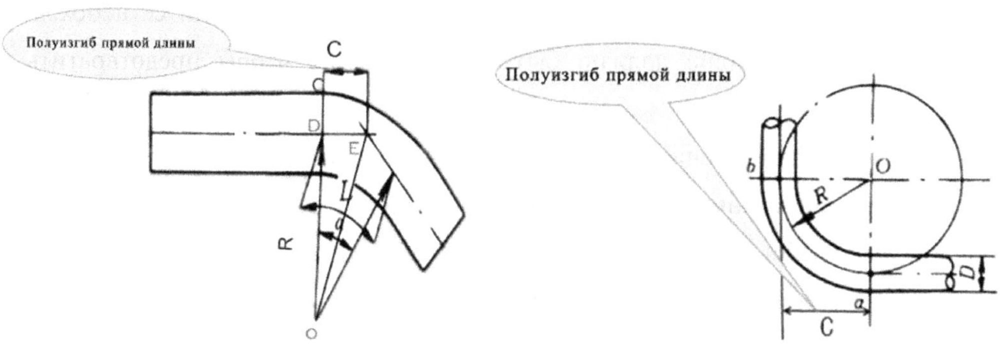

Рис. 1-3-2　Длина прямой полуизгиба

В процессе фактического изгиба, длинна прямой полуизгиба составляет:

$$C = C_{\propto} \times R$$

где: $\propto$——угол изгиба;

R——радиус изгиба;

$C_{\propto}$——коэффициент длины прямой полуизгиба.

Из этого можно найти или рассчитать $C_{\propto}$ на основе табл. 1-3-1, например, формула расчета коэффициента длины прямого участка полуизгиба $\alpha = 30°$:

$$C_{30} = \tan(30°/2) = 0{,}2679$$

Таблица 1-3-1　Коэффициент полуизгиба прямой длины

Угол изгиба α	Коэфф. полуизгиба прямой длины	Коэфф. длины изгиба	Угол изгиба α	Коэфф. полуизгиба прямой длины	Коэфф. длины изгиба	Угол изгиба α	Коэфф. полуизгиба прямой длины	Коэфф. длины изгиба
1	0.008 7	0.017 5	31	0.277 3	0.541 1	61	0.589	1.064 7
2	0.017 5	0.034 9	32	0.286 7	0.558 5	62	0.600 9	1.082 1
3	0.026 1	0.052 4	33	0.296 2	0.576	63	0.612 8	1.099 6
4	0.034 9	0.069 8	34	0.305 7	0.593 4	64	0.624 9	1.117
5	0.043 6	0.087 3	35	0.315 3	0.610 9	65	0.637	1.134 5
6	0.052 4	0.104 7	36	0.324 9	0.628 3	66	0.649 4	1.151 9
7	0.061 1	0.122 2	37	0.334 5	0.645 8	67	0.661 8	1.169 4
8	0.069 9	0.139 6	38	0.344 3	0.663 2	68	0.674 5	1.186 8
9	0.078 7	0.157 1	39	0.354 1	0.680 7	69	0.687 2	1.204 3
10	0.087 5	0.174 5	40	0.364	0.698 1	70	0.700 2	1.221 7
11	0.096 2	0.192	41	0.373 8	0.715 6	71	0.713 2	1.239 2
12	0.105 1	0.209 4	42	0.383 9	0.733	72	0.726 5	1.256 6
13	0.113 9	0.226 9	43	0.393 9	0.750 5	73	0.739 9	1.274 1

Угол изгиба α	Коэфф. полуизгиба прямой длины	Коэфф. длины изгиба	Угол изгиба α	Коэфф. полуизгиба прямой длины	Коэфф. длины изгиба	Угол изгиба α	Коэфф. полуизгиба прямой длины	Коэфф. длины изгиба
14	0.122 8	0.244 3	44	0.404	0.767 9	74	0.753 6	1.291 5
15	0.131 6	0.261 8	**45**	**0.414 1**	**0.785 4**	75	0.767 3	1.309
16	0.140 5	0.279 3	46	0.424 5	0.802 9	76	0.781 3	1.326 5
17	0.149 4	0.296 7	47	0.434 8	0.820 3	77	0.795 4	1.343 9
18	0.158 4	0.314 2	48	0.445 2	0.837 8	78	0.809 8	1.361 4
19	0.167 3	0.331 6	49	0.455 7	0.855 2	79	0.824 3	1.378 8
20	0.176 3	0.349 1	50	0.466 3	0.872 7	80	0.839 1	1.396 3
21	0.185 3	0.366 5	51	0.476 9	0.890 1	81	0.854	1.417 3
22	0.194 4	0.384	52	0.487 7	0.907 6	82	0.869 3	1.431 2
23	0.203 4	0.401 4	53	0.498 5	0.925	83	0.884 7	1.448 6
24	0.212 6	0.418 9	54	0.509 5	0.942 5	84	0.900 4	1.466 1
25	0.221 6	0.436 3	55	0.520 5	0.959 9	85	0.916 3	1.483 5
26	0.230 9	0.453 8	56	0.531 7	0.977 4	86	0.932 5	1.501
27	0.24	0.471 2	57	0.542 9	0.994 8	87	0.948 4	1.518 4
28	0.249 3	0.488 7	58	0.554 3	1.012 3	88	0.965 7	1.535 9
29	0.258 7	0.506 1	59	0.565 7	1.029 7	89	0.982 7	1.553 3
30	**0.267 9**	**0.523 6**	**60**	**0.577 4**	**1.047 2**	**90**	**1**	**1.570 8**

Примечание: утолщённые цифры в таблице представляют собой коэффициент полуизгиба прямой длины обычного угла (°).

3) Пример расчета изгиба

Пример 1. Предположим, что радиус изгиба R=56 мм (рис. 1-3-3) . На рисунке расстояние между трубами 25 мм относится к расстоянию от внешней стенки трубы до внешней стены, а не к расстоянию от центра трубы.

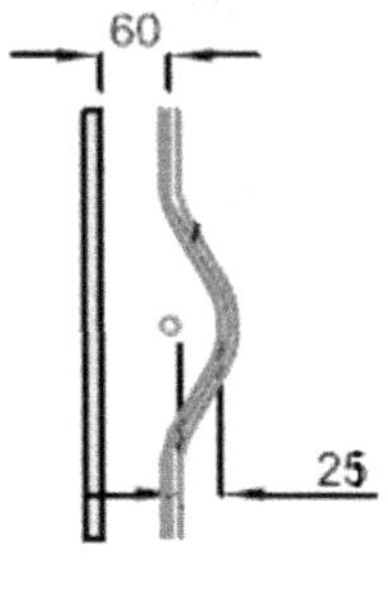

Рис. 1-3-3 Схематическая диаграмма примера изгиба

В известных условиях отсутствует угол изгиба, его можно задать самостоятельно, в соответствии с условиями объекта, заданный угол может быть только 30°, 45°, 60° или 90°.

(1) Расчет длины стороны треугольника (рис. 1-3-4).

A=25+8+8+A1=49мм

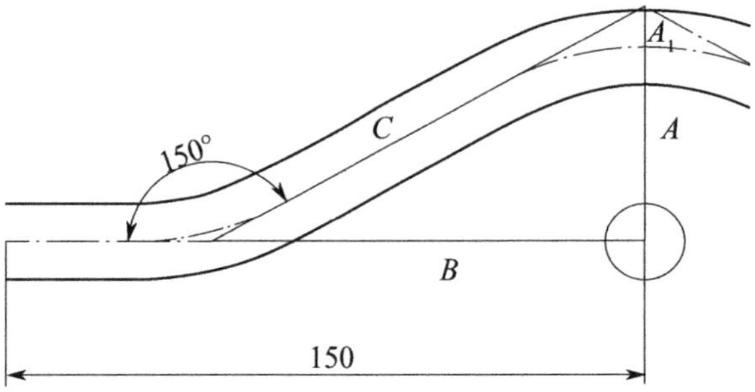

Примечание: A1 считается в 8 мм, в зависимости от радиуса трубы.

Рис. 1-3-4 Схема изгиба треугольника

(2) Расчет начальной точки изгиба 1 (см. рис. 1-3-5).

A=49мм B=85мм C=98мм

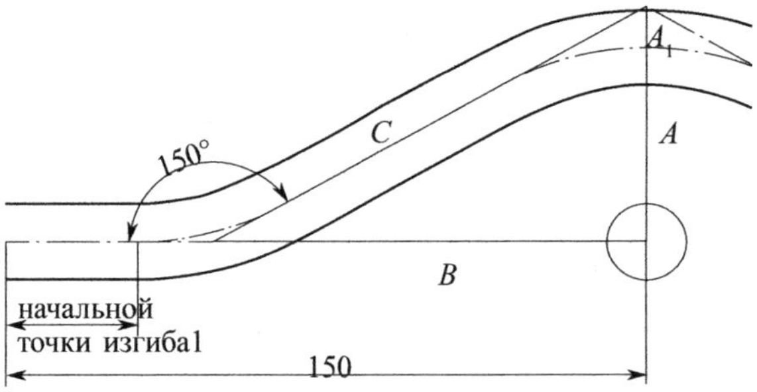

тогда начальная точка 1=150-85-15=50 мм.

Рис. 1-3-5 Схема начальной точки изгиба

(3) Расчет начальной точки изгиба 2 и конечной точки изгиба 1 (см. рис. 1-3-6):

$$C_1 = C - C_{30} \times R - C_{60} \times R \approx 52 \text{ mm}$$

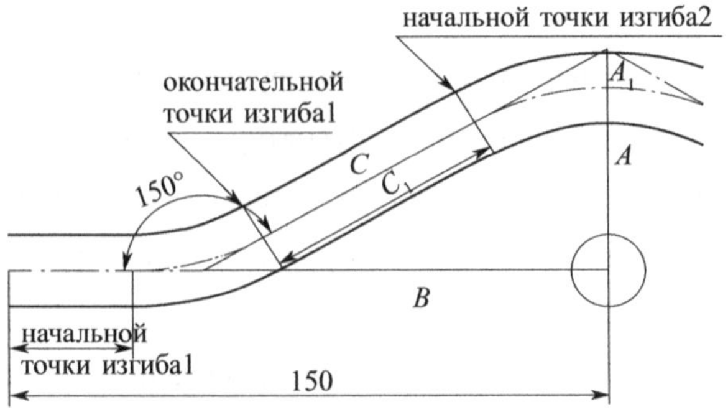

Рис. 1-3-6 Схема начальной и конечной точки изгиба

Прежде чем сгибать трубу, сначала по углу изгиба отметьте конечную точку изгиба на трубе, положение конца изгиба обычно на 3°~5° больше требуемого угла изгиба. Во время работы поместите изогнутую трубу в канавку колена (Примечание: при холодной гибке газопроводной стальной трубы и прямошовной сварной стальной трубы сварочный шов должен располагаться в районе 45° от центральной оси). Один конец трубы закрепите на подвижной перегородке, медленно нажимайте рукоятку, чтобы согнуть трубу в нужное положение под требуемым углом, затем отпустите рукоятку и снимите изгибаемую трубу.

4) Операция изгиба

Обработка алюминиево-пластиковой трубы методом горячего сгибания

Студенты объединяются в группы от 4 до 6 человек, и выбирается руководитель группы, который распределяет работу для каждого человека.

(1) Выберите подходящий ручной трубогиб в соответствии со спецификацией и радиусом изгиба трубы, которую необходимо согнуть.

(2) Закрепите формовочную рукоятку ручного трубогиба в тисках рабочего стола, чтобы зажать и зафиксировать ее, а также измерить и отрегулировать ее горизонтальность с помощью горизонтального инклинометра так, чтобы стрелка горизонтального инклинометра указывала на 0°.

(3) В соответствии с требованиями чертежа, выберите трубу с соответствующими характеристиками, проверьте поверхность труб на наличие вмятины, сплющивания и других дефектов, при неудовлетворительном качестве поверхности не следует выбирать такую трубу, также необходимо очистить

поверхность трубы.

（4）Определите начальную точку дуги трубы и отметьте ее маркером.

（5）Ослабьте крюк, поднимите рукоятку ползуна, капните несколько капель смазочного масла в ползун и канавку формовочного диска для уменьшения трения, затем поместите трубу в канавку формовочного диска и закрепите его крюком.

（6）Переместите рукоятку ползунка в положение линии нулевого угла, отрегулируйте трубу так, чтобы линия маркировки трубы совпадала с линией шкалы 0°, и потяните рукоятку ползунка, для зажима.

（7）Нажмите на рукоятку ползунка, чтобы она повернулась, не прикладывая слишком много усилий в начальной точке, пока она не согнется на необходимый угол.

（8）Процесс изгиба представляет собой пластическую деформацию, сопровождающуюся процессом упругой деформации. После снятия внешней силы радиус изгиба трубы увеличивается, как и угол изгиба. Из-за разной твердости трубы, допуск на внешний диаметр и толщина стенки трубы различаются. Как правило, трубу следует испытать на изгиб, чтобы определить величину отскока.

（9）После окончания сгибания отметьте в конечную точку маркером.

（10）Снимите изогнутую трубу и используйте угловой уровень, чтобы измерить, соответствуют ли угол и ровность трубы проектным требованиям, при наличии разницы следует ее устранить, погрешность угла изгиба следует контролировать в рамках проектных требований.

5）Меры предосторожности

（1）В процессе гибки труба должна быть выравнена так, чтобы она находилась на том же уровне, что и трубогиб, перед каждым изгибом следует измерить уровень горизонтального наклона с помощью горизонтального угломера, при обнаружении несоответствия уровня его необходимо скорректировать.

（2）Во время работы необходимо надеть перчатки.

Изготовление полотенцесушителя

Познавательная информация о фитингах для нержавеющих стальных труб

Знакомство с обжимными клещами

2. Зажимное соединение

Принцип зажимного соединения (см. рис. 1-3-7): в U-образной канавке, выступающей из конца фитинга с двойным зажимом, предварительно устанавливается специальное нержавеющее, пищевое O-образное уплотнительное кольцо. При установке, вставьте трубу из нержавеющей стали в фитинг и зафиксируйте конец фитинга специальным прессовым инструментом, чтобы внутренняя часть U-образного паза была сужена, а тонкостенная труба из нержавеющей стали и раструбная часть фитинга трубы одновременно прижимались друг к другу образуя шестиугольник, это поможет достичь прочности соединения и удовлетворить требования к герметизации, таким образом, осуществить соединение и монтаж трубопровода. O-образное уплотнительное кольцо в компрессионных фитингах сохраняет определенную эластичность после сжатия и может автоматически компенсировать тепловое расширение и сжатие из-за утренних, вечерних и сезонных изменений, что обеспечит безопасность герметизации трубопровода.

Рис. 1-3-7 Зажимное соединение

1）Подготовка инструментов

Зажимные клещи, стальная линейка, алюминиево-пластиковая труба или труба из нержавеющей стали, резак, маркер, фаски, компрессионные фитинги из нержавеющей стали.

2）Операция зажимного соединения

Студенты объединяются в группы от 4 до 6 человек, и выбирается руководитель группы, который распределяет работу для каждого человека.

（1）Разметка и резка: отмерьте необходимую длину, чтобы разметить и отрезать трубу. При резке трубы не прилагайте чрезмерных усилий, чтобы предотвратить усадку трубы.

（2）Удаление заусенцев: после резки трубы из нержавеющей стали следует удалить заусенцы во избежание пореза уплотнительного кольца.

（3）Для того, чтобы полностью вставить алюминиево-пластиковую трубу или трубу из нержавеющей стали в раструб фитинга, необходимо отметить длину вставки на конце трубы.

（4）Правильно установите уплотнительное кольцо в U-образный паз фитинга, вставьте трубу в раструб фитинга и дождитесь зажима.

（5）Поместите выпуклую часть фитинга трубы в вогнутую канавку зажимного ключа и держите челюсти перпендикулярно оси трубы.

（6）После завершения прессования проверьте, нет ли каких-либо отклонений от нормы в готовом продукте. При возникновении чрезмерного смещения, маленьких ушей и т.д., следует повторно изготовить продукцию.

3）Меры предосторожности при эксплуатации

（1）При прессовании нажмите и удерживайте пресс-инструмент до тех пор, пока зажимные ключи не освободятся от давления, если давление не будет правильно установлено, это может привести к протечке воды из соединения, при наличии ослабления в месте прессования, можно повторно зажать исходное место прессования.

Операция с цанговым зажимным соединением

（2）Резьбовые фитинги должны блокировать резьбу перед запрессовкой, чтобы избежать ослабления прижимного соединения.

（3）Если трубопровод искривлен, его следует исправить на месте без фитингов, нельзя исправлять на месте фитингов, так как это может привести к

ослаблению давления и вызвать утечку.

（4）В процессе зажима необходимо надеть перчатки, чтобы не поцарапать руки о заусенцы на портах труб.

4）Проверка зажима

После того, как процесс зажима закончен, проверьте наличие перекоса. После проверки используйте специальный калибр, чтобы проверить размеры зажима, если они не соответствуют проектным размерам, его следует снова зажать или отрезать, а затем снова зажать.

3. Сварка медных труб

1）Пайка

Пайка заключается в использовании в качестве припоя металла с более низкой температурой плавления, чем у основного металла. После нагрева припой плавится, а основной материал нет. Жидкий припой используется для смачивания основного материала, заполнения зазора в швах и дисперсии с основным материалом, чтобы прочно соединить сварные детали. Твердая пайка: температура плавления припоя выше 450° C. Мягкая пайка: температура плавления припоя ниже 450° C.

Наиболее распространенные методы пайки для тонкостенных медных труб: медные трубы большого диаметра - твердая пайка с использованием медно-фосфорного припоя или медно-фосфорного припоя с низким содержанием серебра, а для медных труб малого диаметра - мягкая пайка с использованием бессвинцового оловянного припоя или бессвинцового оловянно-серебряного припоя.

Контактная поверхность основного металла медной трубы должна быть обработана флюсом. Роль флюса заключается в повышении смачиваемости и капиллярной текучести припоя. Типы флюсов для пайки показаны на рис. 1-3-8.

2）Этапы пайки

Студенты объединяются в группы от 4 до 6 человек, и выбирается руководитель группы, который распределяет работу для каждого человека.

Сварочное соединение медной трубы

I. Подготовка к сварке медных труб

Перед сваркой медной трубы необходимо собрать и наладить сварочное оборудование, а также выполнить проверку всасывающей способности сварочной горелки и проверку герметичности оборудования（см. рис. 1-3-9（a））.

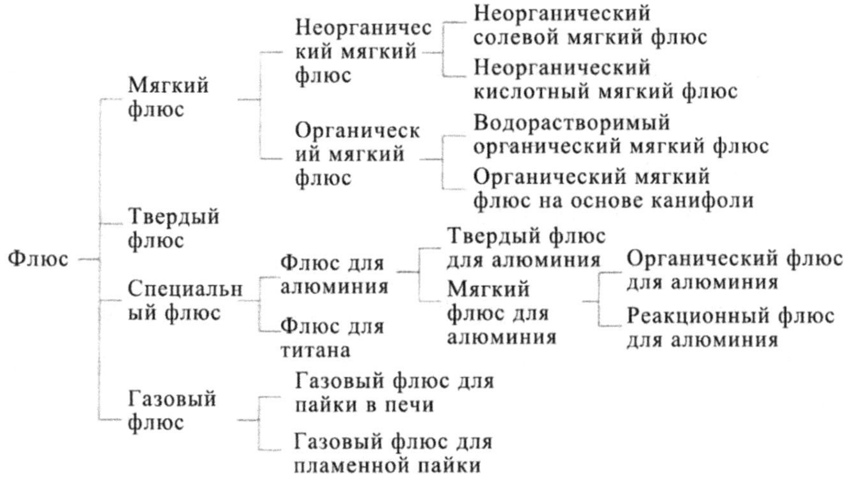

Рис. 1-3-8 Типы флюсов для пайки

II. Разрезка медной трубы

(1) Выберите медные трубы и проверьте, чтобы они были прямыми, если они изогнуты, их следует выпрямить. Выпрямлять трубу следует непосредственно на плоской деревянной опорной доске или операционном столе, нельзя проводить эту операцию на металлическом листе или бетонном полу во избежание повреждения стенки трубы. Во время работы слегка постучите по выпрямляемой части деревянным молотком, выпрямляйте участок за участком или воспользуйтесь выпрямителем для медных труб.

(2) В соответствии с требованиями чертежа измерьте медную трубу соответствующей длины и отметить ее маркером (см. рис. 1-3-9 (b)).

(3) Держите медную трубу одной рукой, а другой рукой используйте ручной резак, чтобы разрезать медную трубу по отмеченной линии. При резке медной трубы необходимо обратить внимание на медленное соприкосновение с зубцами, чтобы предотвратить чрезмерное сжатие порта, сечение должно быть перпендикулярно оси трубы и не деформировано.

(4) После того, как медная труба отрезана, используйте фаску, чтобы удалить заусенцы на торце, и используйте наждачную бумагу, чтобы отполировать внешнюю стенку трубы в пределах 10мм от режущего отверстия, и удалите оксидный слой на поверхности в месте сварки, чтобы получить хорошее качество при сварке, наконец, протрите медную трубу начисто тряпкой (см. рис. 1-3-9 (c).

Существует три положения для сварки медных труб: вертикальная сварка,

горизонтальная сварка и инверсионная сварка.

(1) Вертикальная сварка: во избежание потери припоя следует поместить припой чуть выше зазора, а затем добавить припой с другой стороны, чтобы он поступал в зазор под действием силы тяжести и капиллярного действия;

(2) Горизонтальная сварка: припой должен прилипать к соединению, припой будет поступать в зазор с помощью капиллярного действия.

(3) Инверсионная сварка: поскольку припой полностью зависит от капиллярного действия для заполнения зазора, зазор в соединении не должен быть слишком большим, а нижний конец не должен нагреваться слишком сильно, припой должен прижиматься к стыку, а материал должен подаваться с другой стороны пламени, чтобы полностью заполнить зазор, время выдержки может быть относительно длительным.

III. Нанесение паяльной пасты

С помощью небольшой кисточки равномерно распределите паяльную пасту по разъему (см. рис. 1-3-9 (d)).

IV. Зажим

При зажиме трубных фитингов старайтесь не деформировать раструбный хомут (см. рис. 1-3-9 (e)).

V. Предварительный нагрев

Предварительно нагрейте трубы и фитинги до температуры около 150° C (см. рис. 1-3-9 (f)).

VI. Нагрев

Переместите пламя к задней части точки впрыска припоя, нагрейте трубу, температура должна быть около 250 (см. рис. 1-3-9 (g)).

VII. Подача проволоки

Слегка отодвиньте пламя, чтобы поддерживать температуру трубы на уровне около 250° C, и начните подачу проволоки под углом 45° между другим краем и медной трубой (см. рис. 1-3-9 (h)).

VIII. Наблюдение

Наблюдайте за потоком припоя во время подачи проволоки, пока припой не заполнит зазор отверстия раструбного соединения (см. рис. 1-3-9 (i)).

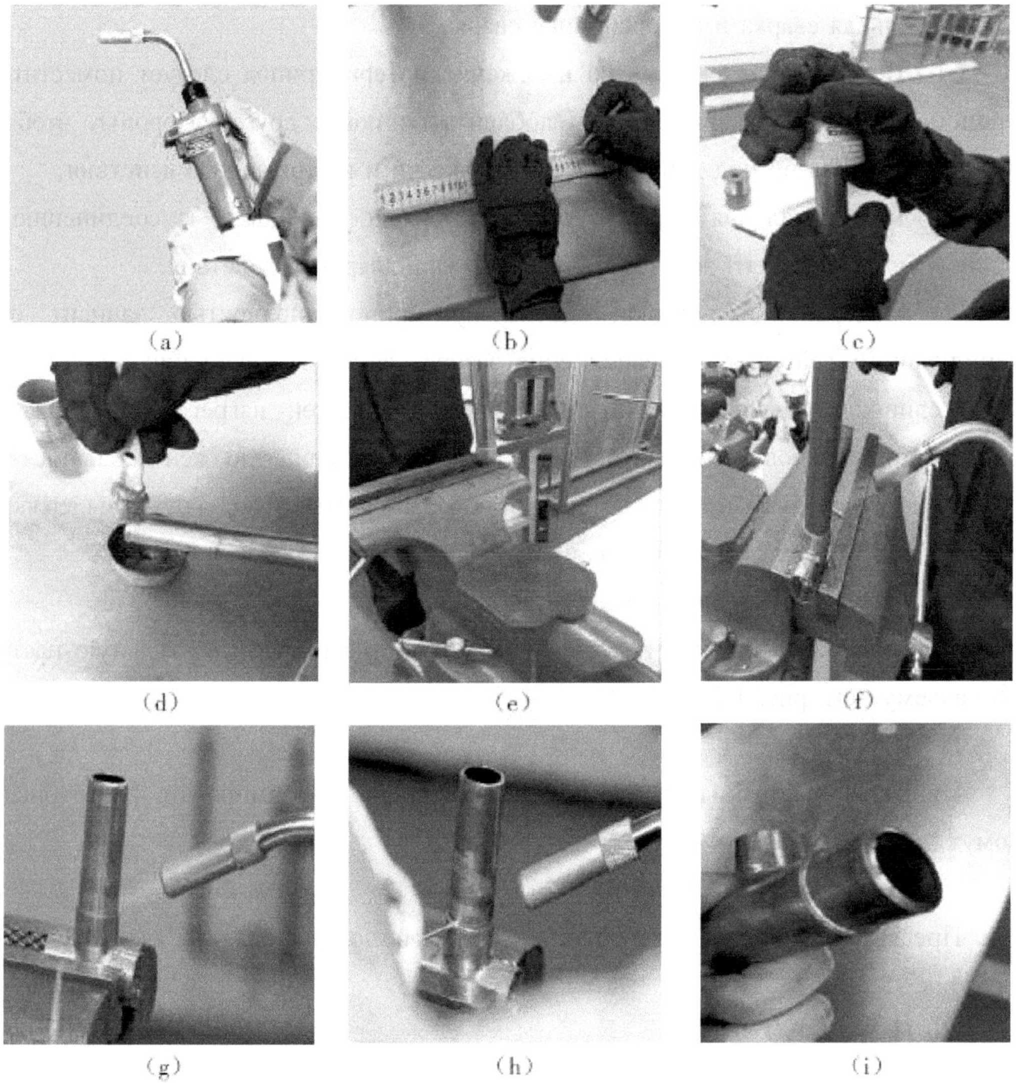

Рис. 1-3-9 Этапы пайки

IX. Очистка

Используйте аэрозольный баллончик, чтобы распылить воду на свариваемую часть, быстро сотрите излишки паяльной пасты хлопчатобумажной тканью и одновременно проверьте, заполнил ли припой зазор. В случае, если зазор не заполнен, повторно нагрейте и подавайте проволоку, пока весь зазор не будет заполнен припоем.

3) Меры предосторожности

(1) Удерживая сварочную горелку, не направляйте головку сварочной горелки на человека.

(2) Отрезанная часть медной трубы должна быть перпендикулярна оси

трубы, а медная труба и фитинги полностью вставлены в нижнюю часть раструба, чтобы предотвратить утечку припоя.

(3) Если припой не полностью затвердел, сварное соединение не должно подвергаться какому-либо колебанию во избежание образования трещин.

(4) Медь обладает высокой способностью к теплопередаче, поэтому во время сварочных работ необходимо носить теплоизоляционные перчатки, чтобы предотвратить ожоги.

4. Резьба на оцинкованной стальной трубе

Ручной резьбонарезной станок широко используется, потому что его удобно носить с собой и он не требует подачи электропитания (см. рис.1-3-10) .

Рис. 1-3-10 Резьбонарезной станок с фиксированной плашкой

Руководство по резьбе на оцинкованной стальной трубе

Обзор и использование станочных тисков

Студенты объединяются в группы от 4 до 6 человек, и выбирается руководитель группы, который распределяет работу для каждого человека.

Конкретные шаги и меры предосторожности приведены ниже (см. рис. 1-3-11):

(1) Закрепите оцинкованную трубу в тисках стола, конец трубы должен выступать из тисков стола примерно на 150мм, а горловина трубы не должна

иметь дефектов, таких как овальная форма, скос, заусенцы и раструб.

(2) Выберите соответствующую сменную головку с зубьями в соответствии с диаметром трубы и вставьте ее в храповой конец шарнира, вставьте шарнир в горловину оцинкованной трубы и вытащите вилку с храповым механизмом, чтобы зубчатая головка вращалась по часовой стрелке (резьба правой рукой).

(3) При резьбе человек должен стоять лицом к трубе и тискам, с правой стороны, расставив ноги, левой рукой прижимая шарнир к трубе. Удерживая рукоятку правой рукой поворачивайте шарнир по часовой стрелке вокруг оси трубы. После того как вылезут 1-2 нити резьбы можно не нажимать на левую руку, можно одновременно поворачивать рукоятку обеими руками.

(4) При резьбе, движения должны быть стабильными, усилие не должно быть слишком сильным, чтобы избежать смещения резьбы и трубы, что может привести к заеданию и отклонению резьбы. Во время процесса резки следует периодически капать масло в режущую часть, чтобы сделать резьбу более гладкой и уменьшить усилия при резке. Когда резьба достигает указанной длины, вытащите вилку с храповым механизмом, чтобы шарнир повернулся против часовой стрелки, а зубчатая головка вышла из трубы.

(5) В случае резьбы на обоих концах оцинкованной трубы длиной около 100мм, поскольку короткая оцинкованная труба зажата в верстачных тисках, длина вытягивания является меньше толщины шарнира, действие резки не может быть выполнено. При этом можно сначала нарезать длинную оцинкованную трубу на одном конце, а затем обрезать до необходимой длины и вкрутить другую оцинкованную трубу с прямой головкой, потом другой конец можно нарезать в верстачных тисках.

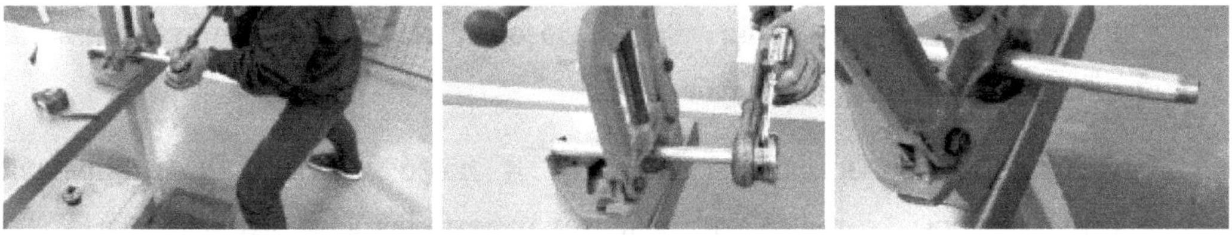

Рис. 1-3-11 Ручноя резьба

【Размышления и упражнения】

(1) Каков угол изгиба при обработке трубы?

(2) Как рассчитать длину изгиба трубы?

Проект II

Солнечная система горячего водоснабжения

【Описание проекта】

Солнечная энергия является зеленым и экологически чистым источником энергии. Солнечная система горячего водоснабжения является экономически рентабельным и высокотехнологичным продуктом промышленного применения солнечной энергии. Эта система может не только обеспечивать горячую воду для производственных и бытовых нужд, но и служить источником тепла для других форм использования энергии. В данном проекте представлены принципы, состав и этапы проектирования солнечной системы горячего водоснабжения; а также помогает студентам в практике монтажа трубопроводов.

【Цели проекта】

(1) Освоить принцип и состав солнечной системы горячего водоснабжения.

(2) Освоить метод проектирования солнечной системы горячего водоснабжения.

(3) Освоить метод монтажа солнечной системы горячего водоснабжения.

Задача I Принцип работы солнечной системы горячего

【Ввод задачи】

Солнечная система горячего водоснабжения - это устройство, в котором используется коллектор поглощения тепла солнечного излучения для нагрева теплоносителя в резервуаре для хранения воды. Плоскопанельная солнечная система горячего водоснабжения в основном состоит из плоских солнечных коллекторов, центра управления, двухконтурных резервуаров для воды, расширительного резервуара, выпускного клапана и других основных компонентов. Солнечный коллектор является основным компонентом низкотемпературного использования солнечного тепла и представляет собой теплообменник, который поглощает энергию солнечного излучения и передает тепло.

【Подготовка к задаче】

1. Принцип и классификация солнечной системы горячего водоснабжения

1) Принцип солнечной системы горячего водоснабжения

Солнечная система горячего водоснабжения - это устройство, в котором используется коллектор поглощения тепла солнечного излучения для нагрева теплоносителя в резервуаре для хранения воды. Солнечный коллектор поглощает излучаемое тепло под воздействием солнечного света и полностью преобразует его в тепловую энергию для повышения температуры теплоносителя. С помощью автоматического управления циркуляционным насосом нагретый теплоноситель передает тепло в большой теплоизоляционный резервуар для хранения воды, который в свою очередь передает тепло воде в резервуаре для хранения воды и сохраняет теплоизоляцию. Эта система может не только обеспечивать горячую воду для производственных и бытовых нужд, но также и служить источником тепла для других форм использования энергии. Солнечная система горячего водоснабжения является экономически рентабельным и высокотехнологичным продуктом промышленного применения солнечной энергии (см. рис. 2-1-1).

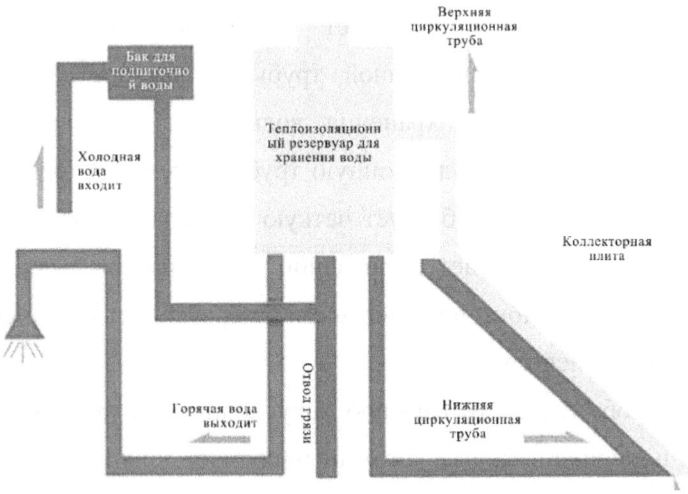

Рис. 2-1-1 Солнечная система горячего водоснабжения

2) Классификация солнечной системы горячего водоснабжения

I. Солнечная система горячего водоснабжения без питания

Система состоит из вакуумного трубчатого коллектора, резервуара для воды, регулируемого кронштейна и теплообменника.

Принцип работы системы: после воздействия солнечного света вода в вакуумной трубе начинает нагреваться, плотность воды в трубе становится меньше после повышения температуры, и она естественным образом циркулирует в резервуар для воды, постепенно нагревая воду в резервуаре для воды, а нагретая вода сохраняется в пенополиуретановой изоляции резервуара для воды. Внутренняя водопроводная вода течет через фиксированный сильфонный проточный канал в резервуаре для воды и обменивается теплом с горячей водой во внешнем водяном резервуаре сильфона. Водопроводная вода под давлением нагревается почти до той же температуры, что и горячая вода в резервуаре для воды, а затем вытекает, таким образом получается стабильная, чистая горячая вода под давлением.

II. Солнечная система горячего водоснабжения с естественной циркуляцией

Это система основана на разнице температур между коллектором и резервуаром для хранения воды, чтобы сформировать термосифонный напор для циркуляции воды в системе, а нагретая горячая вода из коллектора непрерывно течет и хранится в резервуаре для хранения воды.

Во время работы системы температура воды в коллекторе увеличивается, а плотность уменьшается после облучения солнцем, нагретая вода постепенно поднимается в коллекторе и поступает в верхнюю часть накопительного резервуара из верхней циркуляционной трубы коллектора. Холодная вода в нижней части резервуара для хранения воды поступает в нижнюю часть коллектора через нижнюю циркуляционную трубу. Через некоторое время вода в резервуаре для хранения воды образует четкую температурную стратификацию, верхний слой воды достигает пригодной температуры первым, нагрев происходит до тех пор, пока вода во всем резервуаре для хранения воды не станет пригодной для использования.

Есть два способа получить горячую воду, одним из них является наличие резервуара для пополнения воды, который пополняет нижнюю часть резервуара для хранения воды холодной водой и выталкивает верхний слой воды резервуара для использования горячей воды. Уровень воды контролируется с помощью плавающего шарового клапана в резервуаре для пополнения воды, этот метод называется «методом выталкивания воды» Второй способ - без резервуара для пополнения воды. Горячая вода используется путем выталкивания со дна резервуара для хранения воды под действием собственной

силы тяжести. Этот метод называется «методом падения воды».

III. Прямоточная солнечная система горячего водоснабжения

Система позволяет нагревать воду до необходимой температуры, как только проходя через коллектор один раз, нагретая горячая вода последовательно поступает в резервуар для хранения воды. Во время работы системы, чтобы получить горячую воду с температурой, соответствующей требованиям пользователя, обычно используется метод выпуска воды постоянной температуры.

IV. Солнечная система горячего водоснабжения с принудительной циркуляцией

В этой системе водяной насос установлен на трубопроводе между коллектором и резервуаром для хранения воды. В качестве циркулирующей мощности воды в системе полезная энергия коллектора постоянно сохраняется в резервуаре для хранения воды за счет нагрева воды.

2. Плоскопанельная солнечная система горячего водоснабжения

1) Состав плоскопанельной солнечной системы горячего водоснабжения

Плоскопанельная солнечная система горячего водоснабжения в основном состоит из плоского солнечного коллектора, рабочей станции, теплообменного резервуара для воды, расширительного резервуара, выпускного клапана и других компонентов (см. рис. 2-1-2).

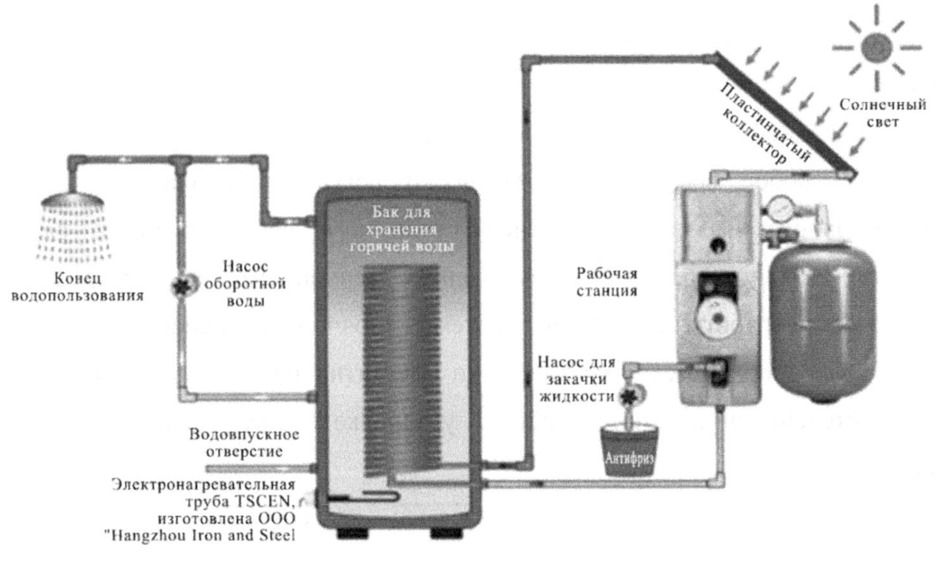

Рис. 2-1-2 Плоскопанельная солнечная система горячего водоснабжения

I. Плоскопанельные солнечные коллекторы

Плоскопанельный солнечный коллектор (см. рис. 2-1-3), является основным компонентом низкотемпературного использования солнечной энергии и доминирующим продуктом на рынке солнечной энергетики. Он представляет собой теплообменник, который поглощает энергию солнечного излучения и передает тепло рабочим средствам. Плоскопанельный солнечный коллектор состоит из сердцевины (теплопоглощающей пластины), корпуса, прозрачной крышки, теплоизоляционного материала и соответствующих деталей (см. рис. 2-1-4).

Рис. 2-1-3 Плоскопанельный солнечный коллектор

Рис. 2-1-4 Состав плоскопанельного солнечного коллектора

II. Рабочая станция солнечной системы

Рабочая станция солнечной системы (см. рис. 2-1-5), в основном используется в солнечной системе горячего водоснабжения с принудительной циркуляцией, является основным компонентом управления. Рабочая станция может контролировать давление, расход и разность температур циркуляционной системы в любое время и автоматически регулировать рабочее состояние циркуляционного насоса на рабочей станции в соответствии с разницей температур между входящим и выходящим теплоносителем для реализации автоматической работы солнечной системы горячего водоснабжения. Рабочая станция солнечной системы компактна и элегантна по внешнему виду, имеет высокую степень интеграции, удобна в установке и обслуживании и проста в эксплуатации.

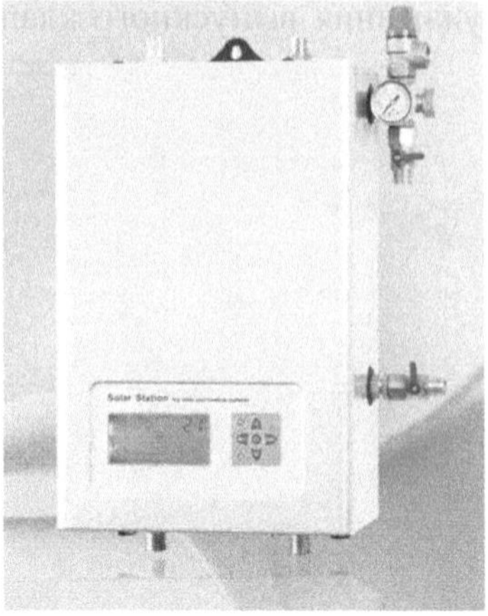

Рис. 2-1-5 Рабочая станция солнечной системы

III. Выпускной клапан

Выпускной клапан в основном используется в трубопроводе с жидкой средой для автоматического выпуска воздуха из трубопровода (см. рис. 2-1-6). Когда в системе есть воздух, он будет собираться вдоль трубопровода к самой высокой точке системы горячего водоснабжения, поэтому выпускной клапан обычно устанавливается в самой высокой точке системы. После того как воздух попадет в полость выпускного клапана, он будет накапливаться в верхней части выпускного клапана. По мере увеличения воздуха в клапане давление увеличивается. Когда давление воздуха больше, чем давление в системе горячего водоснабжения, воздух приведет к падению поверхности воды в полости, поплавок упадет вместе с уровнем воды, а выпускное отверстие будет открыто для выпуска воздуха; после того, как воздух выйдет, уровень воды повысится, и поплавок также поднимется. Выпускное отверстие закрывается, чтобы остановить выпуск воздуха. Аналогично, при создании отрицательного давления в системе горячего водоснабжения уровень воды в полости клапана падает, поплавок падает вместе с уровнем воды, выпускное отверстие открывается, поскольку внешнее атмосферное давление в это время выше, чем давление в системе, атмосфера поступает в систему через выпускное отверстие, чтобы сбалансировать давление и предотвратить отрицательное давление в системе. Как правило, крышка клапана должна находиться в открытом состоянии, если завинтить крышку на корпусе выпускного клапана, функция автоматического выпуска будет потеряна, когда выпускной клапан перестанет выпускать воздух. Выпускной клапан можно использовать вместе с

запорным клапаном, что удобно для обслуживания выпускного клапана.

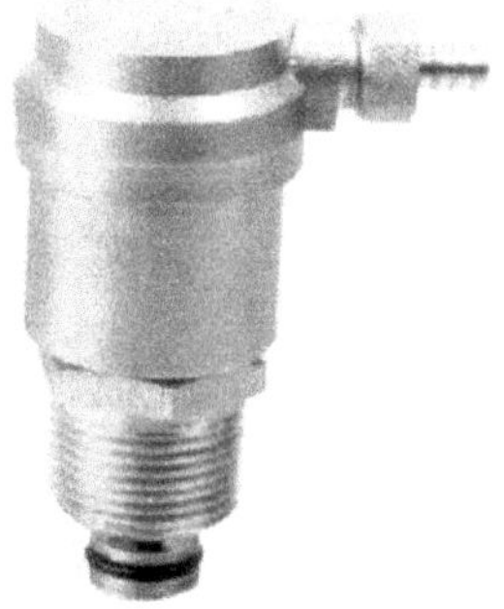

Рис. 2-1-6 Выпускной клапан

IV. Двухконтурный бойлер

Двухконтурный бойлер (см. рис. 2-1-7) является устройством для хранения воды в системе горячего водоснабжения, а также устройством для теплообмена между горячей водой для бытовых нужд и теплоносителем системы сбора солнечного тепла (включая воду или жидкости с другой температурой кипения и замерзания). После того как система сбора солнечного тепла нагревает теплоноситель, он транспортируется к медной катушке в резервуаре для воды и обменивается теплом с водой в бойлере, тем самым нагревая воду в нем. Нагретая вода хранится в бойлере для сохранения тепла. При использовании горячего водоснабжения, горячая вода вытекает из выпускного отверстия для горячей воды бытового потребления бойлера, и в то же время вода в бойлере автоматически пополняется через впускное отверстие для воды бытового потребления, так что бойлер всегда поддерживает фиксированное количество воды.

Двухконтурный бойлер состоит из выхода бытовой горячей воды, выхода теплоносителя газового настенного котла, магниевого анода, датчика температуры, входа теплоносителя газового настенного котла, выхода солнечного теплоносителя, возвратного выхода бытовой горячей воды, входа солнечного теплоносителя, входа холодной воды и дренажного отверстия (см. рис. 2-1-8).

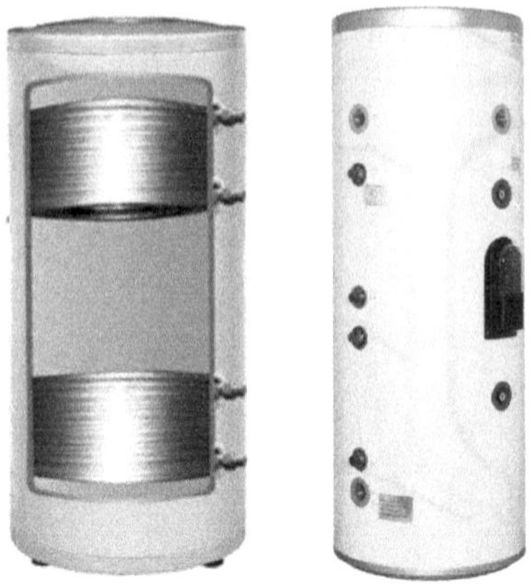

Рис. 2-1-7 Внешний вид водяного бака под давлением с двумя змеевиками

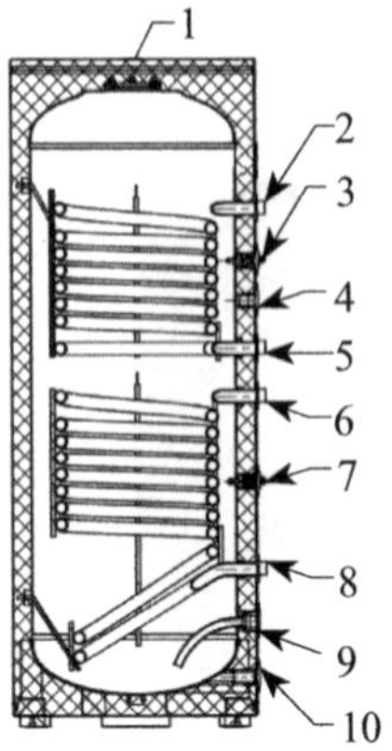

Рис. 2-1-8 Конструкция двухконтурного бойлера

1—выход бытовой горячей воды;
2—выход теплоносителя газового настенного котла;
3—магниевый анод;
4—датчик температуры;
5—вход теплоносителя газового настенного котла;
6—выход солнечного теплоносителя;
7—возвратный выход бытовой горячей воды;
8—вход солнечного теплоносителя;
9—вход холодной воды;
10—дренажное отверстие

V. Расширительный резервуар

Расширительный резервуар (см. рис. 2-1-9) предназначен для поглощения части объема теплоносителя, увеличивающегося из-за изменения температуры, и амортизации колебаний давления в системе. При незначительном изменении давления воды в системе, автоматическое расширение и сжатие подушки в расширительном резервуаре оказывает определенное буферное воздействие на изменение давления воды для обеспечения стабилизации давления воды в системе.

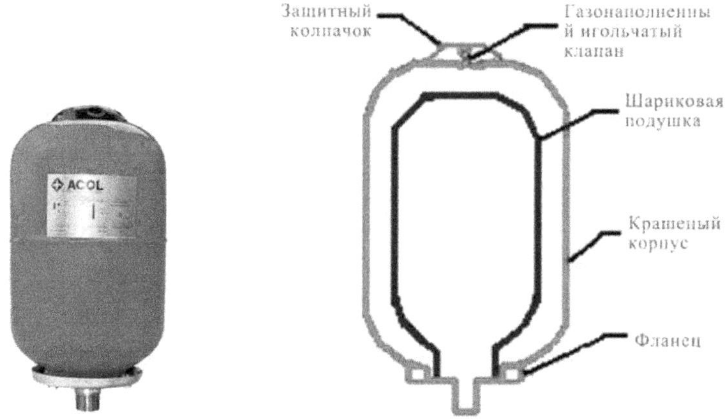

Рис. 2-1-9　Конструкция расширительного резервуара с подушкой

Принцип работы расширительного бака: Когда вода под давлением извне поступает в баллон расширительного бака, азот, запаянный между баллоном и баком, сжимается. После сжатия азота объем становится меньше, а давление увеличивается до тех пор, пока давление азота между подушкой и резервуаром не достигнет того же давления воды в подушке, чтобы прекратить подачу воды. Когда давление снижается при потере воды, давление азота между подушкой и резервуаром становится больше, чем давление воды, и расширение азота вытесняет воду из подушки в систему до тех пор, пока давление азота и давление воды снова не станут одинаковыми, а дренаж воды прекратится.

2) Принцип работы плоскопанельной солнечной системы горячего водоснабжения

Во время работы системы центральный контроллер управляет запуском и отключением циркуляционного насоса, что экономит энергию и уменьшает потерю тепловой энергии. Контроль разницы температур одновременно с фотоэлектрическим контролем находится в системе управления, (см. рис. 2-1-10).

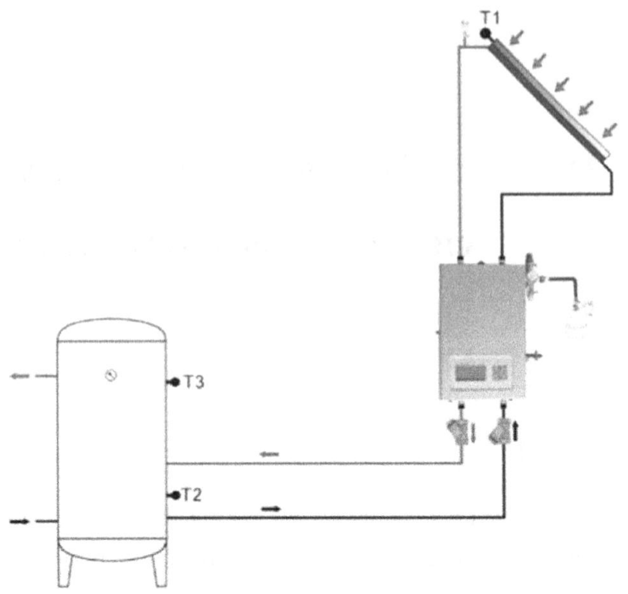

Рис. 2-1-10 Принцип плоскопанельной солнечной системы горячего водоснабжения

Контроль разницы температур заключается в использовании разницы температур между температурой воды на выходе из коллектора и температурой воды на дне накопительного резервуара для управления работой циркуляционного насосаУтром после восхода солнца теплоноситель в коллекторе нагревается солнечным излучением, и температура постепенно повышается, после того, как разница температур между температурой на выходе коллектора и температурой воды на дне резервуара для воды достигает заданного значения, контроллер перепада температур подает сигнал, запуская циркуляционный насос и система начинает работать. Когда солнце закрыто облаками или перед заходом солнца во второй половине дня, солнечное излучение уменьшается, и температура коллектора постепенно снижается. После того как разница температур между температурой воды на выходе коллектора и температурой воды на дне резервуара для воды достигает другого установленного значения, контроллер разности температур подает сигнал на отключение циркуляционного насоса и работа системы прекращается.

【Размышления и упражнения】

(1) Как работает плоскопанельная солнечная система горячего водоснабжения?

(2) Сколько портов имеется в двухуровневом бойлере? Какие трубы подключены к нему?

Задача II Проектирование солнечной системы горячего водоснабжения

【Ввод задачи】

Солнечная система горячего водоснабжения является новым источником энергии, который включает в себя расчет суточного потребления горячей воды, почасового потребление тепла, расхода трубы горячего водоснабжения и проектирование схемы трубопроводов горячего водоснабжения.

【Подготовка к задаче】

1. Стандарты проектирования

«Стандарты проектирования систем водоснабжения и водоотведения зданий» (GB50015-2019).

«Технические стандарты применения солнечной системы горячего водоснабжения в гражданских зданиях» (GB 50 364-2018).

«Технические спецификации для проектирования, монтажа и инженерной контроля солнечной системы горячего водоснабжения» GB/T18713-2002.

Примечание: конкретные стандарты проектирования см. соответствующие правила проектирования в своей стране.

2. Проектные параметры

Этот проект использует соответствующие параметры одного города в качестве примера для объяснения процесса проектирования. Выбор параметров для разных географических районов производится в соответствии с конкретными параметрами данного района и городскими условиями, в противном случае расчет не будет достоверен.

1) Метеорологические параметры

Годовое солнечное излучение: 4657, 516 МДж/м^2 на горизонтальной плоскости, 4913, 953 МДж/м^2 на поверхности с углом наклона 30°.

Среднегодовая суточное излучение: 12736 МДж/м^2 на горизонтальной плоскости, 13447 МДж/м^2 на поверхности с углом наклона 31,4° .

Среднегодовое количество солнечных часов в сутки: 5,5 часа.

Среднегодовая температура: 15,7° С.

2) Расчетные параметры горячей воды

Максимальная суточная норма воды: 100л (чел./сут.) .

Среднесуточная норма потребления воды: 60л (чел./сут.) .

Расчетная температура горячей воды: 60 ℃ .

Расчетная температура холодной воды: 17 ℃ .

3) Регулярные затраты на энергию

Цена на электроэнергию: 0,86кВт/ч ~ 1,8 юаня (пример промышленной цены) .

Цена на газ: 2,63 юаня/м^3 (примерная цена) .

4) Параметры солнечного коллектора

Тип коллектора: вакуумный трубчатый коллектор.

Размер коллектора: 1,81м^2.

3. Инженерное проектирование

1) Описание здания

Географическое расположение жилого района: северная широта x° x', восточная долгота x° x' . Здание состоит из трех комнат и двух гостиных, обращенных на юг, с плоской крышей. Площадь застройки 140 м^2, один санузел, одна кухня и четыре точки горячего водоснабжения.

2) Бытовое горячее водоснабжение

Солнечная система горячего водоснабжения спроектирована как локальная (независимая) система косвенного водоснабжения, обеспечивающая подачу горячей воды 24 часа в сутки. Предусматривается одиночный резервуар, который предназначен для одновременного использования в качестве резервуара для хранения горячей воды и резервуара подачи воды; солнечный коллектор устанавливается на крыше здания через закладные детали, резервуар размещается в санузле, вспомогательным источником питания является электронагреватель.

3) Расчет нагрузки системы горячей воды

(1) Количество водопользователей m: количество водопользователей для данного потребителя составляет 3 человека.

（2）Расчет максимального суточного расхода горячей воды в системе：

$$q_{\rm rd} = q_r m$$

где $q_{\rm rd}$——максимальное расчетное потребление горячей воды в сутки（л/сутки）;

$q_{\rm r}$——максимальная суточная норма горячей воды на человека（л/сутки）;

m——количество водопотребителей.

Тогда $q_{\rm rd} = 300{\rm L/d}$

（3）Расчет среднесуточного расхода горячей воды в системе：

$$Q_{\rm w} = Q_{\rm ar} m$$

где $Q_{\rm w}$——среднесуточный расход горячей воды（л/сутки）;

$Q_{\rm ar}$——среднесуточная норма водопотребления на человека（л/сутки）;

m——количество водопотребителей，（m=3 чел.）;

$Q_{\rm ar}$=60 л/（чел.・сут.）.

Тогда $Q_{\rm w}$=180L/d

Примечание：количество людей в единице m выбирается в соответствии с фактическим размером семьи. Здесь выбрано 3 человека

（4）Расчет расхода тепла и горячей воды в час：

$$Q_h = K_h \frac{m q_r c \rho (t_r - t_L)}{86400}$$

Где Q_h——часовой расход тепла（Вт）;

m——количество водопотребителей，（m=3 чел.）;

q_r——максимальная суточная норма горячей воды на человека，（л100л/сут.）;

c——удельная теплоемкость воды，C=4187Дж/（кг × ℃）;

ρ——плотность горячей воды，（кг/л）;

t_r——температура горячей воды（℃）;

t_L——температура холодной воды（℃）;

K_h——коэффициент почасового изменения для потребителя 4，21，по табл. 2-2-1.

Тогда Q_h = 2631，85 Вт

Табл. 2-2-1 Коэффициент почасового изменения горячей воды Kh

Категория	Квартира	Вилла	Апартаменты гостиничного типа	Общежитие (Категория I и II)	Гостевой дом, учебный центр, гостиница общего назначения	Отель	Больница	Детский сад	Дом престарелых
Норма расхода горячей воды [Литров на человек (койка) /сут.)]	60 ~ 100	70 ~ 110	80 ~ 100	40 ~ 80	25 ~ 50 40 ~ 60 50 ~ 80 60 ~ 100	120 ~ 160	60 ~ 100 70 ~ 130 110 ~ 200 100 ~ 160	20 ~ 40	50 ~ 70
Количество пользователей (коек)	≤ 100~ ≥ 6000	≤ 100~ ≥ 6000	≤ 150~ ≥1200	≤ 150~ ≥1200	≤ 150~ ≥ 1200	≤ 150~ ≥ 1200	≤ 50~ ≥ 1000	≤ 50~ ≥ 1000	≤ 50~ ≥ 1000
K_h	4, 8-2, 75	4.21~2, 47	4, 00-2, 58	4, 80-3, 20	3, 84-3, 00	3, 33-2, 60	3, 63-2, 56	4, 80-3, 20	3, 20-2, 74

Примечание: 1. Kh следует принимать в соответствии с нормой расхода горячей воды, количеством пользователей (коек), при больших квотах горячей воды и количестве пользователей (коек) стоит брать низкое значение, а при большом количестве пользователей (коек) — высокое, при этом число пользователей (коек) меньше или равно нижнему пределу и больше или равно высшему пределу, Kh принимает нижнее предельное значение и верхнее предельное значение, а промежуточное значение может быть получено путем интерполяции;

2. Значения Kh для других видов зданий, не указанных в таблице, принимаются из коэффициента почасовой подачи воды.

(5) Расчет расхода горячей воды в секунду по трубопроводу горячего водоснабжения q (L/S): Расчет расхода горячей воды в секунду рассчитывается по следующим этапам.

① Рассчитать среднюю вероятность утечки воды из санитарно-технических приборов при максимальном использовании воды:

$$U_0 = \frac{q_r m k_h}{0.2 \times NgT \times 3600} \% U_0 = \frac{q_r m k_h}{0.2 \times NgT \times 3600} \%$$

Где U_0——средняя вероятность оттока воды из санитарных приборов при максимальном водопользовании горячего водоснабжения в трубопроводах;

m——количество водопотребителей, (m=3 чел.);

q_r——максимальная суточная норма горячей воды на человека, (л100л/сут.);

k_h——коэффициент почасового изменения;

Ng——объем воды для санитарных приборов используемых в каждой

семье (ванны со смесителем 2 шт., душ со смесительным клапаном 1 шт., раковина со смесителем 1 шт., умывальник со смесителем 3 шт.).

Тогда

Ng=1,2 × 2+0,75 × 1+0,75 × 1+0,75 × 3=6,15.

T——часы пользования водой, 24 часа:

0,2——номинальный расход воды для одного санитарно-технического прибора, л/с.

Тогда U_0 = 1,188%

② Расчитать вероятность одновременного оттока воды из санитарно-технических приборов на расчетном участке трубы:

$$U = \frac{1 + a_c(N_g - 1)^{0.49}}{\sqrt{N_g}} (\%)$$

где U——вероятность одновременного оттока воды из санитарно-технических приборов на расчетном участке трубы;

a_c——коэффициент, соответствующий разным UO, см. соответствующие технические условия по проектированию водоснабжения и водоотвода зданий, возьмем 0.010 82;

N_g——общее количество воды для санитарно-технических приборов на расчетном участке трубы = 6, 15.

Тогда U=41, 3%

③ Расчитать расход в секунду на расчетном участке трубы;

$$q_g = 0.2UN_g \text{ (л/с)}$$

Где q_g——расход на расчетном участке трубы в секунду, (л/с);

U——вероятность одновременного оттока воды из санитарно-технических приборов на расчетном участке трубы, (%);

N_g——общий объем воды для санитарно-технических приборов на расчетном участке трубы = 6, 15.

Тогда q_g = 0,51 л/с

4. Проектирование циркуляции

Автоматическая циркуляция воды в системе накопления солнечного тепла обеспечивает нормальную подачу горячей воды. Солнечное излучение нагревает

воду в коллекторе, и когда температура датчика в верхней части коллектора достигает заданной температуры, а температура датчика в бойлере достигает заданной температуры, открывается электромагнитный клапан для пополнения воды, и горячая вода в коллекторе выталкивается в резервуар для хранения горячей воды под давлением водопроводной воды. Когда температура датчика в верхней части коллектора меньше заданной температуры, электромагнитный клапан закрывается. Благодаря такому повторяющемуся процессу солнечная энергия преобразуется в тепловую энергию. Когда вода полностью заполнит бойлер, температура датчика в верхней части коллектора превысит заданную температуру, будет включен внутренний циркуляционный водяной насос, а электромагнитный клапан не будет открываться для циркуляции и нагрева воды в бойлере. Когда уровень воды в бойлере ниже нижнего предельного уровня воды, нужно открыть электромагнитный клапан, чтобы быстро пополнить бойлер до заданного уровня воды. Когда температура в бойлере ниже заданной температуры, электрический нагрев включается и выключается при достижении заданной температуры. Когда температура датчика в нижней части коллектора ниже 5 ℃, водяной насос запускается выполняя циркуляцию для защиты от замерзания, чтобы обеспечить безопасность трубопровода.

Система водоснабжения с постоянной температурой: круглосуточного горячего водоснабжения предусматривается система водоснабжения с постоянной температурой. Бойлер использует дополнительный электрический нагрев, чтобы поддерживать постоянную температуру воды, и проводит циркуляцию постоянной температуры трубопровода, чтобы обеспечить пользователю горячую воду, когда он включен 24 часа в сутки.

Автоматическое пополнение воды: когда пользователь использует воду, уровень воды в бойлере падает, датчик уровня воды определяет, что уровень воды падает, и запускает насос для пополнения и электромагнитный клапан для пополнения воды в резервуаре.

Циркуляция трубопровода с постоянной температурой: когда температура воды в трубопроводе подачи воды меньше заданной температуры, электромагнитный клапан трубопровода открывается, и низкотемпературная вода по трубопроводу горячего водоснабжения подается в бойлер.

Схема циркуляции солнечной системы горячего водоснабжения показана на рис. 2-2-1.

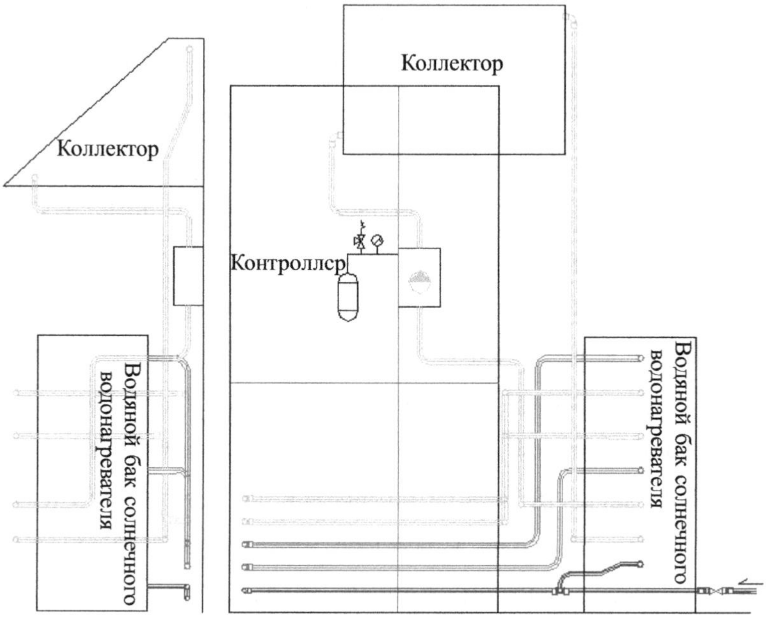

Рис. 2-2-1 Схема циркуляции солнечной системы горячего водоснабжения

1）Принципы проектирования

（1）Проектирование в соответствии с фактическим местоположением и состоянием входа и выхода резервуара по накоплению солнечной энергии;

（2）Определите план подключения трубопровода, который должен соответствовать стандартам монтажа, требовать наименьших затрат, объема работы и занимать наименьший объем площади.

2）Определение используемых материалов

Трубы солнечной системы могут быть выбраны из нержавеющей стали, медных труб, алюминиево-пластиковых труб и соответствующих фитингов. В принципе, в данной системе применяется труба из нержавеющей стали（16мм/22мм）или медная труба（16мм/22мм）и алюминиево-пластиковая труба（16мм/20мм）, а также соответствующие фитинги арматуры и хомуты.

Монтаж трубного хомута

【Размышления и упражнения】

(1) Кратко опишите принцип работы плоскопанельная солнечная система горячего водоснабжения.

(2) Каким требованиям должна соответствовать циркуляционная конструкция солнечная система горячего водоснабжения ?

Задача III Монтаж солнечной системы горячего водоснабжения

【Ввод задачи】

Завершите монтаж плоскопанельной солнечной системы горячего водоснабжения в соответствии с трехмерной схемой модели, чертежами и требованиями к монтажным трубам плоскопанельной солнечной системы горячего водоснабжения.

【Подготовка к задаче】

Студенты объединяются в группы от 4 до 6 человек, и выбирается руководитель группы, который распределяет работу для каждого человека. Подготовьте список материалов и список инструментов для изготовления системы трубопроводов солнечной системы горячего водоснабжения с алюминиево-пластиковыми трубами и фитингов с наконечниками.

Соединение и монтаж трубопроводов системы солнечных модулей

1. Подготовка материалов для сварки медных труб

Подготовьте необходимые трубы и фитинги в соответствии с проектными чертежами табл. 2-3-1.

Табл. 2-3-1 Список материалов для монтажа солнечной системы горячего водоснабжения

№ п/п	Наименование	Тип и характеристика	Кол-во	Ед. изм.	Примечание
1	Прямое соединение из медной внутренней резьбы переменного диаметра	S1/2-3/4 F	4	шт.	
2	Фитинг медный	HJS22-3/4M	8	шт.	
3	Фитинг из нержавеющей стали	HJS3/4 F	2	шт.	
4	Фитинг для алюминиево-пластиковой трубы	HJS20-3/4 F	6	шт.	
5	Тройник из оцинкованной стальной трубы	T20	1	шт.	
6	Выпускной клапан	1/2	1	шт.	
7	Предохранительный клапан	1/2	1	шт.	
8	Резьбовой фитинг из нержавеющей стали	3/4	6	шт.	
9	Медный шаровой клапан	3/4	5	шт.	
10	Колено из нержавеющей стали	L22	6	шт.	
11	Штуцер из нержавеющей стали	HJS20-3/4 F	4	шт.	

2. Подготовка монтажных инструментов

Подготовьте инструменты в перечне инструментов для монтажа солнечной системы горячего водоснабжения.

Использование ножниц и отрезного резца

Табл. 2-3-2 Перечень инструментов для монтажа солнечной системы горячего водоснабжения

№ п/п	Наименование	Тип и характеристика	Кол-во	Ед. изм.	Примечание
1	Сварочный пистолет	Стандартная конфигурация	1	шт.	
2	Паяльное олово	SnCu0.7	1	рул.	
3	Флюс	Стандартная конфигурация	1	кор.	
4	Лейка	Стандартная конфигурация	1	бут.	
5	Фаскорез	5-36мм	1	шт.	
6	Тряпка	Хлопок	1	шт.	
7	Резак для медных труб	4-32мм	1	шт.	
8	Клещи зажимные для алюминиево-пластиковых труб	A1620	1	шт.	
9	Обжимные клещи для нержавеющей стали	DN15/DN20	1	шт.	
10	Рихтовальный станок для алюминиево-пластиковых труб	Универсальный	1	шт.	
11	Расширитель труб	16/20	1	шт.	
12	Ножницы для полипропиленовых труб PPR	5-32мм	1	шт.	
13	Разводной ключ	10 дюймов	1	шт.	
14	Канцелярский нож	18мм	1	шт.	
15	Кисть маленькая	Универсальная	1	шт.	
16	Ножовка	300мм	1	шт.	

【Выполнение задачи】

1. Монтаж солнечной системы горячего водоснабжения

1) Общий сборочный чертеж солнечной системы горячего водоснабжения (см. рис. 2-3-1).

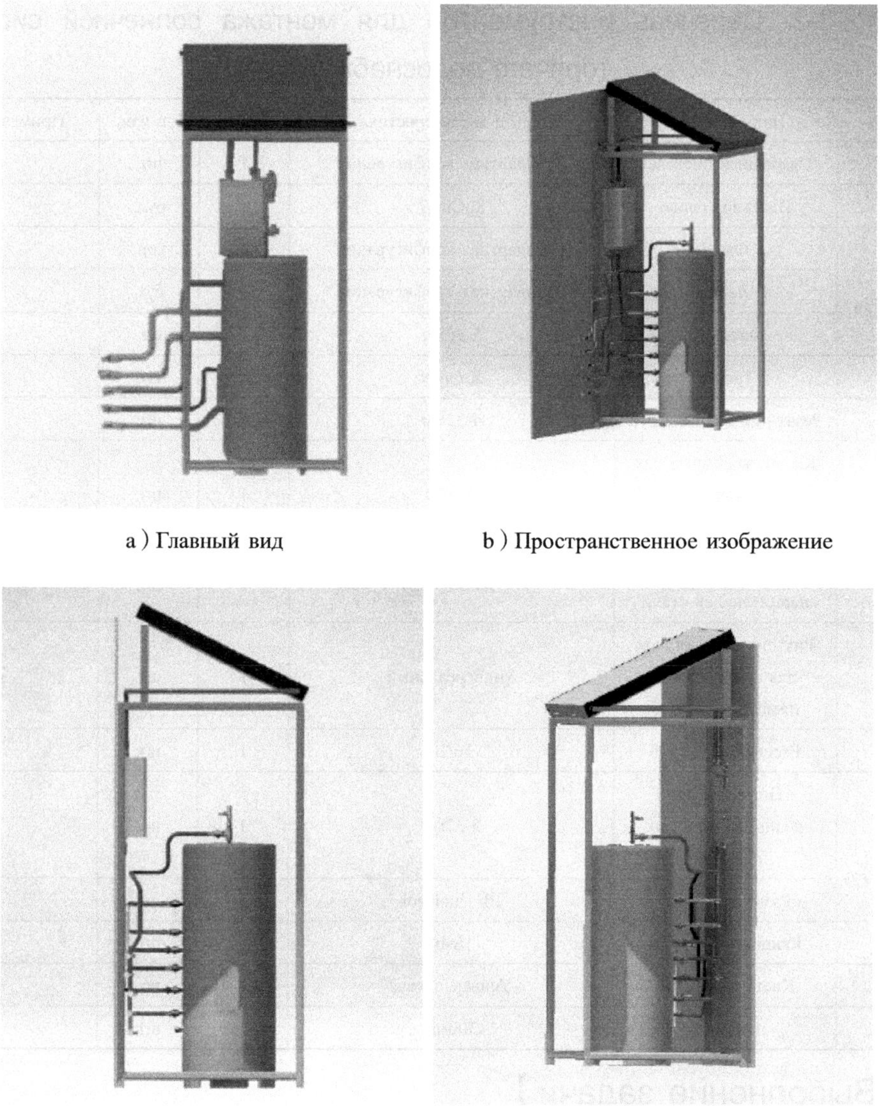

a) Главный вид b) Пространственное изображение

c) Вид слева d) Вид справа

Рис. 2-3-1 Общий сборочный чертеж солнечной системы горячего водоснабжения

【Освоение навыков】

1. Требования к монтажу

(1) Проектирование должно соответствовать требованиям кратчайшего трубопровода, иметь наиболее экономичные фитинги, минимальный изгиб, разумный уклон трубопроводов друг от друга, трубопроводы должны быть на равном расстоянии, наличие комплектности функциональных элементов, разумного уклона, принципа работы и т.д.

(2) В соответствии с правилами выполните чертеж вручную так, чтобы линии были четкими, маркировка была стандартизирована, размеры были полными, графические символы были правильными.

(3) Выбор труб и фитингов должен соответствовать требованиям по эксплуатации.

(4) Соединение трубопровода должно соответствует требованиям правил, обеспечивая прочность и хорошую герметизацию.

(5) Монтаж трубопровода должен осуществляться в строгом соответствии с проектными чертежами, включая размер, горизонтальный и вертикальный угол, а также способы соединения трубопровода.

(6) Убедитесь, что поверхности оборудования и труб чистые и на них нет грязи, царапин и т. д Спроектируйте и установите солнечную систему горячего водоснабжения в соответствии с содержанием проекта. Трубопроводы солнечной системы горячего водоснабжения достаточно сложны, в процессе монтажа необходимо обращать внимание на различие труб каждого трубопровода и последовательность монтажа каждого трубопровода, только правильная последовательность монтажа поможет выполнить работу с меньшими усилиями в процессе монтажа.

【Оценка задачи】

Критерии оценивания монтажа солнечной системы горячего водоснабжения приведены в табл. 2-3-3.

Табл. 2-3-3 Критерии оценивания монтажа солнечной системы горячего водоснабжения

№ п/п	Содержание оценки	Критерии оценивания	Баллы	Набранные баллы
1	Размер	Используйте угольник и стальную линейку, чтобы проверить внешнюю стенку трубы и базовую линию отметьте удобное для измерения место в середине трубы, а затем равномерно измерьте, погрешность размеров $\leqslant \pm 2$мм считается допустимой	4x0,5=2	
2	Горизонтальный и вертикальный градус	Измерьте цифровым уровнем 60мм, погрешность размеров $\leqslant 0, 5°$ считается допустимой	4x0,5=2	
3	Качество изгиба	Любые складки или овальность более 10%, считаются непригодными	2x0,5 = 1	

№ п/п	Содержание оценки	Критерии оценивания	Баллы	Набранные баллы
4	Угол изгиба	Измерьте цифровым угловым уровнем, погрешность угла $\leqslant 1°$ считается допустимой	2x0,5 = 1	
5	Соединение клапана	Проверьте все резьбовые соединения, если какие-либо проблемы, такие как повреждение торца клапана, обнажение резьбовой ленты, на резьбовом соединении не открыты 1-2 витка, считается непригодным	2x0,5 = 1	
6	Соединение трубопроводов	В месте прессования нержавеющей стали линия глубины раструба видна и находится в пределах 2 мм от торца фитинга, а положение прессования правильное	2x0,5 = 1	
7	Испытание давлением	Испытание давлением 0.2МПа в течение 2 мин., при снижении значения манометра считается непригодным	2	

【Размышления и упражнения】

Можете ли Вы самостоятельно спроектировать разработать солнечную систему горячего водоснабжения на основе изученного материала？

Контроль герметичности трубопровода

Проект III

Настенный газовый котел

【Описание проекта】

Как экологичный и эффективный источник энергии природный газ широко используется в промышленных и гражданских сферах. Низкоуглеродная экономика, энергосбережение и сокращение выбросов создали хорошие возможности для развития использования природного газа в городах. Широкое использование природного газа не только снижает потребление энергии, но и улучшает состояние атмосферы и качество жизни людей. Поэтому, все больше внимания уделяется новым типам систем отопления помещений, в которых в качестве источника тепла используются настенные газовые котлы.

【Цели проекта】

(1) Ознакомиться с системой настенного газового котла.

(2) Освоить принцип работы настенного газового котла.

(3) Освоить метод проектирования трубопровода настенного газового котла.

(4) Овладеть технологией монтажа трубопроводов настенного газового котла.

Задача I　　Принцип работы настенного газового котла

【Ввод задачи】

Бытовые настенный газовые котлы впервые появились в Европе и используются уже более полувека. Основное различие между ним и бойлером в основном заключается в добавлении водяного насоса, теплообменника и других компонентов, имеющих многофункциональное назначение для отопления, купания и горячего водоснабжения. Появление настенного газового котла расширило область применения бытовых водонагревателей.

【Подготовка к задаче】

1. Понятие настенного газового котла

Настенная отопительная печь на природном газе (в дальнейшем именуемая

настенный газовый котел) - представляет собой разновидность бытового оборудования, использующего природный газ в качестве энергии для обеспечения теплого и комфортного отопления дома и водоснабжения (см. рис. 3-1-1) .

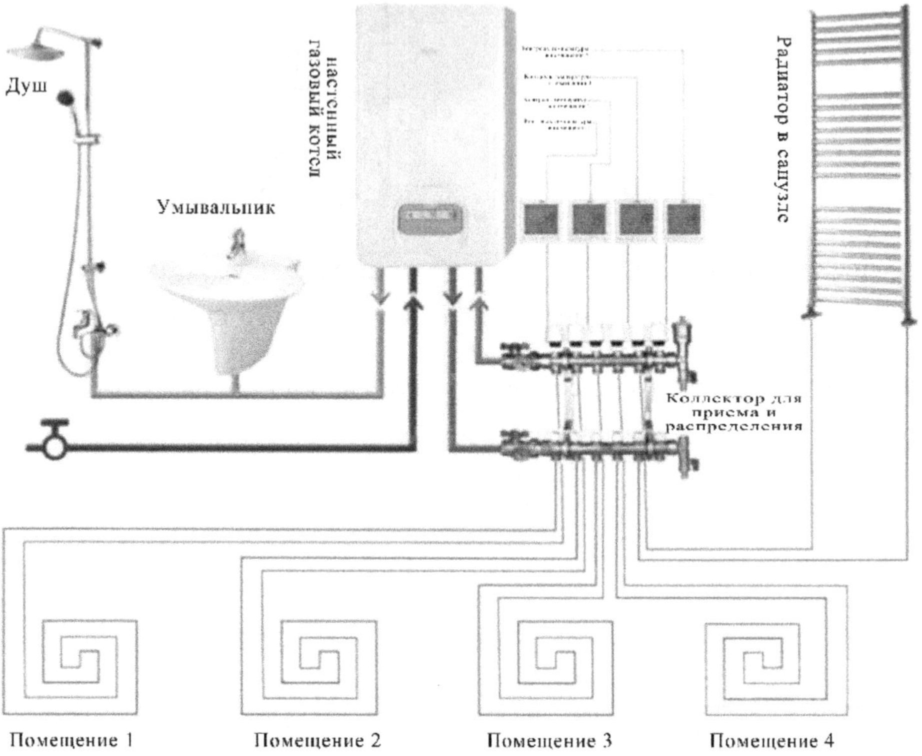

Рис. 3-1-1 Схема системы настенного газового котла

Настенные газовые котлы используют воду в качестве теплоносителя, а сжигание природного газа производит тепло, которое используется для отопления дома и горячего водоснабжения. Часто их называют бытовым котлом, отопительной печью на природном газе, водонагревателем на природном газе, настенным котлом на природном газе и т. д. Терминал возврата тепла может использовать радиатор, змеевик подогрева пола и змеевик вентилятора; для горячего водоснабжения можно применять резервный водонагреватель или непосредственно быстродействующий водонагреватель.

2. Конструкция настенного газового котла

На рис. 3-1-2 показано натуральное изображение настенного газового котла.

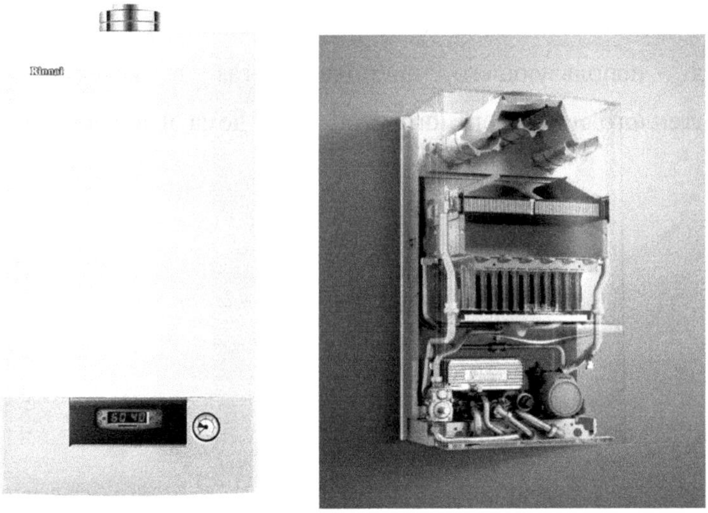

Рис.3-1-2 Пример настенного газового котла

Настенный газовый котел состоит из пяти систем (см. рис. 3-1-3) .

Рис. 3-1-3 Система настенного газового котела

1) Водопровод и система теплообмена

Вода поступает в водонагреватель через клапан холодной воды, через фильтр, стабилизатор давления (потока), датчик блокировку воды и газа или датчик расхода воды, клапан регулирования расхода воды, которые входят в систему теплообмена. Теплообмен осуществляется через поверхность стенки камеры сгорания и конвекционный теплообменник, и наконец горячая вода доступна пользователям через выход горячего водоснабжения. Для конденсационных настенных котлов дополнительно предусматривается теплообменник-утилизаторизбыточного тепла. Водопровод и система теплообмена настенного котла обычно делятся на систему нагрева оборотной воды и систему горячего водоснабжения.

2) Система подачи и сжигания природного газа

Предварительно смешанный газ (природный газ + воздух) поступает в настенную печь через воздухозаборник, он проходит в горелку через фильтр, электромагнитный клапан, регулятор давления (стабилизатор), клапан регулирования объема газа, блокировочное устройство воды и газа, коллекторную трубу и форсунку, после чего сгорает в камере сгорания и выделяет тепло.

3) Система подачи воздуха и дымоудаления

Существует две формы системы подачи воздуха и дымоудаления: естественная подача воздуха и принудительная подача воздуха. Естественная подача воздуха зависит от теплового давления, образованного разницей плотностей между высокотемпературным дымовым газом камеры сгорания и наружным воздухом в качестве мощности подачи воздуха. Принудительная подача воздуха (дымоудаление) зависит от вентилятора или вытяжного устройства для подачи воздуха и системы удаления дыма. В современных настенных газовых котлах используется большое количество сбалансированных методов принудительного дымоудаления. Под действием вентилятора дымовые газы выбрасываются наружу через дымоход, а наружный воздух засасывается в камеру сгорания для сжигания.

4) Система зажигания и контроля безопасности

В настенном газовом котле предусмотрена электрическая импульсная (пьезокерамическая) система зажигания. Контроль безопасности включает в себя защиту от воспламенения (термопара, детектор ионов пламени), блокировку воды и газа, защиту от перегрева, защиту от перенапряжения, реле давления воздуха, антифриз, защита от утечки и т.д.

5) Система автоматического регулирования

Система автоматического регулирования состоит из трех частей: датчика (датчик температуры воды, датчик потока воды, определение скорости вращения вентилятора), расчетной схемы управления и исполнительного механизма (пропорциональный клапан, электрический клапан, комбинация электромагнитных клапанов и т. д.) для обеспечения постоянной температуры подачи воды.

3. Принцип работы настенного газового котла

Принцип работы настенного газового котла показан на рис. 3-1-4.

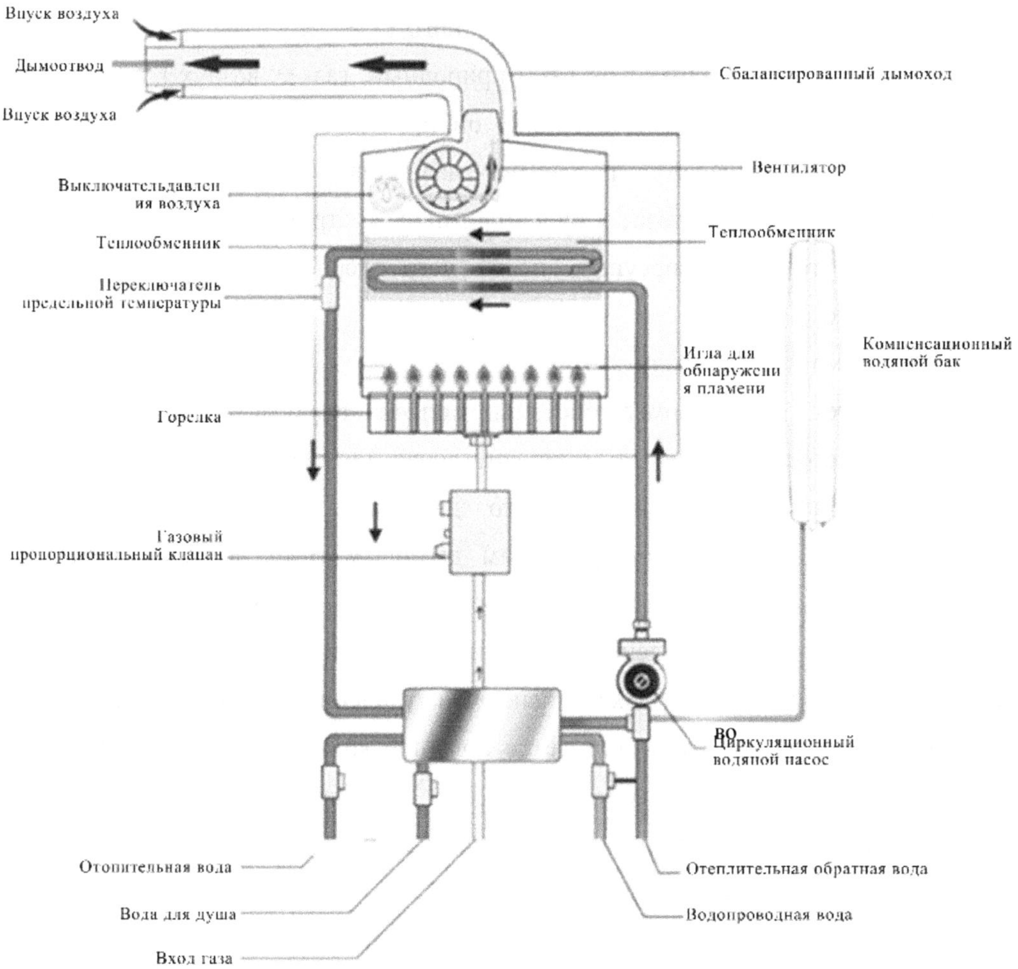

Рис. 3-1-4　Принцип работы настенного газового котла

Когда выключатель зажигания настенного котла входит в рабочее состояние, сначала запускается вентилятор для формирования отрицательного перепада давления в камере сгорания, а затем реле давления воздуха замыкается для запуска водяного насоса; после запуска водяного насоса реле расхода воды закрывается потоком воды в трубопроводе, включается высоковольтный разрядник для создания дуги, и пропорциональный клапан ожидает подачи природного газа. В то же время пропорциональный клапан природного газа активируется для подачи газа в камеру сгорания, а природный газ, выбрасываемый из сопла горелки, воспламеняется после столкновения с дугой высоковольтного разрядника и начинает нормальное сгорание.

Когда выключатель для зажигания настенного котла входит в рабочее состояние, вентилятор сначала запускается для образования отрицательного

перепада давления в камере сгорания, потом включить выключатель давления ветра и запустить водяной насос; после запуска водяного насоса за счет течения воды в трубопроводе включить выключатель потока воды и включить разрядник высокого давления для зажигания и образования электрической дуги, подождать подачу газа пропорциональным клапаном. При этом пропорциональный клапан природного газа запускается для подачи газа в камеру сгорания. Газ, поступающий из сопла горелки, зажигается после возникновения электрической дуги разрядника высокого давления, и начинается нормальное сгорание. Пропорциональный клапан природного газа, выключатель давления ветра и индуктивный выключатель дымового газа управляются блокировкой. Для работы пропорционального клапана необходимо наличие определенногогаза отрицательного давления в камере сгорания. Когда индуктивный выключатель дымового газа в течение 5 сек. непрерывно не обнаруживает выпуск выхлопного газа, то отключить пропорциональный клапан природного газа и остановить подачу газа, чтобы обеспечить безопасное использование природного газа.

4. Преимущества настенного газового котла

(1) Тепловыделение и температура нагрева настенного газового котла стабильны, а температуру нагрева можно легко регулировать по необходимости, что позволяет избежать проблем, связанных с трудным регулированием и потерей энергии в центральном теплоснабжении. Интеграция отопления и горячего водоснабжения превращает настенный котел, работающий на природном газе, в небольшой энергетический центр дома. Настенный котел на природном газе имеет легкое регулирование, полную независимость использования, дает возможность самостоятельно регулировать температуру отопления, время отопления, а также температуру каждого помещения. Он полностью независим от теплопотерь в котельной и наружной сети отопления. Кроме того, он занимает небольшую площадь, удобен в управлении, гигиеничен и не выпускает дым, что улучшает качество жизни жителей.

(2) Настенный котел может быть соединен с радиатором и теплым полом для обогрева помещения. Теплый пол представляет собой форму лучистого отопления с низкотемпературной подачей воды, которая экономит тепло, и соответствует температуре горячей воды настенного котла. Котел поддерживает равномерную температуру и при этом занимает мало места. Управление и

контроль удобны для осуществления контроля и измерения температуры в домашних условиях. Он позволяет экономить энергию на 20%-30% по сравнению с большинством других методов обогрева; он также экономит пространство, благодаря чему можно увеличить площадь использования в помещении на 2% -3% и удобно разместить мебель.

(3) Использование настенного газового котла позволяет точно измерить расход газа, потребление газа может контролироваться пользователем лично, для экономии природного газа. Потребление электроэнергии циркуляционным насосом отопления низкое, что может повысить коэффициент использования и экономические преимущества трубопроводов горячего водоснабжения.

【Размышления и упражнения】

(1) Какие преимущества настенного газового котла?

(2) Каковы основные части настенного газового котла?

(3) Кратко опишите принцип работы настенного газового котла.

(4) Может ли настенный газовый котел одновременно обеспечивать отопление и горячее водоснабжение?

Задача II Проектирование трубопроводов настенного газового котла

Настенный газовый котел представляет собой комплексное и многосегментное оборудование, которое собирает воду, электричество, газ и тепло. Его монтаж, ввод в эксплуатацию, использование и техническое обслуживание очень важны для обеспечения функциональности, удобства использования и безопасности при использовании газа и воды. Монтаж настенного газового котла на самом деле является небольшим проектом. Проектирование и монтаж соответствующей системы трубопроводов тоже очень важны, стандартизированная может уменьшить потерю энергии жидкости в

трубопроводе, снизить мощность водяного насоса и повысить коэффициент использования тепла.

【Подготовка к задаче】

1. Основа проектирования:

«Правила проектирования систем газоснабжения в городе» GB50028-2006 (версия 2020 года)

«Правила монтажа и контроля бытовых газовых горелок» CJJ12-2013

Примечание: проектирование нужно выполнять в соответствии с правилами своей страны.

2. Расчет проектирования трубопроводов настенного газового котла

Из анализа принципа работы настенного газового котла, можно сделать вывод, что обычно используемый котел, выполняет две функции: первая — отопление, вторая — нагрев воды для бытовых нужд и купания.

Инженерное проектирование газопровода предусматривает расчет его расхода, который рассчитывается в соответствии с методом одновременного рабочего коэффициента, установленному в «Правилах проектирования систем газоснабжения в городе».

Обычно, в соответствии с коэффициентом одновременной работы двухконтурной газовой плиты, приведенным в «Правилах проектирования систем газоснабжения в городе», сначала нужно рассчитать расход газа для двухконтурной газовой плиты, затем рассчитать расход газа для настенного котла в соответствии с коэффициентом одновременной работы отопительных печей, приведенным в «Правилах монтажа и контроля бытовых газовых горелок» и суммировать два полученных расчета расхода газа. Однако расход газа, рассчитанный этим методом, будет очень большим, что сильно отличается от фактического потребления в реальной жизни.

Также можно сначала проследить за коэффициентом одновременной работыдвухконтурной газовой плиты и котла, приведенным в «Правилах проектирования систем газоснабжения в городе», затем рассчитать расход газа трубопровода для обеспечения функции нагрева плиты и настенного газового котла, используя нагрузку плиты и тепловую нагрузку на горячее водоснабжение в жилом помещении. Затем, в соответствии с коэффициентом одновременной работы отопительной печи, приведенным в «Правила монтажа и контроля бытовых газовых горелок», использовать тепловую нагрузку

отопления жилых помещений для расчета потребления природного газа по трубопроводу для выполнения отопительной функции настенного котла; полученные результаты суммируются для получения расчетного расхода газопровода для расчета расхода в трубопроводе природного газа.

1) Расчет расхода газопровода:

$$Q_h = \Sigma kNQ_n$$

Где Q_h——расход газопровода ($м^3/ч$);

k——коэффициент одновременной работы горелки;

N——количество пользователей;

Q_n——номинальный расход горелки ($м^3/ч$) .

Коэффициент одновременной работы двухконтурной газовой плиты и котла см. табл. 3-2-1.

Табл. 3-2-1 Коэффициент одновременной работы бытовых отопительных приборов k

Количество горелок одного типа N	Двухконтурная газовая плита	Двухконтурная газовая плита и котел	Количество горелок одного типа N	Двухконтурная газовая плита	Двухконтурная газовая плита и котел
1	1.00	1.00	40	0.39	0.18
2	1.00	0.56	50	0.38	0.17
3	0.85	0.44	60	037	0.176
4	0.75	0.38	70	036	0.174
5	0.68	0.35	80	0.35	0.172
6	0.64	0.31	90	0.345	0.171
7	0.60	0.29	100	0.34	0.17
8	0.58	0.27	200	0.31	0.16
9	0.56	0.26	300	0.39	0.15
10	0.54	0.25	400	0.29	0.14
15	0.48	0.22	500	028	0.138
20	0.45	0.21	700	0.26	0.134
25	0.43	0.20	1000	0.25	0.13
30	0.40	0.19	2000	0.24	012

Примечание: 1. В таблице под «двухконтурной газовой плитой» понимается коэффициент одновременной работы, при котором одно домашнее хозяйство оснащено одной двухконтурной газовой плитой; в случае если одно домашнее хозяйство оснащено двумя одностворчатыми плитами, коэффициент также можно рассчитать по данной таблице.

2. В таблице под «двухконтурной газовой плитой и котлом» понимается коэффициент одновременной работы, при котором одно домашнее хозяйство оснащено одной двухконтурной газовой плитой и одним котлом.

3. Коэффициент одновременной работы отопительного устройства децентрализованной системы отопления определяется согласно действующему государственному стандарту «Правила монтажа и контроля бытовых газовых горелок» CJJ12-1999, табл. 3.3.6-2.

2) Расчет тепловой нагрузки

I. Тепловая нагрузка отопления

Если известна тепловая нагрузка здания, можно использовать эти данные о тепловых нагрузках для расчета; когда невозможно получить подробную информацию о тепловой нагрузке здания, для определения тепловой нагрузки различных тепловых объектов обычно используется метод приближенного индекса для определения тепловой нагрузки различных потребителей тепла. Тепловая нагрузка отопления здания рассчитывается по формуле:

$$Q_n = q_v V (t_n - t_w)$$

Где Q_n——проектная тепловая нагрузка отопления зданий (Вт);

V——габаритный объем здания (м^3)

t_n——расчетная температура в отаплеваемом помещении (℃);

t_w——расчетная температура снаружи отапливаемого помещения (℃);

q_v——тепловой индекс объема отопления зданий, [Вт/ (м^3 × ℃)], который представляет собой тепловую нагрузку отопления на 1 м^3 габаритного объема зданий при разнице температур внутри и снаружи помещения в 1° С. Величина теплового индекса объема q_v отопления q_v в основном связан с ограждающими конструкциями и формой здания. Коэффициент теплопередачи ограждающих конструкций, коэффициент дневного света и внешний объем здания влияют на значение q_v .

Ⅱ. Тепловая нагрузка на горячее водоснабжение

Тепловая нагрузка на горячее водоснабжение настенного газового котла, относится к теплу, которе предоставляется для нагрева бытовой горячей воды, и рассчитывается следующим образом:

$$Q = \Sigma q_s (t_r - t_1) c \rho$$

Где Q——расчетная теплоотдача горячего водоснабжения (Вт);

q_s——номинальный расход прибора в секунду (л/с), см. «Стандарты проектирования систем водоснабжения и водоотведения зданий»;

t_r——температура используемой горячей воды (℃); если в помещении применяется двухтрубная система теплоснабжения, t_r должна

составлять 55-60° С; если в помещении применяется однотрубная система водоснабжения, то t_r обычно составляет 35-40 ℃;

t_l——температура холодной воды (℃), см. «Стандарты проектирования систем водоснабжения и водоотведения зданий»;

c——удельная теплоемкость воды 4187 (Дж/кг × ℃);

ρ——плотность горячей воды (кг/л) .

3. Требования к монтажу системы трубопроводов настенных газовых котлов

1) Важнейшим требованием при монтаже трубопроводной системы настенного газового котла является «проходимость». Водоемкость настенного котла мала, циркуляционная мощность также небольшая, а разница температур между сточной и возвратной водой не должна быть слишком большой (макс. не более 20 ℃) . Поэтому требуется, чтобы водостойкость системы также была небольшой, а скорость потока воды должна была высокой, поэтому магистральный трубопровод следует выбирать как можно большего размера (как правило, рекомендуемый номинальный диаметр DN20 и более), а изгибы, подъемы и опускания трубы должны быть сведены к минимуму.

2) Сбалансированность. Каждое нагревательное устройство должно быть установлено параллельно, включая напольное отопление и радиатор. Каждое нагревательное устройство должно иметь как одновременное теплоснабжение, а так и функцию регулирования различных потоков и температур по отдельности, для достижения функции автономной регулировки отопления настенного котла и индивидуального контроля температуры в каждой комнате.

3) Безопасность». По сравнению с другими видами отопления настенные котлы имеют много преимуществ, но их недостаток в том, что они требуют высокие меры безопасности. В дополнение к различным функциям защиты безопасности самого устройства, очень важны стандартизация и надежность его монтажа.

4. Способы монтажа и подключения трубопроводов настенного газового котла

(1) Проектное место монтажа должно соответствовать дымоходу и системному трубопроводу, при этом следует обеспечить баланс при размещении настенного газового котла.

(2) При монтаже вытяжной трубы необходимо использовать специальную вытяжную трубу. Категорически запрещается устанавливать и использовать другие вытяжные трубы, а также категорически запрещается модифицировать дымоход самостоятельно. Поверхность вытяжной трубы должна выступать за стену не менее чем на 60 мм, чтобы обеспечить бесперебойность вентиляции воздуха. При монтаже выхлопной трубы следует установить ее вдали от потолка.

(3) Внизу котла расположены выходы, к ним идет пять труб, которые соответственно соединяются с выходом воды отопления, выходом возвратной воды отопления, выходом горячей воды для бытового потребления, входом водопроводной (холодной) воды и входом природного газа. Установите клапан между каждым соединительным шлангом и соответствующим трубопроводом.

(4) Материал трубы для природного газа и трубы для природного газа настенного котла различаются в зависимости от способа соединения, можно применять алюминиево-пластиковые трубы, пластиковые шланги и гофрированные трубы из нержавеющей стали. Соединение трубы природного газа должно быть вставлено полностью, а не только наполовину. После соединения следует проверить штуцер на утечку газа мыльной водой, труба природного газа не должна быть слишком длинной и не должна падать на землю, следует закрепить ее на стене и регулярно проводить проверку во избежание утечки.

(5) Требуется отвести специальную розетку электропитания для подачи электроэнергии настенному котлу.

5. Меры предосторожности при монтаже настенного газового котла

(1) Над местом монтажа настенного газового котла не должно быть оголенных проводов, а внизу не должно быть горелок, таких как газовые духовки и газовые плиты и т.д., так как тепло от горелки может привести к плохой работе настенного газового котла и пожару.

(2) С левой и правой сторон настенного котла следует оставить свободное пространство примерно в 50 мм, для облегчения ремонта и обслуживания настенного котла; должно быть оставлено не менее 200 мм свободного пространства для ремонта и замены теплообменника системы горячего водоснабжения.

(3) Высота монтажа настенного котла обычно равна высоте смотрового

отверстия и линии обзора человеческого глаза.

（4）Монтаж котла должен быть вертикальным, без наклона, место монтажа должно быть как можно ближе к наружной стене, для уменьшения длины дымохода.

（5）Часть, на которой устанавливается подвесной котел, должна быть изготовлена из негорючих материалов, в противном случае она должна быть изолирована теплозащитным экраном. Стена для монтажа настенного котла должна быть прочной и выдерживать требуемую нагрузку подвесного устройства.

【Размышления и упражнения】

（1）Каковы основные принципы, которых следует придерживаться при проектировании и монтаже трубопроводов настенных газовых котлов？

（2）Каковы требования к монтажу системы трубопроводов настенного газового котла？

Задача III　Монтаж трубопровода настенного газового котла

【Ввод задачи】

На основе плана расширения системы газопровода, трехмерного чертежа модели и некоторых отдельных деталей и модулей, постройте газопроводную систему.

【Подготовка к задаче】

Возьмем оцинкованную стальную трубу в качестве примера, для объяснения способа изготовления и монтажа газопровода. На рис. 3-3-1 вертикальная труба – это магистральный газопровод подключенный к дому, а горизонтальная труба – ответвление газопровода. Газопровод изготовлен из оцинкованной стальной трубы DN20.

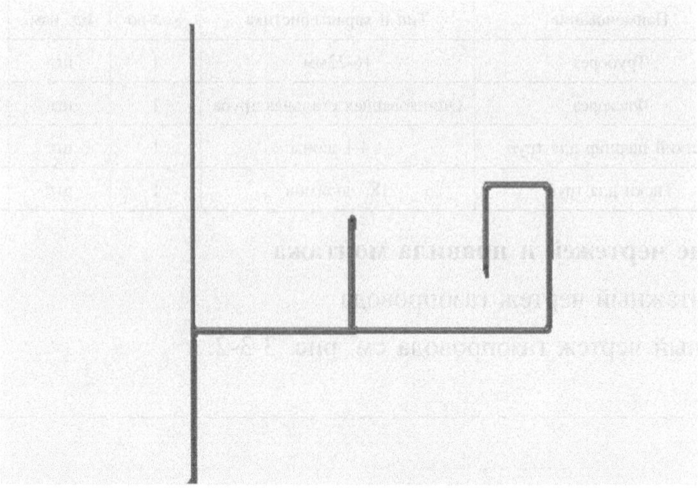

Рис. 3-3-1 Труба из оцинкованной стали

【Выполнение задачи】

Студенты объединяются в группы от 4 до 6 человек, и выбирается руководитель группы, который распределяет работу для каждого человека.

1. Подготовка материалов для монтажа газопровода

Перечень деталей для монтажа газопровода приведен в табл. 3-3-1

Табл. 3-3-1 Перечень деталей для монтажа газопровода

№ п/п	Наименование	Тип и характеристика	Кол-во	Ед. изм.	Примечание
1	Оцинкованная стальная труба	DN20		м	
2	Оцинкованная заглушка	DN20	2	шт.	
3	Равнопроходный оцинкованный тройник	T20	2	шт.	
4	Оцинкованное колено	L20	3	шт.	
5	Медный шаровой клапан	3/4 дюйма	2	шт.	

2. Подготовка инструментов для монтажа газопровода

Перечень инструментов для монтажа газопровода приведен в табл. 3-3-2.

Табл. 3-3-2 Перечень инструментов для монтажа газопровода

№ п/п	Наименование	Тип и характеристика	Кол-во	Ед. изм.	Примечание
1	Рулетка	3-5,5м	1	шт.	
2	Лестница	1,2М	2	шт.	
3	Разводной ключ	12 дюймов	1	шт.	
4	Трубный ключ	12 дюймов	1	шт.	
5	Масляная шариковая ручка	005-1,0 mm	1	шт.	

№ п/п	Наименование	Тип и характеристика	Кол-во	Ед. изм.	Примечание
6	Труборез	16-22мм	1	шт.	
7	Фаскорез	Оцинкованная стальная труба	1	шт.	
8	Легкий шарнир для труб	1/4-1 дюйм	1	шт.	
9	Тиски для труб	18 дюймов	1	шт.	

3. Чтение чертежей и правила монтажа

(1) Монтажный чертеж газопровода

Монтажный чертеж газопровода см. рис. 3-3-2.

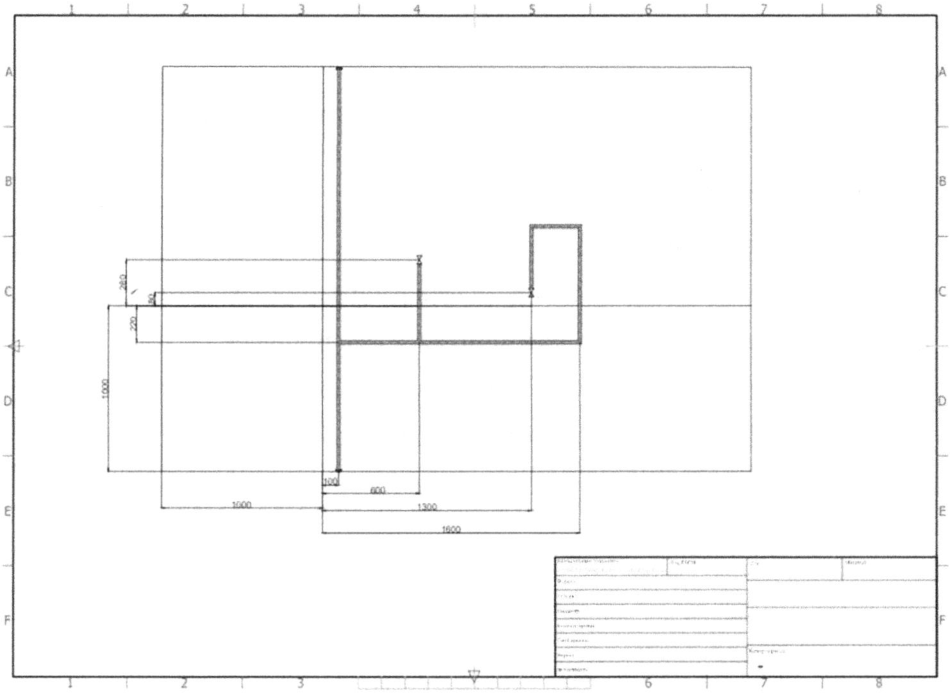

Рис. 3-3-2 Монтажный чертеж газопровода

(2) Результат монтажа газопровода

Результат монтажа газопровода приведен на рис.3-3-3.

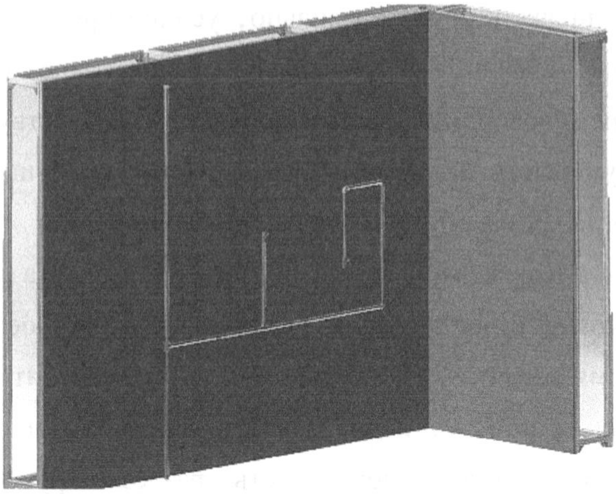

Рис. 3-3-3 Результат монтажа газопровода

4. Руководство по монтажу

Очистите подготовленные инструменты и детали, отсортируйте вторичные отходы, образующиеся в процессе работы, поместите инструменты в ящик, уберите мусор, раздельно отсортируйте вторсырье и утилизируйте его.

【Освоение навыков】

Студенты объединяются в группы от 4 до 6 человек, и выбирается руководитель группы, который распределяет работу для каждого человека.

1. Обработка оцинкованной стальной трубы

1) Чертеж оцинкованной стальной трубы

Измерьте фитинги, рассчитайте длину отрезка трубы по чертежу и начертите линию в соответствии с рассчитанной длиной.

2) Зажим оцинкованной стальной трубы

Обработка оцинкованной стальной трубы должна выполняться в верстачных тисках. При зажиме вытянутая часть оцинкованной стальной трубы должна находиться на расстоянии около 150 мм от губок слесарных тисков. Сила зажима должна быть умеренной, если зажим слишком легкий, труба будет царапаться при вращении во время обработки; если зажим будет слишком тугим, труба будет деформирована и сплющена.

3) Нарезка оцинкованной стальной трубы

При резке трубы, она должна проходить между двумя прижимными колесами резака и панелью фрезы, режущая кромка ножа должна быть на ровне с линией разреза трубы, а рукоятка должна быть повернута так, чтобы

два ролика могли прижать трубу правильно, усилие прижатия не должно быть слишком большим, иначе будет трудно поворачивать резак, а труба может сплющиться. Перед поворотом резака добавьте соответствующее количество масла на режущую часть и кромку фрезы, чтобы уменьшить износ лезвия; каждый раз, когда резак будет вращаться вокруг оси трубы, правильно направляйте резак в направлении оси и повторяйте вышеуказанные действия до тех пор, пока труба не будет отрезана. Если лезвие не острое или имеет сколы, его следует вовремя заменить. Преимущество резака состоит в том, что разрез ровный, операция проста, ее легко освоить. Несмотря на то, что скорость резки выше, чем у пилы, поверхность разреза трубы сжимается под воздействием лезвия, что уменьшает внутренний диаметр разреза, поэтому отверстие должно быть сглажено с фаскорезом.

4) Резьба по оцинкованной стальной трубе

См. конкретные части Задачи I I I, Проекта I.

5) Подсоединение оцинкованной стальной трубы

Перед подсоединением стальной трубы необходимо удалить загрязнения, железные опилки и т. д. на конце трубы с наружной резьбой. Обратите внимание, что направление намотки наполнителя (резьбовая лента) должно совпадать с направлением завинчивания фитингов для труб, а количество намотки должно быть умеренным. Если намотка слишком мала, эффект герметизации будет плохим и легко произойдет утечка. Если намотки слишком много, фитинги для труб будет нелегко вкрутить и это приведет к напрасным тратам.

После намотки наполнителя, сначала вручную ввинтите трубу (или фитинг, клапан и т.д.) в соединительную деталь на 2-3 витка, а затем затяните с помощью трубного ключа и других инструментов. Если это тройник, колено, или фитинги, усилие затяжки может быть немного больше. Если это клапан и другие детали управления, усилие затяжки не должно быть слишком большим, иначе он легко лопнет. Соединенные части, как правило, не должны быть отвинчены назад, иначе это легко вызовет утечку. После затяжки 1-2 зубца могут выйти из резьбы.

6) Очистка резьбовой ленты по оцинкованной стальной трубе

После того, как оцинкованная стальная труба подсоединена, используйте стальную щетку для очистки избыточного сырья на стыке резьбовой ленты.

Резьбовая лента не может быть очищена руками.

2. Изготовление и монтаж газопровода

1) Расчет размера сегмента трубы

Измерьте размеры фитингов и клапанов на месте. По схеме газопровода рассчитайте размер каждой секции стальной оцинкованной трубы, запишите длину секции и заполните табл. 3-3-3.

Использование неармированной ленты

Табл. 3-3-3 Перечень материалов

№ п/п	Наименование	Тип и характеристика	Кол-во	Ед. изм.	Примечание
1	Неармированная лента	20 м, утолщенная	2	рул.	Пример
2	Труба стальная оцинкованная (прямая)	DN 15	1500	мм	Пример
3	Трубный хомут	DN15-22 M8	8	шт.	Пример
4	Манометр	Диапазон измерения 0-1МПа	1	шт.	Пример
5	Инструмент для опрессовки		1	компл.	Пример

2) Нарезка трубы

В соответствии с расчетной длиной участка трубопровода сначала начертите линию на оцинкованной стальной трубе, затем используйте инструмент, чтобы отрезать стальную трубу в соответствии с нарисованной линией, наконец, проведите резьбу на двух концах участка трубы. Проведите обработку каждой секции трубы поочередно, в соответствии с вышеизложенными шагами.

3) Резьбовое соединение

Из-за большого размера газопровод должен быть разделен на две части для изготовления и монтажа на стене. Первая часть - это часть, которая не содержит стояка. Сначала горизонтальная часть трубы устанавливается в тиски, а резьбовая лента очищается и устанавливается на стене. Вторая часть заключается в монтаже тройника на соединении между горизонтальной трубой и стояком, а также верхним и нижним стояками на которые установливается заглушка.

4) Испытание давлением

Установите манометр на клапан для проведения проверки давлением.

5) Очистка труб

Проведите проверку и очистку резьбовой ленты на фитинге трубы, удалите

пятна с трубопровода.

6）Проверка

Проверьте и отрегулируйте монтажные размеры, горизонтальное и вертикальное положение в соответствии с чертежами.

7）Организация рабочего места

После монтажа все инструменты должны быть организованы и возвращены в исходное положение. Очистите рабочий стол, поместите вторсырье и отходы в соответствующие мусорные баки.

Резьбовое соединение

【Оценка задачи】

Критерии оценивания монтажа газопровода см. табл. 3-3-4.

Табл. 3-3-4 Критерии оценивания монтажа газопровода

№ п/п	Содержание оценки	Критерии оценивания	Баллы	Набранные баллы
1	Размер	Используйте угольник и стальную линейку, чтобы проверить внешнюю стенку трубы и базовую линию, отметьте удобное для измерения место посередине трубы, затем равномерно измерьте, погрешность размеров $\leqslant \pm 2$мм считается допустимой	4x0,5=2	
2	Горизонтальный и вертикальный градус	Измерьте цифровым уровнем в 60 мм, погрешность размеров $\leqslant 0,5°$ считается допустимой	4x0,5=2	
3	Качество соединения труб	Резьба не выпущена на 1-2 витка, резьбовые ленты можно оторвать вручную	4x0,5=1	
4	Соединение клапанов	Проверьте все резьбовые соединения, если возникают такие проблемы, как наличие повреждений на торце клапанов, обнажение резьбовой ленты, резьбовые соединения не открыты на 1-2 витка, то считается непригодным	2x0,5 = 1	
5	Царапины на трубопроводе	Наличие царапин на трубопроводе	2x0,5 = 1	
6	Испытание давлением	Испытание давлением 0, 2МПа в течение 2 мин., при снижении значения манометра считается непригодным	2	

【Размышления и упражнения】

Осуществив монтаж газопровода из оцинкованной стальной трубы, можете ли вы изготовить и установить газопровод с другими видами труб?

Проект IV

Радиаторное отопление

【Описание проекта】

Под отоплением понимается технология использования искусственного теплоснабжения помещений с поддержанием в них определенной температуры для создания надлежащих условий жизни или работы. В данном проекте используется система радиаторное отопление в качестве примера, а также описывается вид системы отопления в гражданских зданиях.

【Цели проекта】

（1）Ознакомиться с определением системы радиаторного отопления.

（2）Освоить различные виды систем радиаторного отопления.

（3）Освоить выбор и расположение радиаторов.

（4）Освоить проектирование и монтаж трубопроводов радиаторного отопления.

Задача I Принцип работы радиаторного отопления

【Ввод задачи】

Система отопления в основном состоит из трех частей: подготовки теплоносителя, транспортировки теплоносителя и использования теплоносителя. Теплоносителем является среда, которая может использоваться для транспортировки тепловой энергии, обычно используемым теплоносителем являются горячая вода и пар. С точки зрения безопасности, энергосбережения и санитарии, в системах отопления гражданских зданий обычно используются радиаторные системы водяного отопления в качестве теплоносителя.

【Подготовка к задаче】

1. Знакомство с формами радиаторной системы отопления

Система отопления, использующая радиатор в качестве теплоносителя, называется системой радиаторного отопления. Радиаторная система отопления,

использующая горячую воду в качестве теплоносителя, называется системой водяного отопления. В зависимости от движущей силы системы, ее можно разделить на гравитационную (естественную) и механическую циркуляционные системы. В большинстве систем радиаторного отопления используется температура подачи и возврата в 95 ℃/70 ℃, а в некоторых используется температура подачи и возврата в 85 ℃/60 ℃. В реальных условиях температура подаваемой воды может быть ниже 95 ℃ или 85 ℃ в зависимости от реальной ситуации, но разница температур между подающейся и возвратной водой обычно поддерживается на уровне 20-25 ℃.

1) Система водяного отопления с гравитационной (естественной) циркуляцией

(1) Принцип работы системы водяного отопления с гравитационной (естественной) циркуляцией:

Система, циркулирующая за счет разности плотности воды, называется системой гравитационной (естественной) циркуляции. На рис. 4-1-1 показана принцип работы системы гравитационной (естественной) циркуляции. Поскольку $\rho_h > \rho_g$, циркуляционное давление системы составляет

$$\Delta p = p_{óò} - p_{×ó} = gh(\rho_h - \rho_g)$$

Где Δp——действующее давление системы естественной циркуляции (Па);

g——ускорение силы тяжести (м²/с);

h——расстояние от центра нагрева до центра охлаждения по вертикали (м);

ρ_h——плотность возвратной воды (кг/м³);

ρ_g——плотность подачи воды (кг/м³).

(2) Основные формы системы водяного отопления с гравитационной (естественной) циркуляцией

На рис. 4-1-2 (a) и (b) представляют собой две основные формы систем водяного отопления с гравитационной (естественной) циркуляцией. Магистраль подачи воды для системы с верхней подачей и нижним возвратом прокладывается над всеми радиаторами, а магистраль возвратной воды прокладывается под ними.

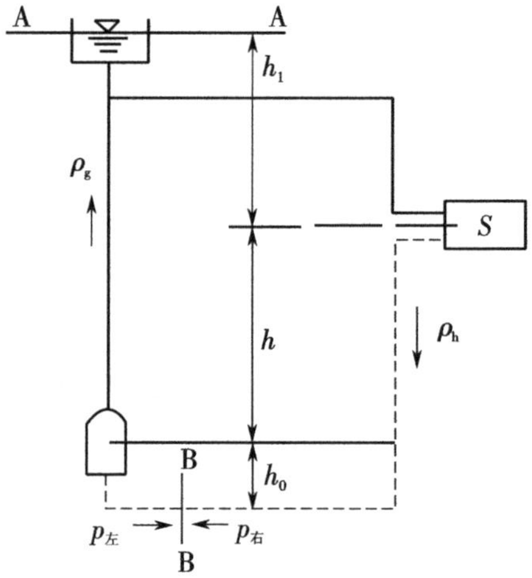

Рис. 4-1-1 Принцип работы системы водяного отопления с гравитационной циркуляцией

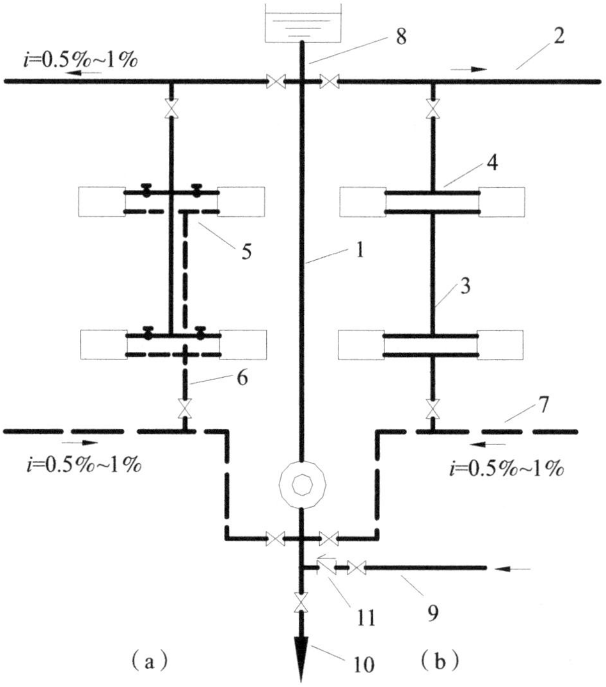

Рис. 4-1-2 Форма системы водяного отопления с гравитационной (естественной) циркуляцией

(a) двухтрубная система с верхней подачей и нижним возвратом;

(b) Однотрубная система с верхней подачей и нижним возвратом

1—главный стояк; 2—магистраль водоснабжения; 3—стояк водоснабжения; 4—патрубок подвода воды к радиатору; 5—патрубок возврата воды радиатора; 6—стояк возвратной воды; 7—магистральная труба возвратной воды; 8—патрубок расширительного водяного резервуара; 9—труба залива воды (с подключением к водопроводной трубе); 10—труба возврата воды труба (с подключением к канализации); 11—обратный клапан

Внимание:

(1) Как правило, радиус действия системы гравитационной циркуляции не должен превышать 50м.

(2) Обычно следует использовать тип верхней подачи и нижнего возврата, а положение котла должно быть максимально снижено для увеличения рабочего давления системы. Если расстояние по вертикали между центром котла и центром радиатора нижней части небольшое, то целесообразно использовать однотрубную систему гравитационной циркуляции с верхней подачей и нижним возвратом, и предпочтительнее однотрубную вертикальную последовательную систему.

(3) При использовании однотрубной или двухтрубной системы расширительный резервуар для самотечной циркуляции должен быть установлен следует устанавливать в верхней части стояка основного водопровода системы (на отметке 300-500 мм от верха трубы основного водопровода) .

Система водяного отопления с гравитационной циркуляцией имеет простую конструкцию, удобна в эксплуатации, не шумит во время работы и не требует потребления электроэнергии. Однако ее радиус действия невелик, требуемый диаметр трубопровода системы большой, а первоначальные инвестиции высоки. При большом радиусе циркуляционной системы следует рассмотреть вариант механической циркуляционной системы водяного отопления.

2) Система водяного отопления с механической циркуляцией

I. Принцип работы системы водяного отопления с механической циркуляцией

Механическая циркуляционная система водяного отопления использует водяной насос для питания, заставляющий воду циркулировать по системе. Циркуляционный водяной насос обычно устанавливается на магистральной трубе возвратной воды перед входом в котел, где температура воды самая низкая, что позволяет избежать кавитации водяного насоса.

В крупномасштабной механической циркуляционной системе горячего водоснабжения предусмотрен резервуар подпиточной воды, соединяющийся с водопроводной водой, для хранения резервного источника подпиточной воды, который соответствует масштабу системы. Насос подпиточной воды (или напорного насоса), соединенный с резервуаром подпиточной воды, выполняет функцию подачи воды и постоянного давления в системе отопительной сети.

В механической циркуляционной системе водяного отопления малого масштаба или для одной семьи, как правило, устанавливается только расширительный резервуар для воды, причем он обычно устанавливается в самой высокой точке системы. Расширительная труба, соединенная с нижней частью резервуара для воды, соединена с магистралью возвратной воды перед входом насоса циркуляционной воды. В дополнение к увеличению объема, за счет теплового расширения воды, его функция также может поддерживать постоянное давление на входе водяного насоса и обеспечивать стабильное давление в системе отопления. Резервуар для сбора воздуха установлен в самой высокой точке на конце магистрали водоснабжения для обеспечения плавного течения воздуха в одном направлении с потоком воды. На рис. 4-1-3 показана механическая циркуляционная система водяного отопления с верхней подачей и нижним возвратом, в которой предусмотрены насос циркуляционной воды, расширительный бак, емкость для сбора воздуха, радиатор и т.д.

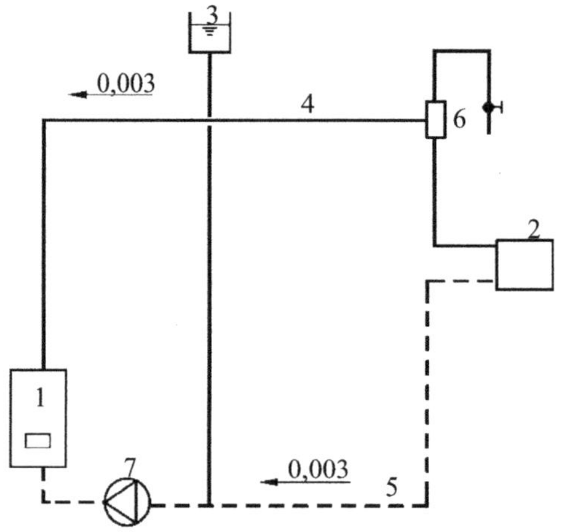

Рис.4-1-3 Механическая циркуляционная система водяного отопления с верхней подачей и нижним возвратом

1—водонагревательный котел; 2—радиатор; 3—расширительный резервуар; 4—труба подачи; 5—труба возврата; 6—резервуар для сбора воздуха; 7—насос циркуляционной воды

II. Основная форма механической циркуляционной системы водяного отопления

I) Классификация по расположению магистральных трубопроводов подачи и возврата воды

В зависимости от расположения магистральных трубопроводов подачи и возврата воды, механическую циркуляционную систему водяного отопления

можно разделить на: систему с верхней подачей и нижним возвратом, верхней подачей и верхним возвратом, нижней подачей и нижним возвратом, нижней подачей и верхним возвратом и систему со средней подачей (см. рис. 4-1-4 и 4-1-5).

Магистральные трубопроводы подачи и возврата воды системы «верхняя подача – нижний возврат» (рис. 4-1-4 (a)) соответственно расположены в верхней и нижней частях системы, расположение труб очень удобное, а выход газа плавный, что является наиболее широко используемым видом системы.

Магистральные трубопроводы подачи и возврата воды системы «верхняя подача – верхний возврат» (рис. 4-1-4 (b)) расположены в верхней части системы, магистрали отопления не пересекаются с наземным оборудованием и другими трубами. Однако расход материалов стояка увеличивается, под стояком следует установить водоотводные клапаны, которые в основном используются в заводских цехах, где много оборудования и технологических труб, а также сложно провести магистральные трубы по земле.

Магистральные трубопроводы подачи и возврата воды системы «нижняя подача – нижний возврат» (рис. 4-1-4 (c)) расположены в нижней части системы. По сравнению с верхней системой подачи и нижним возвратом, неэффективные потери тепла в магистральной трубе подачи воды малы, что может уменьшить вертикальный дисбаланс двухтрубной системы верхней подачи и нижнего возврата (то есть внутренняя температура каждой комнаты в вертикальном направлении отклоняется от расчетного состояния). Из-за большого напора гравитационного действия петли верхнего радиатора, а длина трубопровода также велика, потеря сопротивления большая, что благоприятствует гидравлическому балансу.

В системе «нижняя подача – верхний возврат» (рис. 4-1-4 (d)) магистраль подачи воды находится в нижней части системы, а магистраль возврата воды – в верхней части системы. Если магистральная труба расположена на первом этаже, ее тепло можно использовать, а потери неэффективного тепла будут невелики. По сравнению с типом системы «верхняя подача – нижний возврат», средняя температура нижнего радиатора увеличивается, тем самым уменьшая его площадь.

Система со средней подачей показана на рис. 4-1-5. Это форма системы, в которой магистральная труба водоснабжения расположена на определенном

уровне посередине, а магистральная труба водоснабжения разделяет систему на две части в вертикальном направлении, что позволяет уменьшить вертикальное смещение.

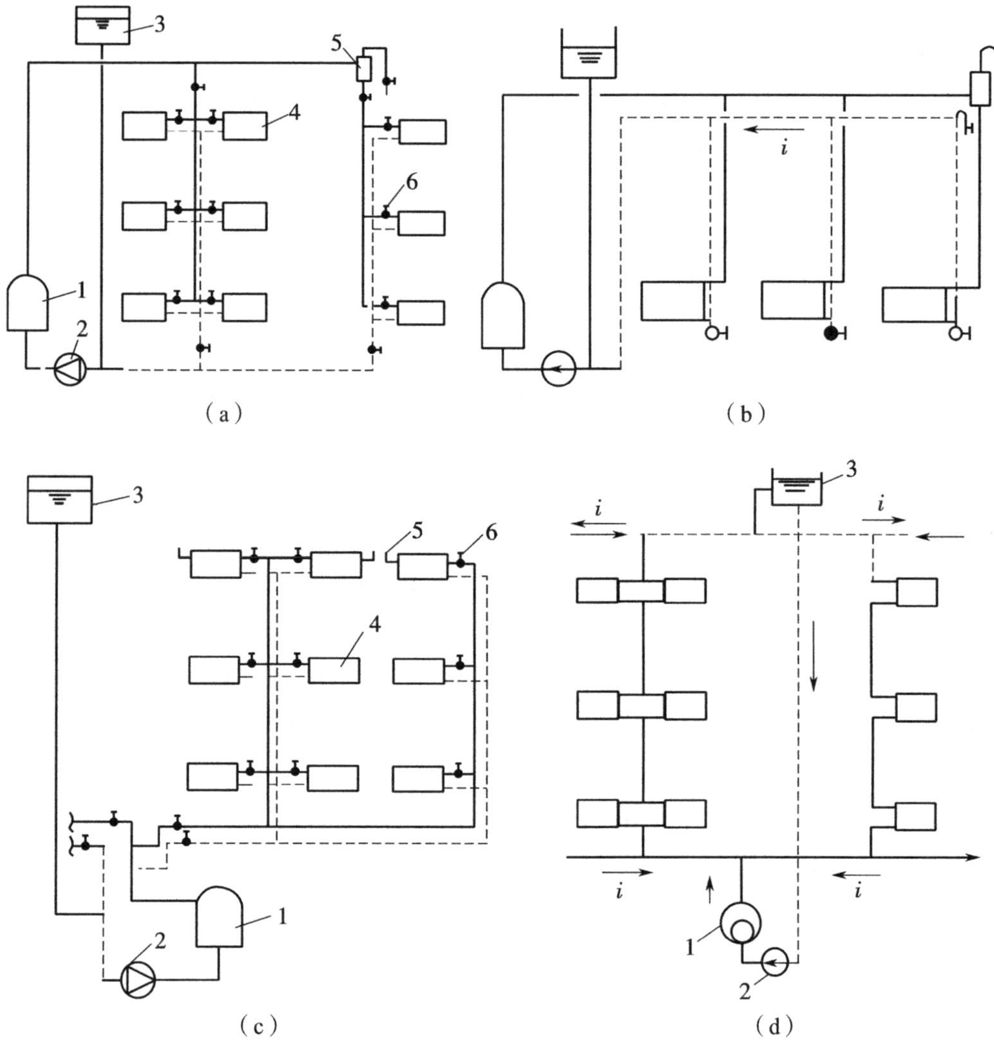

Рис.4-1-4 Классификация механических циркуляционных систем водяного отопления

(a) Система «верхняя подача – нижний возврат»

(b) Система «верхняя подача – верхний возврат»

(c) Система «нижняя подача – нижний возврат»

(d) Система «нижняя подача – верхний возврат»

1—водонагревательный котел; 2—циркуляционный водяной насос; 3—расширительный водяной бак; 4—радиатор; 5—емкость для сбора воздуха, клапан выпуска воздуха; 6—клапан

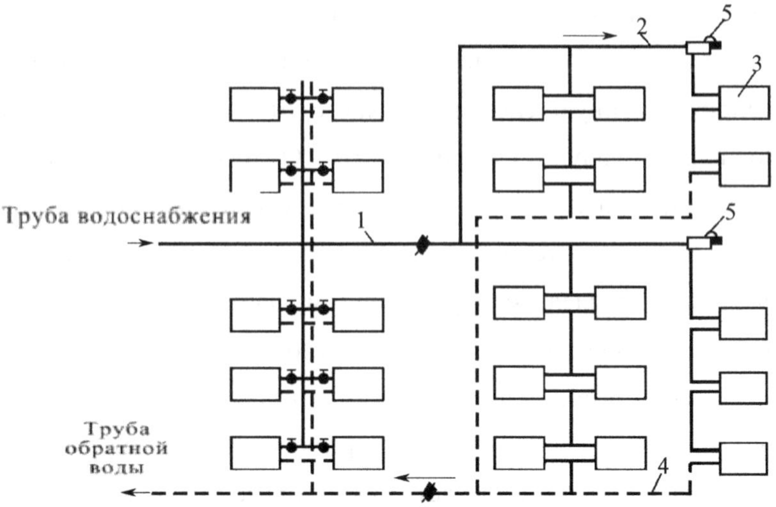

Рис. 4-1-5 Система водяного отопления с механической циркуляцией со средней подачей

1—средний водопровод водоснабжения; 2—верхний трубопровод водоснабжения; 3—радиатор; 4—магистраль возвратной воды; 5—емкость для сбора воздуха

II)Классификация по способу подключения радиатора

По различным способам подключения радиаторов механические циркуляционные системы водяного отопления можно разделить на вертикальные и горизонтальные системы. Вертикальная система отопления означает систему, в которой радиаторы на разных этажах соединены вертикальными стояками (см. рис. 4-1-6 (a)); горизонтальная система отопления означает систему, в которой радиаторы на одном этаже соединены горизонтальными трубопроводами (см. рис. 4-1-6 (b)).

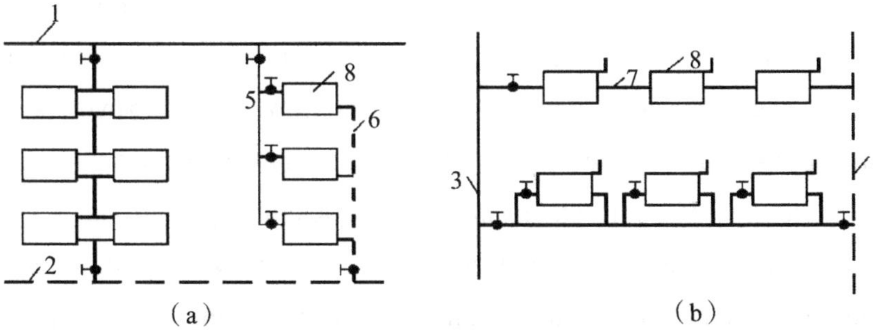

Рис. 4-1-6 Вертикальная и горизонтальная системы отопления

(a) Вертикальный; (b) Горизонтальный

1—магистраль подачи воды; 2—магистраль возвратной воды;

3—стояк подачи воды горизонтальной системы;

4—стояк возвратной воды горизонтальной системы; 5—стояк подачи воды;

6—стояк возвратной воды; 7—горизонтальный патрубок; 8—радиатор

III) Классификация по количеству труб, подсоединенных к радиатору

По количеству труб, подсоединенных к соответствующим радиаторам, механическую циркуляционную систему водяного отопления можно разделить на однотрубную и двухтрубную (см. рис.4-1-7) . Однотрубная система — это система, в которой несколько групп радиаторов соединены последовательно одной трубой. Двухтрубная система — это система, в которой несколько групп радиаторов соединены параллельно друг с другом двумя трубами. На рисунке 4-1-7 (a) показана вертикальная однотрубная базовая сборка, слева показан однотрубный выходной поток, а справа - однотрубный соединительный патрубок. На рисунке 4-1-7 (b) показана вертикальная двухтрубная базовая сборка; рисунок 4-1-7 (c) - представляет собой горизонтальную однотрубную сборку, верхний рисунок - горизонтальный нисходящий поток, а нижний рисунок - горизонтальный тип пролетной трубы; Рисунок 4-1-7 (d) представляет собой горизонтальную двухтрубную сборку.

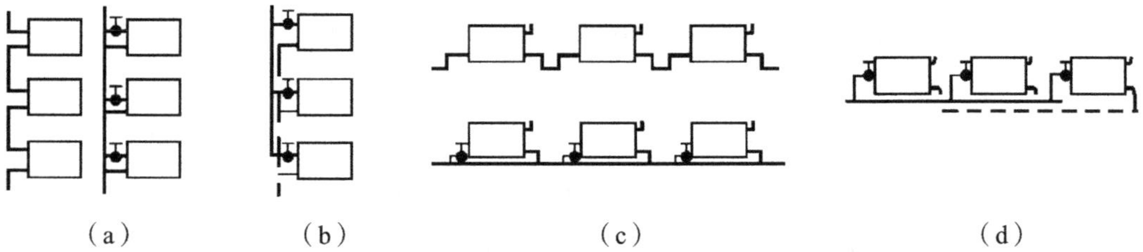

Рис.4-1-7 Базовая сборка однотрубной и двухтрубной систем

(a) Вертикальная однотрубная базовая сборка; (b) Вертикальная двухтрубная базовая сборка
(c) Горизонтальная однотрубная базовая сборка; (d) Горизонтальная двухтрубная базовая сборка

Однотрубная система экономит материал трубы, имеет низкую стоимость и быстрый ход строительства, однако прямоточная однотрубная система не может регулировать теплоотдачу одиночного радиатора. Однотрубная система пролетной трубы использует многофункциональную (пролетную) трубу, поэтому рекомендуется монтаж клапана ответвления радиатора и увеличить размер радиатора в обмен на определенную степень регулирования теплоотдачи. Гидравлическая устойчивость однотрубной системы лучше, чем у двухтрубной. При использовании однотрубной системы с верхней подачей и нижним возвратом, нижний радиатор часто имеет большие размеры, что иногда затрудняет компоновку радиатора. Двухтрубная система может регулировать рассеивание тепла радиатора индивидуально, однако расход материалов трубы

большой, строительство обременительное, стоимость высокая и легко возникает вертикальный дисбаланс.

V) Классификация по потоку воды

В соответствии с потоком воды в параллельном контуре, механическую циркуляционную систему водяного отопления можно разделить на систему с одинаковым расстоянием теплоносителя и систему с разным расстоянием теплоносителя. Система с одинаковым расходом теплоносителя, т.е. система с примерно одинаковой суммарной длиной каждого петлевого трубопровода, называется системой с одинаковым расстоянием теплоносителя (рис.4-1-8a) . Система с разным расходом теплоносителя каждого петлевого трубопровода называется системой с разным расстоянием теплоносителя (рис.4-1-8b) .

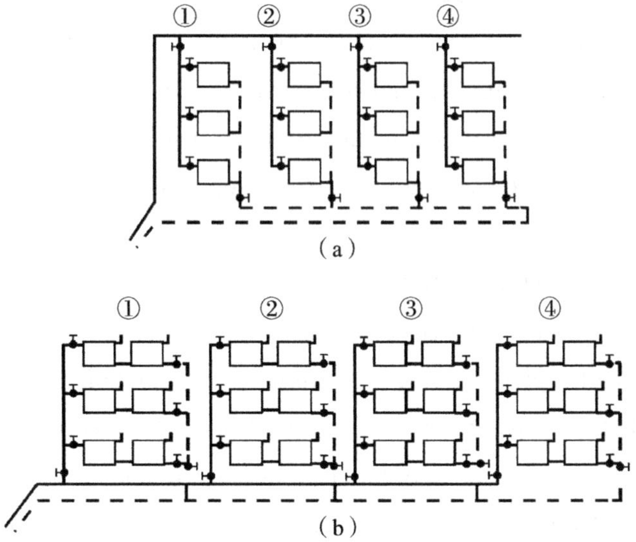

Рис. 4-1-8 Система с одинаковым расстоянием теплоносителя и система с разным расстоянием теплоносителя

(a) система с одинаковым расстоянием теплоносителя;

(b) система с разным расстоянием теплоносителя

Механическая циркуляционная система водяного отопления имеет большой радиус действия и широкую адаптируемость, способов комплектации ее трубопроводов достаточно. Выбор системы должен определяться после всестороннего технико-экономического сравнения в соответствии с конкретными обстоятельствами формы здания.

2. Выбор и монтаж радиаторов

Радиатор – это устройство, передающее тепло, переносимое теплоносителем

（паром или горячей водой）системы отопления，в помещение. Основные требования к радиатору включают в себя：с точки зрения тепловых характеристик，чем выше коэффициент теплопередачи радиатора，тем лучше его характеристики рассеивания тепла；с точки зрения экономики，чем меньше расход металла требуется на единицу теплоты，передаваемой радиатором в помещение，тем ниже себестоимость и тем лучше экономия；с точки зрения монтажа，использования и технологии，радиатор должен иметь определенную механическую прочность и способность выдерживать давление. Форма конструкции радиатора должна легко сочетаться с требуемой площадью рассеивания тепла，размер конструкции должен быть небольшим，радиатор должен занимать как можно меньше площади помещения и пространства，технология производства радиатора должна соответствовать требованиям массового производства. С точки зрения гигиены и эстетики，радиатор должен иметь гладкий внешний вид，не накапливать пыль и легко чиститься，а монтаж радиатора не должен влиять на внешний вид помещения. Что касается срока службы，радиатор не должен подвергаться коррозии и повреждению，а срок службы должен быть долгим.

В настоящее время существует много типов радиаторов，производимых в разных странах. В зависимости от производственного материала，существует два основных типа радиаторов：чугунный и стальной；в зависимости от структурной формы радиатор в основном разделяется на столбовой，аэродинамического профиля，трубчатый，плоский и т.д.

1）Классификация радиаторов

I. Чугунный радиатор

Чугунные радиаторы уже давно широко используются. Они обладают такими преимуществами，как：простая конструкция，хорошая коррозионная стойкость，длительный срок службы и хорошая термостойкость. Однако расход металла велик，потребление энергии при производстве высокое，загрязнение велико，а тепловая прочность металла ниже，чем у стальных радиаторов.

I）Радиатор аэродинамического профиля

Радиаторы с аэродинамическим профилем делятся на два типа：с круглым профилем и с длинным профилем，как показано на рис. 4-1-9 и рис. 4-1-10. Процесс изготовления аэродинамического радиатора прост，аэродинамического радиатора также невысока，однако термическая прочность металла и

коэффициент теплопередачи аэродинамического радиатора относительно низкие, внешний вид некрасивый, а пыль нелегко очистить, его единичное рассеивание тепла велико, поэтому нелегко точно сформировать требуемую площадь при проектировании и выборе.

Рис. 4-1-9 Радиатор с круглым аэродинамическим профилем

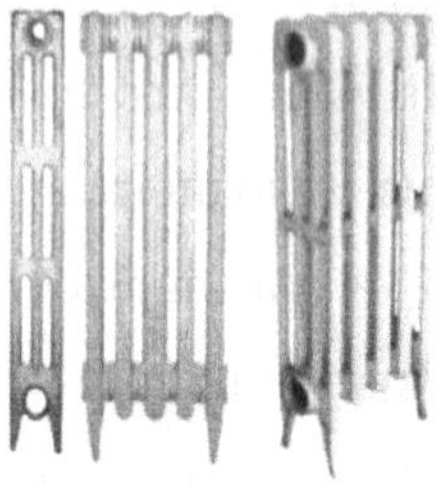

Рис. 4-1-10 Радиатор с длинным аэродинамическим профилем

Рис. 4-1-11 Столбовой радиатор

Ⅱ) Столбчатый радиатор

Столбовой радиатор, представляет собой цельный радиатор в форме колонны с гладкой наружной поверхностью, каждая деталь имеет несколько полых колонн, соединенных друг с другом (см. рис. 4-1-11). Обычно используемые колонные радиаторы бывают в основном двухколонными и четырехколонными. Столбчатые радиаторы доступны с ножками или без них для легкой установки на полу или стене. По сравнению с радиатором аэродинамического профиля, столбчатый радиатор обладает высокой тепловой прочностью металла и коэффициентом теплопередачи, его легко очистить от пыли и легко распределить требуемую площадь, поэтому он широко используется. С развитием экономики и повышением эстетического уровня людей такие радиаторы начали постепенно устраняться из-за несоответствия с внутренней отделкой, однако по-прежнему могут использоваться в особых случаях.

II. Стальной радиатор

Стальной радиатор обладает высокой несущей способностью, небольшим размером, легким весом и хорошей ударной вязкостью стали, что удобно для механической обработки в различные декоративные радиаторы. Теплопроводность лучше, чем у чугунных, а сталь имеет меньшую тепловую инерцию, что облегчает регулировку. Однако из-за его плохой коррозионной

стойкости он обычно используется в системах водяного отопления. Стальные радиаторы бывают колонного, пластинчатого, плоскотрубного и струнно-конвекционного типа.

I) Стальной колонный радиатор

Конструкция колонных радиаторов аналогична конструкции чугунных столбчатых радиаторов, и каждая часть также имеет несколько полых колонн. Этот тип радиатора изготовлен из холоднокатаного стального листа толщиной 1, 25-1, 5 мм, штампованного и расширяющегося в виде полуколонны в форме листа Два листа полуцилиндрического типа соединяются в один лист путем сварки под давлением, а отдельные детали соединяются с радиатором с помощью газовой сварки (рис. 4-1-12) .

II)Стальной струнно-конвекционный радиатор

Стальной конвекционный радиатор закрытого типа состоит из стальной трубы, стального листа, коллектора и соединения труб. Размер стального струнного конвекционного радиатора представлены высотой × шириной, а его длина может быть изготовлена в соответствии с проектными требованиями (см. рис. 4-1-13) .

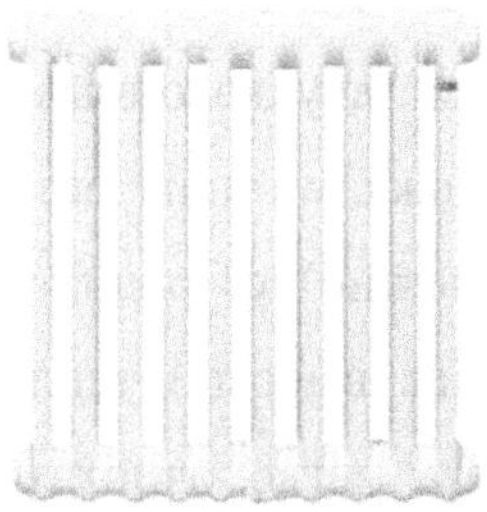

Рис. 4-1-12 Стальной колонный радиатор

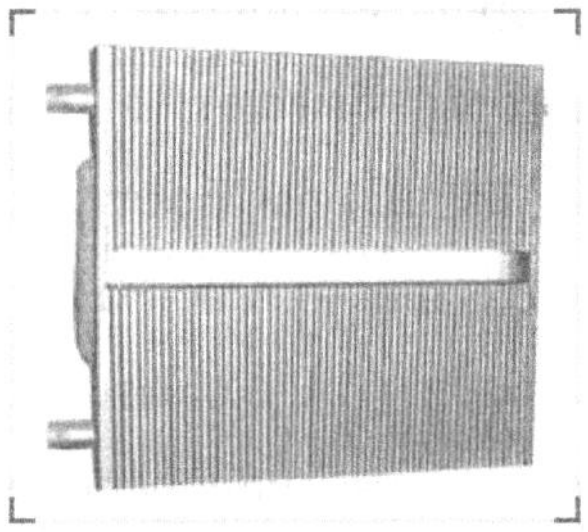

Рис. 4-1-13 Стальной струнно-конвекционный радиатор

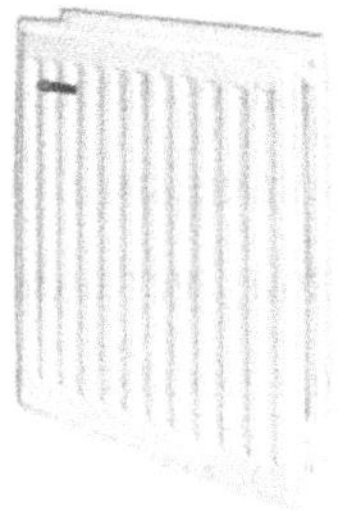

Рис. 4-1-14 Стальной пластинчатый радиатор

III) Стальной пластинчатый радиатор

Пластинчатый радиатор состоит из панели, задней панели, переходников входа и выхода воды, фиксирующей втулки дренажной двери и верхнего и нижнего кронштейнов, как показано на рис. 4-1-14. Объединительная плата может быть двух типов: с конвекционным листом и без конвекционного листа.

IV) Плоскотрубный радиатор

Плоскотрубный радиатор сваривается из нескольких плоских

водопроводных труб, а на обоих концах добавлены коллекторы. Тип пластины плоскотрубного радиатора имеет четыре конструктивные формы: однопластинчатый, двухпластинчатый, однопластинчатый и двухпластинчатый с конвекционным листом.

В дополнение к стальным и чугунным радиаторам, можно встретить и радиаторы из других материалов, таких как алюминий, медь, сталь алюминиевый композит, медно-алюминиевый композит, нержавеющая сталь, алюминиевый композит и эмаль (бериллий).

2) Выбор радиатора

Функция радиатора заключается в передаче тепла, переносимого горячей водой по системе отопления, в помещение через стену радиатора. Выбор радиатора должен соответствовать следующим основным требованиям: хорошие тепловые характеристики, соответствующая требованиям несущая способность, соответствие формы и внутренней отделки, легкое удаление накопленной пыли. Как правило, в гражданских зданиях следует использовать радиаторы с красивым внешним видом и которые легко чистить. В производственных помещениях с повышенными требованиями к пылевыделению или пылепредотвращению следует применять легко очищаемые радиаторы. В производственных помещениях с агрессивными газами или помещениях с относительно высокой влажностью следует применять чугунные радиаторы. Необходимые антикоррозионные меры должны быть приняты, когда в системе горячего водоснабжения используются стальные радиаторы, для системы парового отопления нельзя применять стальной колонный радиатор, пластинчатый радиатор и плоскотрубный радиатор.

3) Расположение радиатора

При обустройстве радиатора обратите внимание на следующие правила:

(1) Радиатор, как правило, должен быть установлен под подоконником внешней стены, чтобы конвективный поток горячего воздуха, поднимающийся вдоль радиатора, предотвращал и улучшал падающий поток холодного воздуха из стекла и чтобы воздух в помещении, был теплым и комфортным.

(2) Радиатор, как правило, должен быть открытым с простым расположением. В гражданских зданиях с высокими требованиями к внутренней отделке он может быть установлен скрыто, а в яслях и детских садах радиаторы должны быть скрытыми снабжены защитными крышками, чтобы

предотвратить ожоги у детей.

（3）В вертикальной однотрубной или двухтрубной системе отопления водяного отопления, две группы радиаторов в одном помещении могут быть соединены последовательно. Радиаторы в подсобных помещениях и коридорах, таких как кладовые, туалеты, санузлы и кухни, могут быть соединены последовательно с соседними помещениями, диаметр последовательной трубы должен совпадать с диаметром фитинга радиатора для обеспечения беспрепятственного потока воды.

【Размышления и упражнения】

（1）Система водяного отопления с механической циркуляцей может быть разделена на ______и _______системы, в зависимости от циркуляционной мощности системы.

（2）Система водяного отопления с механической циркуляцией может быть разделена на системы____________, системы с верхней подачей и верхним возвратом,_______________, _______________и системы со средней подачей, в зависимости от расположения магистральных трубопроводов подачи и возврата воды.

（3）Существует два основных типа радиаторов в зависимости от материалов их изготовления: ________________ и _____________.

（4）Радиатор должен быть установлен под __________ на наружной стене, и как правило, должен быть ______________.

（5）Изучив систему радиаторного отопления, попытайтесь завершить чертеж двухтрубной системы водяного отопления с гравитационной циркуляцией, верхней подачей и нижним возвратом, вместе с однотрубной системой отопления механической циркуляции горячей воды с одинаковым расстоянием потока.

Задача II Проектирование трубопровода подачи теплоносителя радиаторного отопления

【Ввод задачи】

Система отопления в основном состоит из трех частей: подготовки, транспортировки и использования теплоносителя. Функция радиатора заключается в передаче тепла, переносимого теплоносителем системы отопления, в помещение через стенку радиатора. Между подготовкой теплоносителя и его использованием осуществляется подача теплоносителя, соединение трубопровода используется для транспортировки теплоносителя и его возврата, в результате чего создается замкнутый контур между подготовкой, транспортировкой и использованием теплоносителя, а также осуществление рециркуляции теплоносителя. Проектирование трубопроводов теплоносителя радиатора в основном относится к проектированию системы внутреннего отопления.

【Подготовка к задаче】

1. Проектирование трубопроводов радиатора

Поскольку структура квартиры, мебель и расположение труб в домах пользователей сильно различаются, существует также много различий в способах подключения радиаторов. Ниже представлены различные формы проектирования трубопроводов для радиаторного отопления помещений с газовым настенным котлом в качестве источника тепла.

1) Форма проектирования разноконтурных параллельных трубопроводов

Разноконтурная параллельная система оснащена магистральным трубопроводом подачи и возврата воды. При достижении места монтажа радиатора подача и возврат воды подключаются к радиатору с помощью

трехходового фитинга, а подача воды в радиатор контролируется клапаном (см. рис. 4-2-1), «разноконтурность» проявляется в противоположном направлении подающей и возвратной воды в магистральном трубопроводе.

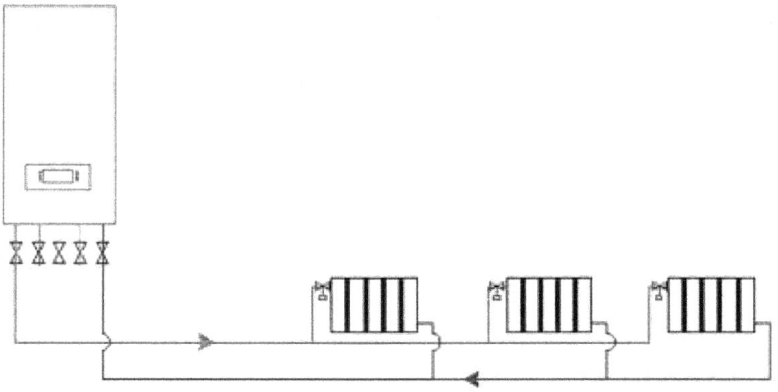

Рис. 4-2-1　Форма проектирования разноконтурных параллельных трубопроводов

Данный способ соединения позволяет свободно управлять каждой группой радиаторов, при разных температурных требованиях просто отрегулируйте степень открытия и закрытия клапана; если помещение находится в состоянии простоя, можно закрыть клапан. Недостатком данного способа соединения является то, что клапан, расположенный на конце радиатора, должен быть полностью открыт; чем ближе клапан радиатора к настенному котлу, тем меньше должна быть степень открытия, необходимо регулировать степень открытия других клапанов, в противном случае существует высокая вероятность того, что передний радиатор будет очень горячим, а задний радиатор нет.

2) Форма проектирования одноконтурных параллельных трубопроводов

Водоснабжение одноконтурной параллельной системы такое же, как и у разноконтурной параллельной системы, разница заключается в возвратной воде. Эта система собирает всю возвратную воду в место возвратной воды концевого радиатора, а затем возвратная вода возвращается в настенный котел по трубопроводу (см. рис. 4-2-2). «Одноконтурность» означает, что направление подающей и возвратной воды в магистральном трубопроводе одинаково.

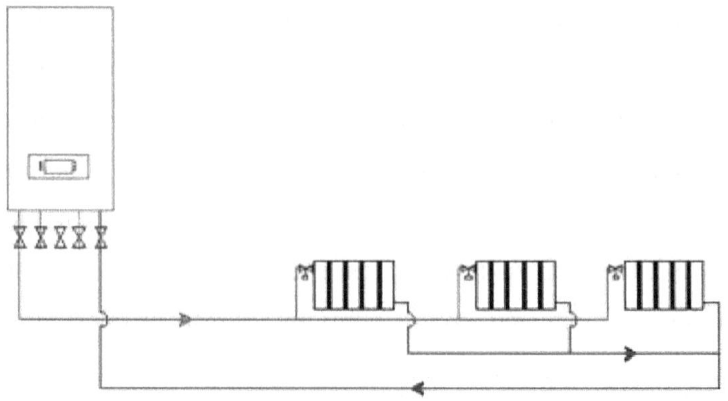

Рис. 4-2-2 Форма проектирования одноконтурных параллельных трубопроводов

Способ регулирования данной системы одинаков со способом регулирования разноконтурной параллельной системы. По сравнению с разноходовой параллельной системой, температура воды в каждой группе радиаторов более похожа.

3) Форма проектирования последовательных трубопроводов

Последовательная система заключается в последовательном соединении радиаторов после подсоединения труб от порта подачи воды настенного котла и подключении возвратнрй воды последней группы радиаторов обратно в место возвратной воды настенного котла (см. рис. 4-2-3) .

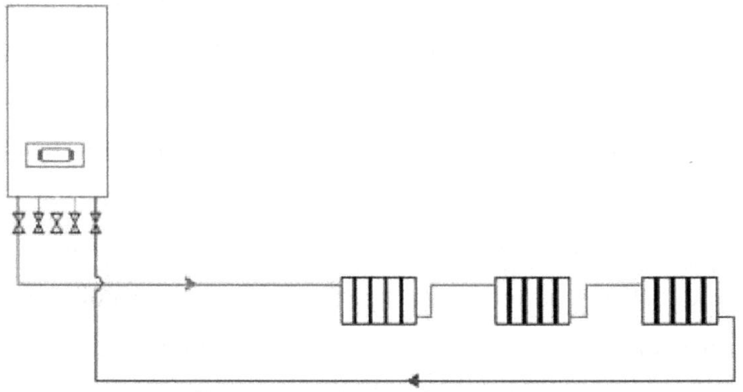

Рис. 4-2-3 Форма проектирования последовательных трубопроводов

Эта система не может самостоятельно регулировать определенную группу радиаторов, а может контролировать температуру в помещении только по заданной температуре настенного котла. Если вся теплоотводящая система большая, количество радиаторов большое, будет возникать значительная

разница температур от ближнего к дальнему от настенного котла радиатора.

4) Форма проектирования прорывно-последовательного трубопровода

Система прорывно-последовательного трубопровода представляет собой модернизированную версию последовательной системы, которая призвана решить проблему неуправляемости последовательной системы. К водопроводу каждой группы радиаторов подключается трехходовой регулирующий вентиль, а трехходовой фитинг подключается к подпору, который обеспечивает мостовое соединение для каждой группы радиаторов (см.рис. 4-2-4) .

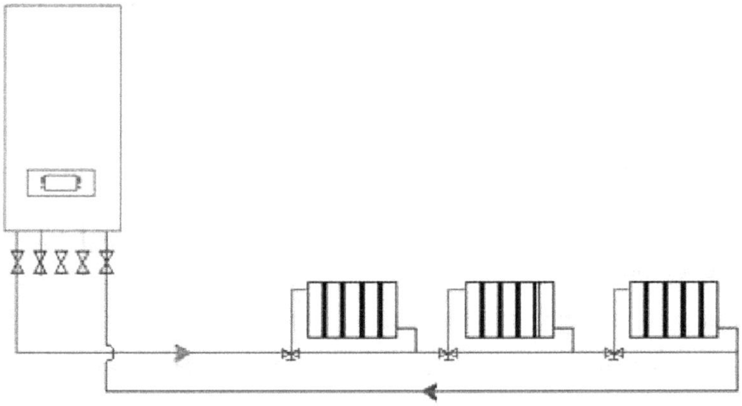

Рис. 4-2-4　Форма проектирования прорывно-последовательного трубопровода

Эта система может регулировать направление потока воды для отопления в соответствии с потребностями пользователей и может контролировать поток горячей воды для каждой группы радиаторов в отдельности, что может эффективно уменьшить разницу температур, вызванную последовательной системой.

5) Форма проектирования трубопровода типа «Осьминог»

В данной системе в качестве распределительного устройства отопительной воды используются водоотделители и водосборники, частота засорений и утечки очень низкая, а поток каждой ветви отопления сбалансирован и не влияет друг на друга, регулировка и контроль потока просты. Недостатком является то, что в данной системе используется много трубопроводов, которые не подходят для открытого монтажа (см.рис. 4-2-5) .

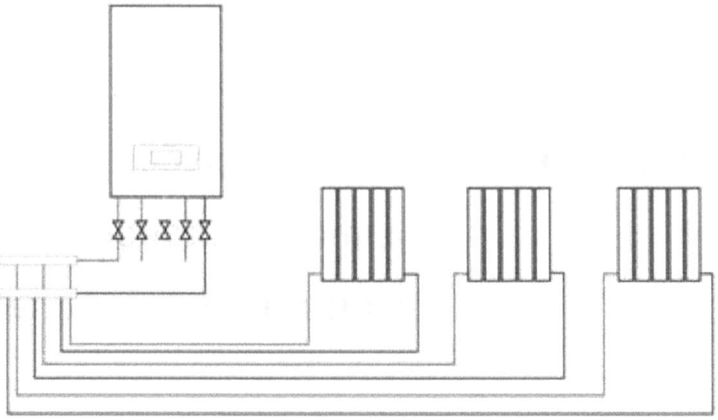

Рис. 4-2-5 Форма проектирования трубопровода типа «Осьминог»

2. Соединение трубопроводов радиатора

Формы соединения трубопровода радиатора включают: ввод сверху и вывод снизу на одной стороне, ввод сверху и вывод снизу по разным сторонам, ввод снизу и вывод снизу по разным сторонам, ввод снизу и вывод сверху по разным сторонам, ввод снизу и вывод сверху на одной стороне. Когда вход и выход радиатора расположенны по диагонали, эффект рассеивания тепла является наилучшим. При длине радиатора менее 1 м, его вход и выход также могут быть установлены на одной стороне (см. рис. 4-2-6).

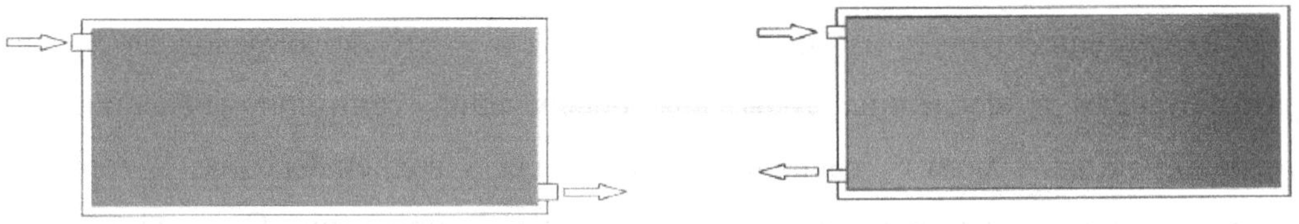

Рис. 4-2-6 Соединение трубопроводов радиатора

【Размышления и упражнения】

(1) Различные формы проектирования трубопроводов радиатора можно разделить на ______, ______, ______, ______ и ______.

(2) Способ соединения трубопроводов радиатора: ввод сверху и вывод снизу на одной стороне, ______, ввод снизу и вывод снизу по разным сторонам, ввод снизу и вывод сверху по разным сторонам, ______.

(3) Когда вход и выход радиатора ______ эффект рассеивания тепла является наилучшим.

Задача III Монтаж трубопровода подачи теплоносителя радиаторного отопления

【Ввод задачи】

В соответствии с существующим монтажным чертежом трубопроводов отопления из нержавеющей стали и переченем требуемых материалов выполните монтаж системы трубопроводов отопления, а затем проведите испытание давлением.

【Подготовка к задаче】

1. Технология компрессионного соединения и монтажа тонкостенных труб из нержавеющей стали

Тонкостенная труба из нержавеющей стали - это водопроводная труба, разработанная в последние годы для обеспечения санитарно-гигиенических условий. Она может использоваться для водоснабжения, горячего водоснабжения, питьевой чистой воды и других проектов. Он имеет такие преимущества, как легкий вес, хорошие механические свойства, длительный срок службы, низкий коэффициент трения, отсутствие вторичного загрязнения и т.д., а также имеет широкие перспективы применения. По мере развития технологии монтажа и строительства тонкостенных труб из нержавеющей стали, стала широко употребляться технология строительства компрессионного соединения. Это метод соединения, при котором для соединения трубы используется раструбная труба со специальным уплотнительным кольцом, а для зажима горловины трубы используется специальный инструмент, который играет роль уплотнения и затяжки. Такой метод имеет преимущества удобного монтажа, надежного соединения и экономической рациональности, что позволяет эффективно повысить качество проекта и производительность труда.

Тонкостенная трубка из нержавеющей стали зажимается и соединяется с торцевым U-образным пазом фитинга с помощью уплотнительного кольца. При монтаже вставьте трубку из нержавеющей стали в фитинг и с помощью специальных обжимных клещей прижмите фитинг, так что трубка из нержавеющей стали и конец фитинга сжимались одновременно (поверхность образует шестиугольник) для достижения прочности соединения и удовлетворения требований герметизации.

2. Ключевые моменты контроля качества компрессионного соединения тонкостенных труб из нержавеющей стали

1) Компрессионное соединение тонкостенной трубы из нержавеющей стали

(1) После того, как труба разрезана, заусенцы внутри и снаружи трубы должны быть удалены с помощью специального напильника или специального устройства для удаления заусенцев. Если заусенцы удалить не полностью, резиновое уплотнительное кольцо будет разрезано, и при вставке произойдет утечка (см. рис.4-3-1) .

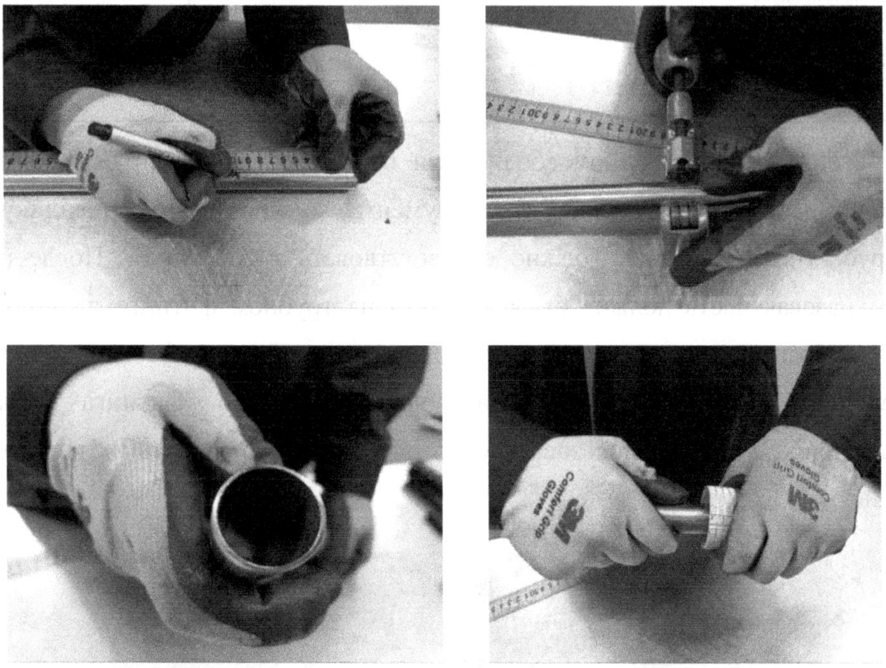

Рис. 4-3-1 Резка и удаление заусенц с трубы

(2) Прежде чем труба будет вставлена в фитинг, необходимо убедиться, что уплотнительное кольцо установлено в U-образной канавке на конце фитинга, добавление смазочного масла во время монтажа строго запрещено

(см. рис. 4-3-2) .

Рис. 4-3-2 Монтаж уплотнительного кольца и фитинга

(3) Труба должна быть вставлена в фитинг вертикально, если она перекошена, уплотнительное кольцо может срезаться или отвалиться, что приведет к утечке; длина вставки должна соответствовать требованиям, указанным в табл. 4-3-1, в противном случае может произойти утечка из-за неправильной вставки трубопровода.

Табл. 4-3-1 Пропорция длины вставки трубы

Номинальный диаметр (мм)	15	20	25	32	40	50	65	80	100
Длина вставки (мм)	21	24	24	39	47	52	53	60	75

(4) При компрессионном соединении паз челюсти должен быть близок к выпуклой части трубы, челюсть инструмента должна быть перпендикулярна оси трубы, а прессования должно соответствовать требованиям. После начала работы пазовая часть должна быть затянута на трубном фитинге до появления легкой вибрации; после компрессионного соединения тонкостенная труба из нержавеющей стали и раструбная часть трубного фитинга образуют шестигранник, можно использовать манометр, чтобы проверить их исправность (см. рис. 4-3-3) .

Рис. 4-3-3 Компрессионное соединение

2) Соединение тонкостенной нержавеющей трубы и резьбовых элементов. Соединение между тонкостенной трубой из нержавеющей стали и клапаном, счетчиком воды, краном и другими резьбовыми элементами должно быть выполнено с помощью специального переходника из нержавеющей стали, строго запрещается нарезать резьбу на тонкостенной трубе из нержавеющей стали.

3) Тепловая компенсация тонкостенных труб горячего водоснабжения из нержавеющей стали.

При монтаже тонкостенных труб горячего водоснабжения из нержавеющей стали должны быть приняты меры по компенсации труб в соответствии с проектными требованиями. Для труб с номинальным диаметром ≤ 25 мм можно использовать естественную компенсацию или квадратную компенсацию, для труб большого диаметра можно выполнить компенсацию путем монтажа компенсатора из нержавеющей стали.

【Выполнение задачи】

При входе в рабочую зону надевайте нескользящую обувь, защитные перчатки и спецодежду, для того чтобы обеспечить личную безопасность при работе.

(1) Аккуратно расположите инструменты, необходимые трубы и фитинги, начертите базовую линию и подготовьте схему труб.

Использование штангенциркуля с цифровым индикатором

(2) Завершите работы по резке труб, необходимых для каждой секции трубопровода.

(3) Завершите сборку труб и фитингов.

(4) Установите и частично закрепите собранный трубопровод.

(5) Используйте обжимные клещи для завершения зажима трубопровода, отрегулируйте горизонтальный и вертикальный градус наклона.

Операция зажима должна быть выполнена за один шаг, не допускается многократный зажим, горизонтальный и вертикальный градус наклона трубопровода являются ключевым моментом проверки, необходимо правильно настроить его и исправить недочеты.

(6) Завершите испытание давлением.

Испытание давлением воздуха очень важно. Только через это испытание можно ввести систему трубопроводов в практическое использование. Необходимо убедиться в отсутствии утечек. Испытательное давление должно быть в 1, 5 раза больше рабочего, но не более 1, 6 МПа.

(7) Организация рабочего места. Согласно требованиям руководства мастерской, очистите собранные объекты, завершите сортировку вторичных отходов, образующихся в процессе работы, поместите инструменты в ящики и уберите мусор.

【Освоение навыков】

Студенты объединяются в группы от 4 до 6 человек, и выбирается руководитель группы, который распределяет работу для каждого человека.

Изучите перечень материалов и перечень инструментов для тонкостенных нержавеющих труб, заполните перечень материалов для алюминиево-пластиковых труб.

1. Подготовка труб и фитингов системы отопления

Перечень материалов системы отопления с тонкостенными трубами из нержавеющей стали приведен в табл. 4-3-2.

Табл. 4-3-2 Перечень материалов системы отопления с тонкостенными трубами

№ п/п	Наименование	Тип и характеристика	Кол-во	Ед. изм.	Примечание
1	Колено	L22	2	шт.	
2	Переходный тройник	T22-16-22	2	шт.	
3	Колпачок для трубы	C22	2	шт.	
4	Шарнир с внутренней резьбой	S22-3/4 F	2	шт.	
5	Шарнир с внутренней резьбой	S22-1/2 F	4	шт.	
6	Резьбовой фитинг из нержавеющей стали	3/4 дюйма	2	шт.	
7	Резьбовой фитинг из нержавеющей стали	3/4 дюйма	4	шт.	
8	Шаровой клапан из нержавеющей стали	3/4 дюйма	2	шт.	
9	Шаровой клапан из нержавеющей стали	1/2 дюйма	2	шт.	
10	Неармированная лента	20 м, утолщенная	5	рул.	

№ п/п	Наименование	Тип и характеристика	Кол-во	Ед. изм.	Примечание
11	Нержавеющая стальная труба (прямая)	DN 22x1.0мм 6м/шт.	1	шт.	
12	Нержавеющая стальная труба (прямая)	DN 16x1.0мм 6м/шт.	1	шт.	
13	Трубный хомут	DN15-22 M8	30	шт.	
14	Манометр	Диапазон измерения: 0-1МПа	1	шт.	
15	Инструмент для опрессовки	Полностью укомплектован в соответствии с фактическими требованиями	1	компл.	Сборка

2. Подготовка инструментов для изготовления и монтажа трубопроводов

Перечень инструментов для изготовления и монтажа трубопроводов приведен в табл. 4-3-3.

Табл. 4-3-3 Перечень инструментов для изготовления и монтажа трубопроводов

№ п/п	Наименование	Тип и характеристика	Кол-во	Ед. изм.	Примечание
1	Инклинометр с цифровым дисплеем	DXL-360S	1	шт	
2	Цифровой уровень	985D 600мм	1	шт.	
3	Угловая линейка с цифровым дисплеем	0~225°	1	шт	
4	Электрическая отвертка	12 V-18 V	1	шт	
5	Трубогиб	16мм	1	шт	
6	Обыкновенный гаечный ключ	14-29мм	1	шт	
7	Рулетка	3-5.5м	1	шт	
8	Стальная линейка	300мм	1	шт.	
9	Стальная линейка	500мм	1	шт.	
10	Угольник	300мм	1	шт.	
11	Проволочная щетка	Прямая рукоятка 314 без скребка	1	шт.	
12	Канцелярский нож	Большой размер	1	шт.	
13	Ручной гидравлический зажимной ключ	Гидравлическая нержавеющая сталь 1525	1	компл.	
14	Труборез	16-22мм	1	шт.	
15	Фаскорез	Медная труба, труба из нержавеющей стали	1	шт.	
16	Электрический зажимной ключ	Набор батарей	1	компл.	

3. Чтение чертежей и резка труб

Перед монтажем трубопроводов внимательно изучите сборочные чертежи и проверьте все комплектующие на надежность; расчёт размера должен быть строгим, нужно понимать требования задачи, внимательно изучить схему конструкции перед началом работы. Монтажная схема трубопроводов для отопления приведена на рис. 4-3-4.

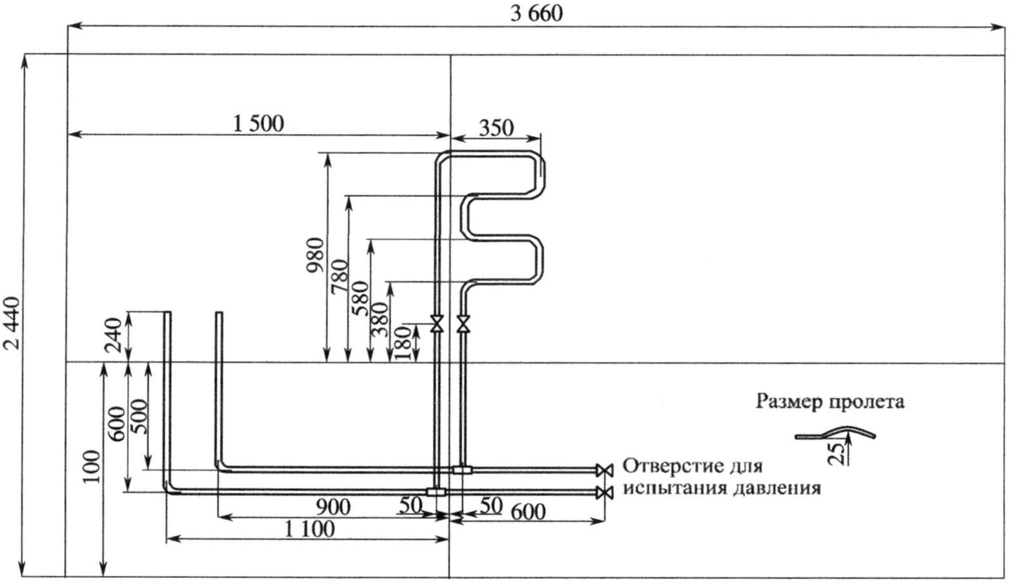

Рис. 4-3-4 Монтажный чертеж трубопроводов отопления

4. Технологический процесс монтажа и строительства трубопровода

1）Подготовка к монтажу

Начертите базовую линию, спланируйте положение хомута в соответствии со строительным чертежом и установите его. Трубный хомут и тонкостенная труба из нержавеющей стали должны быть изолированы пластиковой или резиновой прокладкой во избежание коррозии. Тип и характеристики трубного хомута должны соответствовать типу и характеристике материала трубы. Строго запрещается заменять их большим или меньшим коленом. Гайка трубного хомута должна быть оснащена плоской шайбой.

2）Предварительная обработка

По координатам и отметкам, указанным в проектном чертеже, и в сочетании с фактическим положением на месте монтажа, составьте эскиз обработки, проведите предварительное изготовление и сборку участка трубы по

чертежу.

(1) Нарезка материала: для труб небольшого размера используйте ручной труборез, торец должен быть заподлицо и перпендикулярен оси, а заусенцы должны быть удалены.

(2) Соединительные фитинги и трубы: начертите длину фитингов, которые должны быть вставлены в трубу из нержавеющей стали, чтобы они соответствовали требованиям. Затем вертикально вставьте трубу из нержавеющей стали в фитинги компрессионных: следует проверить расстояние между отметкой, нарисованной на трубе, и концом, при условном диаметре в 15-25 мм это будет 3 мм; и условном диаметре в 5 мм — 32-40 мм.

3) Монтаж трубопровода

(1) Доставьте предварительно изготовленные секции трубы в место монтажа по номеру установки.

(2) Используйте хомуты для фиксации труб на стене, при монтаже трубопровода условным диаметром ≤25мм можно также применять пластиковы й хомут.

(3) Осевые изгибы и скручивания строго запрещены при прокладке трубопровода, а при проходе через стену или перекрытие запрещается принудительная коррекция. При прокладке параллельно с другими трубами защитное расстояние должно быть оговорено в соответствии с проектными требованиями, при отсутствии проектных требований расстояние в свету не должно быть менее 100мм. При параллельности трубопроводов, тонкостенная труба из нержавеющей стали в траншее для труб должна располагаться на внутренней стороне трубы из оцинкованной стали.

(4) Подсоедините все участки труб прессованием.

(5) Испытание давлением должно проводиться после завершения монтажа данного модуля, проведите тест-испытане под давлением 0, 2МПа в течение 2 мин. и внесите поправки, после получения положительного результата тестирования сообщите учителю о проведении испытания давлением.

【Оценка задачи】

Критерии оценивания монтажа трубопровода радиаторного отопления приведены в табл. 4-3-4.

Табл. 4-3-4 Критерии оценивания монтажа трубопровода радиаторного отопления

№ п/п	Содержание оценки	Критерии оценивания	Баллы	Набранные баллы
1	Размер	Используйте уровень и стальную линейку для проверки внешней стенки трубы и контрольной линии, отметьте положение в середине трубы, удобное для измерения, а затем равномерно измерьте, погрешность размеров $\leqslant \pm 2$мм считается допустимой	4x0, 5=2	
2	Горизонтальный и вертикальный градус	Измерьте цифровым уровнем в 60 мм, погрешность размеров $\leqslant 0,5°$ считается допустимой	4x0, 5=2	
3	Качество изгиба	Любая морщина или овальность более 10%, считаются непригодными	2x0, 5 = 1	
4	Угол изгиба	Измерьте цифровы угловым уровнем, погрешность угла $\leqslant 1°$ присчитается годной	2x0, 5 = 1	
5	Клапанное соединение	Проверьте все резьбовые соединения, если возникают такие проблемы, как наличие повреждений на торце клапанов, обнажение резьбовой ленты, резьбовые соединения не открыты на 1-2 витка, то считается непригодным	2x0,5 = 1	
6	Трубное соединение	В месте прессования нержавеющей стали, линия глубины раструба видна и находится в пределах 2мм от торца фитинга, а положение прессования правильное	2x0, 5 = 1	
7	Испытание давлением	Испытание давлением 0, 2МПа в течение 2 мин., при снижении значения манометра считается непригодным	2	

【Размышления и упражнения】

Если данная система отопления изготовлена из алюминиево-пластиковой трубы или оцинкованной стальной трубы, можете ли вы выполнить ее монтаж？

Проект V

Теплый пол

【Описание проекта】

Для проектирования и монтажа системы теплого пола требуются соответствующие теоретические знания, проект знакомит с концепцией, принципом и структурой теплого пола , основным оборудованием теплого пола, основным рабочим процессом теплого пола и основной технологией его монтажа.

【Цели проекта】

(1) Освоить концепцию теплого пола.

(2) Понять рабочий процесс теплого пола.

(3) Овладеть основным оборудованием для монтажа теплого пола.

(4) Освоить основные техники монтажа теплого пола.

Задача I Принцип работы теплого пола

【Ввод задачи】

При традиционных методах обогрева верхняя часть помещения составляет около 30 ℃, а место где находится человеческий организм особенно ноги, всего 15 ℃ или даже ниже. Традиционная китайская медицина считает, что «тепло рождается от головы, а холод проникает в организм через ноги». Чтобы согреть людей, нужно сначала согреть ноги, только когда ноги теплые, тело будет чувствовать тепло.

Теплый пол — это лучистое тепловыделение от пола, которое является наиболее комфортным методом обогрева. Температура поверхности в помещении однородна, а температура в помещении постепенно снижается снизу вверх с увеличением высоты, эта температурная кривая точно соответствует физиологическим потребностям человека, даря людям тепло для ног и прохладу для головы. В то же время подогрев пола может способствовать циркуляции крови в ногах, тем самым улучшая кровообращение всего тела, способствуя обмену веществ и в определенной степени повышая иммунитет.

Кроме того, среда «теплые ноги и голова в прохладе» позволяет избежать сонливости, что способствует улучшению памяти и повышению эффективности обучения и работы.

Теплый пол является эффективным, энергосберегающим, имеет низкие эксплуатационные расходы и может использовать различные низкотемпературные источники тепла, такие как остаточная горячая вода, солнечная энергия и геотермальная энергия. Даже если заданная температура в помещении на 2–5 ℃ ниже, чем при конвекционном нагреве, мы все равно можем получать то же количество тепла, а потери теплопередачи из-за разницы температур значительно уменьшаются; теплоноситель транспортируется при низкой температуре, а потери тепла в процессе передачи малы, при чем тепловой КПД высок. По сравнению с другими методами отопления уровень энергосбережения составляет около 20%, а при использовании зонального устройства контроля температуры уровень энергосбережения может достигать 40%.

Изучение концепции, принципа и навыков монтажа основного оборудования теплого пола будет способствовать популяризации технологии теплого пола и повышению качества жизни.

【Подготовка к задаче】

1. Понятие теплого пола

Теплый пол представляет собой один из способов отопления, заключающийся в укладке тепловыделяющего материала под декоративным слоем пола (например, керамической плиткой, деревянным полом и т.д.), затем отопление происходит за счет излучения тепла в помещение через тепловыделяющие материалы.

2. Характеристика теплого пола

1) Равномерное рассеивание тепла

Терминалом рассеивания тепла теплого пола является сам пол, где весь дом равномерно оборудован теплым полом с большой площадью рассеивания тепла. По сравнению с традиционными методами отопления, такими как кондиционеры и радиаторами, в горизонтальном направлении нет очевидного градиента температуры. Благодаря системе теплого пола, при более низкой заданной температуре можно обеспечить отопление всего помещения, а

тепловой комфорт будет выше.

2) Чистота и здоровье

Принцип системы теплого пола заключается в лучистой теплопередаче, по сравнению с конвекционным циркуляционным обогревом кондиционеров и отопления, он может эффективно уменьшить распространение пыли и бактерий в воздухе, а также сделать воздух в помещениях более чистым и гигиеничным.

Система теплого пола соответствует характеристикам температуры человеческого тела, тепло поступает от ног, что может эффективно способствовать циркуляции крови в ногах, тем самым улучшая кровообращение всего тела и способствуя обмену веществ. Градиент температуры в вертикальном направлении постепенно уменьшается снизу вверх, обеспечивая тепло без ощущения духоты.

Оборудование системы теплого пола изолировано от нагревательного терминала, и оно работает практически бесшумно.

3) Охрана окружающей среды и энергосбережение

По сравнению с традиционным методом конвекционного отопления, система теплого пола обладает очевидным энергосберегающим эффектом. В процессе теплопередачи потеря тепла невелика, и тепло сконцентрировано наверху, что приносит пользу человеческому телу. Даже если заданная температура в помещении на 2-5℃ ниже, чем при конвекционном отоплении, теплый пол дает такое же ощущение тепла.

4) Красота и элегантность

Вся система имеет скрытый монтаж, в помещении нет ни радиаторов ни кондиционеров, что не влияет на стиль отделки и красоту.

3. Оборудование теплого пола

Теплый пол в основном состоит из настенного газового котла, циркуляционного насоса, магистрального трубопровода, вспомогательных/водяных коллекторов, змеевика напольного отопления, термостата, исполнительного механизма и других частей.

1) Настенный газовый котел

Настенный газовый котел использует природный газ, искусственный газ или сжиженный газ в качестве топлива. После сжигания горелкой в камере сгорания, тепло передается в оборотную воду через теплообменник, вода в системе теплого пола циркулирует в теплообменнике и трубопроводе,

превращаясь в циркулирующую воду. В процессе возвратно-поступательного нагрева тепло направляется в здание для охлаждения, затем нагревается, чтобы обеспечить источником тепла для здания (см. рис. 5-1-1 и 5-1-2) .

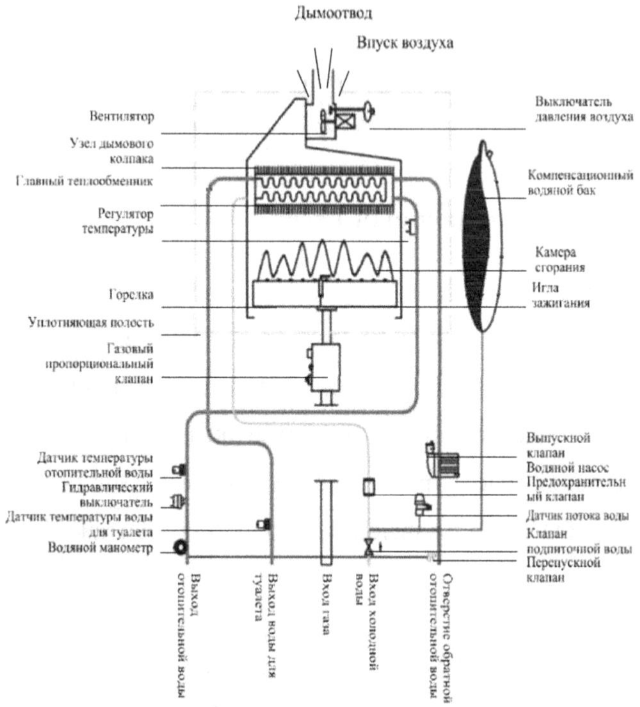

Рис.5-1-1 Схема конструкции корпусного настенного газового котла двойного назначения

Рис. 5-1-2 Внешний вид настенного газового котла

Выбор настенного котла основан на тепловой нагрузке отопления дома, в основном это 18 кВт, 24 кВт, 28 кВт и 32 кВт.

По теплообменным элементам газовые настенные котлы двойного назначения можно разделить на корпусные и модульные.

2) Циркуляционный насос

Циркуляционный насос является вспомогательным оборудованием теплого пола и источником энергии для циркуляции воды в трубопроводе теплого пола (см.рис.5-1-3) . Выбор циркуляционного насоса определяется расходом циркуляционной воды в системе теплого пола. В процессе монтажа циркуляционного насоса необходимо обратить внимание на направление монтажа, которое должно совпадать с направлением потока воды теплого пола.

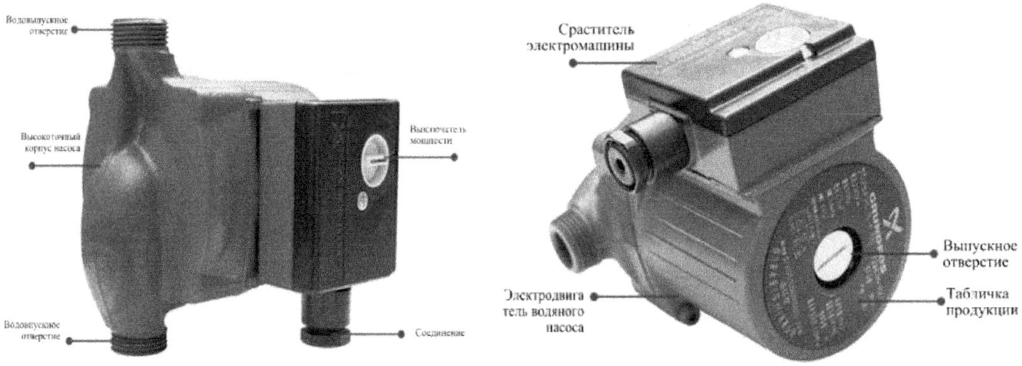

Рис. 5-1-3 Циркуляционный насос

3) Магистральный трубопровод

Магистральным трубопроводлом теплого пола является трансмиссионный трубопровод, который направляет воду для отопления от источника тепла к водосборнику и водоотделителю. Как правило, для монтажа используются трубы PPR и алюминиево-пластиковые трубы, а некоторые владельцы используют медные трубы или трубы из нержавеющей стали для монтажа (см. рис. 5-1-4) .

Рис. 5-1-4 Водоотделитель, водосборник и магистральный трубопровод

4) Водоотделитель и водосборник

Водоотделитель и водосборник включают в себя разделительную трубу, магистральную трубу, вытяжные и дренажные устройства, отводные клапаны и фитинги для водоотделителя и водосборника (см. рис.5-1-5) . Из-за влияния гидравлических характеристик длину трубы обогрева пола необходимо ограничить в определенном диапазоне, поэтому площадь, которую может

покрыть петля, ограничена. Таким образом, площадь, которую может покрыть одна петля (цикл), ограничена. Обогрев помещения должен осуществляться за счет нескольких петель (циклов), для которых устройство распределения и сбора теплоносителя, выступает водоотделитель и водосборник, которые обычно называют сердцевиной системы теплого пола.

Горячая вода всей системы теплого пола равномерно распределяется по каждому ответвлению водоотделителем и водосборником, а после циркуляции в трубопроводах теплого пола собирается и распределяется под гидравлическим воздействием циркуляционного насоса для обеспечения безопасной и нормальной эксплуатации всей системы отопления.

Водоотделитель и водосборник выбирают в зависимости от площади обогрева и количества змеевиков теплого пола.

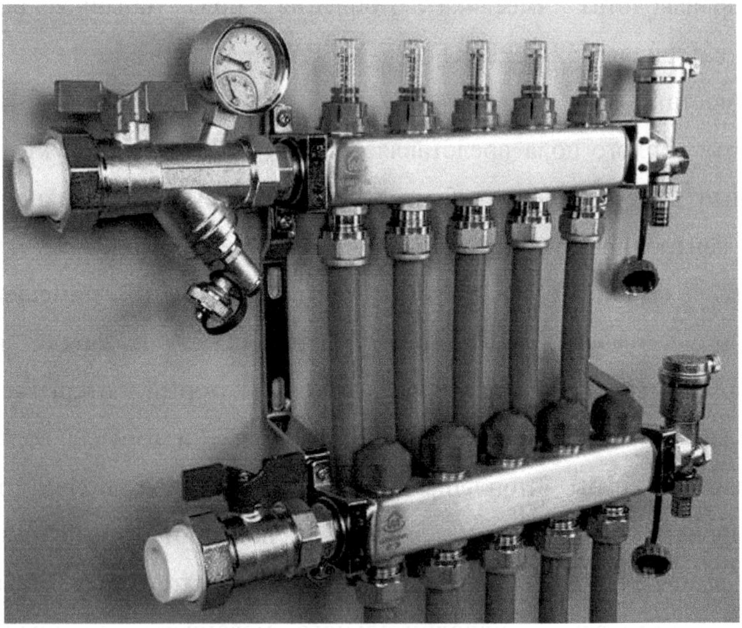

Рис. 5-1-5 Водоотделитель и водосборник

5) Змеевик теплого пола

Змеевик теплого пола является теплоотводящим терминалом системы теплого пола, качество которого непосредственно влияет на эффект отопления системы теплого пола. В связи с тем, что змеевик отопления пола установлен скрыто, он должен быть представлен в одном цикле как одна целая труба, а в трубопроводе не должно быть соединений (см.рис.5-1-6) .

Рис. 5-1-6 Змеевик отопления пола

Для производства змеевика отопления пола обычно используются следующие материалы: PB, PE-RT, PE-X, PAP и т. д.

6) Термостат

Термостат теплого пола представляет собой конечный продукт управления, разработанный для управления оборудованием системы теплого пола, который позволяет контролировать температуру в зависимости от потребностей пользователя (см.рис.5-1-7). Когда температура в помещении ниже установленного значения, термостат отправляет команду на запуск электрического исполнительного механизма, который открывает клапан, установленный в магистральной трубе сбора воды, и горячая вода поступает через клапан и трубы отопления, проложенные под полом помещения, выполняя процесс отопления помещения. И наоборот, когда температура в помещении выше установленного значения, термостат отправляет команду на отключение электрического исполнительного механизма, который закрывает клапан, установленный в магистральной трубе сбора воды, таким образом горячая вода не может проходить через трубы отопления, проложенные под полом помещения, и прекращает отопление помещения. Некоторые модели термостата могут устанавливать или переключать температуру в помещении в разные периоды времени, реализуя интеллектуальное отопление.

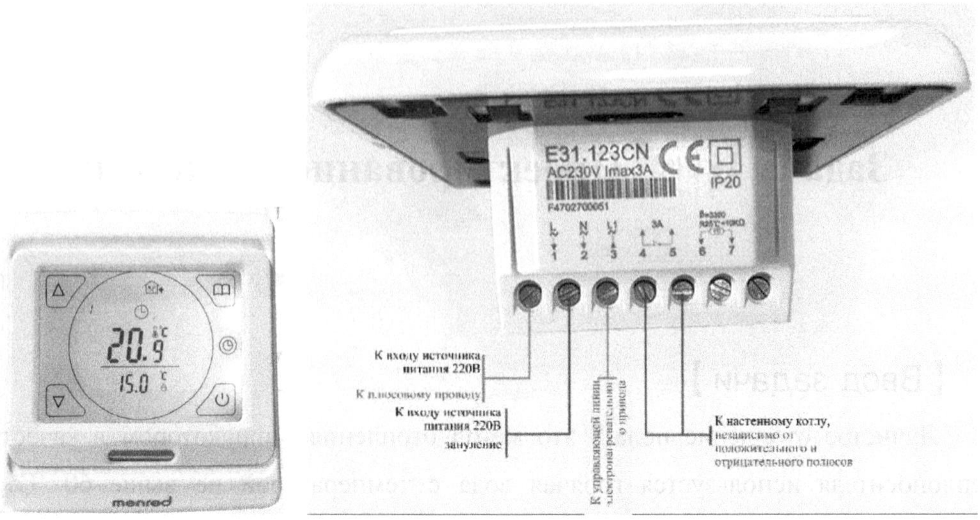

Рис. 5-1-7 Панель термостата и схема соединения

7) Исполнительный механизм

Электрический исполнительный механизм устанавливается на основной магистрали водоотделителя и водосборника, он соединяется с интеллектуальным термостатом помещения с помощью провода, который выполняет функцию получения команды от комнатного термостата, и управляет открытием или закрытием клапанов на водоотделителе и водосборнике. Таким образом, расход воды в каждом контуре трубы теплого пола контролируется, как и температура в каждой комнате (см. рис. 5-1-8) .

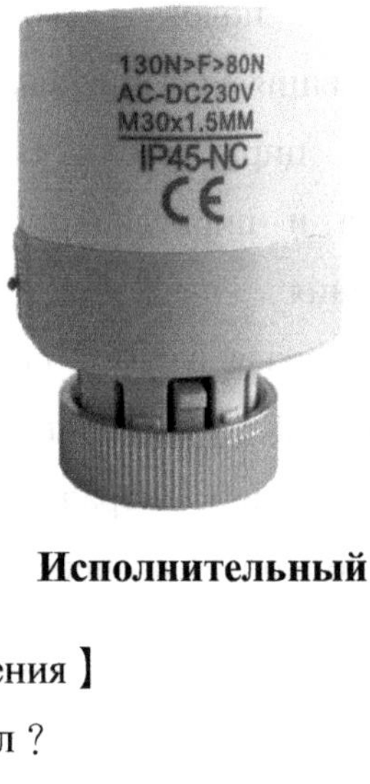

Рис. 5-1-8 Исполнительный механизм

【 Размышления и упражнения 】

(1) Что такое теплый пол ?

(2) Перечислите оборудование теплого пола.

Задача II Проектирование теплого пола

【Ввод задачи】

Лучистое отопление пола - это метод отопления, при котором в качестве теплоносителя используется горячая вода с температурой не выше 60 ℃, циркулирующая в трубе отопления, обогревающая пол и подающая тепло в помещение через пол за счет лучисто-конвекционного теплообмена, Конструкция теплого пола и способ его укладки очень важны для качества и эффекта обогрева.

【Подготовка к задаче】

1. Подача горячей воды теплого пола

1）Подача горячей воды при центральном отоплении

При центральном отоплении используется горячая вода, передаваемая со стации теплоснабжения или теплообменной станции, которую мы называем теплоносителем. В этом процессе есть два ключевых фактора, которые составляют суть работы теплых полов – герметизация и циркуляция. Так называемый бустер и циркуляция обеспечивают подачу горячей воды в помещение и ее нормальную циркуляцию. В это время необходимы два устройства - бустерный насос и циркуляционный насос. Бустерный насос, предназначен для повышения давления циркулирующей воды, а циркуляционный насос, предназначен для создания движущей силы для циркуляции, позволяющей горячей воде течь туда и обратно между подачей и возвратом воды. Основная функция центрального отопления заключается в транспортировке горячей и холодной воды через бустерный и циркуляционный насосы（см.рис.5-2-1）.

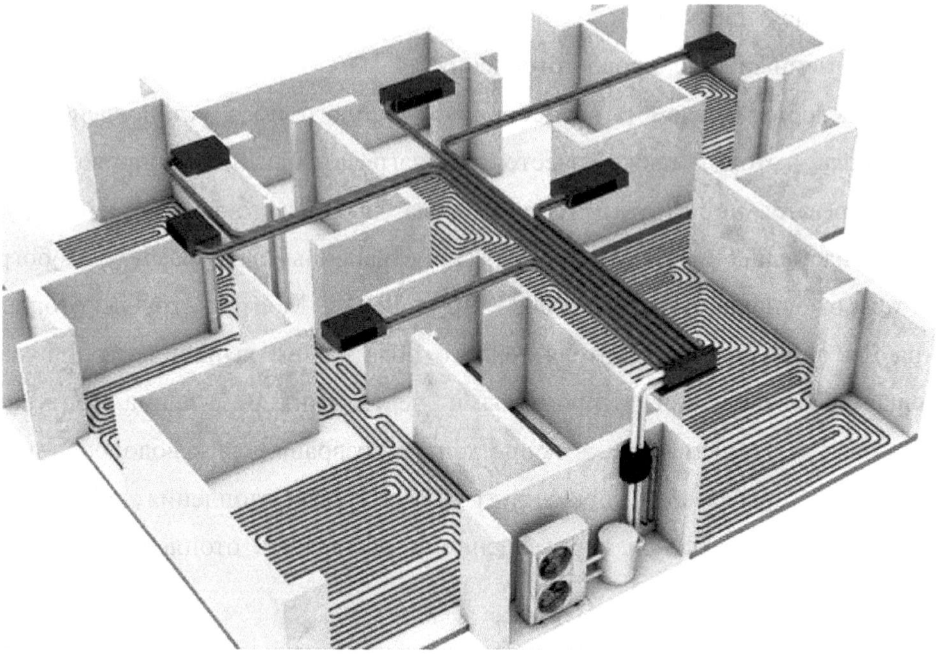

Рис. 5-2-1 Схема конструкции теплого пола

2) Монтаж теплого пола в доме

Распространенным источником тепла для системы теплого пола, устанавливаемым отдельно в доме, является газовый настенный котел или электронагреватель и т.д., потребляющее газ или электрическую энергию для нагрева теплоносителя при подаче тепла наружу. Нормальная циркуляция горячей воды в помещении зависит от герметизации и циркуляции. Как правило, давление бустерного насоса может достигать 0, 55 МПа. Циркуляционный насос может достигать перепада давления до 0, 1 МПа.

2. Теплый пол и подземная циркуляция горячей воды

1) Многопрофильные водосборные устройства

Многопрофильные водосборные устройства в основном представлены водоотделителем и водосборником. Роль водоотделительного устройства заключается в распределении горячей воды, передаваемой источником тепла, в каждый контур. Функция водосборника состоит в том, чтобы собирать теплоноситель из водоотделителя через каждый контур и в конечном итоге возвращать его в магистраль возвратной воды. Таким образом, горячая вода может поступать в водоотделитель снаружи, а затем циркулировать под землей, затем возвращаться в водосборник через трубопровод возвратной воды, потом в магистраль возвратной воды и, наконец возвращаться в циркуляционный насос

для непрерывной циркуляции.

2) Подземный трубопровод отопления

Под водоотделителем и водосборником теплого пола установлен змеевик теплого пола, который также известен как нагревательный трубопровод теплого пола. Нагревательные трубы теплого пола прокладываются «змейкой» под полом. В настоящее время наиболее распространенными трубами для обогрева являются в основном трубы PE-RT или PE-X. Монтаж трубы отопления начинается от водораспределителя теплого пола, затем выполняется прокладка змеевика в соответствии с проектными чертежами. Вся длина контура не должна быть более чем 80 м, в конце контур возвращается к водосборнику. Во время работы горячая вода циркулирует в этих трубах отопления, скрытых под землей, чтобы нагреть пол в помещении и обеспечить отопление помещения (см.рис.5-2-2) .

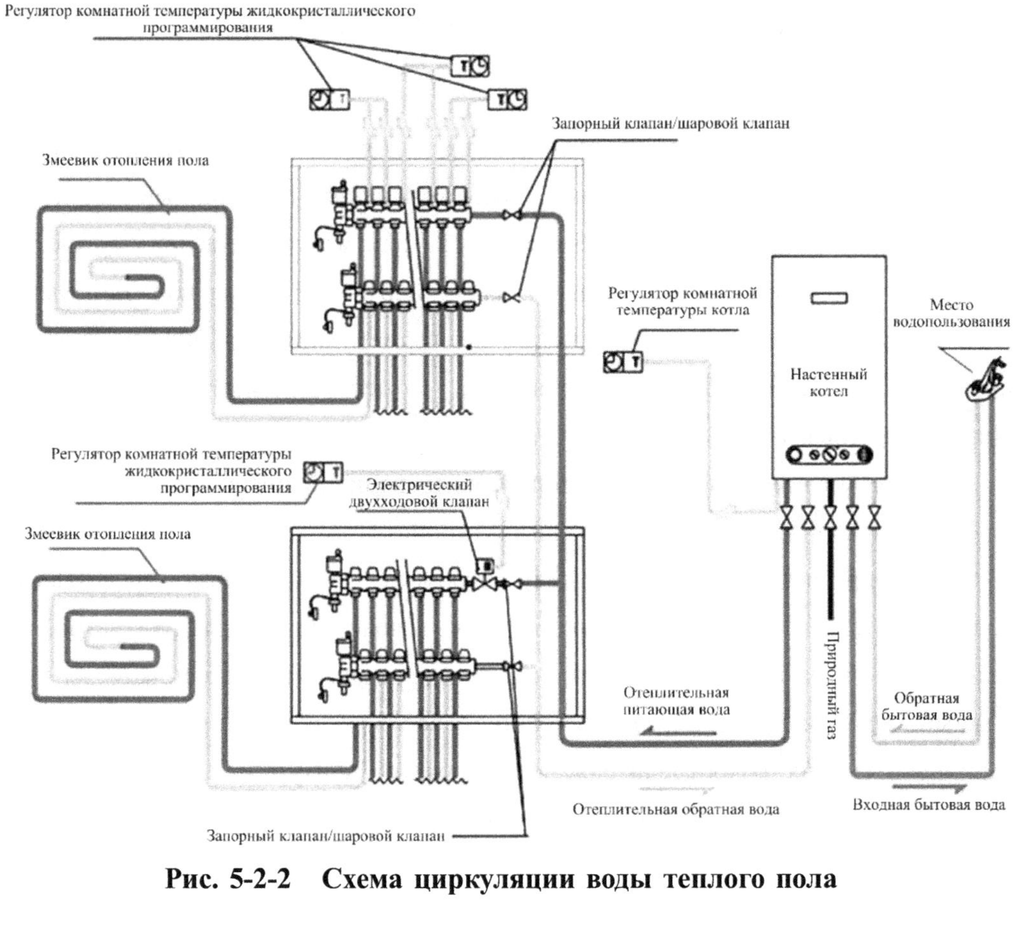

Рис. 5-2-2 Схема циркуляции воды теплого пола

3. Теплообмен системы теплого пола

1) Теплопроводность

Так называемая теплопроводность - это передача тепла через контакт между материалами. Система теплого пола заключается в заглублении труб отопления под землю, а горячая вода передает тепло окружающим материалам через стенки труб.Например, если засыпка бетонная, тепло передается бетону за счет теплопроводности и бетон нагревается.

2) Тепловое излучение

Тепловое излучение означает процесс теплообмена между объектами с разной температурой, имеющими разную температуру и не контактирующими друг с другом посредством электромагнитных волн. После того как весь пол в помещении нагревается, пространство в помещении будет нагрето тепловым излучением. Поэтому, по мере возможности, не допускается наличие препятствий на полу помещения, где используется теплый пол, в противном случае это может повлиять на эффект рассеивания тепла (см. рис. 5-2-3) .

Рис. 5-2-3 Пример теплого пола

4. Конструкция теплого пола

Восходящая структура теплого пола выглядит следующим образом:

(1) Бетонный слой: железобетонный пол.

(2) Изоляционный слой: укладка пенополистирольного листа (лист XPS)

с отражающей пленкой (алюминиевая фольга на основе нетканого материала), как показано на рис. 5-2-4 и 5-2-5) . Пенополистирольная плита используется для изоляции теплопередачи вниз (также может быть использован пенобетон), а отражающая пленка предотвращает теплопередачу излучения вниз.

Рис. 5-2-4 Пенополистирольный лист

Рис. 5-2-5 Алюминиевая фольга на основе нетканого материала

3) Стальная сетка: в качестве основы для крепления трубопровода отопления она обеспечивает равномерное излучение тепла и предотвращает чрезмерную локальную температуру (см.рис. 5-2-6) . Водяное отопление также может быть закреплено грибовидными пластинами (см.рис.5-2-7) .

Рис. 5-2-6 Схема сетки

Рис. 5-2-7 Грибовидная пластина

(4) Трубопроводы отопления пола

Материалы для отопления пола делятся на два типа: гидротермальный и электрический. Трубы PE-RT, PE-X или PB обычно используются для гидротермального отопления, а нагревательные кабели или электрические нагревательные пленки обычно используются для электрического отопления.

(5) Слой наполнителя

Заливка горохово-гравийным бетоном служит для равномерного распределения и аккумуляции тепла (см.рис.5-2-8) .

Рис. 5-2-8 Бобовые камушки

5. Способ укладки труб отопления пола

Отопительные трубы пола могут прокладываться двухцепными или S-образными.

【Размышления и упражнения】

Кратко опишите три рабочих процесса системы теплого пола.

Задача III Монтаж теплого пола

【Ввод задачи】

Необходимо установить систему теплого пола для конкретного пользователя. Спроектируйте и установите трубопровод в соответствии с потребностями пользователя.

【Подготовка к задаче】

Способы и этапы монтажа теплого пола приведены ниже.

(1) Проверка и измерение водоотделителя и водосборника

После распаковки запечатайте защитную пену и внешнюю упаковку, чтобы

развить хороший профессионализм. Проверьте внешний вид водоотделителя и водосборника на наличие дефектов; прочтите руководство по эксплуатации и проверьте комплектность принадлежностей (см. рис. 5-3-1); измерьте размеры опор и выпускных отверстий водоотделителя и водосборника; закройте неиспользуемые выходы на водоотделителе и водосборнике.

(2) Определение места монтажа водоотделителя и водосборника. В соответствии с размерами и расположением магистральных трубопроводов и труб теплого пола, а также монтажными размерами водоотделителя и водосборника на чертеже, рассчитайте место монтажа опоры водоотделителя и водосборника. Отметьте положение резьбовых отверстий опор водоотделителя и водосборника.

(3) Монтаж опоры для водоотделителя и водосборника. В соответствии с положением на стене закрепите опоры водоотделителя и водосборника саморезами.

(4) Монтаж водоотделителя и водосборника. Сначала установите прокладку в опору водоотделителя и водосборника, затем установите водоотделитель и водосборник на опоре для крепления, при монтаже обратите внимание на измерение расстояния установки от магистрального трубопровода и труб теплого пола, обратите внимание на защиту поверхности водоотделителя и водосборника (см. рис. 5-3-2).

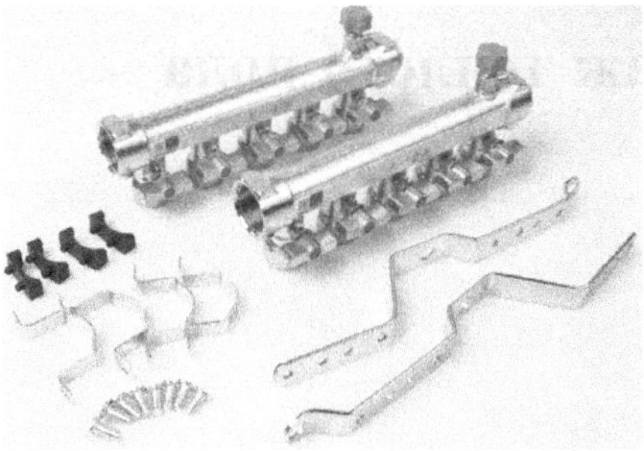

Рис. 5-3-1 Аксессуары водоотделителя/водосборника

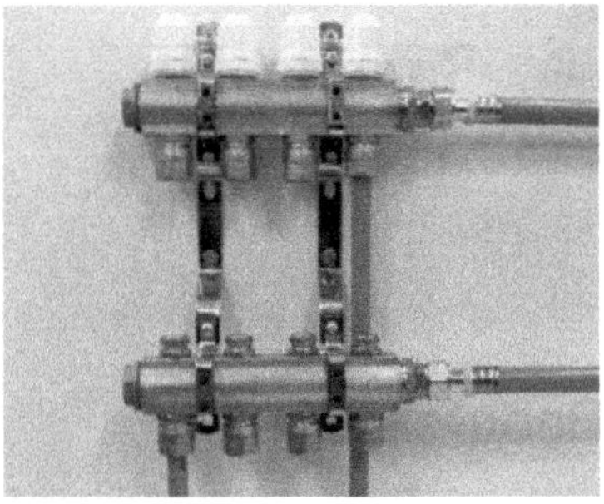

Рис. 5-3-2 Монтаж водоотделителя/водосборника

(5) Монтаж змеевика теплого пола. Для монтажа змеевика отопления пола основание закрепляется с помощью U-образного зажима. Перед монтажом положение U-образного зажима следует выбрать в соответствии с размером монтажа и положением базовой линии на чертеже. U-образный зажим должен быть оснащен хомутом на изгибе трубопровода. После определения положения

трубного хомута, закрепите U-образный зажим саморезами, и, наконец, установите трубопровод в соответствии с чертежами. В процессе монтажа трубопровода можно использовать пружину или трубогиб, чтобы согнуть изгиб трубопровода. Во время гибки будьте осторожны, чтобы не согнуть трубопровод, по завершении очистите место монтажа (см.рис. 5-3-3).

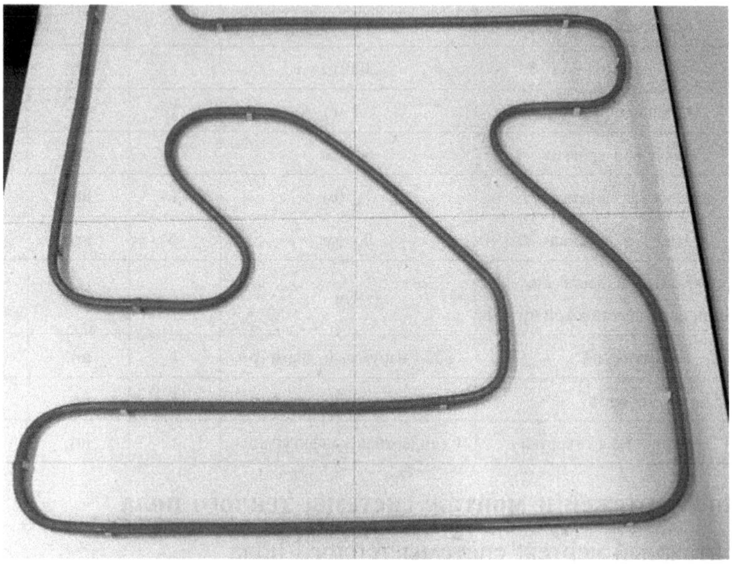

Рис. 5-3-3 Монтаж змеевика теплого пола

【Выполнение задачи】

Студенты объединяются в группы от 4 до 6 человек, и выбирается руководитель группы, который распределяет работу для каждого человека.

1. Подготовка материалов для монтажа системы теплого пола

Перечень материалов для монтажа системы теплого пола приведён в табл. 5-3-1.

Табл. 5-3-1 Перечень материалов для монтажа системы теплого пола

№ п/п	Наименование	Тип и характеристика	Кол-во	Ед. изм.	Примечание
1	Водоотделитель и водосборник	4-канальный	1	компл.	
2	Вкладыш	1-3/4	2	шт.	
3	Алюминиево-пластиковая труба	1620	1	м	
4	Алюминиево-пластиковая труба	1216	1	м	
5	Фитинг с наружной резьбой	HJS20*3/4 F	4	шт.	
6	Тройник с внутренней резьбой	T20*3/4 F	1	шт.	
7	Инструмент для опрессовки	Стандартная конфигурация	1	компл.	

2. Подготовка монтажных инструментов для системы теплого пола

Перечень инструментов монтажа системы теплого пола приведен в табл. 5-3-2.

Табл. 5-3-2 Перечень инструментов монтажа системы теплого пола

№ п/п	Наименование	Тип и характеристика	Кол-во	Ед. изм.	Примечание
1	Ножницы для алюминиево-пластиковых труб	Стандартная конфигурация	1	шт.	
2	Угольник	300мм	1	шт.	
3	Стальная рулетка	5 м	1	шт.	
4	Цифровой уровень	600мм	1	шт.	
5	Плоская линейка	1，0м	1	шт.	
6	Плоская линейка	0，5м	1	шт.	
7	Обжимные клещи для алюминиево-пластиковой трубы	Руч.	1	шт.	
8	Трубогиб	φ22 (наружный диаметр)	1	шт.	
9	Трубогиб	φ16 (наружный диаметр)	1	шт.	
10	Электрическая отвертка	Стандартная конфигурация	1	шт.	

3. Чтение чертежей и монтаж системы теплого пола

(1) Монтажный чертеж системы теплого пола

Монтажный чертеж системы теплого пола приведен на рис. 5-3-4.

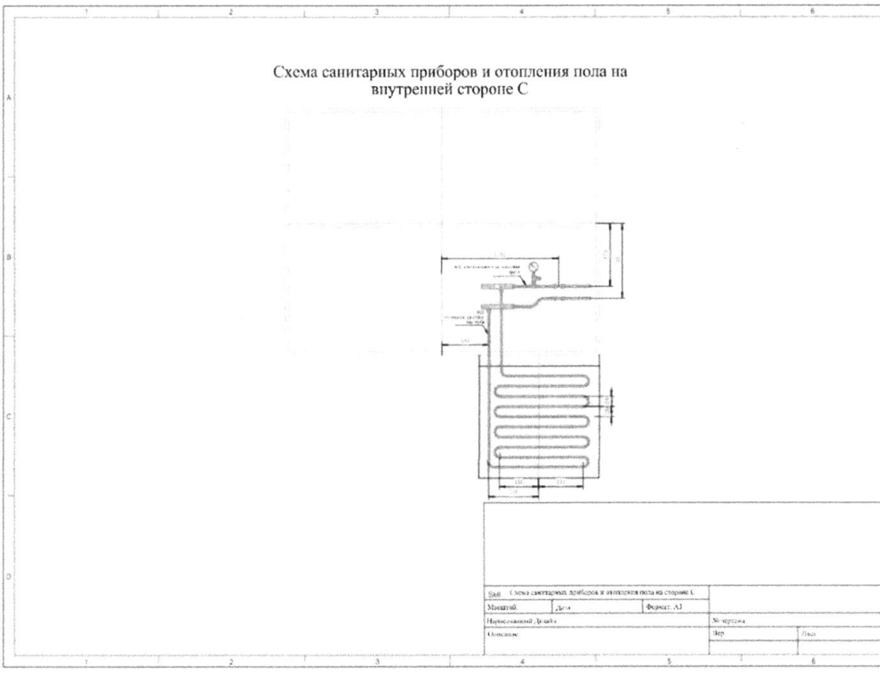

Рис.5-3-4 Монтажный чертеж системы теплого пола

(2) Результаты монтажа системы теплого пола приведен на рис.5-3-5.

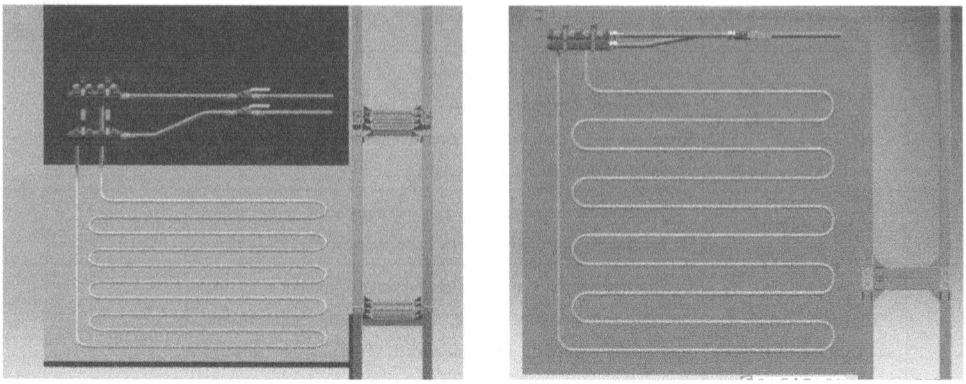

Рис. 5-3-5 Результаты монтажа системы теплого пола

【Освоение навыков】

(1) Студенты объединяются в группы от 4 до 6 человек, и выбирается руководитель группы, который распределяет работу для каждого человека.

(2) Распакуйте упаковку, проверьте аксессуары и внешний вид, а также правильно соберите водоотделитель и водосборник в соответствии с инструкциями.

(3) В соответствии с проектным чертежом найдите место монтажа и начертите монтажные отверстия.

(4) Установите опоры для водоотделителя и водосборника.

(5) Установите водоотделитель и водосборник.

(6) В соответствии с проектным чертежом найдите положение установки U-образного зажима змеевика теплого пола и установите его.

(7) В соответствии с проектным чертежом установите змеевик.

(8) Организация рабочего места. В соответствии с требованиями очистите собранные змеевики на месте, рассортируйте образовавшийся мусор, сложите инструменты в ящики и уберите мусор.

【Оценка задачи】

Критерии оценивания монтажа теплого пола приведены в табл. 5-3-3.

Табл. 5-3-3 Критерии оценивания монтажа теплого пола

№ п/п	Содержание оценки	Критерии оценивания	Баллы	Набранные баллы
1	Базовая линия	Отклонение размеров базовой линии более 2 мм или отклонение горизонтального и вертикального градуса более 0, 5° считается непригодным, соответственно и балы за размер будут составлять 0.	5	
2	Размер	Отклонение размеров ≤ ±2 мм считается допутимым. За каждое непригодную часть вычитывается 0, 5 балла.	5	
3	Горизонтальный и вертикальный градус	При измерении с помощью цифрового уровня в 60 мм, погрешность размеров ≤ 0, 5° считается допустимой, при непригодности вычитается 0, 5 балла за каждую часть.	5	
4	Угол изгиба	При измерении с помощью цифрового уровня, погрешность угла ≤ 1° считается допустимой, при непригодности вычитается 0, 5 балла за каждую часть.	5	
5	Качество изгиба	Любая морщина или овальность более 10%, считаются непригодными, при непригодности вычитается 0, 4 балла за каждую часть.	2	
6	Соединение клапана	Если возникают такие проблемы, как повреждение торца клапана, обнажение резьбовой ленты (зависит от того, можно ли оторвать ее руками), направление клапана одного и того же ряда трубопровода не совпадает (кроме клапана насоса), то считается непригодным. За каждое непригодное место вычитывается 0, 2 балла.	1	
7	Соединение труб	Отсутствует ослабление соединения, при негодности вычитается 0, 5 балла по каждому месту.	1	
8	Фиксация трубного хомута	Если трубный хомут не полностью установлен на место и кажется шатким, считается непригодным. За каждое непригодное место вычитывается 0, 3 балла.	1	
9	Испытание давлением	Трубопровод модуля теплого пола подвергается испытанию давлением 0, 2 МПа в течение 2 минут, при снижении значения манометра не получает баллы.	5	

【Размышления и упражнения】

(1) В чем разница между теплым полом и радиаторным отоплением?

(2) Какое манометрическое давление при испытании давления теплого пола и как долго оно должно поддерживаться?

Проект VI

Система холодного и горячего водоснабжения

【Описание проекта】

Трубопроводы горячей и холодной воды в основном используются для бытового холодного и горячего водоснабжения. Проектирование и монтаж системы холодного и горячего водоснабжения требуют соответствующих теоретических знаний. В этом проекте представлены классификация и структура системы водоснабжения, расположение, прокладка и антикоррозийная защита трубопроводов водоснабжения, а также основные технологии монтажа.

【Цели проекта】

(1) Освоить классификацию систем водоснабжения.

(2) Освоить систему водоснабжения.

(3) Усвоить расположение, прокладку и методы защиты от коррозии трубопроводов водоснабжения.

(4) Освоить основные технологии монтажа системы водоснабжения.

Задача I Принцип работы системы холодного и горячего водоснабжения

【Ввод задачи】

Надежная городская система водоснабжения является основным условием существования и развития городов. Система внутреннего водоснабжения здания должна учитывать качество, объем и давление воды, поставляемой наружной водопроводной сетью. После технико-экономического сравнения или комплексной оценки проводится распределение точек водоснабжения в здании, таких как санитарно-техническое и противопожарное оборудование, а также требования потребителя к безопасности и надежности водоснабжения и других факторов, которе определяет вариант и способ водоснабжения. Данная задача

представляет соответствующие теоретические знания о системе водоснабжения, а также знакомит с классификацией и структурой системы водоснабжения.

【Подготовка к задаче】

1. Классификация системы водоснабжения

Задача внутренней системы водоснабжения состоит в том, чтобы вводить воду из наружной сети водоснабжения в здание и направлять ее к различному водопроводному оборудованию для удовлетворения производственных и бытовых потребностей людей. В соответствии с требованиями потребителя к качеству, давлению, объему и температуре воды, а также в сочетании с наружным разделением системы внутреннего водоснабжения, ее можно разделить на три основные системы водоснабжения, а именно: систему хозяйственно-бытового водоснабжения, систему производственного водоснабжения и систему противопожарного водоснабжения.

1) Система хозяйственно-бытового водоснабжения

Хозяйственно-бытовое водоснабжение - это система подачи воды, которая используется для питья, приготовления пищи, мытья, купания, стирки белья, смыва туалетов, мытья полов и других бытовых целей повседневной жизни. Из-за различных требований людей к бытовому водоснабжению и различных требований к качеству воды ее можно разделить на систему бытовой питьевой воды, прямую систему питьевой воды и систему разного водоснабжения в зависимости от качества водоснабжения.

Система бытовой питьевой воды включает в себя воду для мытья и купания, система прямой питьевой воды включает в себя чистую воду, минеральную воду и другую питьевую воду, а система разного водоснабжения включает в себя воду для смыва туалетов и полива цветов и растений.

2) Система производственного водоснабжения

Производственная вода, необходимая в процессе производства, включает в себя: технологическую воду продукта, воду для очистки, холодную питьевую воду, воду для разбавления, воду для удаления пыли, котельную воду и т.д. Из-за разницы в технологическом и производственном оборудовании существует много типов систем производственного водоснабжения, поэтому требования к качеству воды сильно различаются, некоторые ниже, а некоторые выше стандарта бытовой питьевой воды. Поэтому система производственного

водоснабжения должна соответствовать требованиям технологии производства к качеству, объему, давлению и безопасности воды.

3) Система противопожарного водоснабжения

Система противопожарного водоснабжения подразделяется на систему пожарного водоснабжения, автоматическую спринклерную систему, систему водяной завесы, систему пожаротушения распылением воды и т. д. Вода для пожарных сооружений в основном включает в себя: воду для гидрантов, пожарных катушек и автоматических спринклерных систем. Противопожарная вода в основном используется для пожаротушения и борьбы с огнем (контроля за распространением огня) .

Выбор системы противопожарного водоснабжения определяется методом технико-экономического сравнения или комплексной оценки в соответствии с местными требованиями к качеству, объему и давлению воды в бытовой, производственной и противопожарной сферах. Вода для пожаротушения не требует высокого качества, но объем воды и давление воды должны быть гарантированы.

4) Комбинированная система водоснабжения

Не все вышеперечисленные основные системы водоснабжения могут присутствовать в одном и том же здании. В зависимости от конкретной ситуации, назначения и характера конструкции здания, проектных спецификаций и других требований, может быть установлена независимая или комбинированная система водоснабжения. Например, система бытового и производственного водоснабжения, система бытового и противопожарного водоснабжения, система бытового, производственного и противопожарного водоснабжения и т.д.

Выбор комбинированной системы водоснабжения должен определяться путем технико-экономического сравнения или применения метода комплексной оценки, в соответствии с требованиями к качеству, объему, давлению и температуре воды для бытового, производственного, противопожарного или другого вида использования водоснабжения, в сочетании с фактическим состоянием системы наружного водоснабжения.

2. Структура системы водоснабжения

Система внутреннего водоснабжения здания (на примере трехэтажного здания), обычно состоит из входных труб, водопроводных труб,

водопроводных фитингов, водопроводного оборудования, водораспределительных устройств, измерительных приборов и т.д. (см. рис.6-1-1) .

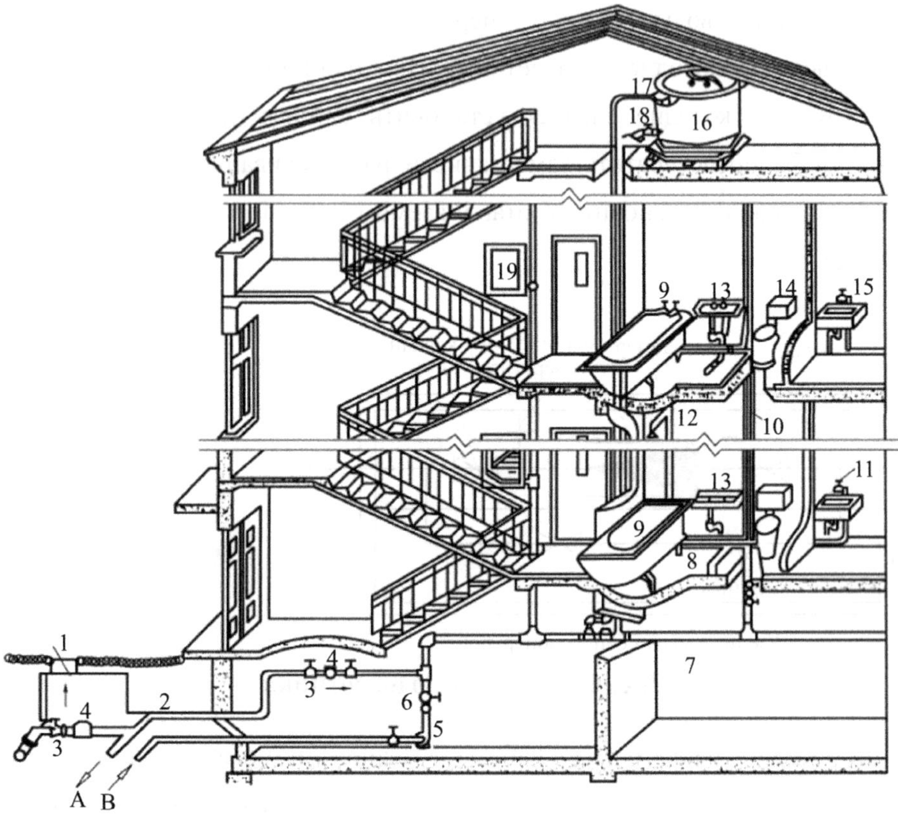

Рис. 6-1-1 Внутренняя система водоснабжения здания

1—клапанный колодец; 2—входная труба; 3—Задвижка; 4—водосчетчик; 5—водяной насос; 6—обратный клапан; 7—магистраль; 8—патрубок; 9—ванны; 10—стояк; 11—кран; 12—душ; 13—умывальник; 14—унитаз; 15—мойка; 16—бак для воды; 17—входная труба; 18—сливная труба; 19—гидрант; А—дренажная магистраль; В—магистраль водоснабжения

1) Входная труба

Входная труба, также известная как впускная труба, представляет собой соединительную трубу, которая идет от точки приема наружной водопроводной сети к внутренней, и является соединительным участком трубы между внутренней и наружной водопроводными сетями. Секция входной трубы, как правило, оснащена счетчиками воды, клапанами и другими фитингами.

2) Узел водосчетчика

Узел водосчетчика относится к общему термину для счетчика воды,

установленного на входной трубе, а также клапанов и дренажных устройств, установленных до и после счетчика (см. рис. 6-1-2). Среди них водомер на вводном участке трубы используется для измерения общего водопотребления здания. Счетчик волы и его передние и задние фитинги обычно устанавливаются в колодце водосчетчика. При наличии в здании только одной входной трубы в колодце следует установить байпасную трубу. В холодных районах, чтобы предотвратить замерзание и растрескивание счетчика, колодец водосчетчика можно установить в отапливаемом помещении, в теплых районах — на улице.

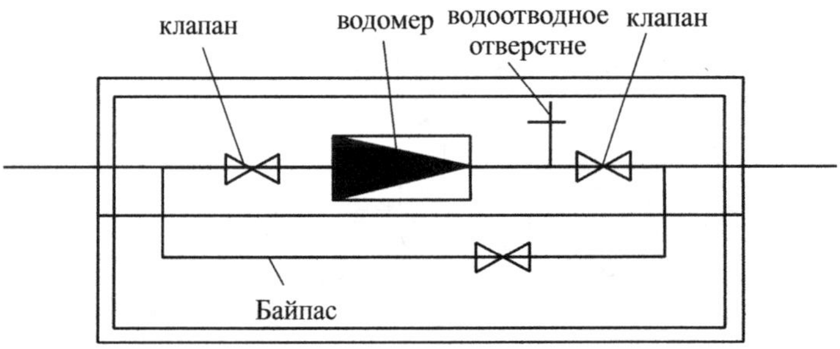

Узелводомера сбайпаснойтрубой

Рис. 6-1-2 Узел водосчетчика

В системе внутреннего водоснабжения здания, помимо установки счетчика на входной трубе, они также должны быть установлены на водораспределительных трубах некоторых частей и оборудовании, которые необходимо измерять. Например, счетчик воды должен быть установлен на водопроводных тубах каждого домохозяйства жилого здания. Для удобства осмотра счетчик должен быть расположен в колодце трубопровода или в помещении резервуара для воды за дверью.

3) Магистраль водоснабжения

Магистраль водоснабжения - это горизонтальный трубопровод, который подает воду из входной трубы в каждый стояк водоснабжения.

4) Сеть водоснабжения

Сеть водоснабжения включает в себя магистрали, стояки, ответвительные трубы и патрубки, предназначенные для транспортировки и распределения воды к потребителям воды внутри здания.

(1) Магистраль: также называется общей магистралью, это участок

трубы, по которой вода транспортируется от входной трубы к каждому стояку, он представлен горизонтальным трубопроводом.

(2) Стояк: также называется напорной трубой, это участок трубопровода, который подает воду из магистрали на этажи и разные высоты, он представлен вертикальным трубопроводом.

(3) Ответвительная труба: также называется распределительной трубой, это участок трубопровода, который подает воду из стояка в помещения.

(4) Патрубок: также называется водораспределительным патрубком, это участок трубопровода, который подает воду из ответвления в водопроводное оборудование.

3. Фитинги для водоснабжения

Фитинги для водоснабжения обозначают общий термин для всех типов клапанов и оборудования в системе трубопроводов, которые регулируют объем и давление воды, контролируют направление потока воды, улучшают качество воды, а также перекрывают поток воды, что облегчает техническое обслуживание трубопроводов. Фитинги для водоснабжения обычно делятся на две категории: водораспределительные и управляющие, включая различные клапаны, устройства для устранения гидравлического удара, фильтры, редукционные отверстия и другие принадлежности для трубопроводов.

1) Фитинги для распределения воды

Водораспределительные фитинги предназначены для открытия или закрытия конечного потока воды в сети системы бытового, производственного и противопожарного водоснабжения. Водораспределительные фитинги системы бытового водоснабжения в основном относятся к фитингам водоснабжения или водораспределительным кранам сантехники (см. рис. 6-1-3). Водораспределительные фитинги системы производственного водоснабжения и системы противопожарного водоснабжения здесь не описываются.

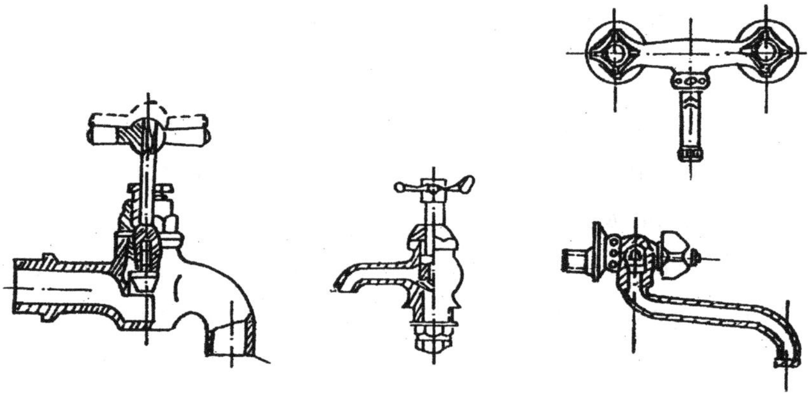

(a) (b) (c)

Рис. 6-1-3 Фитинги для распределения воды

(a) Обычный кран (b) Туалетный кран (c) Смесительный кран

(1) Обычный кран: водораспределительный кран, в котором для подачи воды используется конструкция с запорным клапаном. Обычно устанавливается на раковинах и умывальниках. Изготовляется из ковкого чугуна или меди, размером 15, 20 и 25 мм.

(2) Туалетный кран: имеет конструкцию запорного клапана или фарфоровой, цилиндрической, шаровой и др. конструкции. Устанавливается на умывальниках, обычно поставляется в комплекте с умывальником, имеет различные формы, такие как тип лейки для душа, тип «утконос», угловой тип, тип с длинной шеей и т. д. Большинство из них представляют собой медные изделия с никелированной поверхностью, которые более красивы и чисты.

(3) Смесительный кран: обычно устанавливается на ваннах, умывальниках и душах для распределения и регулировки горячей и холодной воды. По структуре он делится на два типа: с двойной ручкой и с одиночной ручкой.

Кроме того, существует множество смесителей специального назначения, например смесители на гибкой стойке для лабораторий, водосберегающий надувной кран, кран с постоянным потоком, кран с постоянным расходом воды, автоматические смесители и промыватели для писсуара.

2) Управляющие фитинги

Управляющие фитинги относятся к различным клапанам, используемых для контроля объема воды и закрытия потока. На внутреннем водопроводном трубопроводе обычно используются следующие клапаны (см.рис. 6-1-4).

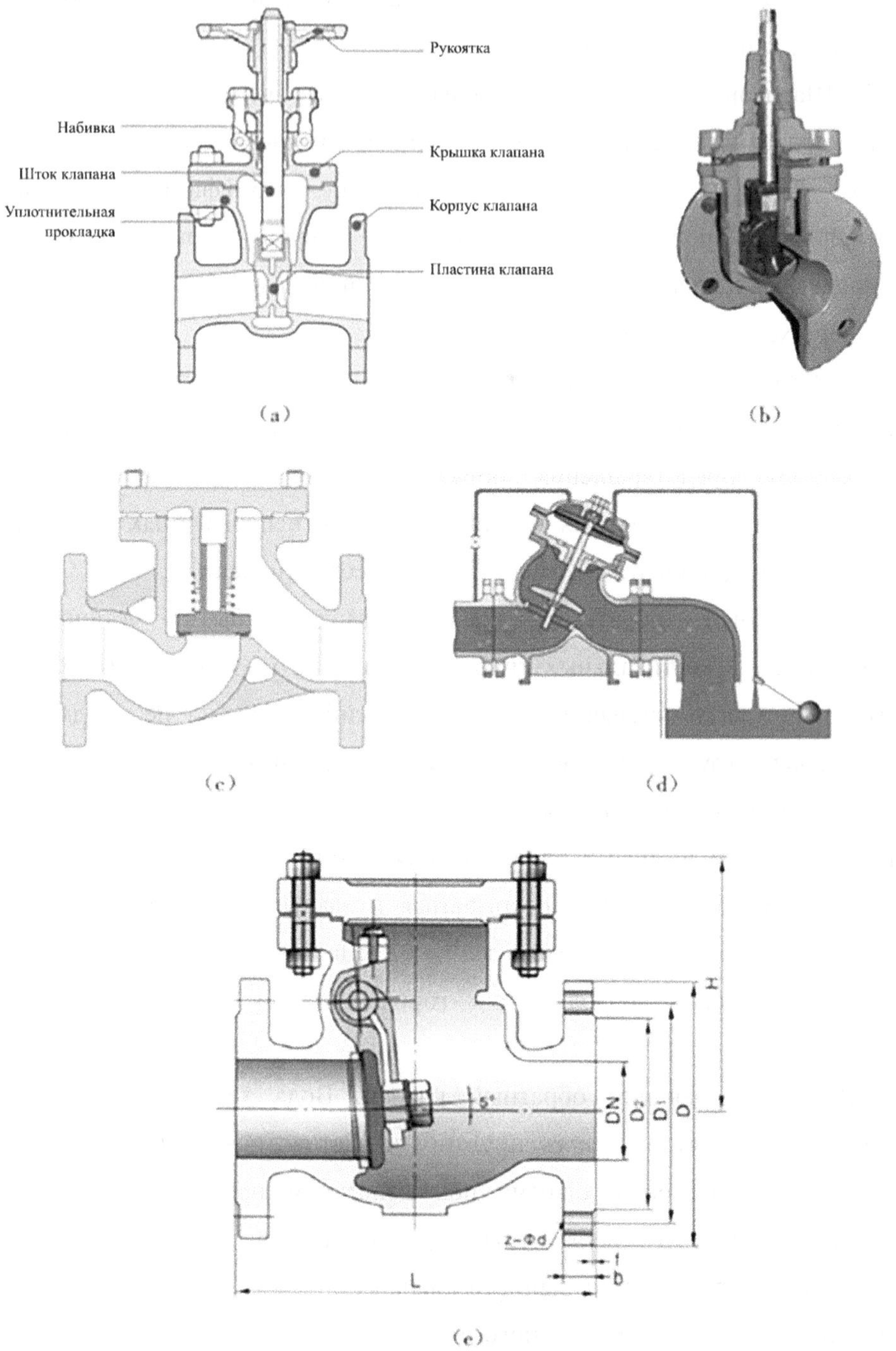

рис. 6-1-4 Управляющие фитинги

Знакомство с клапанами

(1) Задвижка. При полном открытии вода течет по прямой линии, сопротивление потока невелико, обычно применяется на трубопроводе диаметром > 50мм, но если

примесь в воде попадет в седло клапана, клапан не будет плотно закрываться, что приведет к износу и утечке воды.

(2) Шаровой клапан. Поток воды проходит через данный клапан по кривой, сопротивление потока воды велико, а клапан закрывается плотно. Монтаж имеет направленность, поскольку коэффициент локального сопротивления пропорционален диаметру трубы, он подходит для трубопроводов с диаметром трубы менее или равным 50 мм на часто открывающихся и закрывающихся трубах.

(3) Обратный клапан. Также известный как односторонний клапан и клапаном с одним потоком, корпус клапана оснащен диском одностороннего открытия для предотвращения обратного потока воды в трубопроводе. Существует два типа обратных клапанов, обычно используемых в помещении: поворотный и подъемный, он имеет большое сопротивление.

① Поворотный обратный клапан. Может быть установлен на горизонтальных и вертикальных трубопроводах, но из-за быстрого открытия и закрытия он легко вызывает гидравлический удар и не подходит для использования в трубопроводных системах с высоким давлением.

② Подъемный обратный клапан. Использует разность давлений между верхним и нижним потоками, для автоматического открытия и закрытия диска клапана (клапан может гибко открываться и закрываться только тогда, когда давление перед клапаном превышает 19, 62 кПа), сопротивление потоку воды велико, что обычно подходит для горизонтальных трубопроводов малого диаметра.

③ Шумопоглощающий обратный клапан. Вода течет вперед и толкает заслонку клапана, чтобы сжать пружину и заставить клапан открыться, при останове насоса заслонка клапана под действием пружины закрывается до прихода гидравлического удара, обычно удар и шум при закрытии могут быть устранены при использовании данного клапана.

④ Обратный клапан челночного типа. Это новый тип обратного клапана, изготовленный по принципу челночного перепада давления, обладающий преимуществами низкого сопротивления потоку воды и хорошей герметичности.

(4) Поплавковый клапан. Используется для контроля уровня воды в водяном баке, бассейне и других резервуарах во избежание перелива. Обычно устанавливается на входе воды в различные бассейны, водонапорные башни и

водяные баки, а также на внутренних сантехнических приборах, таких как клозетные чаши и писсуары. Принцип состоит в том, чтобы закрыть вход воды с повышением уровня воды и поплавка, а когда уровень воды падает, поплавок также падает и вход воды открывается. Однако есть недостатки связанные с большим объемом поплавка, занимающего пространство, сердечник клапана легко застряет и вызывает переполнение воды.

(5) Гидравлический клапан управления уровнем воды. Принцип такой же, как и у поплавкового шарового крана, но он лучше поплавкового клапана, и превосходит некоторые недостатки поплавкового клапана. Принцип заключается в том, что при снижении уровня воды внутренний поплавок клапана падает, давление в трубопроводе открывает уплотнительную поверхность клапана, вода впрыскивается с обеих сторон клапана, уровень воды повышается, поплавок клапана поднимается, поршень перемещается вверх, чтобы закрыть клапан и остановить вход воды. Его можно рассматривать как модернизированный продукт поплавкового клапана.

(6) Предохранительный клапан. Является своего рода предохранительным устройством. Во избежание повреждения трубопроводной сети, инструмента или герметичного водяного бака из-за избыточного давления необходимо установить этот клапан, как правило, существует два типа: пружинный и рычажный.

4. Оборудование для повышения давления и хранения воды

Под напорным и гидроаккумулирующим оборудованием понимается оборудование, используемое в системе водоснабжения при недостаточном напоре наружной водопроводной сети. Оборудование включает в себя водяные насосы, оборудование для повышения, стабилизации, хранения и регулирования воды, бассейны, резервуары для хранения воды, всасывающие колодцы, оборудование для подачи воды под давлением и т. д.

Знакомство и использование приборов для работы с давлением

5. Счетчик воды

Счетчик воды является прибором для измерения расхода воды в зданиях или оборудовании. Из-за его большого разнообразия существуют соответствующие требования к его классификации, выбору и установке.

В соответствии с принципом его можно разделить на: счетчик воды объемного типа, счетчик воды расхода (делится на роторный и винтовой) и счетчик воды поршневого типа. В настоящее время в системах внутреннего водоснабжения в основном используются счетчики расхода воды. После определения значения диаметра трубы для измерения используется принцип, согласно которому скорость вращения рабочего колеса пропорциональна расходу воды. Счетчики воды роторного типа делятся на два подтипа: однопоточный и многопоточный; счетчики воды винтового типа делятся на два подтипа: вертикальный и горизонтальный.

В зависимости от рабочего состояния счетчика его можно разделить на: влажный (счетчик погружен в измеряемую воду), сухой (счетчик изолирован от измеряемой воды) и с гидравлическим уплотнением (часть показаний счетчика изолирована от измеряемой воды специальной жидкостью).

【Размышления и упражнения】

(1) Кратко опишите классификацию системы водоснабжения.

(2) Кратко опишите структуру системы водоснабжения.

Задача II Проектирование трубопровода холодного и горячего водоснабжения

【Ввод задачи】

Разведите, проложите и проведите антикоррозийную обработку трубопроводов системы водоснабжения.

【Подготовка к задаче】

1. Разводка трубопроводов водоснабжения

1) Входная труба

Учитывая сбалансированность водораспределения и надежность водоснабжения при неравномерном распределении точек водоснабжения

целесообразно вводить воду из места, где водопотребление здания наибольшее и где нет перебоев с водоснабжением; при равномерном распределении точек водоснабжения, его следует вводить из середины здания, чтобы сократить длину трубопровода и уменьшить потери напора в трубопроводной сети.

Что касается количества входных труб, то обычно используется только одна входная труба. Когда отключение воды не допускается или количество гидрантов больше 10, количество входных труб должно быть 2 и их ввод должен осуществляться с разных сторон здания. При вводе с одной стороны интервал между ними должен быть более 10 м.

Защита от обледенения и давления: труба должна быть расположена на 0, 2 м ниже линии промерзания и на более чем 0, 7 м выше глины. При прохождении поперечной трубы внутреннего водопровода через несущую стену или фундамент, а также при прохождении стояка через пол, отверстия должны быть заранее отведены. При скрытой прокладке трубопровода в стене следует также оставить канавки, чтобы избежать временного сверления отверстий и строгания канавок, которые могут повлиять на прочность конструкции здания.

2) Узел счетчика воды

В районах с минимальной температурой воздуха в зимний период менее 0° С счетчик устанавливается в несущих стенах; в районах с минимальной температурой воздуха в зимний период выше 0° С — в водомерных колодцах.

3) Внутренняя сеть водоснабжения

Внутренняя сеть водоснабжения зависит от характера строительства, внешнего вида, состояния конструкции, размещения сантехники и применяемого способа водоснабжения:

(1) Длина должна быть минимальной, чтобы она располагалась по прямой линии, параллельно стенам, балкам и колоннам, для обеспечения красивого внешнего вида и удобства при ремонте и обслуживании.

(2) Магистральная труба должна быть как можно ближе к крупному пользователям или пользователям, которые должны меть непрерывистое водоснабжение. Это поможет обеспечить минимальное расстояние между трубопроводами большого диаметра, уменьшить пропускную способность трубопровода, а также надежное водоснабжение и энергосбережение.

(3) Запрещается прокладка в канализационном помещении, дымоходе и воздуховоде, не допускается прохождение через клозетное и писсуарное

корыто, витрину, настенный шкаф, деревянное отделочное пространство.

(4) Избегайте осадочных швов, если их необходимо пересечь, должны быть приняты соответствующие технические меры.

(5) Трубопроводы водоснабжения в цехе могут быть подвесными или подземными. При подвесной прокладке они не должны препятствовать производству и транспорту, не должны проходить над оборудованием. Не допускается прокладывать трубопроводы над сырьем, продукцией и оборудованием, которые могут вызвать взрыв, горение или повреждение при столкновении с водой. При закладке следует избегать фундамента оборудования во избежание повреждения или вибрации.

2. Прокладка трубопроводов водоснабжения

В соответствии с различными санитарными и эстетическими требованиями здания, прокладку трубопроводов водоснабжения можно разделить на открытую и скрытую.

1) Открытая прокладка

Трубопроводы открыто прокладываются в помещении вдоль стен, балок, колонн, под потолком и около пола. Преимущество: низкая стоимость, удобство монтажа и ремонта. Недостатки: неприглядный вид, конденсат, накопление пыли, нарушение санитарии окружающей среды.

2) Скрытая прокладка

Трубопроводы прокладываются в подвалах или подвесных потолках, либо прячутся в трубных колодцах, канавках и траншеях. Отличается хорошими санитарными условиями, красивым внешним видом, дороговизной, неудобной конструкцией и обслуживанием. Подходит для зданий с высокими строительными стандартами, таких как высотные здания, гостиницы и цехи, которые требуют чистоты и отсутствия пыли в помещении, такие как прецизионные приборы и электронные компоненты.

Внутренний водопровод может быть проложен вместе с другими трубопроводами, но с учетом требований к безопасности, строительству, обслуживанию и т.д. При параллельном или пересекающемся расположении трубопроводов, взаимное положение, расстояние и крепление трубопроводов должны регулироваться в соответствии с комплексными требованиями.

3) Узел счетчика воды

В районах с минимальной температурой воздуха выше 2° С в зимний

период следует устанавливать в первых несущих стенах; в районах с минимальной температурой воздуха ниже 2° C в зимний период — в водомерных колодцах. Счетчик должен быть прост в обслуживании и проверке, не должен подвергаться загрязнениям или повреждениям.

3. Меры по защите трубопроводов от коррозии, замерзания и конденсации

Для того чтобы система водоснабжения внутри здания работала нормально в течение длительного периода времени, помимо усиления управления обслуживанием, в процессе строительства необходимо принять следующие меры:

(1) Антикоррозийные меры

Независимо от открытой укладки или закрытой укладки, следует проводить антикоррозийную обработку всех трубопроводов и оборудования, кроме оцинкованной стальной трубы.

В качестве антикоррозионного слоя можно использовать грунтовку (холодное базовое масло), битумную мастику (SMA), гидроизоляционный рулон, крафт-бумагу и т. д., а также асфальтовая стеклоткань в два слоя, горячий асфальт в три слоя.

Если чугунные трубы заложены в землю, они должны быть окрашены асфальтом для защиты от коррозии, если они открыты, они должны быть окрашены антикоррозийной краской и серебряным порошком.

Для внутренней защиты от коррозии при транспортировке агрессивных жидкостей, помимо использования антикоррозионных труб, внутренняя стенка стальных труб или чугунных труб также может быть покрыта антикоррозийными материалами, такими как резина и стеклопластик.

(2) Защита от замерзания

Резервуары для воды на крыше или в холодных помещениях, внутренние трубы, которые не отапливаются зимой, и трубы, расположенные в коридорах и проходах, должны иметь меры теплозащиты, можно использовать увлажняющие материалы, такие как шлаковая вата, стекловата и т.д.

(3) Защита от конденсации

В отопительных ванных комнатах, помещениях с высокой рабочей температурой и повышенной влажностью (например в прачечной), при температуре воды в трубах ниже комнатной, на наружных стенках труб и

оборудования будет образовываться роса, что со временем приведет к повреждению стен и коррозии трубопровода, также это влияет на санитарию окружающей среды. Меры по предотвращению конденсации росы заключаются в создании влагонепроницаемого изоляционного слоя, который, как правило, аналогичен методу теплоизоляции.

4. Защита качества воды

(1) Каждая система водоснабжения (бытовое водоснабжение, водоснабжение прямой питьевой воды и хозяйственно-питьевое водоснабжение) должна быть независимой и автономной, не допускается последовательное соединение.

(2) Бытовая вода не должна загрязняться обратным потоком, вызванным сифоном трубопровода.

(3) Резервуар для питьевой воды вторичного водопровода в здании должен быть отдельно установлен, а запасы воды не должно превышать водопотребление больше чем на 48 часов, поступление избыточной воды иного водопользования не допускается.

(4) Расстояние между подземным резервуаром бытовой воды, септиком и сооружением для очистки сточной воды должно быть не менее 10 м.

(5) Резервуар для хранения воды должен иметь независимую конструкцию, а конструкция корпуса здания не должна использоваться в качестве стенки, нижней плиты и крышки резервуара.

(6) При установке бассейна (бака) бытовой воды параллельно с другим бассейном (баком) следует предусмотреть отдельную стенку бассейна, нельзя использовать одну и ту же перегородку. Вода, просачивающаяся из зазора между двумя стенками бассейна, должна отводиться самотеком.

(7) Бассейн (бак) бытовой воды в здании должен быть расположен в специально отведенном помещении, а в помещении над ним не должны быть предусмотрены санузлы, кухни, помещения для очистки сточной воды и т.д.

(8) Конструкция и распределение трубопроводов бассейна (бака) бытовой воды должны соответствовать следующим требованиям:

① Материал, облицовочный материал и внутреннее покрытие стен бассейна (бака) должны быть изготовлены из материалов, не загрязняющих качество воды.

② Бассейн (бак) должен иметь крышку и быть герметичным; люк-лаз

должен иметь уплотнительную крышку и замок; вентиляционная труба бассейна не должна входить в другие помещения.

③ Расположение входных и сливных трубопроводов должно быть на разных сторонах бассейна во избежание короткого замыкания потока воды, при необходимости следует предусмотреть отводное устройство.

④ Вентиляционная и переливная трубы должны быть оборудованы защитной сеткой от насекомых, строго запрещается соединение вентиляционной трубы с трубой и воздуховодом дренажной системы.

⑤ Дренажная труба и переливная труба не должны напрямую соединяться с дренажной системой. Воздушная перегородка должна составлять 0, 2 м.

【Размышления и упражнения】

Кратко опишите меры антикоррозийной защиты системы водоснабжения.

Задача III Монтаж трубопровода холодного и горячего водоснабжения

【Ввод задачи】

Система горячего и холодного водоснабжения в основном используется для бытового водоснабжения. Система включает в себя холодную и горячую воду, алюминиево-пластиковые трубы, трубные фитинги, клапаны, циркуляционные насосы и смесители для душа, умывальников и ванн. Система горячего и холодного водоснабжения в основном основана на зажиме и изгибе, что помогает развивать понимание принципов подачи горячей и холодной воды, соединения зажимом, изгиба, качества монтажа трубопровода и технических навыков монтажа оборудования трубопровода.

【Подготовка к задаче】

Основные инструменты, необходимые для производства и монтажа трубопровода горячего и холодного водоснабжения, включают стальную

линейку, ножницы для алюминиево-пластиковых труб, фаскорез, ручной клупп, трубогиб, зарядное сверло, настольные клещи, инклинометр с цифровым дисплеем, цифровой уровень, гаечный ключ и так далее. Среди них стальная линейка используется для измерения размера, ножницы для алюминиево-пластиковых труб используются для резки алюминиево-пластиковой трубы, фаскорез используется для округления горловины трубы после резки трубы, ручной клупп используется для выпрямления изогнутой алюминиево-пластиковой трубы, трубогиб используется для гибки трубы, а зарядное сверло используется для установки трубного хомута и крепления трубы. Кроме того, клапан и циркуляционный насос соединяются резьбой, перед соединением их необходимо обернуть резьбовой лентой.

【Выполнение задачи】

(1) План системы трубопроводов горячего и холодного водоснабжения приведен на рис. 6-3-1.

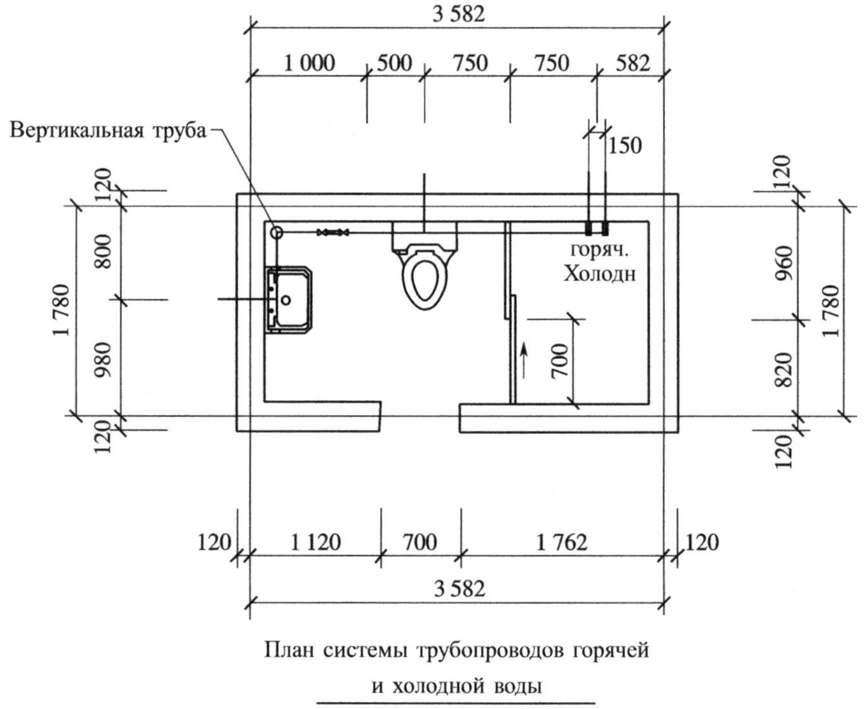

Рис. 6-3-1 План системы трубопровода горячего и холодного водоснабжения

(2) Схема системы трубопроводов холодного водоснабжения приведена на рис. 6-3-2.

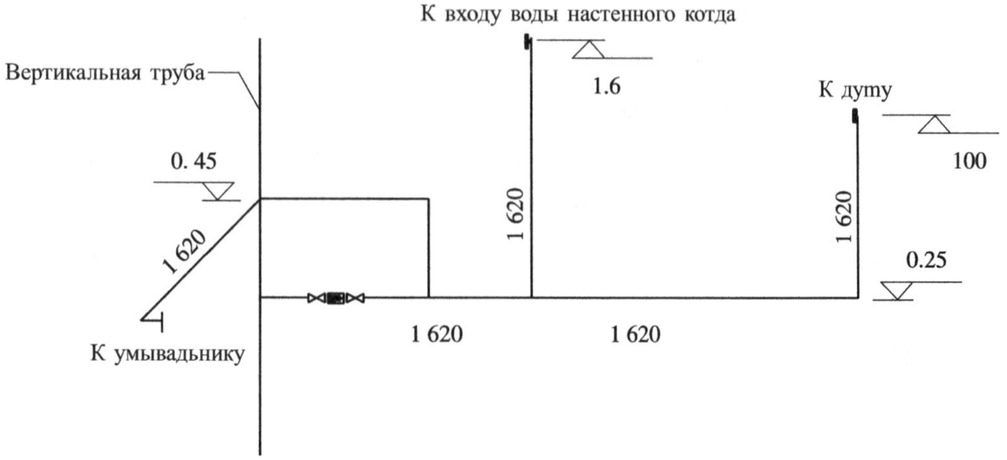

Рис. 6-3-2 Схема системы трубопроводов холодного водоснабжения

(3) Схема системы трубопроводов горячего водоснабжения приведена на рис. 6-3-3.

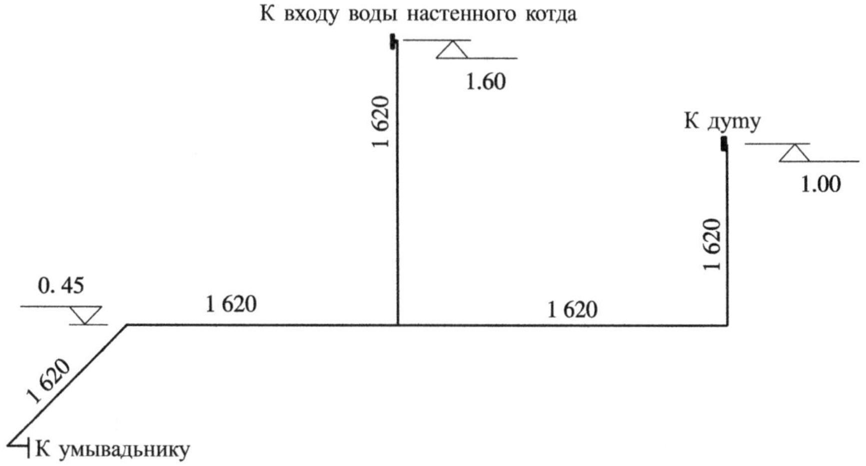

Рис. 6-3-3 Схема системы трубопроводов горячего водоснабжения

【Освоение навыков】

(1) Студенты объединяются в группы от 4 до 6 человек, и выбирается руководитель группы, который распределяет работу для каждого человека.

(2) Аккуратно расположите инструменты и необходимые трубы и фитинги, начертите базовую линию и изучите карту трубопровода.

(3) Завершить работы по резке труб для каждого участка трубопровода, спланируйте технологию монтажа, выполните работы по соединению соответствующих труб и фитингов в соответствии с технологией монтажа.

(4) Установите и частично закрепите собранные трубопроводы.

(5) Измерьте и отрегулируйте размеры и закрепите их.

(6) Выполните гидравлическое испытание.

(7) Организация рабочего места. В соответствии с требованиями управления цехом очистите собранные объекты, отсортируйте вторичные отходы, образующихся в процессе работы, поместите инструменты в ящики и уберите мусор.

【Оценка задачи】

Критерии оценивания монтажа трубопроводов горячего и холодного водоснабжения приведены в табл. 6-3-1.

Табл. 6-3-1 Критерии оценивания монтажа трубопроводов горячего и холодного водоснабжения

№ п/п	Содержание оценки	Критерии оценивания	Баллы	Набранные баллы
1	Размер	Используйте угловую и стальную линейку для проверки внешней стенки трубы и базовой линии, отметьте положение в середине трубы, удобное для измерения, а затем равномерно измерьте, погрешность размеров $\leqslant \pm 2$мм считается допустимой	4x0.5=2	
2	Горизонтальный и вертикальный градус	Измерьте цифровым уровнем в 60 мм, погрешность размеров $\leqslant 0, 5°$ считается допустимой	4x0.5=2	
3	Соединение клапана	Проверьте все резьбовые соединения, на наличие повреждений торца клапана, обнажение резьбовой ленты, если резьбовые соединения не открыты на 1-2 витка, то считается непригодным	4x0.5=2	
4	Направление трубных фитингов и материала	Измерьте стальной линейкой, погрешность $\leqslant 1°$ считается допустимой	2x0.5 = 1	
6	Степень выполнения	Выполните своевременный монтаж и испытание давлением	1	
7	Испытание давлением	Проведите испытание в соответствии с правилами контроля, отсутствие утечки считается пригодным	2	

【Размышления и упражнения】

Трубопроводы, применяемые в данной задачи, изготовлены из алюминиево-пластиковых труб, из каких еще материалов могут быть

изготовлены трубопроводы холодного и горячего водоснабжения, существуют ли различия при их монтаже ?

Знакомство с ножом для обрезки кромок, машиной для закругления углов и фаскорезом

Проект VII

Комплексное применение экологически чистой энергии

【Описание проекта】

Энергетический кризис и загрязнение окружающей среды являются проблемами, вызывающими общую озабоченность во всем мире. Максимизация коэффициента использования чистой энергии и возобновляемых источников энергии, а также решение экологических проблем за счет комплексного использования различных источников энергии стали консенсусом мировой энергетической отрасли..

В этом проекте в качестве объекта исследования рассматривается комбинированная система теплоснабжения с использованием экологически чистой энергии, а также анализируется и объясняется система сцепления различных источников энергии, что способствует ее применению и продвижению в системах отопления зданий.

【Цели проекта】

(1) Понять концепцию комбинированной системы теплоснабжения с использованием экологически чистой энергии.

(2) Освоить принцип работы комбинированной системы теплоснабжения с использованием экологически чистой энергии.

(3) Понять преимущества комбинированной системы теплоснабжения с использованием экологически чистой энергии.

(4) Освоить технологию монтажа трубопроводов для комплексного применения экологически чистой энергии.

Задача I Комбинированная система теплоснабжения с использованием экологически чистой энергии

【Ввод задачи】

С развитием общества и экономики, расширением городского

строительства и улучшением уровня жизни высококачественные системы теплоснабжения становятся все более важными. В то же время по мере увеличения интенсивности борьбы с загрязнением атмосферы, воды и почвы, с каждым днем возрастает давление на охрану окружающей среды и энергосбережение в социально-экономическом развитии. Комбинированная система теплоснабжения с использованием экологически чистой энергии открывает хорошие возможности для решения этих проблем.

【Подготовка к задаче】

1. Краткое описание системы теплоснабжения с использованием солнечной и экологически чистой энергии

Использование солнечного тепла заключается в использовании солнечных коллекторов для сбора энергии солнечного излучения и преобразования ее в тепловую энергию с использованием теплоносителя в качестве среды преобразования для обеспечения необходимого тепла. Система теплоснабжения с использованием солнечной энергии и экологически чистой энергии состоит из солнечного коллектора, системы теплопередачи, системы накопления тепла, соединительной трубы, вспомогательного источника тепла, системы теплообмена и системы управления (см. рис. 7-1-1).

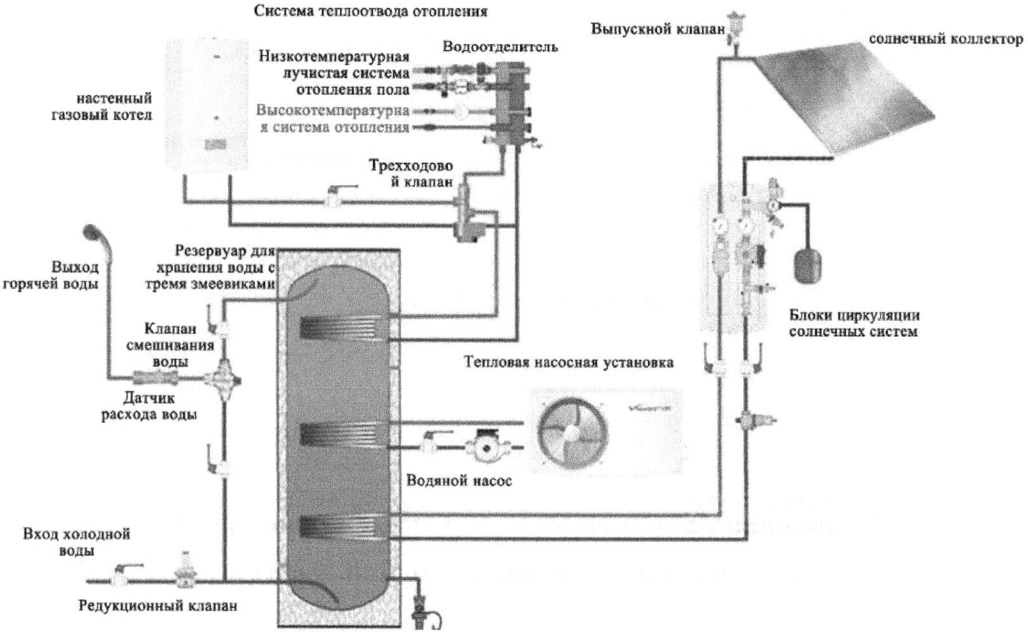

Рис. 7-1-1 Система теплоснабжения с использованием солнечной и экологически чистой энергии

2. Принцип работы системы теплоснабжения с использованием солнечной и экологически чистой энергии (см. рис.7-1-2)

(1) Теплопоглощающая пластина в солнечном коллекторе поглощает тепло солнечного излучения, затем передает теплообменное рабочее вещество к теплопоглощающей пластине, чтобы повысить температуру теплообменного рабочего вещества, которое переносит и сохраняет тепло в теплоизоляционный водяной бак (резервуар для воды) через теплообменную систему.

(2) Когда температура воды в теплоизоляционном водяном баке достигает 40℃ ~60℃, нет необходимости запускать электрический нагрев, горячая вода из водяного бака подается к внутреннему отопительному оборудованию, затем в змеевик отопления пола, отопление достигается за счет равномерного излучения тепла в помещение от пола.

(3) Когда температура воды в теплоизоляционном водяном баке не достигает 40℃ ~60℃, чтобы убедиться, что температура воды составляет 40℃ ~60℃ .

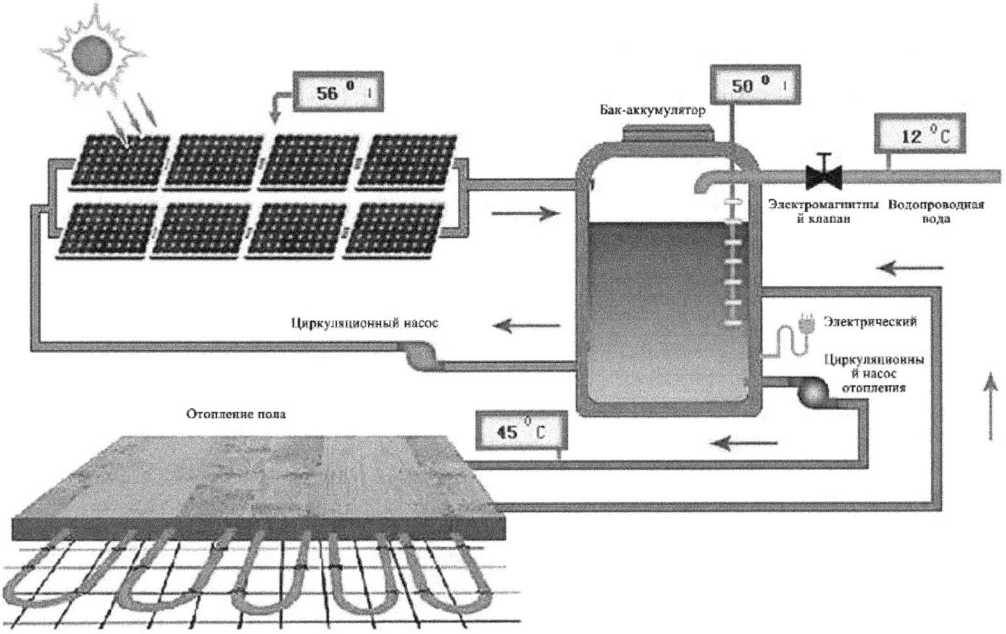

Рис. 7-1-2 Принцип работы системы теплоснабжения с использованием солнечной и экологически чистой энергии

3. Преимущества системы теплоснабжения с использованием солнечной и экологически чистой энергии

(1) Охрана окружающей среды

Использование метода сжигания и нагрева минерального топлива приводит к образованию большого количества отработанного газа, что загрязняет окружающую среду. Система солнечного отопления использует чистую солнечную энергию, не загрязняет окружающую среду, а также предоставляет пользователям чистое и комфортное жилое пространство.

(2) Эффективность и энергосбережение

Солнечная система отопления эффективно использует солнечную энергию, что может сэкономить затраты на энергию от 40% до 60%.

(3) Безопасность и надежность

Традиционные котлы для отопления, работающие на угле, например, с плохой вентиляцией, могут привести к отравлению угарным газом и поставить под угрозу личную безопасность. Система солнечного отопления является безопасной и надежной системой теплоснабжения.

(4) Удобный монтаж

Солнечный коллектор можно установить на стене, обращенной к солнцу, например, на балконе или под окном здания, он хорошо интегрируется в здание и прост в установке.

4. Сфера применения системы теплоснабжения с использованием солнечной и экологически чистой энергии

Система теплоснабжения с использованием солнечной и экологически чистой энергии имеет простую конструкцию, низкую плотность теплового потока теплообменного рабочего вещества, низкую температуру теплопередачи, безопасна и надежна. Данная система характеризуется высокой несущей способностью, большой площадью теплопоглощения и т.д., широко применяется в высоких и многоэтажных зданиях, отдельных виллах, заводах, школах, гостиницах, отелях, больницах, бассейнах и других зонах с достаточным солнечным излучением (см. рис.7-1-3).

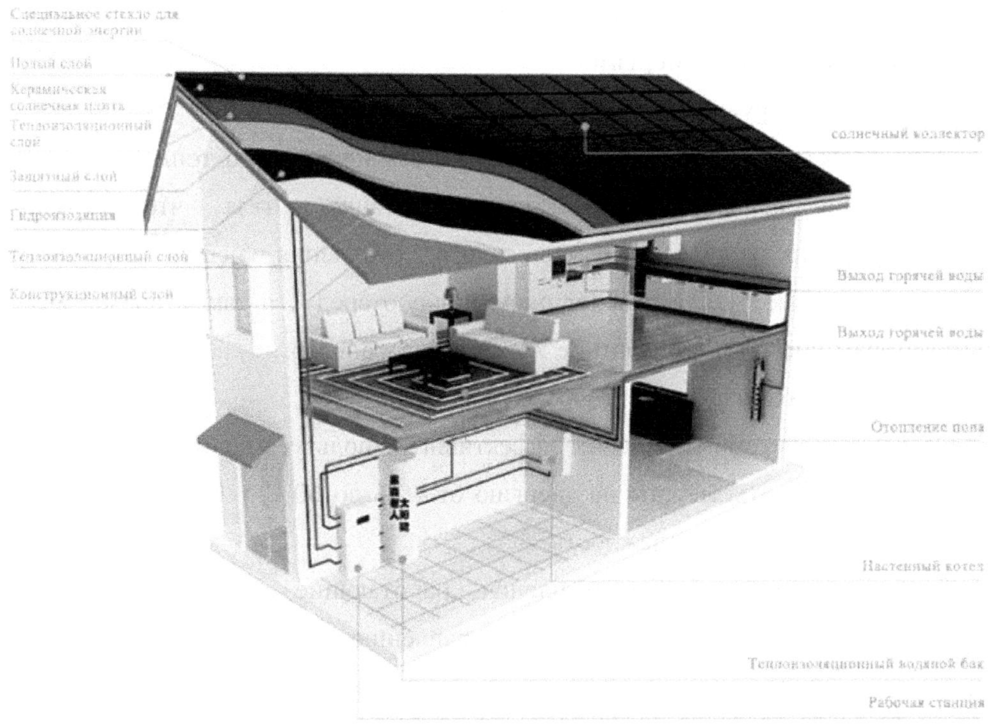

Рис. 7-1-3 Применение системы теплоснабжения с использованием солнечной и экологически чистой энергии в зданиях

5. Система теплоснабжения с использованием солнечной энергии и настенного котла

В проектах трубопроводов, система теплоснабжения с использованием солнечной энергии и настенного котла, представляет собой систему теплоснабжения с принудительной циркуляцией и двумя источниками тепла. В системе используется интегрированный метод нагрева через солнечный коллектор и настенный котел, основным источником тепла является солнечная коллекторная плита, а вспомогательным источником тепла является настенный котел.

Система теплоснабжения с использованием солнечной энергии и настенного котла состоит из плоского солнечного коллектора, солнечной рабочей станции (центра управления), резервуара для воды с двумя змеевиками, расширительного резервуара, выпускного клапана и другого оборудования.

Система оборудована высококачественной системой газового источника тепла, системой солнечных коллекторов, модулем солнечной рабочей станции, высокоэффективной многоканальной системой теплообмена, радиатором и

змеевиком пола, которые представляют различные комбинации форм отопления, отражают единство и представительность.

(1) Зеленая система газового источника тепла

Металлический корпус, имеет 5 комплектов соединений, которые могут быть соединены с газопроводом, трубопроводом холодного и горячего водоснабжения для бытовых нужд, а также трубопроводам подачи и возврата воды отопления (см. рис.7-1-4) .

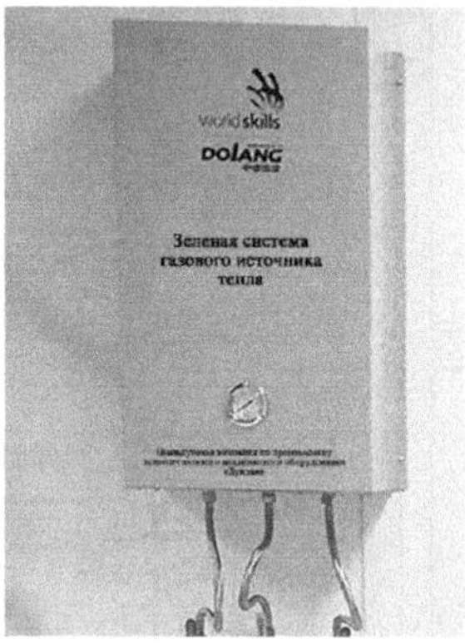

Рис. 7-1-4 Зеленая система газового источника тепла

(2) Система солнечных коллекторов

Металлический корпус с 4 группами соединений, соединенных внутри, может быть соединен с трубами отопления и оснащен кронштейнами для удобной установки с модульной стеной (см. рис 7-1-5) .

(3) Модуль солнечной рабочей станции

Рабочая станция с одним насосом, включая циркуляционный насос, барометр, термометр, выпускной клапан и т.д. (см. рис. 7-1-6) .

Рис. 7-1-5 Солнечная коллекторная плита

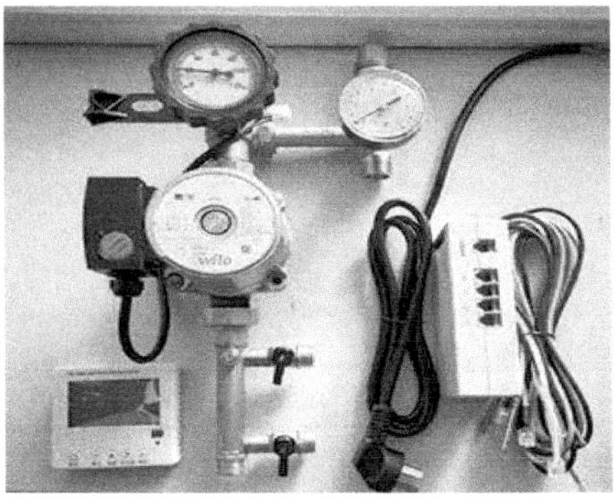

Рис. 7-1-6 Модуль солнечной рабочей станции

（4）Высокоэффективная многоканальная система теплообмена

Объем 150 л, 8-портовый теплоизоляционный водяной бак с двойным змеевиком: вход холодной воды, выход горячей воды, отверстие сливной воды, выхлопное отверстие, два циркуляционных входа и два циркуляционных выхода（см.рис 7-1-7）.

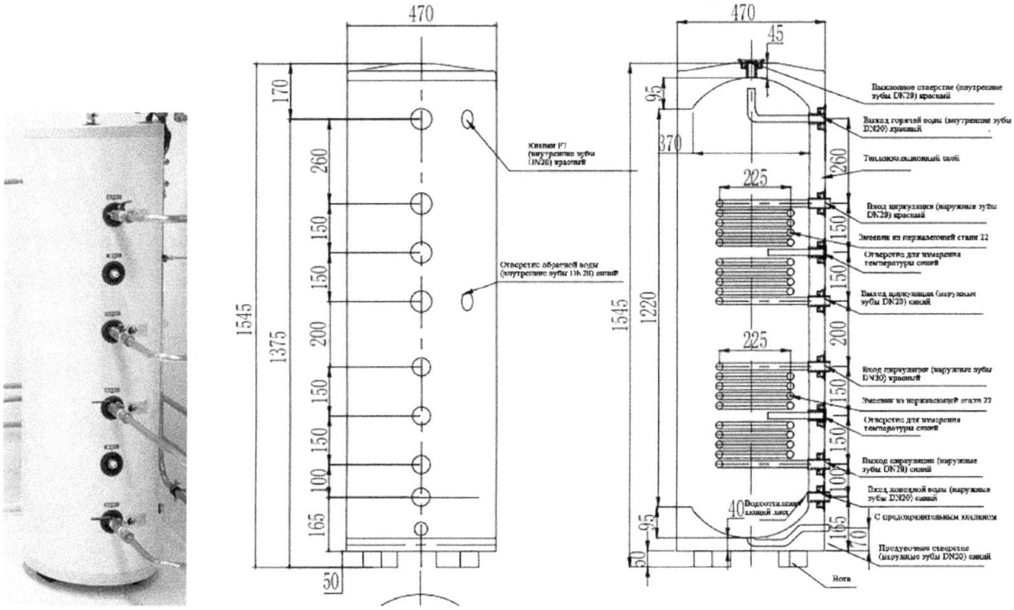

Рис. 7-1-7 Высокоэффективная многоканальная система теплообмена

（5）Радиатор

Алюминиевый радиаторный модуль водяного отопления, размером 565×490 мм, в системе питания с тепловым циклом используется циркуляционный насос с входом и выходом в 6 точках（см. рис. 7-1-8, 7-1-9）.

Рис. 7-1-8 Радиаторный модуль водяного отопления

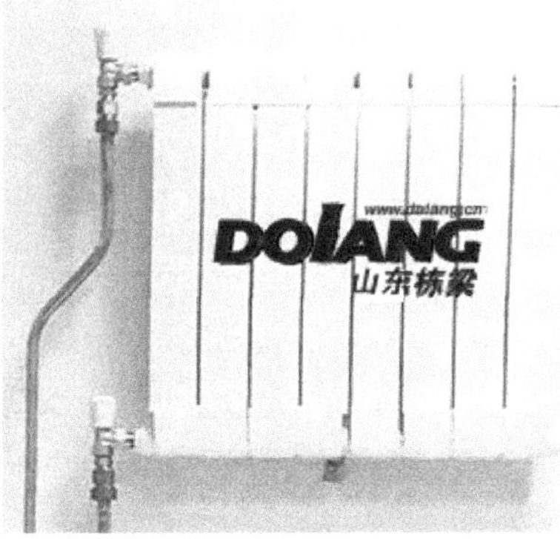

Рис. 7-1-9 Тепловая циркуляционная энергетическая система

(6) Змеевик пола

Дисплейный модуль теплого пола прокладывается из тонкого энергосберегающего сухого алюминиевого листа без обратной засыпки. Он имеет короткое время предварительного нагрева, быструю теплопроводность и равномерное рассеивание тепла (см.рис 7-1-10, 7-1-11).

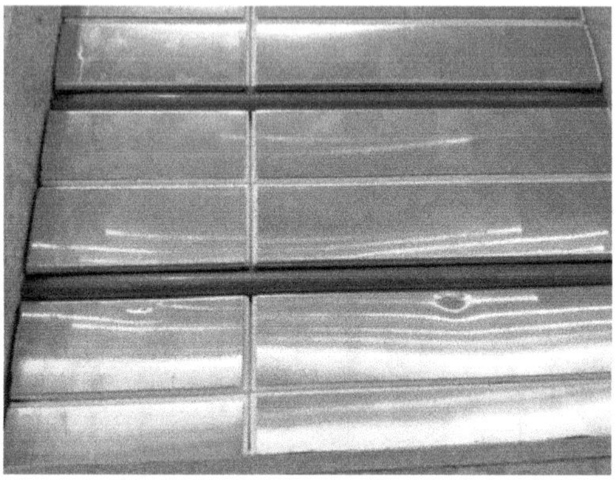

Рис. 7-1-10 Тонкий энергосберегающий сухой алюминиевый лист

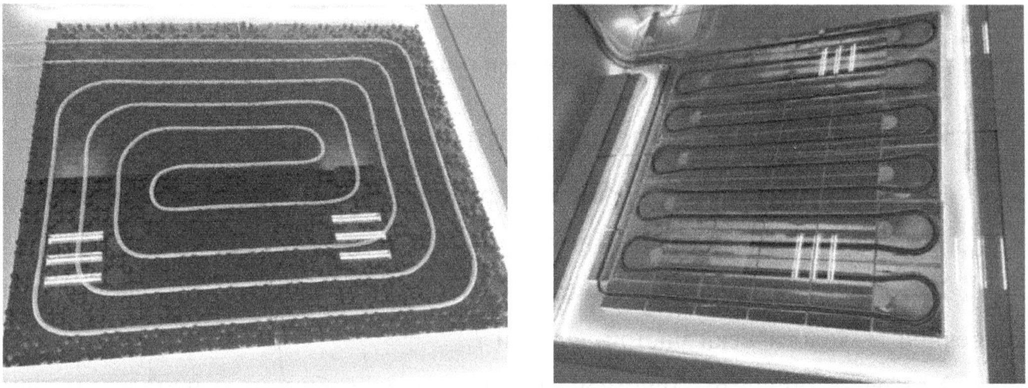

Рис. 7-1-11 Модель отопления пола

Дисплейный модуль теплого пола оборудован водоотделителем с интеллектуальным контролем температуры. Панель управления температурой устанавливается в соответствующем помещении, после установки температуры панель определяет температуру в помещении в режиме реального времени, при температуре ниже установленной, панель автоматически включает исполнительный механизм, после того как температура в помещении равна установленной температуре, панель автоматически отключает исполнительный механизм. Таким образом, температура в помещении остается постоянной (см.

рис. 7-1-12）.

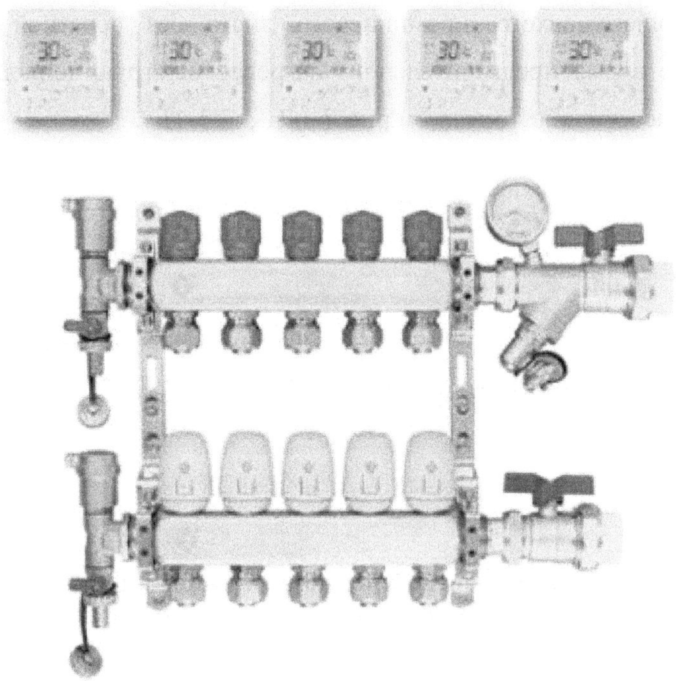

Рис. 7-1-12 Водоотделитель с интеллектуальным контролем температуры

【Размышления и упражнения】

（1）Кратко опишите принцип работы комбинированной системы теплоснабжения с использованием экологически чистой энергии.

（2）Какие преимущества системы теплоснабжения с использованием солнечной и экологически чистой энергии？

（3）Кратко опишите структуру системы теплоснабжения с использованием солнечной энергии и настенного котла.

Задача II Монтаж трубопровода для комплексного применения экологически чистой энергии

【Ввод задачи】

Система комплексного применения экологически чистой энергии состоит из зеленой системы газового источника тепла, системы солнечных коллекторов, модуля солнечной рабочей станции, высокоэффективной многоканальной системы теплообмена, модуля охлаждения воды, тепловой циркуляционной энергетической системы и других компонентов. Только когда компоненты нуждаются в соединении трубопроводов в качестве мостов для передачи природного газа и теплоносителя, может быть создана система зеленой энергии «солнечная энергия + природный газ».

【Подготовка к задаче】

Студенты объединяются в группы от 4 до 6 человек, и выбирается руководитель группы, который распределяет работу для каждого человека.

В соответствии с проектным чертежом системы комплексного применения экологически чистой энергии, выберите соответствующие материалы, трубные фитинги, клапаны, а также электрические зажимные ключи, цифровые уровни, клуппы, трубогибы, резьбонарезные станки, ручные сверла и другие инструменты.

【Выполнение задачи】

В соответствии со схемой установки трубопровода выполните подключение трубопровода комплексной системы применения экологически чистой энергии, что включает в себя монтаж труб из нержавеющей стали, медных труб, алюминиево-пластиковых композитных труб и оцинкованных труб. Конкретная

схема монтажа трубопровода комплексной системы применения экологически чистой энергии приведена на рис. 7-2-1.

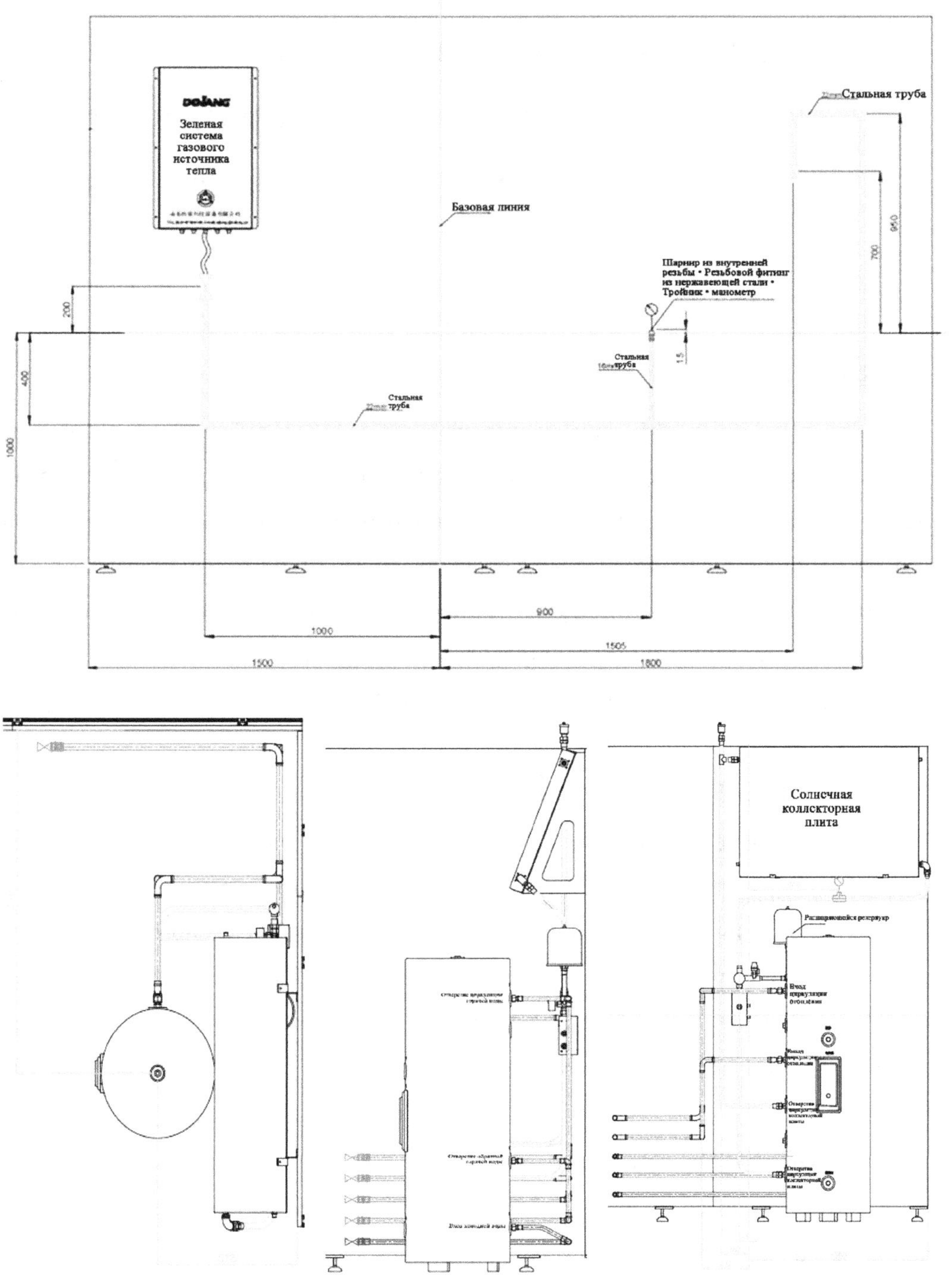

Рис. 7-2-1 Схема монтажа трубопровода комплексной системы применения экологически чистой энергии

【Освоение навыков】

Перед установкой внимательно изучите монтажные чертежи и проверьте все фитинги; расчет размера должен быть строгим, Вы должны понимать требования задачи и ясно видеть структуру перед началом работы. Требования к монтажу трубопровода следующие:

(1) Конструкция должна соответствовать требованиям трубопровода, минимальной затраты трубных фитингов, иметь минимальный изгиб, разумное расположение трубопроводов друг к другу, равный промежуток, комплектность функциональных элементов, разумный уклона, принцип работы и т.д.

(2) Выполните чертеж вручную в соответствии с правилами, он должен иметь четкие линии, стандартную маркировку, полные размеры и правильные графические символы.

(3) Выбор трубных материалов и фитингов должен соответствовать требованиям к эксплуатации.

(4) Соединение трубопроводов должно соответствовать требованиям правил, обеспечьте прочность и хорошее уплотнение.

(5) Монтаж трубопровода должен осуществляться в строгом соответствии с проектными чертежами, включая размер, горизонтальный и вертикальный градус наклона, способы соединения трубопровода.

(6) Убедитесь, что поверхности оборудования и труб чистые и на них нет грязи, царапин и т. д.

Постройте и установите систему чистой энергии в соответствии с содержанием проекта. Трубопроводы системы чистой энергии достаточно сложные, в процессе монтажа необходимо различать трубы каждого трубопровода и последовательность монтажа каждого трубопровода. Заполните форму для каждой группы.

Табл. 7-2-1 Список труб и инструментов

№ п/п	Участок трубопровода (место соединения)	Трубы	Длина (мм)	Требуемые арматуры и количество	Использовать соответствующие инструменты	Схема монтажа трубопровода (Размеры, нарисованные вручную)
1						
2						
3						

№ п/п	Участок трубопровода (место соединения)	Трубы	Длина (мм)	Требуемые арматуры и количество	Использовать соответствующие инструменты	Схема монтажа трубопровода (Размеры, нарисованные вручную)
4						
5						
6						
7						
8						

【Оценка задачи】

Критерии оценивания монтажа трубопроводов комплексного применения чистой энергии приведены в табл. 7-2-2.

Табл. 7-2-2 Критерии оценивания монтажа трубопроводов комплексного применения экологически чистой энергии

№ п/п	Содержание оценки	Критерии оценивания	Баллы	Набранные баллы
1	Размер	Используйте угловую и стальную линейки для проверки внешней стенки трубы и базовой линии, отметьте положение в середине трубы, удобное для измерения, а затем равномерно измерьте, погрешность размеров ≤ ±2мм считается допустимой	4x0.5=2	
2	Горизонтальный и вертикальный градус	Измерьте цифровым уровнем в 60 мм, погрешность размеров ≤ 0.5° считается допустимой	4x0.5=2	
3	Качество изгиба	Все складки или овальность более 10%, считаются непригодными	2x0.5 = 1	
4	Угол изгиба	Измерьте цифровым угловым уровнем, погрешность угла ≤ 1° считается годной	2x0.5 = 1	
5	Качество соединения трубопроводов	Резьба выпущена не на 1-2 витка, резьбовые ленты можно оторвать вручную	4x0.5=1	
6	Клапанное соединение	Проверьте все резьбовые соединения, если возникают такие проблемы, как наличие повреждений на торце клапанов, обнажение резьбовой ленты, резьбовые соединения не открыты на 1-2 витка, то считается непригодным	2x0.5 = 1	

№ п/п	Содержание оценки	Критерии оценивания	Баллы	Набранные баллы
7	Соединение трубопроводов	В месте прессования нержавеющей стали линия глубины раструба видна и находится в пределах 2 мм от торца фитинга, место нажатия правильное	2x0.5 = 1	
8	Испытание под давлением	Испытание давлением 0.2МПа в течение 2 мин., при снижении значения манометра считается непригодным	2	

【Размышления и упражнения】

Какова последовательность установки каждого компонента в процессе монтажа трубопровода комплексного применения экологически чистой энергии？

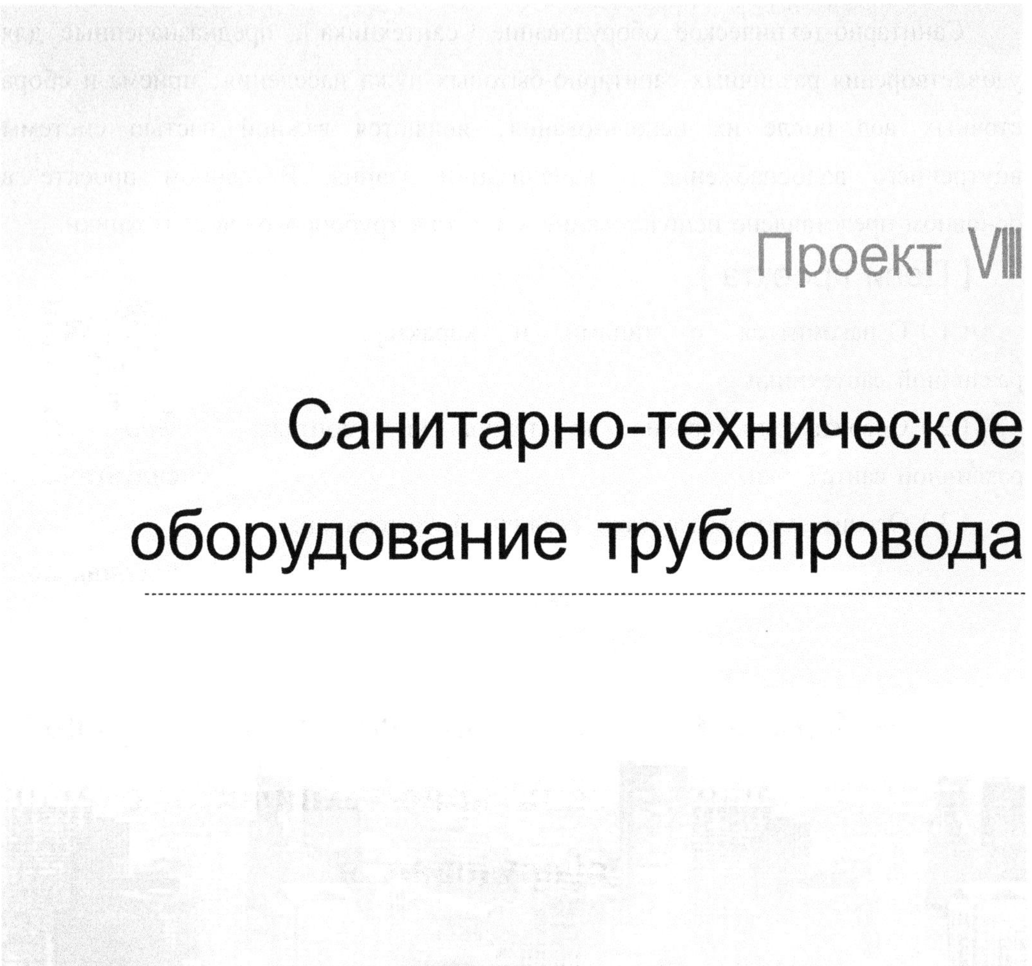

Проект Ⅷ

Санитарно-техническое оборудование трубопровода

【Описание проекта】

Санитарно-техническое оборудование (сантехника), предназначенные для удовлетворения различных санитарно-бытовых нужд населения, приема и сбора сточных вод после их использования, являются важной частью системы внутреннего водоснабжения и канализации здания. В данном проекте в основном представлено использование и монтаж трубопроводов сантехники.

【Цели проекта】

(1) Ознакомиться с типами и характеристиками различной сантехники.

(2) Освоить требования к технологии монтажа различной сантехники.

(3) Освоить методы монтажа различной сантехники.

Эксплуатация и коронок по дереву

Задача I Принцип работы трубопровода санитарно-технического оборудования

【Ввод задачи】

С постепенным улучшением жизненного уровня людей и санитарных норм сантехника имеет тенденцию развиваться в направлении многофункциональности, новых форм, гармоничных цветов и отличных материалов, создавая гигиеническую и комфортную среду для людей.

【Подготовка к задаче】

1. Санитарные приборы

Санитарно-техническое оборудование является важной частью системы водоснабжения и канализации. По своим функциям сантехнику подразделяют на:

- Санитарно-техническое оборудование для дефекации: унитаз, клозетное корыто, писсуар и т.д.
- Санитарно-техническое оборудование для мытья и купания: умывальный таз, умывальник, ванна, душ и т.д.
- Санитарно-техническое оборудование для мытья: раковины, канализационные тазы и т.д.

Санитарно-техническое оборудование, используемое в данной задаче, включает в себя унитаз, умывальник и душ и т.д.

1）Унитаз

Унитаз является санитарно-техническим оборудованием для отвода фекальных нечистот, котрое быстро сбрасывает нечистоты в канализацию и одновременно имеет функцию защиты от запаха. Унитаз состоит из судна, сливного бачка, резервуара для сливной воды, сливного устройства и т.д. Унитаз разделяется на подвесной и напольный, по принципу дренажа можно разделить на смывной, сифонно-смывной, сифонно-струйный, сифонно-спиральный, по форме можно разделить на формы с высоким сливным бачком, с низким сливным бачком, с самозакрывающимся сливным клапаном, ножным сливным клапаном и другие формы.

（1）Смывной унитаз. Верхняя часть унитаза представляет собой сливной бачок с большим количеством отверстий, вода поступает в сливной бачок и смывается по внутренней поверхности унитаза через нижнее отверстие. Недостатком является то, что загрязненная площадь велика, площадь водной поверхности мала, поэтому не при каждом смыве унитаз будет полностью очищаться（см. рис. 8-1-1（a）.

（2）Сифонно-смывной унитаз. На входе воды в сливной бачок имеется сливная щель, и часть воды сбрасывается отсюда, что ускоряет образование сифона и высасывает все фекалии за счет сифонного эффекта.В некоторых туалетах вода в сифоне сливается прямо из задней части унитаза, что увеличивает глубину гидрозатвора, что лучше, чем у обычных унитазов. Основным недостатком сифонного унитаза является высокий уровень шума（см. рис. 8-1-1（b）.

（3）Сифонно-струйный унитаз. Часть сливной воды течет из отверстия сливного бачка верхнего кольца, другая часть воды сливается из прохода «g» на краю унитаза и распыляется вверх из отверстия «a», что быстро приводит к

сильному сифонному эффекту и полностью отсасывает фекалии из унитаза. Сифонный струйный унитаз обладает быстрым эффектом смыва, а шум от него небольшой (см. рис. 8-1-1 (c) .

(4) Сифонно-спиральный унитаз. Объем воды, поступающей из верхнего кольца унитаза, небольшое, что приводит к маленькой силе вращения, поэтому на нижнем дренажном отверстии «Q» образуется дугообразный поток воды, который выходит вдоль касательной линии, что образует сильный вихревой поток, тем самым кал, дрейфующий на поверхности воды, под действием водоворота быстро спускается вместе с водой в водопроводную трубу и быстро попадает в дренажную трубу под действием силы на дне входа, тем самым повышая сифонную способность, шум от него очень низкий (см. рис. 8-1-1 (d)

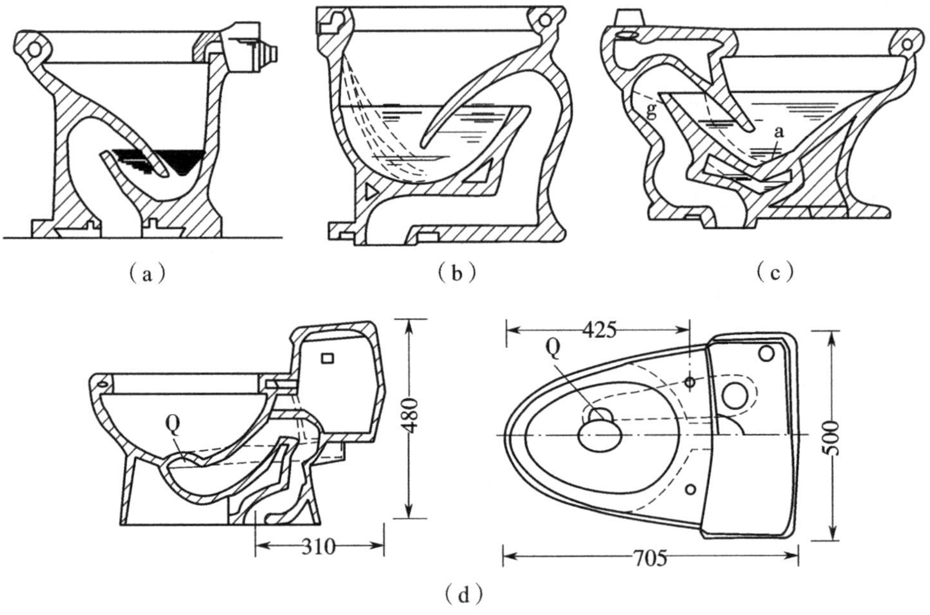

Рис. 8-1-1 Формы унитазов

(5) Напольный (турецкий) унитаз. Обычно он используется в туалетах коллективных общежитий, обычных жилых домов, общественных зданий или туалетах больниц для предотвращения контактной инфекции, а для смыва используется сливной бачок высокого уровня или самозакрывающийся сливной клапан.

2) Ванна

Ванны обычно расположены в туалетах жилых домов, гостиниц, больниц, а также в общественных душевых. С непрерывным улучшением жизни людей,

ванны не только используются для очистки тела, но и их оздоровительные функции растут день ото дня, к примеру появились новые типы, такие как ванны с гидромассажем.

Форма ванны, как правило, прямоугольная, но также бывает квадратная, треугольная, круглая и т.д. Материалами для изготовления ванн служат чугунная эмаль, стальная эмаль, стеклопластик, искусственный мрамор и др. В соответствии с различными функциональными требованиями, ванны делятся на такие типы: ванны с подлокотниками, противоскользящие ванны, сидячие, фартукового типа, гидромассажные и обычные.

3）Душ

Душ подходит для общественных бань фабрик, школ и других учреждениях. Душ - это оборудование для купания, широко используемое в общественных ванных комнатах, туалетах, на стадионах и т. д. Его преимуществами являются небольшая занимаемая площадь, низкая стоимость и чистота. Душ делится на две категории: трубные фитинги и готовые изделия. По форме, души можно разделить на три типа: ручной, верхний и боковой. как купальное устройство, используемое вместе с ванной.

По сравнению с ванной душ имеет следующие преимущества: он промывается водой, а поток воды для душа используется один раз, что позволяет избежать передачи различных кожных заболеваний. Душ занимает площадь меньше чем ванна, и процесс купания в душе происходит значительно быстрее. Душевая экономит воду, так как время принятия душа короткое, и как правило, составляет 15-25 мин., единоразовый расход воды составляет около 135-180л, а расход воды в ванне около 250-300л. Стоимость душевого оборудования низкая, а цена за единицу продукции и стоимость строительства комнаты ниже, чем у ванны.

4）Умывальник

Умывальник, как правило, используется для мытья лица, рук и волос, наряду с ванной широко применяется в гостиницах, квартирных ванных комнатах, а также в общественных туалетах. Есть много типов умывальников, таких как настольные, вертикальные и обычные.

5）Раковина

Раковина используется для мытья посуды и овощей на кухнях жилых зданий, столовых и ресторанов.

2. Требования к монтажу санитарно-технического оборудования

Монтаж сантехники должен производиться после выполнения работ по внутренней отделке. Его монтаж должен соответствовать следующим техническим требованиям:

1) Точность монтажного положения.

Высота монтажа различного санитарно-технического оборудования должна соответствовать проектным требованиям. Если в проекте нет требований, то она должна соответствовать требованиям табл. 8-1-1, допускаемое отклонение: для отдельных приборов ±10мм, для рядов приборов ±5мм.

Табл. 8-1-1 Высота монтажа санитарных приборов

№ п/п	Наименование санитарных приборов			Высота монтажа санитарных приборов/мм: Жилые и общественные здания	Высота монтажа санитарных приборов/мм: Садики	Примечание
1	Таз (чан) сточной воды	Подвесной		800	800	
		Напольный		500	500	
2	Раковина (чан)			1000	800	От земли до верхнего края прибора
3	Умывальный таз и умывальники (с заглушкой и без заглушки)			800	500	
4	Раковина			800	500	
5	Ванна			≤ 520		
6	Турецкий унитаз	Высокий бачок		1800	1800	От поверхности ступени до дна высокого бачка
		Низкий бачок		900	900	
7	Подвесной унитаз	Высокий бачок		1800	1800	От поверхности ступени до дна высокого бачка
		Низкий бачок	С открытой дренажной трубой	510	370	От поверхности ступени до дна низкого бачка
			Сифонно-струйный	470		

2) Герметичность.

Герметичность монтажа проявляется в соединении сантехники с трубопроводами водоснабжения и канализации, а также в примыкании к стенам зданий. Все места соединения между металлом и фарфором должны быть соединены мягкой резиновой и свинцовой прокладкой, при затягивании

болтами усилие следует добавлять медленно, чтобы соединения были плотными. При соприкосновении со стеной замазку можно зашпаклевать или залить белым цементом для уплотнения швов. Установленная сантехника должна быть испытана водой, для обеспечения герметичности фитингов трубопроводов питающей воды для санитарно-технического оборудования, а также герметичности фитингов между сантехникой и дренажными трубами.

3) Стабильность.

Стабильность монтажа сантехники зависит от устойчивости основания, ножек, кронштейнов и т.д.

4) Съемность.

Исходя из обеспечения удобства демонтажа сантехники при ремонте и замене, когда санитарный прибор и ответвление водоснабжения соединены в одно целое, следует предусмотреть фитинг в месте приближения водопровода к прибору. Место соединения дренажного отверстия сантехнического прибора и дренажной трубы должно быть замазано легко удаляемой замазкой.

5) Эстетичность.

Санитарно-техническе оборудование — это не только предмет использования, но и предмет интерьера, поэтому необходимо обеспечить красивый и ровный монтаж.

3. Принцип монтажа санитарно-технического оборудования и их трубопроводов

1) Сантехника

(1) Монтаж сантехники должен быть надежным, устойчивым, без перекоса, а отклонение от вертикальности должно составлять не более 3 мм.

(2) Координаты и высота места монтажа сантехники должны быть правильными.

(3) Сантехника должна быть в хорошем состоянии, чистой, без пятен и соответствовать требованиям эксплуатации.

2) Соединение трубопровода дренажного отверстия

(1) Соединение между дренажным отверстием сантехники и дренажной трубой должно быть хорошо герметизировано, без утечек.

(2) Для сантехники с дренажными пробками, соединение с нижней поверхностью оборудования должно быть плоским и немного ниже нижней поверхности.

(3) Соединение дренажного отверстия сантехники со скрытым трубопроводом должно быть хорошим, без ущерба для эстетики отделки.

3) Трубное соединение фитингов водоснабжения

(1) Хромированные фитинги для водоснабжения должны быть качественными и красивыми, с герметичными соединениями и без утечек.

(2) Детали клапана и переключатели крана должны быть исправными, а аксессуары резервуара для воды правильные, гибкие и герметичные.

(3) Обратите внимание на место монтажа и цветовой код при монтаже кранов с горячей и холодной водой. Как правило, синий (или зеленый) указывает на холодную воду и должен быть установлен с правой стороны, относительно сантехники; красный указывает на горячую воду и должен устанавливаться с левой стороны.

(4) Соединительный шланг водоснабжения не должен быть согнут настолько, насколько это возможно, при необходимости изгиба, колено должно быть красивым и не сплющенным.

(5) После завершения соединения скрытых фитинговых труб поверхность плитки должна быть в хорошем состоянии, а декоративная крышка арматуры водоснабжения должна хорошо сочетаться с поверхностью плитки.

【Размышления и упражнения】

(1) Санитарно-техническое оборудование можно разделить на (　　　), (　　　), (　　　) и специальное санитарно-техническое оборудование в соответствии с его функциями.

(2) Унитаз состоит из судна, (　　　), сливного устройства, (　　　) и т.д.

(3) Какие технические требования обычно должны соблюдаться при монтаже санитарно-технического оборудования?

Задача II Проектирование трубопровода санитарно-технического оборудования

【Ввод задачи】

Санитарно-техническое оборудование имеет различные формы, а проектирование трубопроводов имеет свои особенности. Проектирование трубопроводов сантехники должно рационально проектироваться в соответствии с местом их размещения, чтобы соответствовать стандартам монтажа и требованиям эксплуатации.

【Подготовка к задаче】

Монтаж сантехники должен соответствовать требованиям удобства разборки и ремонта, прокладка трубопроводов должна быть рациональной, практичной и красивой, и соответствовать нормам монтажа санитарно-технического оборудования. Далее основное внимание уделяется проектированию трубопроводов нескольких часто используемых санитарно-технических устройств, таких как умывальник, душ, ванна, подвесной и напольный (турецкий) унитазы.

1. Проектирование трубопроводов умывальника

Полный комплект умывальника состоит из таза, рамы умывальника, дренажной пробки, дренажной трубы, цепного блока и крана (см. рис. 8-2). Монтаж обычно осуществляется следующим образом:

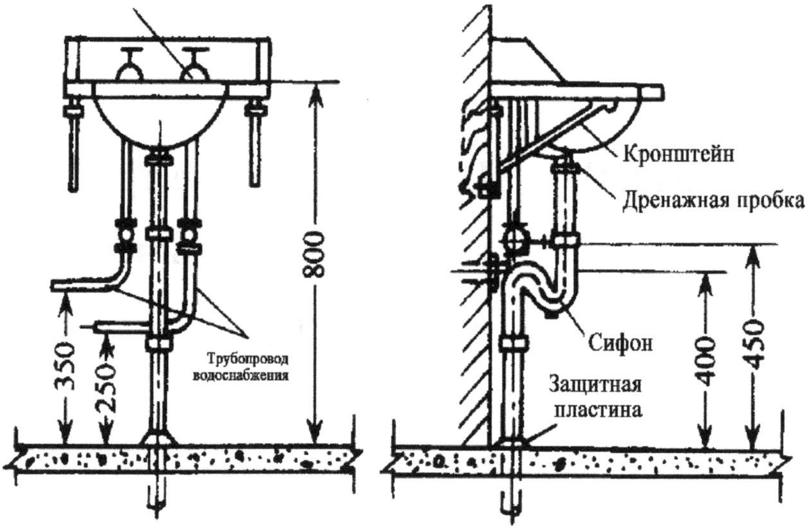

Рис. 8-2-1　Монтаж трубопроводов умывальника

1) Монтаж подставки для умывальника.

Начертите горизонтальную и вертикальную осевую линию на стене в соответствии с положением отверстия трубопровода и высотой монтажа, найдите положение подставки, и прикрепите ее винтами к встроенной расширительной трубе с помощью шурупов, если стена железобетонная, можно закрепить дюбелями.

2) Монтаж таза и крана умывальника.

Поставьте таз на устойчивую подставку умывальника, наденьте на кран умывальника резиновую прокладку и вставьте его в верхнее водяное отверстие таза, затем проложите прокладку и закрепите ее гайкой. Монтаж водопроводного крана должен быть правильным и надежным, следует обратить внимание на то, что кран горячей воды устанавливается слева.

3) Монтаж дренажных пробок.

Прикрепите к нижнему отверстию умывального таза дренажную пробку с резиновой прокладкой. Обратите внимание на то, чтобы предохранительное отверстие дренажной пробки было совмещено с дренажным отверстием в тазе.

4) Монтаж углового клапана.

Подсоедините впускной конец углового клапана с резервным входным отверстием для подачи воды, а другой конец подсоедините патрубком к крану умывальника.

5) Монтаж гидравлического затвора.

При использовании S-образного сифона, оберните его резьбовой лентой и соедините с дренажной трубой; При применении P-образного сифона, сначала наденьте трубный сальник (декоративный элемент для соединения со стеной) и вставьте дренажную трубу в стену, соединить ее пайкой (или обмотайте асбестовой веревкой, нанесите замазку), затем нанесите замазку на стык и прижмите трубный сальник.

2. Проектирование трубопроводов душа

К душевым кабинам относятся фитинги, изготовленные и установленные на месте, а также готовые душевые кабины, поставляемые в комплекте. Монтажные размеры показаны на рис. 8-2-2. Монтаж обычно осуществляется следующим образом:

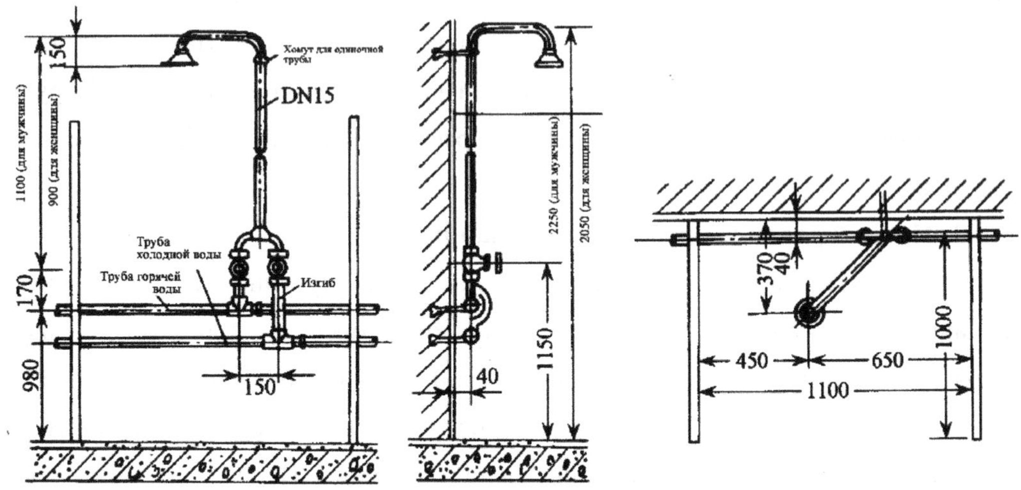

Рис. 8-2-2 Монтаж трубопроводов душа

1) Монтаж душа из трубных фитингов

Последовательность монтажа: разметка трубопроводов, монтаж соединений труб, клапанов горячей и холодной воды, монтаж смесительных труб и лейки для душа, а также закрепительных хомутов.

Конкретный метод выполнения: при монтаже фитингов для душа, сначала начертите вертикальную осевую линию трубы и горизонтальную осевую линию клапана на стене, установите трубу в соответствии с линией, а затем патрубки и клапаны на трубопроводе горячего водоснабжения, установите клапаны на трубопроводе холодной воды. Полукруглый изгиб смесительной трубы

соедините с клапаном трубы холодной и горячей воды с помощью штуцера и, наконец, установите смесительную трубу и лейку для душа, на верхнем конце смесительной трубы следует установить хомут для одиночной трубы.

При монтаже следует обратить внимание на положение трубопроводов горячего и холодного водоснабжения, при горизонтальной прокладке труба горячей воды должна находятся выше. При вертикальной прокладке труба горячей воды должна находится слева.

2）Монтаж готового душа

Монтаж готового душа проще, чем монтаж душа из трубных фитингов. При монтаже намотайте ленту на резьбу патрубка в нижней части клапана и соединить резьбу с соответствующим ей отверстием. Гидрозатвор смесительной трубы в верхней части клапана должен быть закреплен контргайкой и клапаном, а затем медная смесительная труба крепится к отверстию смешивания холодной и горячей воды с помощью контргайки. Наконец, плотно прикрепите диск душевой лейки на верхней части медной смесительной трубы и закрепите ее на заделанной в стене расширительной трубе с помощью шурупов.

3. Проектирование трубопроводов ванны

Существуют различные виды ванн, такие как чугунно-эмалированные и керамические, тераццо, ванны из стеклопластика и т.д. В основном используются чугунные эмалированные ванны, а их размеры представлены длиной x шириной x высотой. Существует два способа монтажа: с собственной опорой и с дополнительной опорой. Ванна, как правило, находится на высоте 120-140 мм от земли. Сама ванна имеет дренажное отверстие диаметром 40 мм и отверстие переливной трубы диаметром 25 мм, из которого сточные воды сбрасываются в канализационную трубу с гидрозатвором. Днища ванн, как правило, имеют уклон 0, 02, обращенный ко дренажному отверстию. При монтаже требуется, чтобы верхняя поверхность ванны была горизонтальной. На рисунке 8-2-3 показана схема монтажа кранов горячей и холодной воды ванны. Монтаж обычно осуществляется следующим образом:

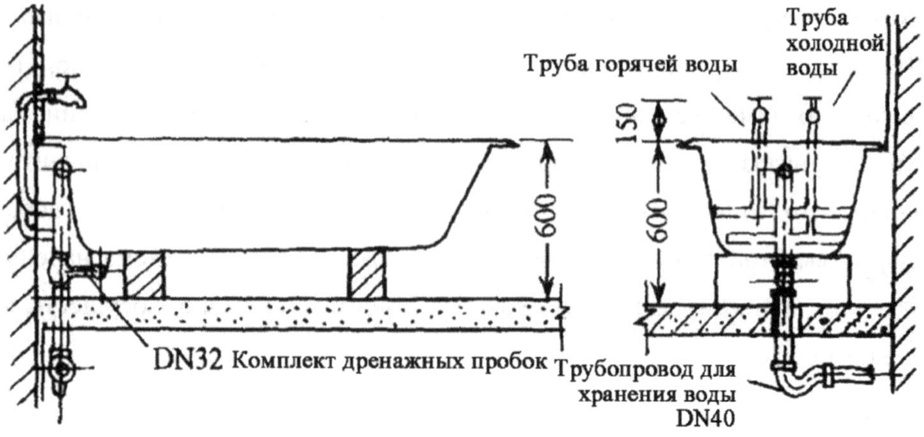

Рис. 8-2-3 Монтаж трубопроводов ванны

1) Монтаж ванны.

Плотно вставьте ножки ванны в желоб на дне ванны, а затем поставьте ее вертикально в нужном положении, при отсутствии ножек закрепите ее кирпичом.

2) Монтаж слива ванны.

Секция слива ванны включает переливную трубу на конце ванны и дренажную трубу на дне ванны. При монтаже, сначала нужно предварительно собрать переливную трубу, колено, тройник и т.д. Измерьте и отрежьте требуемую длину каждого участка трубы, затем установите комплектное дренажное устройство. При монтаже дренажной трубы, через дренажное отверстие на дне ванны вставите дренажную пробку с резиновой прокладкой, затем добавьте прокладку и закрепите контргайками. Установите колено на закрепленной дренажной пробке, а на другом конце колена установите предварительно изготовленный участок трубы и тройник. При монтаже переливной трубы следует установить колено на переливном отверстии, затем соединить наружное колено дренажного отверстия с наружным тройником дренажной пробки с помощью патрубка с длинной резьбой на одном конце. Подсоедините другой конец тройника к малому патрубку, а затем вставьте непосредственно в водосборник, выход которого должен соединяется с канализацией.

3) Монтаж холодного и горячего водоснабжения и трубопроводных кранов.

Установите водопроводную трубу к соответствующему штуцеру, расширьте участок на стене коленом и установите трубопроводные краны на патрубке.

4. Проектирование трубопроводов напольного (турецкого) унитаза

Напольный (турецкий) унитаз состоит из сливного бачка, сливной трубы и поддона. В качестве сливного бачка обычно используется высокий бачок. Напольный унитаз не имеет гидрозатвора, при монтаже следует дополнительно установить его. Для монтажа напольного унитаза на полу, следует добавить платформу высотой 180 мм. На рис.8-2-4 показана монтажная схема напольного унитаза с высоким сливным бачком. Монтаж обычно осуществляется следующим образом:

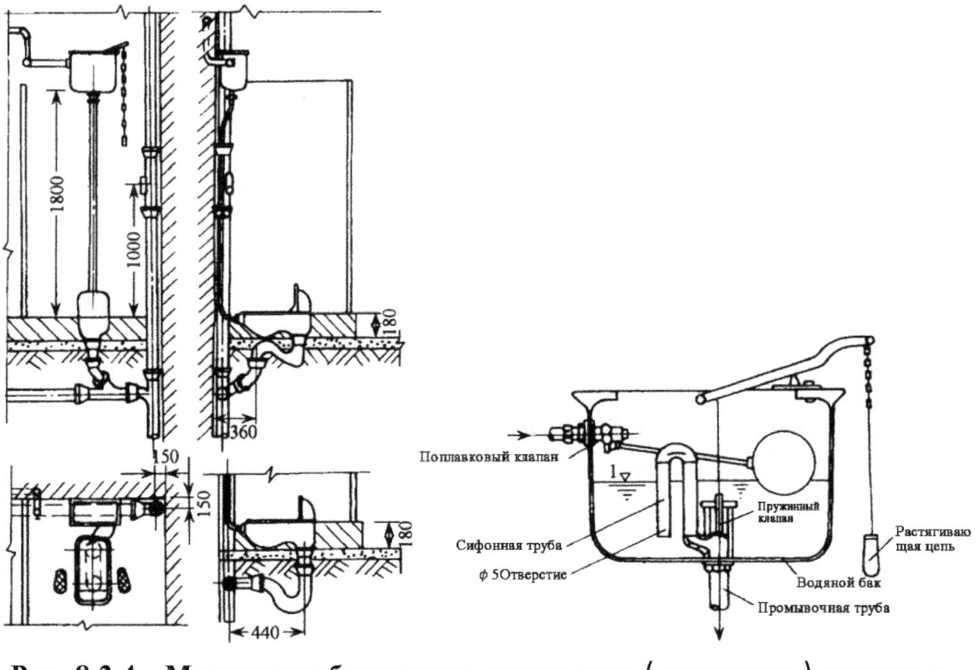

Рис. 8-2-4 Монтаж трубопроводов напольного (турецкого) унитаза с высоким сливным бачком

1) Монтаж высокого сливного бачка

Сначала подсоедините резервуар для сливной воды к каналу подачи воды, соединение верхнего и нижнего отверстий должно быть покрыто резиной для обеспечения герметичности интерфейса. Затем подвесьте бачок через отверстие в задней части и закрепите его на заранее заложенных болтах или дюбелях на стене.

2) Монтаж поддона напольного (турецкого) унитаза

Обмажьте пеньковой белой золой (или замазкой) выход воды из унитаза, одновременно намажьте замазку и в раструб установленного дренажного

патрубка, затем вставьте дренажное отверстие унитаза в раструб патрубка, соскребите излишки замазки после коррекции. Можно использовать кирпичную подкладку вокруг поддона, чтобы закрепить его.

3) Монтаж штуцеров

Используйте маленькую трубу (чаще всего трубу из жесткого пластика) для соединения поплавкового клапана сливного бачка и углового клапана водопроводной трубы, обратите внимание на плотность соединения стопорной гайки. На верхний конец сливной трубы (в месте изгиба) наденьте контргайку, соединение трубы замазывается свинцовым маслом, вставляется в дренажную пробку резервуара и фиксируется с помощью контргайки, на нижний конец наденьте резиновую чашу, а на другой конец на впускной патрубок унитаза, затем используйте медную проволоку 14-го калибра, чтобы крепко связать оба конца резиновой чаши.

4) Засыпка и затирка

Засыпьте мелкий песок между унитазом и кирпичной кладкой, уплотните и сгладьте его, затем покройте слоем цементно-песчаного раствора.

5. Проектирование трубопроводов подвесного унитаза

Подвесной унитаз состоит из сливного бачка, сливной трубы и унитаза. В качестве сливного бачка обычно используется низкий бачок. В конструкцию самого унитаза входит гидрозатвор, а сам унитаз может быть установлен непосредственно на полу или перекрытии (см. рис. 8-2-5) . Монтаж обычно осуществляется следующим образом:

1) Монтаж низкого сливного бачка

Исходя из центра трубы установленной дренажного патрубка без раструба, которая находится на одном уровне с землей, начертите на земле центральную линию монтажа унитаза, продлите ее до задней стены, а затем нарисуйте вертикальное направление монтажа сливного бачка. Отмерьте 840 мм вверх от земли, проведите на этой высоте центральную линию монтажа болтов сливного бачка, определите положение монтажа каждого отверстия для болтов в сливном бачке. Соберите болты или дюбели, а затем установите бачок.

2) Монтаж унитаза

Измерьте фактическое положение четырех анкерных болтов унитаза и пробейте в этом месте четыре квадратных отверстия 40 мм × 40 мм, плотно вставьте маленькие деревянные бруски с антикоррозийной обработкой и

закрепите их четырьмя соответствующими деревянными винтами. Перед креплением унитаза намотайте асбестовую веревку и нанесите замазку на дренажное отверстие унитаза, чтобы обеспечить герметичное соединение с дренажным патрубком.

3）Штуцер и другие монтажные работы

Подключите сливную трубу и трубу водоснабжения бачка, как описано выше, после чего установите сиденье и крышку унитаза.

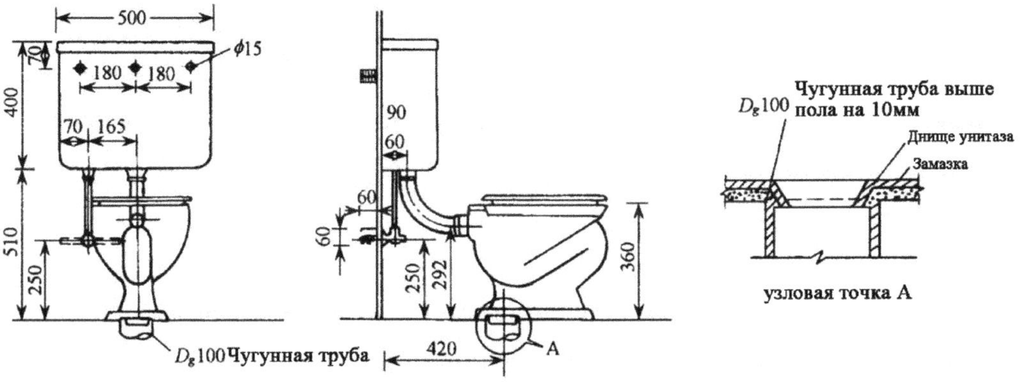

Рис. 8-2-5 Монтаж трубопровода сифонного унитаза с низким сливным бачком

Задача III Монтаж трубопровода санитарно-технического оборудования

【Ввод задачи】

В соответствии с чертежем монтажа сантехники и перечнем требуемых материалов, подготовьте нужные измерительные инструменты и приборы, а затем выполните монтаж сантехники и проведите испытание на

водопроходимость и водопроницаемость.

【Подготовка к задаче】

1. Графическое проектирование водопровода санитарно-технического оборудования

Принципы графического проектирования трубопроводов санитарно-технического оборудования:

1) Проектирование трубопроводов водоснабжения и канализации должно проходить в соответствии с расположением сантехники;

2) Определите путь строительства трубопровода на основе минимального уровня себестоимости, минимального объема работ и минимального занимаемого пространства. Проектный чертеж водопровода санитарно-технического оборудования приведен на рис. 8-3-1.

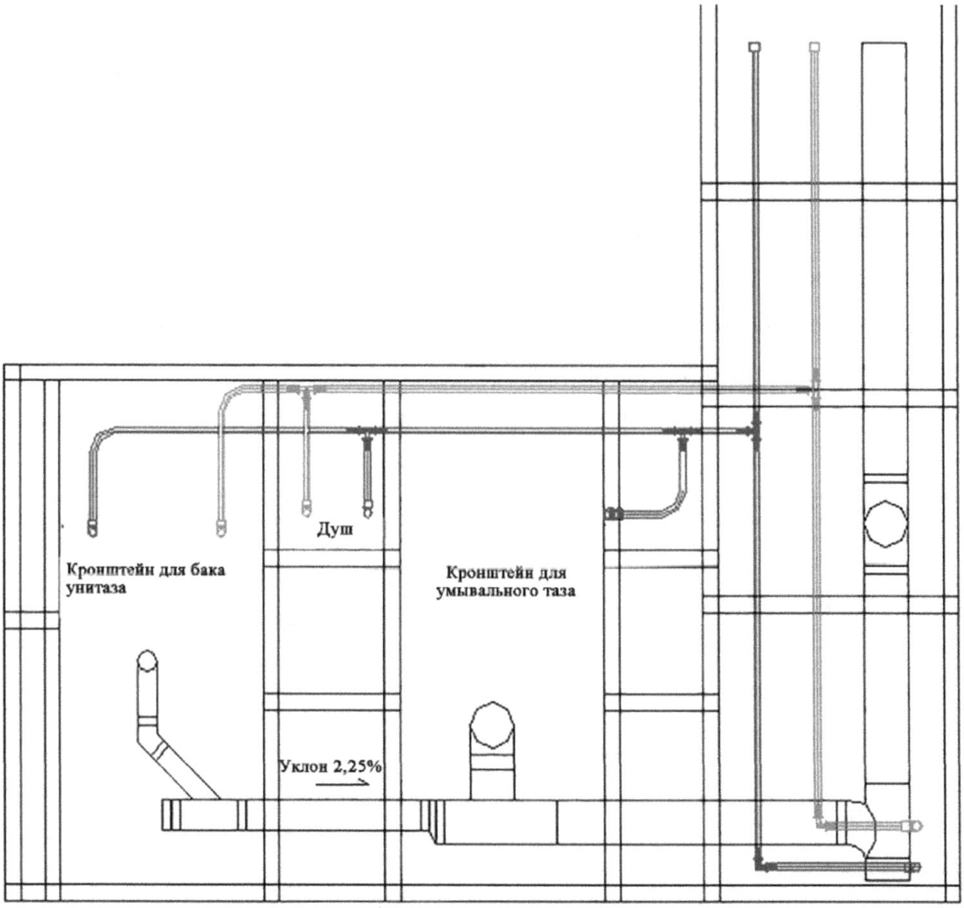

Рис. 8-3-1 Проектный чертеж трубопроводов водоснабжения санитарно-технического оборудования

2. Подготовка санитарно-технического оборудования и фитингов водоснабжения и канализации

Подготовьте необходимую сантехнику и фитинги водоснабжения и канализации данной задачи, список материалов приведен в табл. 8-3-1.

Табл. 8-3-1 Список материалов санитарно-технического оборудования и фитингов водоснабжения и канализации

№ п/п	Наименование	Тип и характеристика	Кол-во	Ед. изм.	Примечание
1	Умывальник стоячий	Стандартная конфигурация	1	компл.	
2	Унитаз с горизонтальным сливом	Стандартная конфигурация	1	компл.	С фитингами
3	Готовый душ	Стандартная конфигурация	1	компл.	С фитингами
4	Кран для умывальника	Стандартная конфигурация	1	шт.	
5	Сливная пробка для умывальника	Стандартная конфигурация	1	шт.	
6	Сливной шланг умывальника	Стандартная конфигурация	1	шт.	
7	Треугольный клапан холодной воды	DN15	2	шт.	
8	Треугольный клапан горячей воды	DN15	1	шт.	
9	Шланг водоснабжения	300-400мм	3	шт.	
10	Тефлоновая резьбовая лента	Стандартная конфигурация	2	рул.	
11	Полиуретановый герметик	Стандартная конфигурация	1	шт.	

3. Подготовка инструментов для монтажа санитарно-технического оборудования

Получите инструменты необходимые для выполнения данной задачи в соответствии со списком (см.табл. 8-3-2).

Табл. 8-3-2 Список инструментов для монтажа санитарно-технического оборудования

№ п/п	Наименование	Тип и характеристика	Кол-во	Ед. изм.	Примечание
1	Цифровой уровень	985D 600мм	1	шт.	
2	Аккумуляторная отвертка	12 V-18 V	1	шт.	
3	Рулетка	3-5, 5м	1	шт.	
4	Стальная линейка	1000мм	1	шт.	
5	Стальная линейка	500мм	1	шт.	
6	Разводной ключ	10 дюймов	2	шт.	
7	Большой гаечный ключ с открытым концом	12 дюймов	1	шт.	
8	Молоток	Стандартная конфигурация	1	шт.	
9	Пистолет для герметика	Стандартная конфигурация	1	шт.	
10	Губка	Стандартная конфигурация	1	шт.	

【Выполнение задачи】

(1) Студенты объединяются в группы от 4 до 6 человек, и выбирается руководитель группы, который распределяет работу для каждого человека.

(2) Подготовьте сантехнику и фитинги согласно со списком материалов; подготовьте монтажные инструменты согласно со списком инструментов и расположите их упорядоченно и аккуратно.

(3) В соответствии с чертежами спланируйте процесс строительства и нарисуйте базовую линию на стене модуля.

(4) Выполните сборку сантехники и фитингов для водоснабжения и канализации.

При монтаже хромированной сантехники и фитингов для водоснабжения и канализации, не допускается использование трубных клещей, следует использовать гаечные ключи с накладкой для защиты хромированной поверхности от повреждений; фитинги для подачи воды должны быть установлены правильно, поверхность должна быть чистой, а открытая резьбовая лента должна быть удалена.

(5) Поместите собранную сантехнику на платформу для трубопроводов и отопления DLDS-PH5738AF, и соедините ее с интерфейсом трубы, предназначенным для системы холодного и горячего водоснабжения и дренажной системы и канализации.

(6) Измерьте и отрегулируйте размер и закрепите сантехнику.

(7) Выполните испытание на водопроходимость и водопроницаемость. Перед запуском воды, очистите грязь в приборах, не смывайте грязь в канализационную трубу заполняя ее водой, чтобы предотвратить засорение.

(8) Организация рабочего места. Очистите собранные приборы, отсортируйте вторичные отходы, образующиеся в процессе работы, поместите инструменты в ящики и уберите мусор.

【Освоение навыков】

1. Монтаж санитарно-технического оборудования

1) Разбивка и фиксация

Нарисуйте базовую линию по чертежу, определите монтажные координаты и высоту сантехники. Схема расположения санитарно-технического оборудования приведена на рис. 8-3-2.

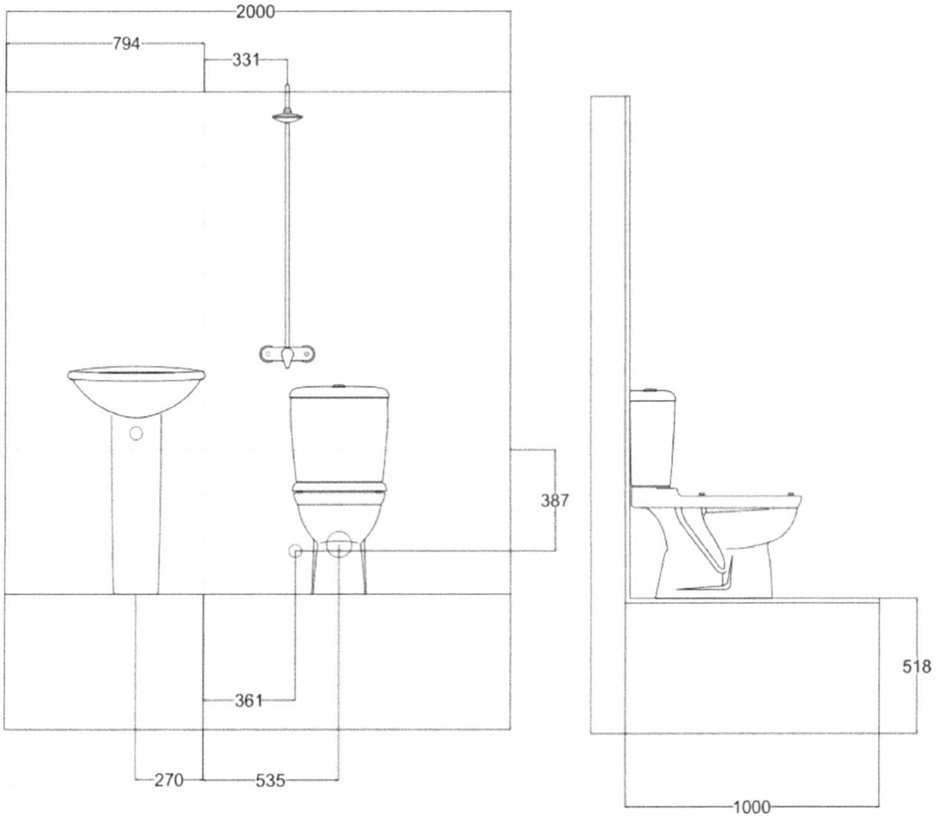

Рис. 8-3-2 Схема расположения санитарно-технического оборудования

2) Монтаж санитарно-технического оборудования

(1) Этапы монтажа стоячего умывальника

① Вставьте дренажную пробку с резиновой прокладкой в дренажное отверстие умывальника, установите водозапорную шайбу и затяните контргайку большим рожковым разводным ключом или самодельным ключом. Установите дренажный шланг на конце дренажной пробки.

② Наденьте резиновую прокладку на кран и вставьте его во входное отверстие воды умывальника, добавьте прокладку снизу и зафиксируйте ее контргайкой; прикрутите шланг водоснабжения к входному отверстию воды в нижней части крана.

③ Установите заранее предназначенный треугольный клапан на стыке труб холодной и горячей воды.

④ Проведите вертикальную линию на стене модуля по центру дренажного отверстия, установите стойку, выровняйте центр умывальника по вертикальной линии и установите его на стойку, выровняйте его с помощью уровня, и

закрепите на стене модуля болтами.

⑤ Подсоедините дренажный шланг к дренажной трубе.

⑥ Подсоедините шланги горячей и холодной воды к треугольным клапанам на трубах холодной и горячей воды.

⑦ Используйте герметик в месте контакта между стойкой и умывальником, а также в месте контакта между стойкой и полом, чтобы предотвратить смещение стойки.

(2) Этапы монтажа готового душа

① Оберните резьбовой лентой соответствующий изогнутый угол (DN15) душевого клапана, затем соедините с резервным штуцером холодной и горячей воды на стене модуля, затяните гаечным ключом, отрегулируйте расстояние между центрами двух изогнутых углов (150 мм), выровняйте их с помощью уровня.

② Попробуйте соединить входы горячей и холодной воды на душевом клапане с изогнутыми углами, установленными на стенке модуля. Если соединения совпадают, установите декоративную крышку на изогнутый угол и завинтите ее, затем вставьте резиновую прокладку в клапан душа, совместите ее с изогнутым углом и затяните ее, поверните клапан, чтобы проверить правильность монтажа.

③ Прикрутите конец шланга с шестигранной гайкой к верхней (или нижней) резьбе основного корпуса, степень завинчивания должна быть подходящей, чтобы не было утечки после завинчивания.

④ Закрепите кронштейн для душа на соответствующей высоте стены модуля с помощью винтов.

⑤ Подсоедините конец шланга с шестигранной гайкой к резьбе лейки для душа, не затягивайте слишком сильно.

⑥ Поместите душ на кронштейн для душа.

(3) Этапы монтажа унитаза с горизонтальным сливом

① Снимите крышку сливного бачка унитаза.

② Проведите монтаж фитингов и крышки бачка унитаза, подсоедините шланг водоснабжения к впускному клапану сливного бачка.

③ Вставьте уплотнительное кольцо большой головки дренажного шланга в канализационное отверстие унитаза.

④ Установите треугольный клапан на штуцере трубы холодной воды, в

заранее предназначенном месте системы холодного и гарячего водоснабжения.

⑤ Проведите вертикальную линию на стене модуля в соответствии с центральным положением дренажного отверстия, совместите центр бачка унитаза с вертикальной линией, прислоните его к стене модуля, и используйте уровень, чтобы выровнять положение унитаза.

⑥ Вставьте меньший конец дренажного шланга в отверстие системы канализации.

⑦ Подсоедините шланг впускного клапана унитаза к треугольному клапану.

⑧ Накрыть крышкой сливной бачок.

⑨ Загерметизируйте место соединения унитаза с полом герметиком, во избежание смещения унитаза.

2. Испытание на водопроходимость и водопроницаемость

После монтажа следует одну за другой заполнить сантехнику водой и проверить дренажные пробки приборов на наличие утечки и проходимость дренажного отверстия. Вся сантехника должна быть испытаны на водопроходимость. После заполнения водой соединительные элементы не должны иметь утечек, а подача и отвод воды должны быть плавными.

3. Стандарты качества

1）Стандарты проверки и оценки качества монтажа санитарно-технического оборудования включают следующие три пункта:

① Гарантийные стандарты

a. Соединение дренажного патрубка сантехнического прибора с патрубком дренажной трубы должно быть герметичным. Количество выборочной проверки составляет 10% для каждого прибора, но не менее 5 частей. Метод проверки - заполняемость водой.

b. Диаметр и минимальный уклон дренажной трубы сантехники должны соответствовать проектным требованиям и правилам строительства. Количество выборочной проверки составляет 10% для каждого прибора, но не менее 5 частей. Метод проверки - наблюдение и измерение.

② Основные стандарты

a. Монтаж дренажных пробок и слива в полу должен соответствовать следующим требованиям:

Допустимо: прямые, прочные, ниже дренажной поверхности, без утечек.

Отлично: дренажная пробка должна быть на 2 мм ниже нижней

поверхности таза и на 5 мм ниже поверхности пола; слив в полу должен быть на 5 мм ниже поверхности места монтажа дренажа.

Количество выборочной проверки составляет 10% для каждого прибора, но не менее 5 единиц.

Метод проверки - наблюдение и измерение.

b. Монтаж санитарно-технического оборудования должен соответствовать следующим требованиям:

Допустимо: деревянные кирпичи, опоры и кронштейны имеют хорошую защиту от коррозии, залегание ровное и прочное, оборудование размещено устойчиво.

Отлично: сантехника чистая, кронштейн плотно прилегает к оборудованию.

Количество выборочной проверки составляет 10% для каждых приборов, но не менее 5 групп.

Метод проверки: наблюдение и осмотр с помощью ручного гаечного ключа.

③ Допустимое отклонение

Допустимое отклонение и способ контроля монтажа санитарно-технического оборудования должны соответствовать положениям табл. 8-3-4.

Количество выборочной проверки составляет 10% для каждых приборов, но не менее 5 групп.

2) Стандарты качества работ по монтажу санитарно-технического оборудования (см. табл. 8-4-3) .

Табл. 8-3-3 Стандарты качества работ по монтажу санитарно-технического оборудования

Пункты	Содержание
Главные	1. Монтаж дренажных пробок и слива должен быть ровным и прочным, ниже поверхности дренажа, без утечки по периметру. Высота гидрозатвора слива в полу должна быть не менее 50 мм. Метод проверки: визуальная проверка при наполнении водой. 2. Перед сдачей-приемкой сантехника должна пройти испытание на водопроходимость и водопроницаемость. Метод проверки: после заполнения водой соединительные детали не должны протекать; водоснабжение и слив должны быть плавными.

Пункты	Содержание
Общие	1. Допустимое отклонение при монтаже сантехники должно соответствовать требованиям в табл. 8-3-4. 2. Для ванны с отделкой следует предусмотреть ремонтную дверцу, ведущую к дренажному отверстию ванны. Метод проверки: визуальная проверка. 3. Дренажная труба для писсуара должна быть изготовлена из оцинкованной стальной трубы или трубы из жесткого пластика. Дренажное отверстие должно быть установлено под наклоном вниз, поток дренажной воды должен быть под углом 45° к стене, стальная оцинкованная труба после сверления должна быть дважды оцинкована. Метод проверки: визуальная проверка. 4. Опора и кронштейн сантехники должны быть хорошо защищены от коррозии, установлены ровно и надежно, иметь тесный контакт с оборудованием. Метод проверки: визуальная проверка и проверка ручным гаечным ключом.

3) Допустимые отклонения и методы контроля при монтаже санитарно-технического оборудования (см. табл. 8-3-4) .

Табл. 8-3-4 Допустимые отклонения и методы контроля при монтаже санитарно-технического оборудования

№ п/п	Пункт проверки		Допустимое отклонение/мм	Метод контроля
1	Координата	Индивидуальное устройство	10	Проверка с помощью оттяжек, подвесок и линейки
		Ряд техники	5	
2	Высота	Индивидуальное устройство	± 15	
		Ряд техники	± 10	
3	Горизонтальный угол наклона устройства		2	Проверка с помощью уровня и линейки
4	Вертикальный угол наклона устройства		3	Проверка с помощью подвесок и линейки

4) Стандарты качества работ по монтажу санитарно-технического оборудования и фитингов водоснабжения (см. табл. 8-3-5) .

Табл. 8-3-5 Стандарты качества работ по монтажу санитарно-технического оборудования и фитингов водоснабжения

Пункты	Содержание
Главные	Фитинги водоснабжения сантехники должны быть исправными и без повреждений, соединения должны быть герметичными, соответствующие части должны легко открываться и закрываться. Метод проверки: визуальная проверка и проверка ручным гаечным ключом.
Общие	1. Допустимое отклонение монтажных отметок фитингов водоснабжения сантехники должно соответствовать требованиям табл. 8-3-5. 2. Высота крюка для шланга душа (если не предусмотрено проектными требованиями) должна находиться на высоте 1, 8 м от пола. Метод проверки: с помощью линейки.

5) Допустимое отклонение монтажных отметок фитингов водоснабжения санитарно-технического оборудования и метод проверки (см. табл. 8-3-6) .

Табл. 8-3-6 Допустимое отклонение монтажных отметок фитингов водоснабжения санитарно-технического оборудования и метод проверки

№ п/п	Пункт проверки	Допустимое отклонение/мм	Метод проверки
1	Угловой и запорный клапаны высокого и низкого сливного бачка унитаза	± 10	Проверка измерением с помощью линейки
2	Водопроводный кран	± 10	
3	Нижний край лейки душа	± 15	
4	Крючок для шланга душа и ванны	± 20	

6) Стандарты качества работ по монтажу дренажных трубопроводов санитарно-технического оборудования (см. табл. 8-3-7).

Табл. 8-3-7 Стандарты качества работ по монтажу дренажных трубопроводов санитарно-технического оборудования

Пункты	Содержание
Главные	1. Приемники воды и стояки сантехники, соединяющиеся с дренажной поперечной трубой, должны быть надежно закреплены. На стыке между трубопроводом и перекрытием следует принять прочные и надежные меры против просачивания и протечки. Метод проверки: визуальная проверка и проверка ручным гаечным ключом. 2. Штуцер дренажного трубопровода, соединяющий сантехнику, должен быть плотным и герметичным, крепежные опоры и трубные хомуты должны быть правильными и прочными, а контакт с трубопроводом должен быть ровным. Метод проверки: визуальная проверка при наполнении водой.
Общие	1. Допустимое отклонение при монтаже дренажных трубопроводов сантехники должно соответствовать требованиям табл. 8-3-6. 2. При отсутствии проектных требований, диаметр и минимальный уклон дренажной трубы, соединяющей сантехнику, должны соответствовать требованиям, указанным в табл. 8-3-7. Метод проверки: с помощью уровня и линейки.

7) Допустимые отклонения при монтаже дренажных трубопроводов санитарно-технического оборудования и методы контроля (см. табл. 8-3-8).

Табл. 8-3-8 Допустимые отклонения при монтаже дренажных трубопроводов санитарно-технического оборудования

№ п/п	Пункт проверки		Допустимое отклонение/мм	Метод проверки
1	Загнутость поперечной трубы	На каждый метр	2	Проверка с помощью уровня и линейки
		Полная длина поперечной трубы $\leqslant$ 10м	< 8	
		Полная длина поперечной трубы >10м	10	
2	Вертикальные и горизонтальные координаты дренажных труб и поперечных ответвлений сантехники	Индивидуальное устройство	10	
		Ряд техники	5	
3	Отметка высоты штуцера сантехники	Индивидуальное устройство	± 10	Проверка с помощью линейки
		Ряд техники	± 5	Проверка с помощью уровня и линейки

8) Диаметр и минимальный уклон дренажных труб для соединения санитарно-технического оборудования (см. табл. 8-3-9).

Табл. 8-3-9 Диаметр и минимальный уклон дренажных труб для соединения санитарно-технического оборудования

№ п/п	Наименование санитарно-технического оборудования		Диаметр дренажной трубы/мм	Минимальный уклон трубопровода (‰)
1	Таз (чан) сточной воды		50	25
2	Одинарная и двойная раковина		50	25
3	Умывальник		32 ~ 50	20
4	Ванна		50	20
5	Душ		50	20
6	Унитаз	Высокий и низкий сливной бачок	100	12
		Самозакрывающий дренажный клапан	100	12
		Дренажный клапан с выдвижной трубкой	100	12
7	Писсуар	Ручной и самозакрывающийся дренажный клапан	40 - 50	20
		Автоматический сливной бачок	40 - 50	20
8	Сосуд для анализа (без пробки)		40 - 50	25
9	Биде		40 - 50	20
10	Питьевой фонтанчик		20 - 50	$\geqslant$ 10, 20
11	Бытовая стиральная машина		50 (30 шлангов)	-

【Оценка задачи】

Критерии оценивания монтажа трубопроводов с санитарно-технического оборудования приведены в табл. 8-3-10.

Табл. 8-3-10 Критерии оценивания монтажа трубопроводов с санитарно-технического оборудования

№ п/п	Содержание оценки	Критерии оценивания	Баллы	Набранные баллы
1	Монтажное положение	Погрешность координат в пределах ±10мм считается допустимой	4x0, 5=2	
2	Горизонтальный и вертикальный градус	Измеряется цифровым уровнем в 60 мм, погрешность размеров ≤ 0, 5° считается допустимой	4x0, 5=2	
3	Качество монтажа фитингов водоснабжения	Монтаж надежный, хромирование без повреждений, соединения без утечки	4x0, 5=2	
4	Качество монтажа фитингов дренажа	Дренажная труба вставляется в дренажное ответвление и уплотнение герметично	2x0, 5 = 1	
6	Степень выполнения	Монтаж завершен в указанное время и пройдены все испытания	1	
7	Испытание на водопроходимость и водопроницаемость	Слив бесперебойный, отсутствие утечки в штуцере считается допустимым	2	

【Размышления и упражнения】

Во время монтажа мы часто сталкиваемся с различными типами санитарно-технического оборудования. Расскажите о том, как правильно проводить монтаж умывальника, унитаза и другой сантехники.

Проект IX

Дренажный трубопровод

【Описание проекта】

Дренажный трубопровод представляет собой систему, состоящую из каналов и вспомогательных сооружений для сбора сточных вод, стоков и дождевой воды, н включает в себя магистральные трубы, ответвления и трубопроводы, ведущие к очистным сооружениям. Роль дренажной системы здания заключается в сборе и отводе на улицу загрязненной воды, используемой людьми в повседневной жизни и производстве, а также дождевых и снеговых вод. Дренажная система здания делится на две категории: система трубопровода для отвода сточных вод и система трубопровода для отвода дождевой воды с крыши. Этот проект в основном объясняет систему внутренних дренажных трубопроводов здания.

【Цели проекта】

(1) Ознакомиться с классификацией системы дренажного трубопровода.

(2) Понять структуру системы дренажа сточной воды.

(3) Освоить тип системы дренажа сточной воды.

(4) Освоить проектирование дренажных трубопроводов.

(5) Освоить монтаж дренажных трубопроводов

Задача I Принцип работы дренажного трубопровода

【Ввод задачи】

В соответствии с требованиями задачи, на конкретном примере, выберите тип дренажа и метод прокладки дренажных трубопроводов.

【Подготовка к задаче】

1. Классификация систем дренажного трубопровода

В зависимости от источника сточных вод системы дренажного трубопровода можно разделить на бытовую дренажную систему, дренажную

систему дождевой воды с крыши и систему дренажного трубопровода промышленных сточных вод (дренажного трубопровода промышленных сточных вод больше не будет описана в этой книге).

(1) Бытовая дренажная система (канализация)

В соответствии с повторным использованием и рециркуляцией сточных вод бытовые дренажные системы можно разделить на следующие два типа:

1) Система отвода бытовых сточных (грязных) вод: сточная вода из унитазов, писсуаров и аналогичных санитарных приборов.

2) Система отвода бытовых сточных (отработанных) вод: сточная вода после мытья лица, ванны, стирки и готовки. Бытовые сточные воды могут циркулировать или повторно использоваться после простой обработки, например: их можно использовать для смыва туалетов, полива зеленых насаждений и дорог, а также для мытья автомобилей.

В соответствии с соотношением между сточными (грязными) и сточными (обработанными) водами в процессе дренажа, система канализации бытовой воды делится на:

1) Система с совместным течением

Система сбора и транспортировки бытовых и производственных сточных вод с использованием одной и той же системы трубопроводов и их совместного сброса наружу называется системой с совместным течением, вода может сбрасываться или повторно использоваться после централизованной обработки.

2) Система с раздельным течением

Метод дренажа, при котором различные сточные воды, дождевые воды и производственные сточные воды собираются и транспортируются по различным системам трубопроводов. В зависимости от качества воды после использования ее можно разделить на: высококачественные примесные стоки (часто это душевые стоки, стоки после мойки), смешанные стоки (высококачественные стоки, которые также включают стоки из кухни) или бытовые стоки (включая фекальные стоки), что соответственно облегчает обработку и повторное использование.

(2) Дренажная система дождевой воды с крыши

Система канализации дождевой воды кровли собирает и отводит дождь и снег, которые выпали на крышу зданий (особенно крупных зданий или промышленных сооружений).

2. Структура системы дренажа сточных вод

Основные структуры системы дренажа сточной воды внутри здания приведены на рис. 9-1-1.При этом схема расположения канализации и водоотвода в здании должна отвечать следующим требованиям: система способна быстро и беспрепятственно отводить стоки и сточные воды на улицу, давление воздуха в системе дренажных труб должно быть стабильным, а токсичные и вредные газы не должны попадать в помещение, чтобы сохранить санитарию окружающей среды в помещении; расположение трубопроводов должно быть разумно, мало и прямо, а стоимость низкая.

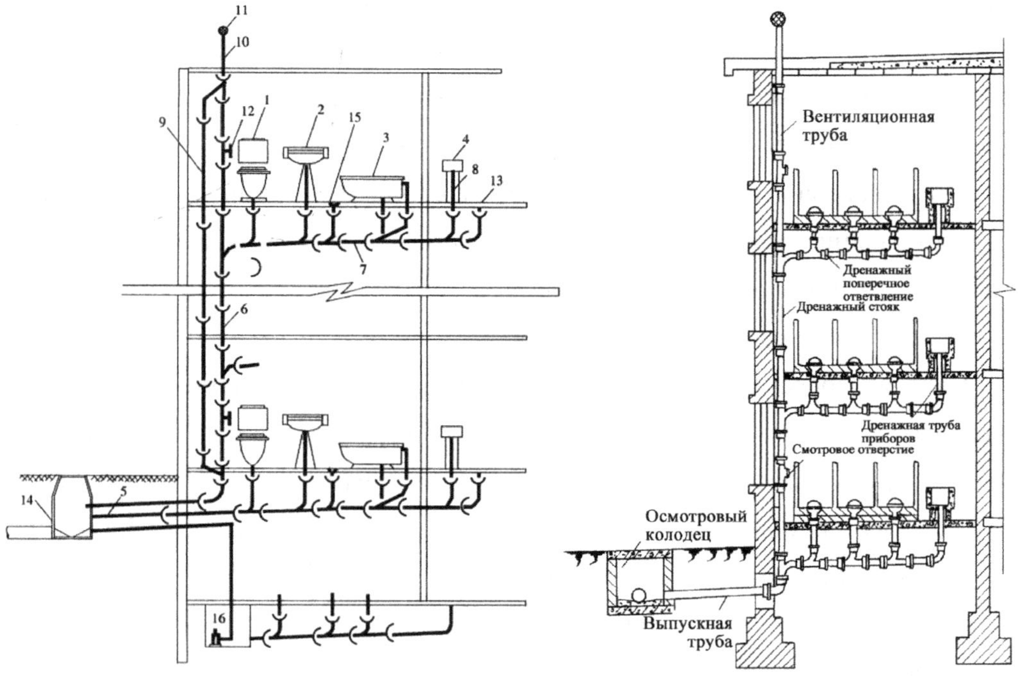

(a) (b)

Рис. 9-1-1 Основные структуры системы дренажа сточной воды внутри здания

(a) Схема бытовой канализации; (b) Схема системы канализации общественного туалета

1—унитаз; 2—умывальник; 3—ванны; 4—кухонная раковина; 5—сливной патрубок; 6—дренажный стояк; 7—дренажный патрубок; 8—трубопровод дренажа сантехники (с изгибами); 9—специальная вентиляционная труба; 10—потолочная вентиляционная труба; 11—вентиляционная заглушка; 12—смотровой люк; 13—очистительный люк; 14—колодец для осмотра канализации; 15—слив в полу; 16—насос сточной воды

1) Санитарно-техническое оборудование

Санитарно-техническое оборудование представляет собой резервуары или

устройства для приема и отвода сточных вод или загрязнений, образующихся в повседневной жизни людей. Такое оборудование является начальной точкой системы внутренней канализации. Сточные воды поступают из дренажных пробок приборов в горизонтальные ответвления через гидрозатвор в приборах или сифон, соединенный с дренажными трубами приборов.

2) Дренажный трубопровод

К дренажным трубам относятся дренажные трубы приборов (включая водосборники), поперечные ответвления, стояки, подземные магистральные трубы и сливные трубы. Его функция заключается в своевременной и быстрой транспортировке сточных вод, образующихся в различных точках водоснабжения, наружу.

3) Вентиляционная система

В дренажных трубах внутри здания имеется двухфазный поток воды и газа. Для обеспечения циркуляции воздуха в системе дренажных труб и поддержания стабильного давления, а также предотвращения попадания токсичных и вредных газов в помещение из-за колебаний давления в трубе необходимо установить систему вентиляционных труб, соединенную с атмосферой. В системе вентиляции предусмотрены потолочные вентиляционные трубы, которые простираются от дренажного стояка до кровли, специальные вентиляционные трубы и специальные детали.

4) Очистные сооружения

Очистные сооружения в основном включают смотровые люки, люки для очистки и смотровые колодцы, которые используются для проверки и очистки засорения в трубопроводе. Сточные воды содержат твердые частицы и жир, которыс лсгко осаждаются и прилипают к трубе, тем самым уменьшая пропускную способность и даже закупоривают трубопровод. Для очистки трубопроводов и обеспечения бесперебойного дренажа необходимо предусмотреть очистные сооружения.

3. Тип системы канализации и водоотведения в здании

В соответствии с методом вентиляции и количеством стояков, система канализации сточных вод в здании разделяется на дренажную систему с одиночным, двойным и тройными стояками (см. рис. 9-1-2).

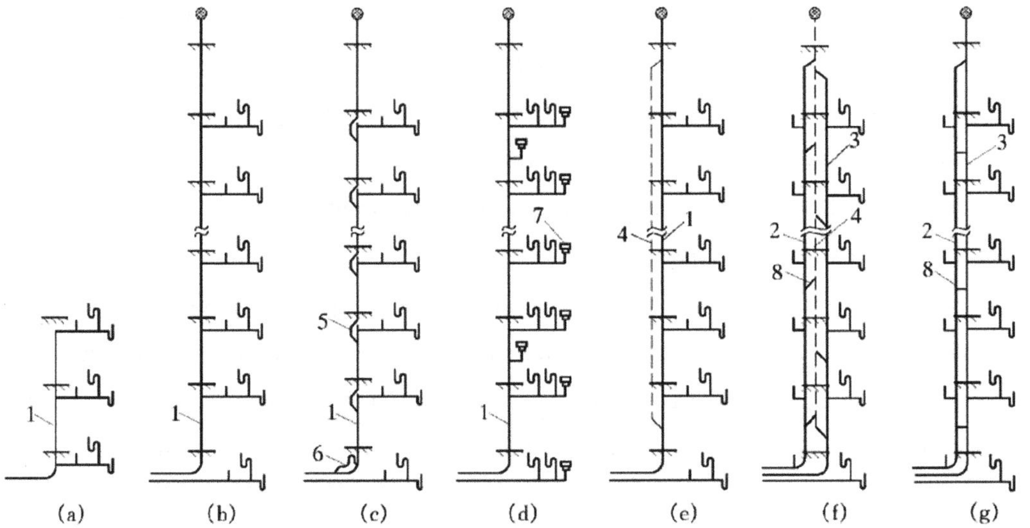

Рис. 9-1-2 Тип системы канализации сточной воды в здании

(a) одинарный стояк без вентиляционной трубы; (b) обычный одинарный стояк;
(c) одинарный стояк со специальными фитингами; (d) одинарный стояк с всасывающим клапаном;
(e) двойные стояки; (f) тройные стояки;
(g) стояки сточных вод представленные взаимными вентиляционными трубами
1—дренажный стояк; 2—стояк сточной воды; 3—канализационный стояк; 4—вентиляционный стояк;
5—верхний специальный штуцер; 6—нижний специальный штуцер; 7—всасывающий клапан;
8—комбинированная вентиляционная труба

1) Дренажная система с одиночным стояком

Дренажная система с одиночным стояком имеет только один канализационный стояк, который осуществляет обмен воздушным потоком (внутреннюю вентиляцию) через сам стояк и соединенные с ним поперечные ответвления и приспособления. На рис. 9-1-2 (a) - (d) показаны 4 типа дренажной системы с одиночным стояком, а именно:

1) Дренажная система с одним стояком без вентиляционной трубы (см. рис. 9-1-2 (a)) . Подходит для случаев, когда стояк короткий, сантехники мало, дренаж небольшой, а верхняя часть стояка неудобно выступает из кровли.

2) Обыкновенная дренажная система одиночным стояком и вентиляцией (см. рис. 9-1-2 (b)) . Сливной стояк проходит через кровлю, соединяется со внешней средой, обычно применяется в многоэтажных зданиях.

3) Дренажная система с одиночным стояком и специальными фитингами (см. рис. 9-1-2 (c)) . В месте соединения поперечного ответвления со стояком

устанавливается верхний специальный штуцер вместо обычного тройника; в месте соединения низа стояка с поперечной магистралью или дренажной трубой устанавливается нижний специальный штуцер вместо колена. Данная система не изменяет диаметр стояка, но изменяет направление течения и состояние вентиляции в трубе, увеличивает дренажную способность, поэтому также называется индукционной внутренней вентиляцией. Подходит для всех видов многоэтажных и высотных зданий.

4) Специальная дренажная система с одним стояком (см. рис. 9-1-2 (d)). Стояки выполняются из пластиковых труб со спиральной отводной канавкой на внутренней стенке в комплекте с эксцентриковым тройником. Подходит для всех видов многоэтажных и высотных зданий.

(2) Дренажная система с двойным стояком

Дренажная система с двойным стояком (см. рис. 9-1-2 (e)), состоит из дренажного стояка и вентиляционного стояка. В системе используется обмен воздуха между дренажным и вентиляционным стояком, этот метод представляет собой сухую внешнюю вентиляцию. Подходит для всех типов многоэтажных и высотных зданий со смешанным потоком сточных вод.

(3) Дренажная система с тройным стояком

Дренажная система с тройным стояком состоит из стояка бытовой сточной (грязной) воды, стояка бытовой сточной (отработанной) воды и вентиляционного стояка (см. рис. 9-1-2 (f)). Два канализационных стояка используют один вентиляционный стояк. Его метод вентиляции также представлен сухой внешней вентиляцией, которая подходит для различных типов многоэтажных и высотных зданий, где бытовые сточные воды должны сбрасываться отдельно.

Рис. 9-1-2 (g) представляет собой деформацию системы канализации с тройным стояком, в которой отсутствует специальный вентиляционный стояк, канализационный стояк и стояк для сточных вод соединяются через каждые 2 этажа, из-за разницы во времени дренажа двух стояков, они представлены вентиляционными стояками, этот способ вентиляции также называется влажной внешней вентиляцией.

4. Новая дренажная система

В настоящее время в большинстве зданий применяются гравитационные системы канализации с неполным потоком, которые используют собственное

гравитационное воздействие потока воды для движения от высокой точки к низкой, что экономит энергию и имеет простое управление. Но данная система имеет большой диаметр трубы и большую занимаемую площадь, поперечная труба должна иметь определенный наклон, а трубы легко забиваются. Новая дренажная система устраняет вышеуказанные недостатки.

(1) Вакуумная дренажная система

Вакуумная дренажная система оборудована вакуумной насосной станцией (состоящей из вакуумного насоса, вакуумного коллектора и насоса сточной воды) в подвале здания). Вакуумный унитаз оснащен ручным вакуумным клапаном, а другая сантехника оборудована датчиком уровня жидкости для автоматического управления открытием и закрытием вакуумного клапана. При сливе воды из сантехники открывается вакуумный клапан, запускается вакуумный насос, и сточные воды всасываются в вакуумный коллектор для хранения, а насос сточной воды периодически отводит воду наружу. Вакуумная дренажная система характеризуется экономией воды, малым диаметром трубопровода, отсутствием уклона поперечной трубы, может течь на высоту (до 5 м), отсутствием заиления и утечки сточной воды при повреждении трубопровода.

(2) Дренажная система с напорным потоком

Напорная дренажная система заключается в установке микронасоса для сточных вод под сливным патрубком сантехнического прибора. Микронасос для сточных вод включается и находится под давлением во время работы, так что состояние дренажа в трубе изменяется от неполного потока на полный. Данная система имеет маленький диаметр дренажной трубы, маленькое количество фитингов, маленькое занимаемое пространство, не требуется уклон поперечной трубы, скорость потока увеличена, на выходе сантехники не предусматривается гидрозатвор, а санитарные условия в помещении хорошие.

5. Выбор дренажной системы

Выбор внутренней дренажной системы и прокладка трубопроводов в здании должны соответствовать следующим требованиям: обеспечить беспрепятственный дренаж и хорошую бытовую среду в помещении; помимо учётом типа здания, стандарта, инвестиций и других факторов, следует учитывать и другие трубопроводы, линии и оборудование. При выборе дренажной системы в основном учитывают следующие факторы:

(1) Характер сточных вод

В зависимости от типа загрязняющих веществ, содержащихся в сточных водах, выбирается система с совместным или раздельным течением. Когда сточные воды выделяют токсичные и вредные газы и другие трудно поддающиеся очистке вредные вещества, можно выбрать систему с раздельным течением; производственные сточные воды, не содержащие органических веществ и лишь слегка загрязненные, могут сбрасываться в систему канализации дождевой воды.

(2) Степень загрязнения нечистотами и сточными водами

Чтобы облегчить рециркуляцию слегка загрязненных сточных вод и обработку сильно загрязненных сточных вод, два вида сточных вод с одинаковым типом загрязняющих веществ, но с разной концентрацией должны сбрасываться раздельно.

(3) Возможность комплексного использования сточных вод и требования к их обработке

В здании с высокими санитарными нормами и с системами оборотного водоснабжения для сточных вод следует применять систему с раздельным течением. Следующие виды сточных вод должны сбрасываться отдельно: больничные сточные воды, содержащие большое количество патогенных вирусов, бактерий или радиоактивных элементов, которые превышают нормы; сточные воды с кухни общественного питания, где присутствует большое количество масла; промывные воды автомоек; вода из котлов или другого отопительного оборудования с температурой воды выше 40° C; повторно используемая охлаждающая вода и бытовые стоки, используемые в качестве источника рециркулируемой воды.

6. Разметка и прокладка дренажных трубопроводов

Разметка и прокладка внутренних дренажных трубопроводов выполняется при условии обеспечения бесперебойности дренажа, безопасности и надежности, а также с учетом низкой стоимости строительства, небольшой площади для строительства, короткой длиной, удобного управления, эстетичности и других факторов.

1) Бесперебойный дренаж и хорошие гидравлические условия

Для того чтобы система дренажных трубопроводов могла отводить сточные воды, образующиеся в помещении, на улицу на кратчайшее расстояние и в

кратчайшие сроки, следует использовать трубные фитинги и метод соединения с хорошими гидравлическими условиями. Дренажные патрубки не должны быть слишком длинными, как можно меньше поворотов, и не должно быть слишком много подключенной сантехники; стояк должен быть близко к наружной стене, рядом с санитарно-техническим оборудованием с большим дренажом и большим количеством примесей в воде; дренажные стояки в кухне и санузле следует устанавливать отдельно; дренажная труба должна выходить наружу за кратчайшее расстояние, избегая поворота в помещении.

2) Правильное использование помещений и с дренажными трубопроводами

При размещении канализационных трубопроводов в определенных помещениях или местах надо обеспечить их нормальное использование, например, не допускается прохождение поперечных ответвлений через производственные помещения с особыми санитарными требованиями, склады продуктов питания, ценных товаров и трансформаторные помещения; запрещается размещать трубопроводы над сырьем, продуктами и оборудованием, которые могут вызвать возгорание, взрыв или повреждение при контакте с водой, а также не допускается монтаж над столовой и местом приготовления основных и неосновных продуктов питания сферы общественного питания.

3) Защита дренажных трубопроводов от повреждений

Для безопасной и надежной эксплуатации дренажной системы необходимо обеспечить защиту дренажного трубопровода от разного рода повреждений: коррозии, внешних сил, высокой температуры и т. д. Например, трубопровод не должен проходить через осадочный шов, дымоход, воздуховод; при проходе трубопроводов через несущие стены и фундаменты следует предусмотреть резервные отверстия; подземные трубы не должны располагаться в местах, которые могут быть повреждены тяжелыми предметами или проходить через фундаменты производственного оборудования; поперечные магистрали в районах с мягкими грунтами должны устанавливаться в траншеях; дренажный стояк должен быть оснащен гибким штуцером; пластиковые дренажные трубопроводы должны быть расположены вдали от оборудования и устройств с высокой температурой; в месте примыкания фитингов (например, тройника) предусмотрены компенсаторы и т.д.

4) Санитарно-гигиенические условий в помещении

Трубопровод не должен проходить через спальню, больничную палату и другие помещения с высокими требованиями к гигиене и тишине, и он не должен находиться рядом со внутренней стеной, прилегающей к спальне; дренажные трубы туалетов коммерческих жилых домов не должны проходить сквозь пол и входить в другие хозпостройки; если количество этажей здания велико, для дренажных трубопроводов с потолочной вентиляцией, должно быть рассчитано минимальное вертикальное расстояние от места подключения нижнего патрубка до дна стояка (см. табл. 9-1-1), для нижнего патрубка следует предусмотреть отдельный слив. Если диаметр нижней части стояка увеличен или диаметр поперечной магистральной трубы больше диаметра присоединяемого к ней стояка, то вертикальное расстояние можно соответственно уменьшить. Если позволяют условия, следует установить специальные вентиляционные трубы.

Табл. 9-1-1 Минимальное вертикальное расстояние от места подключения нижнего патрубка до дна стояка

Число этажей, где стояк соединяется с сантехникой	≤4	>5
Минимальное вертикальное расстояние (м)	0,45	0,75

(5) Удобство при строительстве, монтаже, обслуживании и эксплуатации

Для удобства строительства и монтажа трубопроводы должны находиться на определенном расстоянии от перекрытия и стены. Чтобы облегчить обслуживание и управление, дренажный стояк должен быть близко к наружной стене, чтобы уменьшить длину подземной поперечной магистральной трубы; для кухни общественного питания, общественной ванной, прачечной и производственных цехов можно использовать дренажные канавы вместо дренажных труб.

7. Уровневый дренаж

Дренажная система может быть разделена на дренаж на разных этажах и на одном этаже в зависимости от расположения горизонтального патрубка внутреннего дренажа.

(1) Дренаж на разных этажах

Дренаж на разных этажах относится к способу прокладки, при котором дренажные патрубки внутренних сантехнических приборов проходят через перекрытие одного этажа и затем соединяются с дренажными горизонтальными

трубами на нижнем этаже, а затем соединяются с трубами дренажного стояка. Его преимуществами являются плавный дренаж, удобная установка, простота обслуживания, низкие затраты на строительство и зрелый рынок комплектующих трубопроводов и сантехники. Основным недостатком является неблагоприятное воздействие на нижний этаж, например, легко вызвать утечку воды на перекрытии, потолок нижнего этажа имеет много дренажных труб, которые выглядят неэстетично и издают шум.

(2) Дренаж на одном этаже

Дренаж на одном этаже относится к способу дренажа, при котором дренажная труба сантехники не пересекает перекрытие, а дренажная поперечная труба соединена с дренажным стояком одного этажа, установка и обслуживание не влияют на нижний этаж. Дренаж на одном этаже характеризуется следующими особенностями: система дренажных труб расположена на одном этаже и не мешает нижнему этажу; расположение сантехники не ограничено, и пользователи могут свободно устанавливать ее в соответствии с индивидуальными требованиями; шум дренажа невелик, а вероятность утечки мала.

8. Дренажные трубы водопровода и отопления

(1) Дренажная труба из полипропилена

Полипропилен представляет собой полупрозрачный, полукристаллический термопластик. Обычно используемым сырьем для полипропилена является изотактический полипропилен. Полипропилен обладает превосходными всесторонними свойствами, высокой прочностью, хорошей изоляцией, низким водопоглощением, высокой температурой термической деформации, низкой плотностью, высокой кристалличностью; обладает хорошей устойчивостью к растворителям, маслам, слабым кислотам и щелочам. Полипропилен обладает высокой твердостью и жесткостью, высокой устойчивостью к ползучести и релаксации напряжений, отличной износостойкостью, самосмазывающимися свойствами, которые несопоставимы с другими конструкционными пластиками. Бесшумная дренажная труба из полипропилена (ПП) — это новый тип строительной дренажной трубы, который имеет следующие характеристики:

1) Отличная шумоизоляция;

2) Чрезвычайная химическая стойкость: внутренний слой трубы может достигать кислотостойкости до pH2, щелочестойкости до pH12, может отводить

жидкости с pH2~pH12.

3) Отличная устойчивость к высоким температурам, выдерживает горячую воду до 95 ℃.

4) Хорошая ударостойкость: твердый внешний слой не только защищает структуру среднего слоя, но и обеспечивает хорошую ударопрочность трубы.

5) Усовершенствованное гибкое соединение, простая разборка и сборка, не ограниченные условиями установки, снижение затрат на установку, хорошая водонепроницаемость и саморегулировка, отсутствие необходимости использования компенсаторов, экономия фитингов и предотвращение звука при попадании потока воды в стенку трубы

6) Экологичность: нетоксичные свойства продукта позволяют избежать загрязнения окружающей среды.

(2) Дренажная труба из полиэтилена

Полиэтиленовый материал обладает такими характеристиками, как высокая прочность, термостойкость, коррозионная стойкость, нетоксичность, износостойкость, низкая стоимость и т. д., и широко используется в производстве систем водоснабжения и водоотведения и имеет следующие характеристики:

1) Хорошие санитарные свойства: при обработке полиэтиленовой трубки не добавляется стабилизатор соли тяжелого металла, материал нетоксичен, не образует накипи и не размножается бактериями.

2) Отличная коррозионная стойкость: за исключением нескольких сильных окислителей, он может противостоять эрозии различных химических средств; не подвержен электрохимической коррозии.

3) Длительный срок службы: полиэтиленовые трубы можно бсзопасно использовать более 50 лет при номинальных температуре и давлении.

4) Хорошая ударостойкость: полиэтиленовая труба обладает хорошей ударной вязкостью и высокой ударопрочностью, тяжелые предметы могут непосредственно надавливать на трубопровод, это не приведет к разрыву трубопровода.

5) Хорошие характеристики конструкции: легкий вес трубопровода, простой процесс сварки, удобная конструкция и низкая стоимость.

【Размышления и упражнения】

1. В зависимости от соотношения между сточными водами в процессе дренажа, бытовую дренажную систему можно разделить на два вида________________и________________.

2. В зависимости от очистки сточных вод, санитарных условий или потребностей в разных источниках воды, систему бытовой канализации можно разделить их на две системы________________и________________.

3. В соответствии с методом вентиляции и количеством стояков, система д ренажа сточной воды в здании разделяется на три системы________________, ________________и________________.

4. В соответствии с расположением поперечного патрубка внутренней к анализации дренажную систему можно разделить на две системы________________и ________________.

5. Какие типы систем канализации с одиночным стояком Вы знаете？

6. Каковы требования к размещению системы канализации сточной воды в нутри здания？

7. Каковы преимущества и недостатки дренажа на разных этажах？

Задача II Проектирование дренажного трубопровода

【Ввод задачи】

В соответствии с требованиями задачи проекта, при условии наличия основной информации о здании, в соответствии с дренажным объемом здания спроектируйте и рассчитайте дренажный трубопровод здания.

【Подготовка к задаче】

Проектирование и расчет внутреннего водосточного трубопровода здания выполняется после того, как будет устроен дренажный трубопровод и

начерчена схема расчета системы. Целью расчета является определение диаметра каждого участка дренажной системы, уклона поперечного трубопровода, диаметра воздуховода и отметки контрольных точек.

1. Квоты и расчетный расход дренажа

(1) Квоты дренажа

Внутри зданий предусмотрены две квоты дренажа: одна - на человека в день, а другая - на сантехнику. Количество сточных вод, сбрасываемых на человека в сутки, и коэффициент вариации во времени (отношение максимального часового расхода воды к среднечасовому водопотреблению) связаны с климатом и совершенством санузла в здании Бытовое водоснабжение водопроводного оборудования, имеет небольшие потери после использования, и большая его часть собирается и сбрасывается санитарным оборудованием, поэтому квота бытового дренажа и коэффициент изменения во времени такие же, как у бытового водоснабжения. Метод расчета среднего часового расхода и максимального часового расхода бытового дренажа такой же, как и для бытового водоснабжения внутри здания, а результаты расчетов в основном используются для проектирования канализационных насосов и септиков.

Квота дренажа сантехники получается путем фактических измерений и в основном используется для расчета дренажного потока каждой секции трубы внутри здания, а затем определения диаметра трубы каждой секции трубы. Расчетный расход участка трубы зависит от типа, количества и частоты использования сантехники, которые расположены на данном участке. Для облегчения кумулятивного расчета, аналогично водоснабжению внутри здания, объем дренажа канализационного колодца составляет 0, 33 л/с в качестве эквивалента дренажа, а отношение объема дренажа других санитарно-технических устройств используется в качестве дренажного эквивалента данного типа сантехнического устройства к 0, 33 л/с. Из-за характеристик внезапного, быстрого и большого расхода дренажа сантехнического оборудования, дренажный поток одного эквивалента дренажа в 1, 65 раза превышает номинальный расход одного эквивалента водоснабжения. Расход дренажа и эквивалентные значения различных санитарных приборов приведены в табл. 9-2-1.

Табл. 9-2-1 Расход дренажа сантехнического оборудования, эквивалент и диаметр дренажной трубы

№ п/п	Наименование санитарно-технического оборудования	Тип санитарно-технического оборудования	Расход дренажа (л/с)	Эквивалент дренажа	Диаметр дренажной трубы (мм)
1	Раковина, таз (чан) сточной воды		0, 33	1, 00	50
2	Столовая, кухонная раковина (чан)	Однокамерная раковина (чан) Двухкамерная раковина (чан)	0,67 1,00	2,00 3,00	50 50
3	Умывальник (для каждого крана)		0,33	1,00	50-75
4	Умывальник		0,10	0,30	32-50
5	Раковина		0,25	0,75	32-50
6	Ванна		1,00	3,00	50
7	Душ		0,15	0,45	50
8	Унитаз	Сливной бачок унитаза Самозакрывающий сливной клапан	1,50 1,20	4,50 3,60	100 100
9	Медицинский унитаз		1,50	4,50	100
10	Писсуар	Самозакрывающийся сливной клапан Индукционный сливной клапан	0,10 0,10	0,30 0,30	40-50 40-50
11	Напольный унитаз	≤ 4 сидения на корточках 4 сидения на корточках	2,50 3,00	7,50 9,00	100 150
12	Писсуар (каждый метр)	Автоматический сливной бачок	0,17	0,50	-
13	Сосуд для анализа (без пробки)		0,20	0,0	40-50
14	Биде		0,10	0,30	40-50
15	Фонтанчик для питья		0,05	0,15	25-50
16	Бытовая стиральная машина		0,50	1,50	50

Примечание. Диаметр нижнего дренажного шланга бытовой стиральной машины составляет 30 мм, а внутренний диаметр верхнего дренажного шланга составляет 19 мм.

(2) Расчетный расход дренажа

Расчетный расход дренажных труб внутри здания является основой для определения диаметра трубы каждой секции трубы, поэтому определение расчетного расхода дренажа должно осуществляться в соответствии с правилами внутреннего дренажа здания. Расход дренажа в здании связан с характеристиками дренажа санитарных приборов и количеством санитарных приборов, которое сливается одновременно, имеет характеристики короткой продолжительности, большого мгновенного потока, большого интервала между двумя дренажами и неравномерного дренажа. Чтобы обеспечить быстрый и безопасный сброс максимального количества дренажа в определенное время, расчетный расход дренажа определенного участка трубы должен быть мгновенным максимальным расходом дренажа участка трубы, также известным как расчет секундного расхода дренажа.

Существует три метода расчета расчетного секундного расхода дренажа здания: эмпирический метод, метод квадратного корня и вероятностный метод. В зависимости от типа здания, есть две формулы для расчета расчетного секундного расхода бытового дренажа.

1) В жилых зданиях, общежитиях (категория I и II), гостиницах, апартаментах гостиничного типа, больницах, санаториях, детских садах, домах престарелых, офисных зданиях, торговых центрах, библиотеках, книжных магазинах, пассажирских центрах, терминалах, выставочных центрах, зданиях начальных и средних школ, столовых или коммерческих столовых и т.д., водопотребление не является централизованным, время использования воды велико, и процент секундного дренажа уменьшается с увеличением количества санитарных приборов. Его расчет секундного расхода определяется по формуле

$$q_p = 0.12\alpha\sqrt{N_P} + q_{max} \qquad (9\text{-}1)$$

Где q_p——расчетный секундный расход дренажа на расчетном участке трубы (л/с);

N_P——общий эквивалент дренажа санитарных приборов на расчетном участке трубы;

q_{max}——расход дренажа одного санитарного прибора с наибольшим расходом дренажа на расчетном участке трубы (л/с);

α——коэффициент, принимаемый в зависимости от назначения здания по табл. 9-2-2.

Табл. 9-2-2 Значение коэффициента α по назначению здания

Название здания	Санузлы и туалеты общежитий (категории I и II), жилых домов, гостиниц, гостиничных апартаментов, больниц, санузлы санаториев, детских садов, домов престарелых	Санузлы и туалеты гостиниц и других общественных зданий
Значение α	1,5	2,0-2,5

Примечание: если расчетное значение расхода больше, чем накопленное значение дренажного расхода санитарно-технических устройств на участке трубы, его следует рассчитывать в соответствии с накопленным значением дренажного расхода санитарно-технических устройств.

При расчете участка трубопровода в начале дренажной сети по формуле (9-2-1) из-за меньшего количества подключенного сантехнического оборудования результат расчета иногда может быть больше, чем сумма дренажного расхода всех санузлов на данном участке, при этом расчетный секундного расхода дренажа следует принимать нарастающим значением расхода дренажа всех санитарных приборов на данном участке трубопровода.

2) Санитарно-техническое оборудование в общежитиях (категории III, IV), бытовых помещениях промышленных предприятий, общественных ванных комнатах, прачечных, столовых для рабочих или ресторанов, лабораториях, кинотеатрах, стадионах и т.д., используются централизованно, с интенсивным дренажом воды, с большим процентом дренажа, формула расчета секундного расхода дренажа:

$$q_p = \sum_{i=1}^{m} q_{0i} n_{0i} b_i \quad (9\text{-}2)$$

Где q_p——расчетный секундный расход дренажа на расчетном участке трубы (л/с);

q_{0i}——расход дренажа одного санитарно-технического оборудования (л/с);

n_{0i}——количество санитарно-технического оборудования;

b_i——процент одновременного дренажа санитарно-технического оборудования, сливной бачок унитаза рассчитан по 12%, остальные санитарные приборы приравнены к водоснабжению;

m——количество видов санитарно-технического оборудования на расчетном участке трубы.

В начале дренажной сети с подключением к унитазу, из-за меньшего количества сантехники процент одновременного слива туалета невелик (например, сливной бачок туалета установлен только на 12%), и он рассчитан по формуле (9-3-2), расчетный секундный расход дренажа по формуле (9-3-2) может быть меньше, чем расход одного унитаза, при этом под расчетным секундным расходом дренажа для данного участка трубопровода следует принимать расход дренажа одного унитаза.

2. Гидравлический расчет дренажной сети

(1) Гидравлический расчет поперечной трубы

I. Правила проектирования

Для обеспечения хороших гидравлических условий в системе трубопроводов, стабилизации давления в трубе, предотвращения повреждения водяного уплотнения и обеспечения хорошей санитарии в помещении, при проектировании и расчете поперечного ответвления и поперечного магистрального трубопровода необходимо учитывать следующие требования.

① Максимальная заполненность конструкции

Горизонтальные дренажные трубы внутри здания спроектированы так, чтобы они были неполными, для того, чтобы газ, выделяемый сточными водами, мог свободно течь и выбрасываться в атмосферу, регулировать давление в системе дренажных труб и компенсировать неожиданный пиковый поток. Максимальная проектная заполненность внутренних дренажных поперечных труб здания приведена в табл. 9-2-3.

Табл. 9-2-3 Максимальная проектная заполненность бытовой дренажной поперечной трубы

Тип дренажного трубопровода	Диаметр трубы (мм)	Максимальная проектная заполненность
Бытовой дренажный трубопровод	≤ 125 150-200	0,5 0.6
Трубопровод производственных сточных вод	50-75 100-150 ≥ 200	0,6 0,7 1,0
Трубопровод бытовых сточных вод	50-75 100-150 ≥ 200	0,6 0,7 0,8

② Наклон трубопровода

В сточной воде содержатся твердые примеси. Если уклон трубопровода

слишком мал, скорость потока сточной воды медленная, твердые примеси будут осаждаться в трубопроводе, уменьшая площадь сечения сточной воды, вызывая плохой дренаж или засорение трубопровода. Для этого предусмотрен наклон трубопровода. Наклон бытовых дренажных трубопроводов внутри здания является универсальным и минимальным (см. табл. 9-2-4). Универсальный наклон относится к наклону, который должен быть гарантирован в нормальных условиях; минимальный уклон является необходимым. Как правило, следует использовать универсальный наклон, если поперечная труба слишком длинная или площадь здания ограничена, можно использовать минимальный уклон. Стандартная пластиковая дренажная арматура (тройники, отводы) имеет угол 91, 5 градуса, поэтому стандартный наклон пластиковой дренажной поперечной трубы составляет 0, 026.

Табл. 9-2-4 Общий и минимальный уклоны поперечных трубопроводов для дренажа бытовой сточной воды

Труба	Диаметр трубы (мм)	Уклон	
		Общий уклон	Минимальный уклон
Пластиковая труба	50	0,025	0,012
	75	0,015	0,007
	110	0,012	0,004
	125	0,010	0,003 5
	160	0,007	0,003
	200	0,005	0,003
	250	0,005	0,003
	315	0,005	0,003

③ Минимальный диаметр трубы

Минимальный диаметр дренажной трубы внутри здания составляет 50 мм для обеспечения бесперебойного дренажа, предотвращения засорения трубопроводов и обеспечения гигиены в помещении. Сточные воды, сбрасываемые с кухни, содержат большое количество жиров и илистых песков, которые легко прилипают и накапливаются на внутренней стенке трубы, уменьшая площадь воды, проходящей через трубу. Во избежание засорения трубопроводов минимальный диаметр дренажного стояка в многоэтажной кухне составляет 75 мм, фактический диаметр дренажной трубы в кухне общественной столовой должен быть больше расчетного диаметра, и диаметр

магистрали не менее 100 мм, диаметр ответвления не менее 75 мм. Диаметр дренажной трубы в ванной должен составлять 100 мм.

Мгновенный сливной объем унитаза большой, а твердых примесей в нечистотах много, поэтому минимальный диаметр патрубка, соединяющего унитаз, составляет 100 мм. Если писсуары не промывать вовремя, моча легко накапливается и забивает трубу, поэтому диаметр писсуара и дренажного ответвления, соединяющего 3 и более писсуаров, должен быть не менее 75 мм.

При раздельном отводе дренажных трубопроводов на первом этаже здания от трубопроводов на других этажах диаметр дренажного поперечного ответвления определяется по табл. 9-2-5.

Табл. 9-2-5 Максимальная расчетная пропускная способность поперечного патрубка с самостоятельным сливом снизу без вентиляции

Диаметр поперечного патрубка дренажа (мм)	50	75	100	125	150
Максимальная дренажная способность (л/с)	1,0	1,7	2,5	3,5	4,8

Примечание: при отдельном дренаже двух этажей без вентиляции в нижней части здания, монтаж можно выполнить по данной таблице.

2) Метод гидравлического расчета

Для поперечных магистралей и поперечных ответвлений, соединяющих несколько санитарных приборов, расчет секундного расхода дренажа каждого участка должен рассчитываться по секциям, а диаметр и наклон каждого участка должны определяться гидравлическим расчетом. Расчет поперечного дренажного трубопровода внутри здания по формуле равномерного потока круглой трубы:

$$q = \omega \cdot v \qquad (9\text{-}3)$$

$$v = \frac{1}{n} R^{\frac{2}{3}} \cdot I^{\frac{1}{2}} \qquad (9\text{-}4)$$

Где q——расчетный секундный расход дренажа на расчетном участке трубы ($м^3/с$);

ω——водопропускное сечение трубопровода при проектной заполненности, площади ($м^2$);

v——скорость потока (м/с);

R——гидравлический радиус (м);

I——гидравлический наклон, т.е. наклон трубопровода;

N——коэффициент шероховатости трубопровода, для бетонных и железобетонных труб-0, 013...0, 014; для стальных труб-0, 012; для пластиковых труб-0, 009.

(2) Гидравлический расчет стояка

Пропускная способность дренажного стояка зависит от диаметра трубы, вентиляции системы, способа вентиляции и материала трубы. Максимально допустимый дренажный расход дренажного стояка с разным диаметром трубы, разными способами вентиляции и материалами трубы приведен в табл. 9-2-6.

Табл. 9-2-6 Максимальная пропускная способность дренажного стояка

Тип системы дренажных стояков			Максимальная проектная водопропускная способность (л/с)				
			Диаметр дренажного стояка (мм)				
			50	75	100 (110)	125	150 (160)
Потолочная вентиляция	Фитинги для стояков и поперечных ответвлений	Тройник с углом наклона 45°	0,8	1,3	3,2	4,0	5,7
		Косой тройник 90°	1,0	1,7	4,0	5,2	7,4
Специальная вентиляция	Специальная вентиляционная труба 75мм	Соединение комбинированной вентиляционной трубы на каждом этаже	-	-	5,5	-	-
		Соединение комбинированной вентиляционной трубы на каждом втором этаже	-	3.0	4,4	-	-
	Специальная вентиляционная труба 100мм	Соединение комбинированной вентиляционной трубы на каждом этаже	-	-	8,8	-	-
		Соединение комбинированной вентиляционной трубы на каждом втором этаже	-	-	4,8	-	-
Главный и вспомогательный вентиляционный стояк + кольцевая вентиляционная труба			-	-	11,5	-	-
Самоциркулирующая вентиляция	Специальная форма вентиляции		-	-	4,4	-	-
	Циркулярная форма вентиляции		-	-	5,9	-	-
Специальный одиночный стояк	Смеситель		-	-	4,5	-	-
	Внутренняя спиральная труба + Завихритель	Стандартная конфигурация	-	1,7	3,5	-	8,0
		Усиленный тип	-	-	6,3	-	-

Примечание: 1. При количестве слоев дренажа более 15 слоев максимальный расчетный водосброс следует умножать на коэффициент 0, 9. 2. В скобках указан диаметр пластиковой дренажной трубы.

(3) Расчет вентиляционных трубопроводов

Диаметр потолочной вентиляционной трубы системы канализации с одиночным стояком может быть одинаковым с диаметром трубопровода сточной воды, но в районах со средней температурой воздуха самого холодного месяца ниже 13° C, для предотвращения заморозков, на устьях потолочной вентиляционной трубы, следует увеличить диаметр на 0, 3м ниже плоской кровли или подвесного потолка помещения.

Диаметр вентиляционной трубы должен определяться по дренажной способности и длине трубопровода, обычно не менее 1/2 диаметра дренажной трубы, минимальный диаметр вентиляционной трубы может определяться по табл. 9-2-7.

Табл. 9-2-7 Минимальный диаметр вентиляционной трубы

Труба	Наименование вентиляционной трубы	Заполненность (h/D)									
		32	40	50	75	90	100	110	125	150	160
Пластиковая труба	Вентиляционная труба приборов		40	40				50			
	Кольцевая вентиляционная труба			40	40	40		50	50		
	Вентиляционный стояк							75	90		110

Примечание. Вентиляционные стояки в таблице относятся к специальным вентиляционным стоякам, главным вентиляционным стоякам и вспомогательным вентиляционным стоякам.

В системе канализации с двойными стояками, когда длина вентиляционного стояка не более 50 м, минимальный диаметр вентиляционной трубы может быть определен по табл. 9-2-7. При длине вентиляционного стояка более 50 м потеря сопротивления увеличивается из-за течения воздуха в стояке, для обеспечения стабильного давления в дренажном ответвлении, диаметр вентиляционного стояка должен быть одинаков с дренажным стояком.

В дренажной системе с тремя и более стояками, у которых длина вентиляционного стояка меньше или равна 50 м, если два или более стояка имеют общий вентиляционный стояк, следует определить диаметр общего вентиляционного стояка по диаметру максимального стояка (см. табл. 9-2-7), но в то же время убедитесь, что диаметр общего вентиляционного стояка не меньше диаметра любого другого стояка.

Диаметр комбинированной вентиляционной трубы не должен быть меньше

диаметра вентиляционного стояка.

Площадь поперечного сечения сливной вентиляционной трубы и общей удлиненной вентиляционной трубы должна быть не менее суммы площадей поперечного сечения наибольшей вентиляционной трубы и 25 % остальных вентиляционных стояков, которые можно рассчитать следующим образом:

$$d_e \geqslant \sqrt{d_{max}^2 + 0.25\sum d_i^2} \quad (9\text{-}5)$$

Где d_e——диаметр вентиляционной трубы и главной потолочной вентиляционной трубы (мм);

d_{max}——диаметр максимального вентиляционного стояка (мм);

d_i——диаметр остальных вентиляционных стояков (мм) .

3. Способ соединения дренажных трубопроводов в процессе проектирования

Знакомство с фитингами для полипропиленовых и алюминиево-пластиковых труб

(1) Обычный способ соединения трубопроводов

1) Соединение электротермическим расплавом: специальный сварочный аппарат с электронагревом используется для соединения прямых труб с другими прямыми трубами и трубными фитингами посредством специального электротермического сварочного аппарата. Обычно используется для труб диаметром менее 160 мм.

2) Стыковое соединение термоклеем: для соединения труб используется специальный аппарат для стыковой сварки, который обычно используется для труб диаметром 160 мм и более.

3) Металлополимерное соединение: можно соединить с помощью фланцев, резьбы и т. д..

4) Раструбное соединение: для соединения полипропиленовых труб и других типов труб, трубы необходимо разрезать, снять заусенцы и снять фаску.

(2) Раструбное соединение труб из полипропилена

1) В соответствии с конструктивными требованиями используйте

специальный труборез (см. рис. 9-2-1), чтобы отрезать трубу в соответствии с требуемой длиной, а торец трубы после резки должен быть перпендикулярен оси трубы;

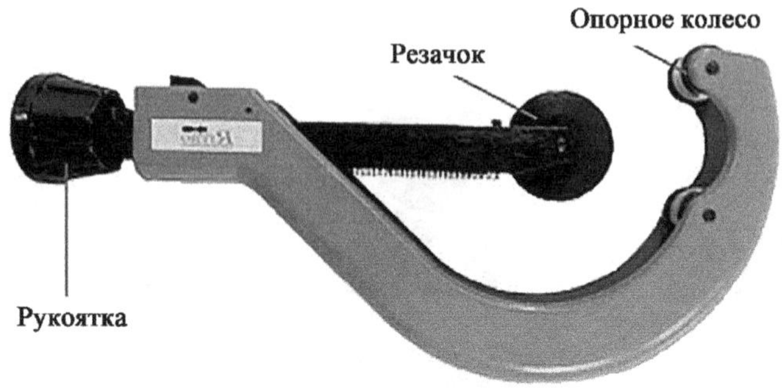

Рис. 9-2-1 Труборез

2) Удалите заусенцы с режущей торцевой поверхности: штуцер раструбной трубы должен быть очищен, не допускается наличие масляных загрязнений и других посторонних веществ в канавке внутреннего резинового кольца, рабочей поверхности и резиновом кольце в конце раструба;

Использование резца для полипропиленовых труб

3) Используя станок для снятия фаски, залейте конец трубы под углом15° -30° , толщина скоса кромки должна составлять 1/2-1/3 толщины стенки трубы;

4) Очистите внутреннюю часть раструба и наружную стороны отверстия хлопчатобумажной пряжей или сухой тканью, при необходимости используйте очищающие средства, такие как ацетон;

5) Отнимите 10 мм от глубины раструба фитинга, Вы получите длину вставки материала трубы, по этой длине проведите маркировку на материале трубы;

6) Проверьте и отрегулируйте резиновое уплотнительное кольцо и используйте кисть, чтобы равномерно нанести смазку на резиновое уплотнительное кольцо и наружную поверхность раструба трубы или фитингов, но не наносите смазку на канавку резинового кольца раструба и не допускайте использование масла или других масел в качестве смазочных материалов;

Раструбное соединение полипропиленовых труб

7）Вставьте раструб трубы или трубного фитинга с равномерной скоростью в раструб трубного фитинга до точки разметки. Вставка должна быть вертикальной. Если вставка затруднена, можно использовать вспомогательные устройства.

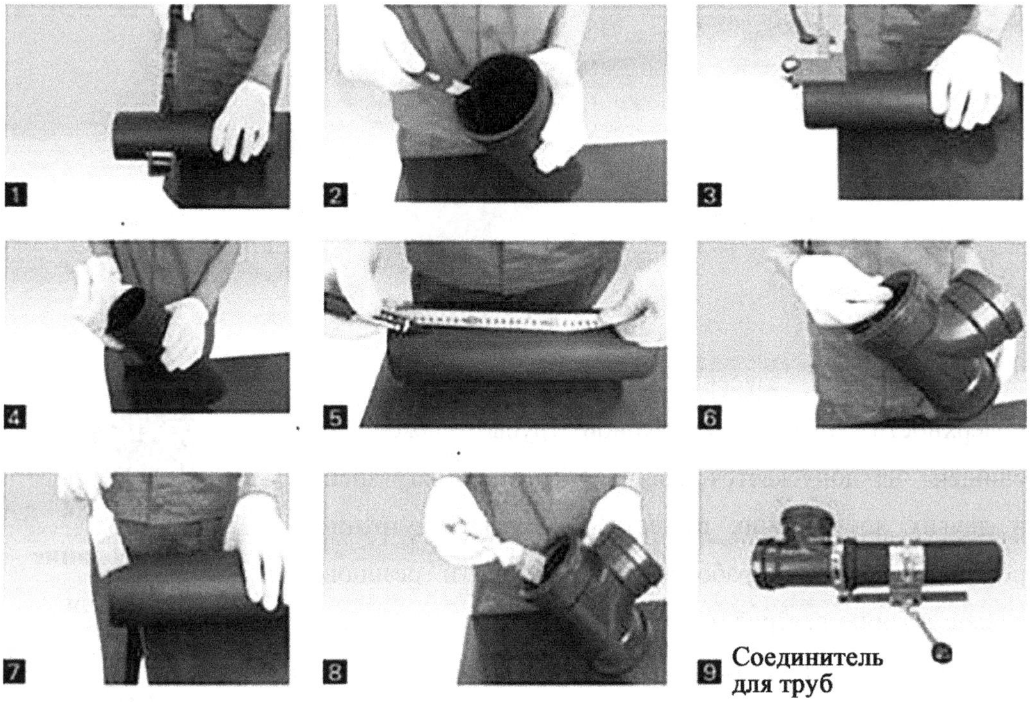

Рис. 9-2-2　Схема этапов раструбного соединения трубы из полипропилена

（3）Соединение термоклеем трубы из полипропилена

1）Резка трубопровода: в соответствии с проектными требованиями, используйте специальный труборез, чтобы отрезать трубу необходимой длины.

2）Установите трубопровод или трубные фитинги в горизонтальном положении, затем поставьте на стыковочный станок ровно, оставив припуск 10 мм.

3）Зажим: выберите соответствующую форму в соответствии с трубами и фитингами, которые необходимо соединить, зажмите трубы и подготовьтесь к резке.

4）Резка: используйте фрезу, чтобы срезать загрязнения и оксидные слои на торцах труб и фитингов, подлежащих соединению, до тех пор, пока два торца не станут плоскими, гладкими и свободными от загрязнений（см.рис. 9-2-3）.

Рис. 9-2-3 Резка портов

5) Выравнивание: торцы двух соединительных участков должны быть полностью выровнены, чем меньше смещение, тем лучше, смещение не должно превышать 10% толщины стенки, иначе это повлияет на качество стыков.

6) Нагрев: температура стыковки обычно составляет 210-230° C, зимой и летом время нагрева отличается, предпочтительно длина плавления двух торцов составляет 1-2 мм (см. рис. 9-2-4)

Рис. 9-2-4 Нагрев трубы

7) Переключение: снимите нагревательную пластину, быстро приклейте две торцевые поверхности горячего расплава друг к другу и создайте давление, чтобы обеспечить качество стыка плавления, чем короче период переключения, тем лучше.

8) Стыковка расплавом: является ключом для соединения горячим расплавом, процесс стыковки всегда должен выполняться под давлением плавления, ширина отбортовки предпочтительно составляет 2-4 мм.

9) Охлаждение: поддерживая неизменное давление стыка, дайте ему медленно остыть, время охлаждения зависит от жесткости и отсутствия тепла

при касании.

10) Завершение стыковки: после охлаждения, снимите стыковочное устройство и подготовьте следующее соединение.

【Размышления и упражнения】

1. Норма дренажа внутри здания составляет____________________и__________________.

2.Существует три метода расчета секундного расхода дренажа здания ____________________, ____________________и____________________.

3. Какие части входят в гидравлический расчет дренажной сети?

Задача III Монтаж дренажного трубопровода

【Ввод задачи】

Дренажный трубопровод этой задачи в основном используется для отвода бытовых сточных вод, он включает в себя полиэтиленовые трубы и соответствующие фитинги. Система дренажных трубопроводов включает в себя стояки, поперечную магистраль и патрубки, поперечная магистраль должна иметь наклонный угол для облегчения потока сточной воды в стояк.

【Подготовка к задаче】

Основные инструменты, необходимые для установки дренажной трубы, включают стальную линейку, резак, зарядное сверло, тиски, инклинометр с цифровым дисплеем, цифровой уровень, открыватель отверстий и т. д. Стальная линейка предназначена для измерения размеров, резак — для резки трубопровода, а зарядное сверло — для монтажа хомута и крепления трубопровода. В данном задании применяется полиэтиленовая труба в качестве дренажного трубопровода, включая трубу DN110PE, трубу DN5OPE, тройник, колено 90°, колено 45°, косой тройник и т.д. На дренажных трубопроводах

предусмотрены аналоговые дренажи унитазов, раковин и поддонов.

Подготовьте необходимые для данного задания материалы и фитинги согласно перечню материалов, приведенному в табл. 9-3-1.

Табл. 9-3-1 Перечень материалов для монтажа дренажных трубопроводов

№ п/п	Наименование	Тип и характеристика	Кол-во	Ед. изм.	Примечание
1	Колено	L110	1	шт	
2	Колено	L50	2	шт	
3	Тройник	110	1	шт	
4	Косой тройник	50	1	шт	
5	Колено 45°	50	3	шт	
6	Переходный тройник	110-75-110	1	шт	
7	Труба HDPE	DN110	4	м	
8	Труба HDPE	DN50	4	м	
9	Трубный хомут	DN50 M8	10	шт	
10	Трубный хомут	DN110 M8	10	шт	

Подготовьте необходимые для данного задания инструменты по перечню инструментов, который приведен в табл. 9-3-2.

Табл. 9-3-2 Перечень инструментов и приспособлений для монтажа дренажных трубопроводов

№ п/п	Наименование	Тип и характеристика	Кол-во	Ед. изм.	Примечание
1	Высокоточный инклинометр с цифровым дисплеем	DXL-360S	1	шт	
2	Цифровой уровень	985D 600мм	1	шт.	
3	Цифровой угловой уровень	Цифровой угловой уровень	1	шт.	
4	Электрическая отвертка	12 V-18 V	1	шт.	
5	Обыкновенный гаечный ключ	14-29мм	1	шт.	
6	Рулетка	3-5, 5м	1	шт.	
7	Стальная линейка	300мм	1	шт.	
8	Стальная линейка	500мм	1	шт.	
9	Угольник	300мм	1	шт.	
10	Машина горячего расплава	HDPE	1	компл.	
11	Резак	50-110мм	1	шт.	

【Выполнение задачи】

Ознакомьтесь с рабочим чертежом, определите направление и компоновку дренажного трубопровода; выберите подходящий инструмент для резки трубопровода по размерам, указанным на чертеже; соберите трубопровод в

соответствии с требованиями чертежа, дренажная поперечная труба должна иметь наклон не менее 5‰.

1. Требования к проекту

(1) Размеры: монтаж должен выполняться в соответствии с размерами, отмеченными на строительных чертежах (рис. 9-3-1), измерение производится прямоугольником и стальной линейкой; если измеряемая прямая линия более 1, 5 м, примените принцип измерения трех точек, возьмите три точки на измеряемой прямой. Если длина прямой менее 1, 5 м, то нужно измерять по центру. Погрешность размеров должна быть менее ±2мм (включая 2 мм).

(2) Горизонтальный и вертикальный угол наклона: обеспечьте правильный угол наклона (кроме соединительной трубы с косым тройником), измерение осуществляется цифровым уровнем, погрешность должна быть менее 0, 5°.

(3) Трубопроводы соединяются раструбным способом, отнимите 10 мм от глубины раструба трубопроводных фитингов, это будет длиной вставки труб, по этой длине проведите маркировку на трубе.

(4) Наклон горизонтальной трубы должен определяться цифровым уровнем, и наклон должен быть не менее 5‰.

(5) Расстояние от стены должно быть измерено калибром в соответствии с требованиями чертежа.

(6) Трубопровод должен быть надежно закреплен, а место опоры должно быть рациональным, при разных материалах трубопровода и опоры следует провести изоляцию в середине.

(7) Поверхность трубопровода должна быть чистой и без царапин, сколов и других следов.

(8) Переход между трубопроводами должен быть выполнен в соответствии с требованиями чертежа.

(9) Монтаж должен быть красивым и гармоничным.

(10) Рациональность в выборе материалов, минимальное количество или отсутствие образования отходов.

(11) На стене модуля не должно быть лишних вспомогательных линий и отверстий.

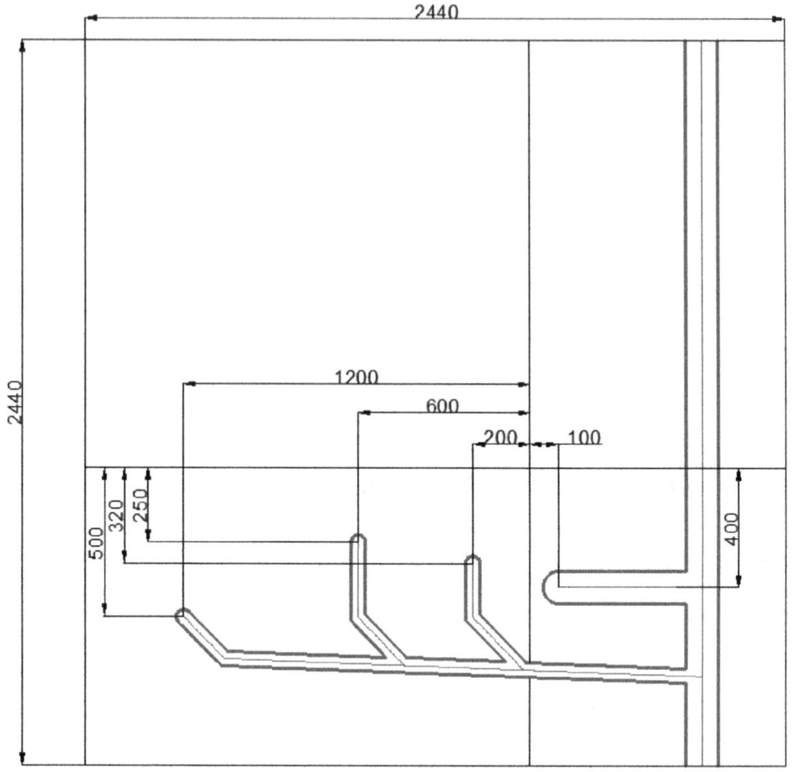

Рис. 9-3-1 Рабочий чертеж дренажного трубопровода

2. Меры предосторожности

(1) Дренажная поперечная магистраль имеет наклон и наклонный стояк; обратите внимание на правила эксплуатации при соединении дренажных труб.

(2) Открытие отверстия на стене модуля. Поскольку трубопровод должен пройти через стенку модуля и войти на другую сторону, необходимо обеспечить точное положение отверстия, размер которого должен быть немного больше наружного диаметра трубопровода, при открытии отверстия следует обратить внимание на безопасность.

(3) Монтаж трубопроводов. В связи с большим диаметром дренажного трубопровода и особенностью способа соединения, монтаж производиться только после полного изготовления и открытия отверстий трубопровода.

(4) При эксплуатации и монтаже следует обратить внимание на монтажные размеры (в т.ч. размеры расстояния от стены), угол горизонтального и вертикального наклона, раструбное соединение, закрепление трубных хомутов, степень выполнения и т.д. (см. рис. 9-3-2) .

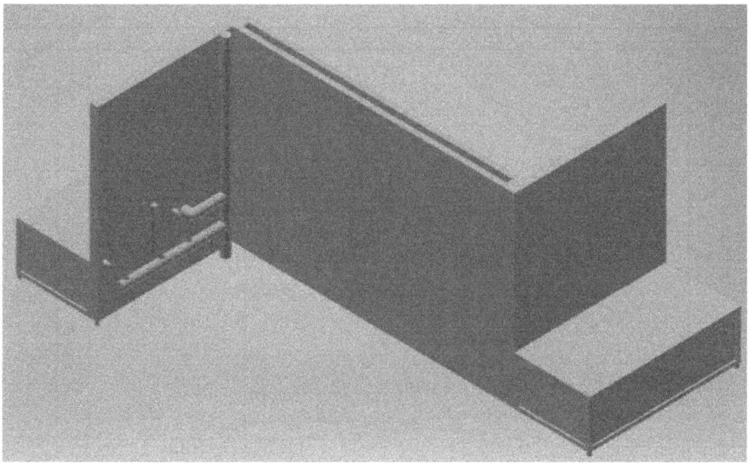

Рис. 9-3-2 Изображение окончательной сборки дренажного трубопровода

【Оценка задачи】

Критерии оценивания монтажа дренажных трубопроводов приведены в табл. 9-3-3.

Табл. 9-3-3 Критерии оценивания монтажа дренажных трубопроводов

№ п/п	Содержание оценки	Критерии оценивания	Баллы	Набранные баллы
1	Размер	Используйте угольник и стальную линейку, чтобы проверить внешнюю стенку трубы и базовую линию отметьте удобное для измерения место в середине трубы, а затем равномерно измерьте, погрешность размеров ≤ ±2мм считается допустимой	2x0, 5 = 1	
2	Горизонтальный и вертикальный градус	Измеряется цифровым уровнем в 60 мм, погрешность размеров ≤ 0, 5° считается допустимой	2x0, 5 = 1	
3	Угол изгиба	Измерение цифровой угловой линейкой, погрешность угла ≤ 1° считается допустимой	2x0, 5 = 1	
4	Степень выполнения	Монтаж завершен в указанное время и пройдены все испытания	1	
5	Испытание на водопроходимость и водопроницаемость	Отсутствие утечки в соединении трубопроводов в течение 2 минут считается допустимым	2	

【Размышления и упражнения】

При установке дренажных труб используется раструбное соединение, попытайтесь расширить способ реализации соединения термоклеем при наличии таких условий. Требования: при соединении трубопровода термоклеем, смещение сварных стыков должно быть менее 10% толщины стенки трубы,

канавка стыкового шва не должна быть ниже основного металла, дуга поверхности сварного шва должна быть красивой, без явных пор и других повреждений.

Справочные литературы

[1] Ван Гунжу. Учебное пособие по монтажу трубопроводов [M]. Пекин: Китайское издательство железной дороги, 2019

[2] Ли Бэньюн, Янь Кайлинь. Технология и применение трубопроводов и отопления [M]. Пекин: Издательство машиностроительной промышленности, 2020

[3] Лю Чжаньмэн, Ван Минь. Водоснабжения и канализации зданий [M]. Пекин: Китайское электрическое издательство, 2017: 1-244.

[4] Лю Суйцин. Сеть водоснабжения и канализации [M]. Пекин: Китайское издательство строительной промышленности, 2014: 1-311

[5] Ван Цзэнчан. Водоснабжения и канализации зданий [M]. Пекин: Китайское издательство строительной промышленности, 2016

[6] Цзян Сяншань. Необходимые навыки трубопроводчика [M]. Пекин: Издательство машиностроительной промышленности, 2015

[7] Техническое руководство по применению солнечной энергии для проекта отопления [M]. Китайское издательство строительной промышленности, Чжэн Жуйчэн, 2012

[8] Техническое руководство по применению солнечной энергии для отопления [M]. Издательство химической промышленности, Хэ Цзынянь, 2009

[9] Бу Идэ. Технология отопления полов и индивидуального отопления дома [M]. Пекин: Китайское издательство строительной промышленности, 2007

[10] Ли Чуньцяо. Руководство по монтажу и ремонту трубопроводов [M]. Пекин: Издательство химической промышленности, 2009.

[11] Министерство жилищного строительства и развития городских и сельских районов КНР. Правила для строительства и приемки систем промышленного водоснабжения и канализации, отопления [S]. Пекин: Китайское издательство строительной промышленности, 2002.

[12] Министерство жилищного строительства и развития городских и сельских районов КНР. Технический регламент по строительству пластмассовых трубопроводов для водоснабжения зданий [S]. Пекин: Китайское

издательство строительной промышленности, 2014.

[13] Главное государственное управление КНР по контролю качества, инспекции и карантину, Государственный комитет по стандартизации Китая. Определение и выбор DN (условного размера) элементов трубопроводов [S]. Пекин: Китайское издательство стандартов, 2005.

[14] Министерство жилищного строительства и развития городских и сельских районов КНР. Правила проектирования водоснабжения и канализации зданий [S]. Пекин: Китайское издательство строительной промышленности, 2003.

[15] Министерство жилищного строительства и развития городских и сельских районов КНР. Нормы выполнения чертежей водоснабжения и канализации зданий [S]. Пекин: Китайское издательство строительной промышленности, 2010.

[16] Министерство жилищного строительства и развития городских и сельских районов КНР. Уникальный стандарт выполнения архитектурно-строительных чертежей зданий [S]. Пекин: Китайское издательство строительной промышленности, 2017.

[17] Китайская ассоциация по стандартизации инженерного строительства. Технический регламент по строительству тонкостенных труб из нержавеющей стали для водоснабжения зданий [S]. Пекин: Китайское издательство стандартов, 2003.